国家科学技术学术著作出版基金资助出版

基于胶原纤维的功能材料

石 碧 张琦弦 黄 鑫 著

科 学 出 版 社

北 京

内 容 简 介

　　本书系统地介绍了以胶原纤维为原料制备各种功能材料的方法和科学原理，较充分地展示了胶原纤维这类生物质材料在化工、环保、生物、医药等多个领域的广阔应用前景及开发利用的独特优势。本书对其他生物质原料的开发利用也具有较大的启发意义。

　　本书可以作为材料、化工、资环、轻工、食品、医药等领域科技人员的阅读资料，也可以作为高等院校相关领域的研究生参考书。

图书在版编目（CIP）数据

基于胶原纤维的功能材料 / 石碧，张琦弦，黄鑫著. —北京：科学出版社，2023.11
　ISBN 978-7-03-076726-4

Ⅰ. ①基… Ⅱ. ①石… ②张… ③黄… Ⅲ. ①制革–功能材料–研究 Ⅳ. ①TS529

中国国家版本馆 CIP 数据核字（2023）第 195722 号

责任编辑：牛宇锋 / 责任校对：杨　赛
责任印制：肖　兴 / 封面设计：蓝正设计

科 学 出 版 社 出版
北京东黄城根北街 16 号
邮政编码：100717
http://www.sciencep.com

北京厚诚则铭印刷科技有限公司印刷
科学出版社发行　各地新华书店经销

*

2023 年 11 月第　一　版　开本：720×1000　1/16
2024 年 4 月第二次印刷　印张：23 1/4
字数：459 000
定价：198.00 元
（如有印装质量问题，我社负责调换）

前　言

胶原纤维是世界上资源量最丰富的可再生动物生物质之一，主要源于猪、牛、羊等家畜动物的皮。胶原纤维具有优良的生物相容性、生物降解性及独特的多层级结构，这些性质是合成高分子材料很难同时具备的。因此，有效地开发和利用胶原纤维这样的生物质资源，对人类社会的可持续发展具有重要意义。本书总结了作者团队近 15 年来在胶原纤维基功能材料方向的创新性研究工作，系统地介绍了以胶原纤维为原料开发吸附材料、分离材料、催化材料、超疏水/亲水材料、电磁屏蔽材料、压敏传感材料等多种功能材料的科学原理和方法，以及这些材料在天然产物和蛋白质分离，去除水体中的重金属离子、无机阴离子、阴离子有机物，非均相催化，乳液分离，制备可穿戴功能材料等方面的应用性能。

胶原纤维在制革方面的应用历史悠久，这也是作者长期从事的研究领域。而在本书中，作者巧妙地利用制革中的科学原理，制备了在化工、环保、生物、医药等多个领域具有广阔应用前景的系列功能材料，充分展现了学科交叉的重要意义。因此，本书不仅可以作为材料、化工、资环、轻工、食品、医药等领域科技人员和高等院校师生的参考书，其内容对其他领域的科技工作者也具有方法学上的启发意义。

全书共 9 章。第 1 章简要概述了胶原纤维的结构、性质、用途，以及将其开发成为多种功能材料的科学原理，希望能帮助读者对本书写作的科学背景有比较清晰的了解。第 2~9 章详细阐述了各类胶原纤维基功能材料的制备、表征和应用性能。其中，第 2 章介绍了戊二醛交联胶原纤维吸附分离材料及其对单宁的选择性吸附性能，以及对黄酮、有机酸、蛋白质等天然产物的柱层析分离性能；第 3 章介绍了胶原纤维固化单宁吸附分离材料、胶原纤维固化单宁膜材料的制备方法，以及它们对水体中重金属离子的吸附和回收性能；第 4 章介绍了多种胶原纤维固载金属吸附分离材料的制备方法，以及它们对水体中无机阴离子、阴离子有机物的吸附和去除性能，对蛋白质、酶、微生物等的吸附和纯化性能；第 5 章介绍了胶原纤维负载金属催化材料、以胶原纤维为模板的多孔金属纤维催化材料的制备方法，以及它们的催化性能；第 6 章介绍了胶原纤维接枝单宁负载金属纳米催化材料、以胶原纤维接枝单宁为模板的多孔金属-碳复合纤维催化材料的制备方法及其催化性能；第 7 章介绍了胶原纤维基乳液分离材料的制备方法及其对微乳液和纳乳液的分离性能；第 8 章介绍了胶原纤维基可穿戴电磁屏蔽材料、压敏传感材料的制备方法及应用性能；第 9 章介绍了以胶原纤维为模板的多孔碳纤维材料、多孔金属纤维材料、多孔金属-碳复合纤维材料、介孔 NZP 族磷酸盐材料、胶原纤维固载金属-固定化酶/酵母生物催化剂、胶原纤维接枝单宁负载纳米银抗菌材料的制备方法及应用性能。

　　石碧负责全书内容的规划、原始资料的整理及书稿的修改和审定，张琦弦负责第 1~6 章、第 9 章的撰写，黄鑫负责第 7、8 章的撰写。本书内容汇聚了作者课题组多年来的相关研究工作，这些工作得到了 973 计划项目(2004CCA06100)、国家科技支撑计划项目(2006BAC02A09、2011BAC06B11)、国家自然科学基金项目(20476062、20076029、20776090、21676171)等的持续支持；参加研究工作的教师和博士、硕士研究生包括：廖学品、张文华、黄鑫、张琦弦、郭俊凌、毛卉、吴昊、刘晓虎、马贺伟、陈光艳、邓慧、丁平平、顾迎春、何利、候旭、焦利敏、李娟、廖洋、刘静、刘一山、陆爱霞、吕远平、马骏、宋娜、王茹、王晓玲、肖高、叶晓霞、张米娜、祝德义、陈琛、陈洁、陈爽、陈星宇、成咏澜、陈泽睿、程远梅、丁云、冯远春、黄彦杰、姜苏杰、孔纤、李丽、刘畅、任涛、孙霞、唐睿、唐伟、王忠明、吴晖、卓良明等。在此，对资助相关研究工作的单位及参与研究工作的同志致以衷心的感谢！

　　胶原纤维基功能材料研究与开发工作涉及多学科知识，具有丰富的理论知识和实践经验才能获得对其深刻的理解。限于作者的水平和知识范围，本书可能存在疏漏和不妥之处，敬请各位读者指正。

作　者

2023 年 6 月

目　　录

第1章 绪 论

1.1 引 言

开发和利用生物质资源，对人类社会的健康持续发展具有重大意义。猪、牛、羊等家畜动物产生的动物皮是畜牧业的副产物，也是世界上最大的可再生动物生物质资源之一。自古以来，家畜动物皮主要用作制革工业的原材料。胶原蛋白是构成动物皮的主要成分，其含量达到 90%以上(以动物皮干重计)，具有优良的生物相容性和生物降解性，已经在食品、医药、化妆品等行业中得到了广泛应用。由胶原蛋白构成的胶原纤维是一种天然的高分子材料，具有独特的纤维结构，它的某些性质(如亲水而不溶于水)是合成高分子材料所不具备的。目前，越来越多的研究致力于直接利用胶原纤维特殊的结构和性质开发新的功能材料，这些功能材料在吸附、分离、催化等领域表现出了优良的性能。

胶原纤维在制革方面的应用具有悠久的历史。深入认识制革化学的科学内涵可以发现，制革化学中蕴藏着的许多科学规律预示着胶原纤维的利用价值远远超出制革的范畴，而且可以对相关领域的科技发展产生重要影响。例如，基于植物单宁-胶原纤维反应的"植物鞣法"，揭示了胶原纤维对植物提取物中的生物活性成分单宁具有高选择吸附特性；基于金属离子-胶原纤维反应的"金属鞣法"，表明可以将胶原纤维用于固载金属离子，吸附并去除水中的阴离子成分，如无机阴离子、阴离子有机物等；基于胶原纤维-植物单宁-金属离子三元反应的"结合鞣法"，预示着可以将胶原纤维作为基质，通过固载单宁的手段制备对重金属离子具有高吸附容量的新型吸附分离材料。这些材料可望在医药、食品加工、环境保护、贵重金属的回收和浓缩、非均相催化剂制备等方面展示出重要的应用价值。

胶原属于结构性蛋白，具有蛋白质的基本性质，由 20 余种氨基酸按照一定比例排列组合而成。胶原的分子链上既含有丰富的肽基、氨基、羧基、羟基等亲水性基团，又含有由丙氨酸、脯氨酸、亮氨酸等氨基酸残基形成的局部疏水区域。这些性质使胶原纤维可以通过氢键作用和疏水作用吸附和分离某些天然小分子活性物质，如黄酮类化合物、有机酸类化合物等，从而为胶原纤维的高附加值利用提供一条新的途径。另外，胶原纤维的活性基团还使胶原纤维易于改性，通过改性赋予它不同的官能团，从而可以用于吸附和分离更多类型的物质，如蛋白质、酶、微生物等。因此，胶原纤维具备开发成为多种吸附分离材料的潜质。吸附是液相或气相中的组分因物理或化学作用驱动，向固相转移并蓄积的现象。吸附剂可以用于从液相或气相中富集回收/脱除容易被吸附的物质，这是它的基本功能；而当液相或气相中的不同组分在吸附剂上的吸附强度存在差异时，吸附剂可以通过吸附、解吸等过程实现这些共存组分的分离，这时吸附剂作为分离材料使用。

利用胶原纤维通过改性能够吸附多种类型的物质这一性质，还可以将胶原纤维开发为多种功能材料。例如，胶原纤维通过植物单宁改性后，可以吸附固定银离子，并且单宁将银离子还原为单质银纳米颗粒，由此可以制备得到具有良好抗菌效果的胶原纤维负载纳米银抗菌剂。胶原纤维通过金属离子改性后，可以吸附并固定酶和酵母细胞，由此可以制得使用条件更广泛、重复使用性能更优的胶原纤维固定化酶和固定化酵母细胞催化剂。

另外，利用胶原纤维独特的高分子结构及与植物单宁、金属离子优良的反应能力，可以制备多种非均相金属催化剂。这些催化剂大致可分为胶原纤维负载金属纳米催化剂和多孔金属纤维催化剂两类。胶原纤维负载金属纳米催化剂可以通过胶原纤维-金属催化剂前驱体直接反应制备，也可以通过胶原纤维-植物单宁-金属催化剂前驱体间接反应制得。这类催化剂具有粒度细、均匀性好、反应活性佳、活性部分不易脱落、反应条件温和、扩散阻力小及可多次循环使用的优点，在光降解染料、烯烃加氢、喹啉加氢等反应中有很好的催化效果。此外，还可以以胶原纤维为模板材料，将金属催化剂前驱体负载到模板上，通过热处理碳化或除去模板后制得多孔金属-碳复合纤维催化剂、多孔金属纤维催化剂等。这类催化剂保持了胶原纤维的形貌，具有多级孔结构，其催化活性高于相应的商业级粉体状催化剂。

胶原纤维具有从纳米到微米尺度的多层级纤维结构，这赋予了胶原纤维优异的液体传输性能，同时也为构建超浸润表面提供了结构基础。另外，胶原纤维在含有大量亲水基团的同时还存在疏水区，具有独特的两亲性浸润特性。而这种两亲性浸润特性可以通过对胶原纤维的化学修饰加以放大，这便为开发一系列具有特殊浸润性能的高效乳液分离材料奠定了结构基础和化学基础。

皮革本身也是一种材料。它的密度小，且具有优异的可穿戴性能、透水汽性和卫生性，这是传统合成高分子材料难以比拟的。基于皮革的这些优点，再从材料科学的角度对其进行某些结构修饰，可望开发出全新的功能性皮革。因此，本书也介绍了基于皮革基材开发胶原纤维基柔性可穿戴功能材料的相关研究进展，包括可穿戴电磁屏蔽皮革和可穿戴压敏传感皮革等。

本书内容包含了将胶原纤维开发为多种功能材料的方法及科学原理，以及这些功能材料在多个方面的应用性能。本书的主要内容是作者课题组近 15 年的研究结果，相信其对胶原纤维的开发利用具有较重要的启发意义。

1.2　胶原纤维概述

　　胶原广泛存在于动物的骨、肌腱、软骨、皮肤及其他结缔组织中，占哺乳动物总蛋白的 20%～30%。胶原的基本结构单元是胶原分子。迄今，人们在脊椎动物体内已发现 28 种胶原，并按照被发现的先后顺序依次用大写罗马数字进行编号。按照胶原形成聚集体的结构进行分类，可以将胶原分为成纤维胶原和非成纤维胶原两大类[1]，其中成纤维胶原即是所谓的胶原纤维。高等动物中的胶原主要是Ⅰ型胶原，在其皮、肌腱及骨骼中都有分布，但主要存在于动物的皮中。在Ⅰ型胶原存在的动物组织中往往同时含有少量的Ⅲ型胶原。Ⅰ型胶原和Ⅲ型胶原均属于成纤维胶原，也是本书所讲到的用来制备功能材料的主要胶原。尽管胶原的类型多种多样，但是所有胶原分子都是由三条α多肽链组成，呈现三股螺旋结构，每条肽链的氨基酸顺序基本按照 Gly-X-Y 重复排列(Gly 为甘氨酸，X 通常为脯氨酸，Y 有时为羟脯氨酸)[2]。

　　脊椎动物的皮是人们利用的胶原纤维的主要来源，其所含的胶原纤维主要为Ⅰ型胶原，下面就Ⅰ型胶原的结构作进一步阐释。

1.3　胶原纤维的结构

　　对于Ⅰ型胶原纤维而言，约 1000 个氨基酸构成一条α多肽链，三条α多肽链以螺旋结构构成一个胶原分子，而 4～8 个胶原分子构成一个微原纤维，多个微原纤维进一步聚集形成胶原原纤维，进而形成胶原纤维。

1.3.1　α链

　　组成Ⅰ型胶原分子的三条α链，其中有两条链相同，称为α1(Ⅰ)，另一条与α1(Ⅰ)的氨基酸组成不同，称为α2(Ⅰ)。小牛皮Ⅰ型胶原α1(Ⅰ)和α2(Ⅰ)的氨基酸组成如表 1.1 所示[3]。在Ⅰ型胶原的肽链中，甘氨酸的侧链基团最小，而且每间隔两个氨基酸位置就会重复出现甘氨酸，即呈 Gly-X-Y 排列。在肽链的氨基酸排列中，大约 35%的非甘氨酸位置被脯氨酸占据，而且几乎都在 Gly-X-Y 的 X 位置，而羟脯氨酸则主要出现在 Y 位置。羟脯氨酸是脯氨酸在脯氨酸羟化酶的作用下生成的。羟脯氨酸是胶原特有的氨基酸，约占胶原氨基酸的 10%，当有其他蛋白质存在时可通过测定羟脯氨酸的含量来测定胶原及其降解产物的含量。脯氨酸和羟脯氨酸的五元环结构使α链稳固，并通过形成氢键使分子的旋转受到限制。胶原中另一种比较特殊的氨基酸是羟赖氨酸，它是赖氨酸在赖氨酸羟化酶的作用下生成的。此外，在肽链的氨基或羧基末端有 9～26 个氨基酸残基，这些氨基酸残基并不位于螺旋结构中，通常把这些非螺旋氨基酸残基称为尾肽或端肽。

表 1.1　小牛皮 I 型胶原中的各种氨基酸数量[3]

氨基酸	α1(I)链	α2(I)链
丙氨酸	124(2)	111(3)
精氨酸	53(2)	56(1)
天冬酰胺	13	23
天冬氨酸	33(3)	24(2)
谷氨酸	52(2)	46(2)
谷酰胺	27(3)	24(1)
甘氨酸	345(6)	346(6)
组氨酸	3(1)	8
羟赖氨酸	4	9
羟脯氨酸	114	99
异亮氨酸	9(1)	18
亮氨酸	22(3)	33
赖氨酸	34(2)	21(1)
蛋氨酸	7	4
苯丙氨酸	13(1)	15(3)
脯氨酸	127(4)	108(1)
丝氨酸	37(5)	35(1)
苏氨酸	17(1)	20
酪氨酸	5(5)	4(3)
缬氨酸	17(1)	34
合计	1056(42)	1038(24)

注：括号中的值为端肽的氨基酸个数。

1.3.2　I 型胶原分子

I 型胶原分子的α链自身为左手螺旋结构，而三条多肽链相互缠绕在一起形成右手螺旋结构，即为一个完整的胶原分子，如图 1.1 所示[3]。这种特殊的三股螺旋结构赋予胶原纤维一定的机械强度。三股螺旋结构的螺距为 8.6nm，每圈每股链上含有 36 个氨基酸残基，即 12 个 Gly-X-Y 三联体。三股螺旋中，沿α链的第三个氨基酸残基位于螺旋中心，其空间大小仅能容纳分子最小的甘氨酸。脯氨酸和羟脯氨酸的五元环结构使胶原分子具有刚性。甘氨酸与相邻肽链之间形成的氢键起着稳定胶原分子三股螺旋结构的作用，除此之外，胶原分子内的交联也对保持三股螺旋结构的稳定性具有一定作用[4]。胶原分子的三条肽链缠绕成棒状，长度为 300nm，直径为 1.5nm，平均分子量为 300000。由于长径比很大，胶原分子在溶液中的黏度很大。α链的端肽形成了胶原分子的球状结构区。

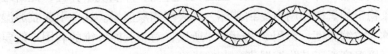

图 1.1　胶原分子示意图[3]

1.3.3　纤维结构

胶原分子首尾相间，平行排列，通过侧向共价交联键等聚集形成胶原微原纤维[5]。如图 1.2 所示[3]，平行排列的胶原分子不是齐头齐尾，而是错开 67nm 的距离，称为 1/4 错列结构，这种结构对提高胶原纤维自身的机械强度具有重要作用。多个胶原微原纤维聚集形成胶原原纤维，原纤维进而聚集形成胶原纤维，如图 1.3 所示。胶原原纤维是借助蛋白多糖、糖蛋白等黏合质联结或通过自身聚集形成胶原纤维的，即胶原纤维是胶原原纤维自组装而成的超分子结构。

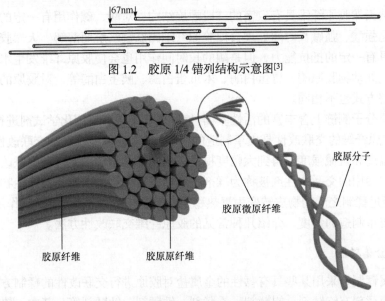

图 1.2　胶原 1/4 错列结构示意图[3]

胶原分子

胶原微原纤维

胶原纤维　　　　胶原原纤维

图 1.3　胶原分子组装为胶原纤维示意图

1.4　胶原纤维的物理和化学性质

1.4.1　物理性质

胶原纤维特殊的结构使其具有一定的机械强度。胶原纤维在绝干状态下硬而脆，相对密度为 1.4，热容量为 1.34J/g。水溶液中的胶原纤维在温度升高到某一值时会突然收缩，纤维变粗变短，强度大大降低，并表现出弹性，此时维持胶原纤维构象稳定的氢键作用力受到破坏，其天然构象崩塌。这一引起胶原湿热收缩的温度称为收缩温度，常用 T_s 表示[6]。所以，对于胶原纤维的利用一般要保证其所在的环境温度低于其收缩温度。

同大多数蛋白质一样，胶原纤维同时含有酸性氨基酸和碱性氨基酸，是一种两性天然高分子。天然胶原纤维的等电点为 6.7[6]，当溶液 pH 高于等电点时，胶原纤维带负电荷，反之，当溶液 pH 低于等电点时，胶原纤维带正电荷。

胶原纤维含有丰富的肽基、氨基、羧基、羟基等基团，具有很强的亲水性。但是，维持胶原纤维天然构象的作用力使其在水中具有不溶解性，甚至短时间内在酸和碱溶液中也基本不溶解，仅表现为溶胀。所以，胶原纤维与一般的蛋白质不同，具有亲水而不溶于水的特性。

1.4.2　化学性质

虽然天然胶原纤维具有致密的三股螺旋结构，对酸、碱作用有一定的抵御能力，但是强酸、强碱长时间处理会使胶原纤维因肽键水解而溶解。天然胶原纤维对酶也具有一定的抵抗能力，但是酶的长时间作用也会使胶原纤维发生水解。不同的酶，如动物胶原酶、胃蛋白酶、木瓜蛋白酶、胰蛋白酶等，对胶原的水解能力和水解方式也不相同。

胶原分子侧链上含丰富的活性基团，使胶原纤维很容易用化学试剂进行改性。其中，胶原纤维的交联改性是皮革制造的核心内容。胶原纤维经过交联改性以后，其收缩温度和机械强度会得到大幅度提高。在制革化学领域，这种交联改性被称为鞣制，使用的交联改性剂被称为鞣剂。动物皮在鞣制之前容易被微生物侵蚀而腐烂，经过鞣制之后动物皮转变为湿热稳定性高、耐微生物和化学试剂作用的革。下面从皮革制造的角度，介绍几种常见的胶原纤维交联改性方法。

1. 金属鞣制

金属鞣制是采用某些具有鞣性的金属盐对胶原进行交联改性的鞣制方法。常用的金属鞣剂有铬鞣剂、铝鞣剂、锆鞣剂、铁鞣剂、钛鞣剂等。其中，铬鞣剂在目前应用最为广泛，鞣制效果最好。具有鞣性的铬离子呈三价态，但是如果三价铬离子转变为六价铬离子，会对人体健康、环境和生态造成较大危害。为此，制革化学家们正在努力探寻减少铬用量和替代铬的鞣制方法。

金属鞣制的机理是胶原侧链的羧基、氨基等活性基团作为配体与金属离子络合，同时金属离子在水溶液中发生水解和配聚，形成络合物大分子，从而在胶原的侧链间形成交联网状结构。

2. 植物单宁鞣制

植物单宁鞣制是采用植物单宁对胶原纤维进行改性的鞣制方法，在皮革鞣制中使用最早。植物单宁是存在于植物根、茎、叶、果实中的复杂多酚类化合物的总称。常用的植物单宁有坚木单宁、塔拉单宁、杨梅单宁、黑荆树单宁等。目前，植物单宁鞣制的机理被认为是单宁与胶原纤维之间发生了多点氢键、疏水键及静电作用。

3. 醛鞣制

醛鞣制的本质是通过醛类物质与胶原纤维的侧链氨基发生反应，形成共价键，从而在胶原肽链之间形成交联结构。古老的烟熏制革法，本质上也是醛鞣制。常用的醛鞣剂有甲醛、戊二醛等，甲醛由于对健康存在较大威胁，已被限制使用。

4. 油鞣制

油鞣制是以高度不饱和的脂肪酸为鞣剂的鞣制方法。关于油鞣制的机理，一般认为，高度不饱和的脂肪酸在氧化条件下产生烯醛和部分过氧化物，过氧化物能容易地与胶原纤维的羧基或氨基形成稳定的结合。油鞣剂的脂肪酸长链可以赋予革优良的柔软性。

5. 结合鞣制

结合鞣制是用两种或两种以上鞣剂对动物皮进行鞣制改性的方法。结合鞣制可以充分发挥每一种鞣剂的优点，并且克服各自的不足之处。常用的结合鞣制方法有植物单宁-铬结合鞣制法、植物单宁-铝结合鞣制法、植物单宁-醛结合鞣制法、醛-铬结合鞣制法等。结合鞣制的革通常具有较高的收缩温度和化学稳定性。

制革化学专注于研究通过对胶原纤维实施化学改性，将皮转变为革。然而，胶原纤维丰富的活性基团和独特的纤维结构，预示着胶原纤维除了可以通过交联改性制造皮革以外，还可以有其他的改性方法和用途。

1.5 胶原纤维的用途

胶原纤维在传统上主要用于制革。而随着现代科技的进展，胶原凭借其优良的生物相容性和生物降解性，已作为生物材料越来越多地应用于医药、食品、化妆品等领域。

1.5.1　制革

制革是目前胶原纤维最大和最主要的用途。有记载的制革业已有几千年的历史，人类的祖先很早以前就知道用动物的毛皮来御寒，后来人们逐渐懂得用各种方法来处理原料皮，使其能够耐微生物的侵蚀，并且具有较好的机械强度和耐湿热稳定性。考古研究发现，早在古罗马时期人们就知道用植物单宁来鞣革[7]，并且植物单宁鞣革仍沿用至今。现代制革工业主要采用铬鞣、醛鞣、植物单宁鞣等鞣制方法，而铬鞣法占到80%以上。自1858年Knapp研究发明铬鞣法，以及1893年Dennis发明一浴铬鞣法以来，铬鞣法由于操作简单、易于控制及成革耐湿热稳定性好等优点，很快在制革工业中得到广泛应用并占据主导地位。经过一百多年的发展，现代制革工业已形成以铬鞣法为基础的一整套较为完善的制革工业体系。我国是制革工业大国，从1995年开始逐渐成为世界皮革生产、加工和贸易中心，皮革、毛皮及其制品出口创汇多年居于我国轻工行业首位，在国民经济建设中发挥了重要作用。但是，铬鞣剂中的三价铬离子有被氧化为毒性较强的六价铬离子的风险，因此铬鞣剂的使用成为制约我国制革工业可持续发展的瓶颈之一。目前，国内外制革化学家们对无铬鞣法进行了大量的研究，目的是减少制革工业对于铬鞣法的依赖，以期解决制革工业面临的可持续发展问题。

1.5.2　非制革利用

1. 胶原在食品中的应用

胶原含有大量的氨基酸，并且其氨基酸种类丰富，其中羟脯氨酸只存在于胶原中。我国素有"以血补血，以皮养颜"的说法，常食用富含胶原的食物，能增加皮肤细胞的储水能力，增强和维持肌肤的良好弹性，起到护肤美容、延缓衰老的良好作用。在日本，胶原相关的食品被厚生省作为"健康食品"推向市场，包括胶原多肽、氨基酸口服液等保健型食品。目前我国也已经有较多的这类产品。以胶原为原料可以制造食品包装材料[8]，如肠衣；将水解胶原蛋白添加到肉制品中不仅能改善产品的品质，还可以提高蛋白质的含量[9]；胶原水解产物明胶可以作为澄清剂用于啤酒、果酒、露酒及果汁等生产过程中单宁的脱除，从而使最终产品澄清，提高产品的储存稳定性和口感[10-12]；此外，明胶还可以作为糖果添加剂、冷冻食品改良剂、乳制品添加剂、食品涂层材料等。

2. 胶原在医药中的应用

胶原因其低抗原性和良好的组织相容性，在生物医学材料领域得到了广泛的应用。例如，胶原可以作为药物发送(缓释)材料和组织工程材料[13]；胶原还可以加工成片状、管状、海绵状、粉体状、毛状及可注射溶液或分散液，已在烧伤和创伤[14,15]、眼角膜疾病[16,17]、美容与矫形[18,19]、硬组织修复[20]、创面止血[21]等医药卫生领域得到应用。

3. 胶原在化妆品中的应用

近年来，在国内外的很多高档化妆品中均可以看到胶原的应用。国外对水解胶原在美容方面的作用进行了深入的研究，实验证明 0.01%的水解胶原纯溶液就有良好的抗各种辐射的作用，并且能形成很好的保水层，提供皮肤所需的水分[22]。我国的科技工作者也观察到当水解胶原的浓度达到 0.33~1.00mg/mL 时可明显促进表皮细胞的增生。胶原的减少是造成肌肤衰老的主要原因[23]，化妆品中胶原成分的营养性、修复性、保湿性、配伍性及亲和性可延缓肌肤的衰老。

1.6 基于胶原纤维的新型功能材料

胶原的非制革利用不仅仅只是上述在食品、医药及化妆品领域的应用，从2000 年左右开始，越来越多的研究致力于利用胶原纤维特殊的结构和性质开发新的功能材料，这些功能材料在多个应用领域表现出优良的特性。本书对利用胶原纤维制备吸附材料、分离材料、催化材料、电磁屏蔽材料、压敏传感材料等方面的研究工作进行了归纳和介绍。

胶原分子由三条肽链以螺旋状态构成，其肽链之间会形成氢键等作用力来维持这种构象的稳定；胶原分子进一步以 1/4 错列结构形成胶原原纤维，进而聚集形成胶原纤维。因此，胶原纤维具有良好的机械强度，并且通过适当的化学交联，其强度可得到进一步提高，具备成为新型功能材料的基本条件。同时，胶原纤维虽然不溶于水，但却具有很强的亲水性，而且还具有纤维状材料高传质速率和低床层阻力的优点[24]，因而可以满足在水环境中对目标物质进行快速吸附和解吸的要求，适合大规模的应用，所以胶原纤维具备加工成为吸附和分离材料的优势。另外，基于胶原纤维的催化材料，其纤维结构大大降低了催化剂表面的扩散阻力，从而有利于催化反应的进行。然而，胶原纤维也具有常规纤维状材料比表面积小的缺陷[24]，其比表面积远小于传统的多孔材料(如活性炭、多孔硅胶等)。

尽管比表面积小的特点在一定程度上影响了胶原纤维对吸附、分离和负载目标物质的吸附量和负载量，但是胶原纤维自身的或者通过改性得到的丰富的活性基团，使它仍然表现出较高的吸附量和负载量。胶原纤维含有丰富的肽基、氨基、羧基、羟基等活性基团，正是由于这些基团的存在，制革工业才可以将动物皮通过金属鞣、植物单宁鞣、醛鞣等方法转变成为人们用来制鞋、制衣、制包的革。

因此，胶原纤维对具有鞣性的金属离子、植物单宁、醛类化合物等具有较强的亲和力，可以将胶原纤维作为这些目标物质的吸附分离材料或载体材料。另外，将金属离子、植物单宁、醛类化合物等固载到胶原纤维上后，还能赋予胶原纤维更丰富的活性基团，使其作为吸附分离材料或载体材料具有更广泛的应用领域。

目前，已有的研究将胶原纤维与醛类化合物、植物单宁、金属离子、导电材料反应，或与碳纳米材料、金属有机框架(MOFs)材料复合，制备了多种功能材料，包括针对天然产物、重金属离子、无机阴离子、阴离子有机物、蛋白质、酶、微生物等的吸附分离材料，负载金属纳米颗粒、多孔金属纤维、固定化酶、固定化酵母细胞等催化材料，以及乳液分离材料、电磁屏蔽材料、压敏传感材料等。

天然的胶原纤维不耐微生物和化学试剂的侵蚀，热稳定性差，因此将胶原纤维开发成为功能材料之前，必须对其进行适当的化学改性以提高其稳定性。有意思的是，在通过化学改性提高胶原纤维的稳定性时，往往也同时赋予了其某些特别的功能属性；而在有目的地对胶原纤维进行功能化改造时，往往也提升了其稳定性。这对胶原纤维基功能材料的制备特别有意义。

用醛类化合物与胶原纤维共价交联的主要目的是在基本不改变胶原纤维活性基团和纤维形貌的基础上，赋予胶原纤维更好的稳定性，由此制备得到了针对植物单宁、黄酮类化合物、有机酸类化合物、蛋白质等的吸附分离材料。这种材料通过氢键和疏水作用吸附和分离单宁、黄酮、有机酸等天然产物，通过静电作用吸附和分离蛋白质。

用植物单宁处理胶原纤维以后，再加入醛类化合物进行交联，可以使单宁以共价键形式牢固固载到胶原纤维上，由此制备得到了对金属离子具有较高吸附容量的吸附分离材料。这种材料主要利用固化的单宁对金属离子的络合作用吸附和分离残留在水体中的重金属离子。另外，基于胶原纤维固化单宁对金属离子的强亲和作用，用胶原纤维固化单宁材料与金属离子反应，可以制备得到胶原纤维负载纳米银抗菌剂和负载金属纳米催化剂。进一步对胶原纤维固化单宁与金属离子的反应产物进行碳化或煅烧处理，可以制备得到多孔金属-碳复合纤维、多孔金属纤维及多孔碳纤维材料。

采用锆盐、铁盐、铝盐、钛盐等具有鞣性的金属盐处理胶原纤维，金属盐中的金属离子以配位和配聚等形式牢固固定在胶原纤维上，可以制备得到对无机阴离子、阴离子有机物，以及蛋白质、酶、微生物等具有良好吸附分离性能的材料。这些材料可通过离子交换作用吸附和分离水体中的无机阴离子，通过静电、络合和疏水作用吸附和分离水体中的有机残留物及蛋白质、酶和微生物等。利用胶原纤维固载金属离子材料对酶、微生物的吸附特性，可以制备得到胶原纤维固定化酶和固定化酵母细胞等生物催化剂。利用在胶原纤维上固载的金属离子的催化活性，胶原纤维固载金属离子材料可以直接作为非均相催化剂。将胶原纤维固载金属离子材料进行碳化或者煅烧处理，还可以制备得到多孔金属-碳复合纤维、多孔金属纤维、多孔碳纤维及介孔 NZP 族磷酸盐材料。

为了使胶原纤维暴露更多的活性基团，提高其对于活性物质的负载量及对于目标物质的吸附量，将胶原纤维用胃蛋白酶水解，得到完整的胶原分子，胶原分子在负载活性物质的诱导下重新聚集形成不同结构的胶原纤维，由此可以制备一系列重组胶原材料，如重组胶原纤维固化单宁材料和重组胶原纤维固载金属材料等。

利用水合能力较强的金属离子与胶原纤维的反应，可强化胶原纤维的亲水性和水下疏油性，从而强化对水包油乳液中水连续相的选择透过性，以及油包水乳液中水分散相的选择性吸附和储存，实现对水包油乳液和油包水乳液的高通量双分离。利用胶原纤维丰富的反应基团，可将金属有机框架材料原位生长于胶原纤维表面作为筛分破乳位点，实现金属有机框架材料筛分作用和胶原纤维毛细管作用的协同，从而获得对乳液的高通量分离性能。

用具有特殊功能的新材料涂饰皮革，可实现对皮革的多层级纤维结构的表面修饰，调控电磁特性，从而赋予其电磁屏蔽、压敏传感等全新的功能，使皮革成为胶原纤维基柔性可穿戴功能材料。

在接下来的章节中会对每种材料进行详细阐述。

参 考 文 献

[1] 李国英, 刘文涛. 胶原化学[M]. 北京: 中国轻工业出版社, 2013: 1-2.

[2] 李国英, 刘文涛. 胶原化学[M]. 北京: 中国轻工业出版社, 2013: 3-4.

[3] Friess W. Collagen-biomaterial for drug delivery[J]. European Journal of Pharmaceutics and Biopharmaceutics, 1998, 45(2): 113-136.

[4] Brodsky B, Ramshaw J A M. The collagen triple-helix structure[J]. Matrix Biology, 1997, 15: 545-554.

[5] 廖隆理. 制革化学与工艺学(上)[M]. 北京: 科学出版社, 2005: 128-129.

[6] 詹怀宇. 纤维化学与物理[M]. 北京: 科学出版社, 2005: 388-396.

[7] Driel-Murray C V. Practical evaluation of a field test for the identification of ancient vegetable tanned leathers[J]. Journal of Archaeological Science, 2002, 29(1): 17-21.

[8] 雷亚君, 唐亚丽, 卢立新. 鱼类胶原蛋白在包装中的应用进展[J]. 包装工程, 2014, 35(13): 43-50.

[9] 杜敏, 南庆贤. 猪皮胶原蛋白的制备及在食品中的应用[J]. 食品科学, 1994, 175(7): 36-40.

[10] 饶炎炎, 冯建文, 公丽凤, 等. 红树莓果汁澄清剂的选择及澄清工艺的优化[J]. 食品工业科技, 2018, 39(24): 209-215, 221.

[11] 邢玉青, 石飞, 王君. 复合澄清剂对李子酒澄清效果的研究[J]. 中国酿造, 2021, 40(1): 188-191.

[12] 王雅凡. 柿子单宁提取及对啤酒与红葡萄酒澄清效果研究[D]. 保定: 河北农业大学, 2015.

[13] 张健, 陈淼, 李伟鑫, 等. 负载脑源性神经营养因子胶原/肝素硫酸支架促进颅脑创伤大鼠神经运动功能的恢复[J]. 中国组织工程研究, 2020, (34): 5538-5544.

[14] Fatemi M J, Garahgheshlagh S N, Ghadimi T, et al. Investigating the impact of collagen-chitosan derived from scomberomorus guttatus and shrimp skin on second-degree burn in rats model[J]. Regenerative Therapy, 2021, 18: 12-20.

[15] Du C Y, Li Y, Xia X L, et al. Identification of a novel collagen-like peptide by high-throughput screening for effective wound-healing therapy[J]. International Journal of Biological Macromolecules, 2021, 173: 541-553.

[16] 朱子芊, 邱双浩, 岳娟, 等. 角膜胶原交联治疗小鼠真菌性角膜炎的疗效[J]. 中华实验眼科杂志, 2018, 36(5): 344-350.

[17] 毛宝亮, 胡斌, 贾磊, 等. 胶原/硫酸软骨素/成纤维生长因子复合人工眼角膜的制备[J]. 中国组织工程研究, 2018, 22(14): 2203-2208.

[18] 李荟元. 软组织充填材料在美容外科应用的国外进展[J]. 中国美容医学, 2003, 12(1): 106-109.

[19] 张燕燕, 叶止君, 庞星源, 等. 可注射性胶原生物材料的制备及应用[J]. 中国生物制品学杂志, 1997, 10(3): 176-177.

[20] 李贺, 刘白玲. 胶原在组织工程中的应用[J]. 中国皮革, 2003, 32(5): 10-12, 21.

[21] 郭炜, 李荣文, 董燕. 医用胶原蛋白海绵在骨科中的应用[J]. 中国矫形外科杂志, 2003, 11(1): 49.

[22] 李幸. 鳕鱼皮胶原肽保湿护肤效果的研究[D]. 青岛: 中国海洋大学, 2014.

[23] 朱铁成. 胶原蛋白在系列化妆品中的应用[J]. 北京日化, 2000, (4): 18-21.

[24] Marcus R K, Nelson D M, Stanelle R D, et al. Capillary-channeled polymer (C-CP) fibers: A novel platform for liquid-phase separations[J]. American Laboratory, 2005, 37 (13): 28-32.

第 2 章　戊二醛交联胶原纤维材料及其在天然产物分离中的应用

2.1　引　言

　　胶原纤维含有丰富的肽基(—CONH—)、氨基(—NH$_2$)、羧基(—COOH)、羟基(—OH)等极性基团。这些基团可以与单宁、黄酮和有机酸等天然产物形成氢键。另外,胶原纤维所含的脯氨酸、丙氨酸、缬氨酸和亮氨酸等氨基酸残基的脂肪侧链在肽链上能形成局部疏水区域,使胶原纤维能与疏水性较强的天然产物通过疏水作用结合。不同的天然产物与胶原纤维形成氢键作用和疏水作用的强弱不同,因此,胶原纤维可以基于这两种作用对不同的天然产物产生不同程度的吸附强度,从而将天然产物分离开。

　　胶原纤维和蛋白质均属于两性物质,具有特定的等电点。当溶液 pH 高于它们的等电点时,它们呈负电性;当溶液 pH 低于它们的等电点时,它们呈正电性。带有电荷的物质之间会因为静电作用力相互吸引或者排斥,这种静电作用力可以通过 pH 进行调节,还可以通过增大离子强度得到削弱。所以,直接利用胶原纤维对不同蛋白质产生不同强度的静电作用力这一特点,可以将胶原纤维用于蛋白质的分离。

　　然而,胶原纤维本身是蛋白质,存在不耐微生物和化学试剂侵蚀及热稳定性差的缺陷,因此对胶原纤维进行适当的化学改性成为将其开发成天然产物和蛋白质吸附分离材料的前提。化学改性的方法是将戊二醛与胶原纤维反应,因为戊二醛不仅可以在胶原纤维上形成共价交联,提高胶原纤维的稳定性,还能够使胶原纤维保持其特有的纤维结构及保留绝大多数的活性基团。

2.2　材料的制备方法及物理性质

　　通过如下方法处理胶原纤维,即可得到戊二醛交联胶原纤维吸附材料(glutaraldehyde-crosslinked collagen fiber adsorbent, G-CFA)[1,2]:以牛皮为原料,经过去肉、浸灰、片皮、复灰、脱灰和软化等常规制革工艺处理,达到去除非胶原间质、松散胶原纤维的目的。用乙酸水溶液脱除皮中的矿物质,再用乙酸和乙酸钠缓冲液调节裸皮 pH 至 4.8～5.0,经无水乙醇脱水后,减压干燥,并研磨过筛得到胶原纤维粉末，其水分含量不超过 12%，灰分含量不超过 0.3%。将胶原纤维粉末用蒸馏水浸泡 12h 后，滴入适量戊二醛，先在 25℃下搅拌反应 4h，再升高温度至 45℃继续反应 4h。过滤后用蒸馏水洗涤数次，再用乙醇洗涤、脱水，并在 50℃干燥 12h，即得到 G-CFA，其外观如图 2.1 所示。

图 2.1　G-CFA 的外观形貌[2]

戊二醛与胶原纤维的反应机理如图 2.2 所示。戊二醛与胶原分子的侧链氨基反应生成共价键，从而在胶原分子侧链之间形成牢固的交联[3,4]。G-CFA 分别经蒸馏水、95% 乙醇和丙酮浸泡 2h 后，均不会发生戊二醛的脱落[1,2]，表明其耐溶剂稳定性优良。

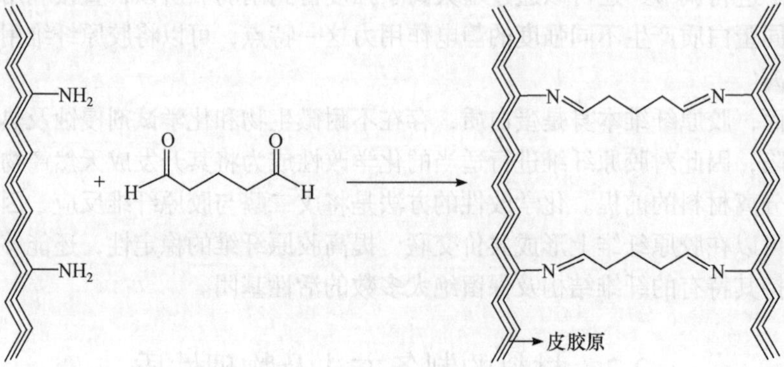

图 2.2　胶原纤维与戊二醛的交联反应机理[4]

　　G-CFA 仍然保持了胶原纤维的特征纤维结构，如图 2.3 所示。在吸附层析中，多孔类层析介质的物质传递包括外扩散、内扩散和吸附三个过程。而对于纤维状介质而言，内扩散过程是可以忽略的[5]。因此，与传统的多孔类层析介质相比，G-CFA 具有传质速率快、操作压力低等特点，适合用于大规模的分离应用。G-CFA 与未交联的胶原纤维相比，稳定性有了显著改善，其热变性温度由 69℃提高到了

89℃。G-CFA 可耐微生物和化学试剂的作用，在水中的溶胀程度大大降低，其水中溶胀度为 5.24cm³/g。G-CFA 是一种结构疏松的材料，其堆积密度仅为 0.241g/cm³。G-CFA 比表面积为 2.064m²/g[2]，在常规纤维状层析介质的比表面积范围内(1～5m²/g)[6]，远小于活性炭等多孔状介质的比表面积(500～1500m²/g)[7]。

图 2.3 G-CFA 的扫描电镜图[4]

虽然 G-CFA 的比表面积小，但自身丰富的活性基团使其仍表现出对目标物质优良的吸附能力。接下来的内容会具体介绍 G-CFA 对单宁、黄酮、有机酸等天然产物，以及蛋白质的吸附分离性能。

2.3 对单宁的选择吸附特性

2.3.1 单宁概述

单宁又称为鞣质，是一类天然多酚类化合物，作为植物的次生代谢产物广泛存在于植物的根、皮、叶及果实中。1962 年，Bate-Smith 定义单宁是分子量为 500～3000 的能沉淀生物碱、明胶及其他蛋白质的多酚类化合物[8]。单宁的水浸提物的商品名为栲胶，主要用作制革工业的鞣剂。

单宁分为水解类单宁和缩合类单宁。水解类单宁是指在酸、碱或酶的作用下发生水解并产生棓酸(没食子酸)或鞣花酸的单宁[9]。单宁酸是典型的水解类单宁，图 2.4 为其分子结构示意图。缩合类单宁一般衍生于黄烷醇，为黄烷-3-醇的多聚体[10]。典型的缩合类单宁包括落叶松单宁、黑荆树单宁、杨梅单宁，它们的分子结构如图 2.5 所示。这三种缩合类单宁的分子骨架相同，但落叶松单宁的 B 环为邻苯二酚结构，而黑荆树单宁和杨梅单宁的 B 环多为连苯三酚结构，同时，杨梅单宁的部分 C 环还与棓酰基相连接。

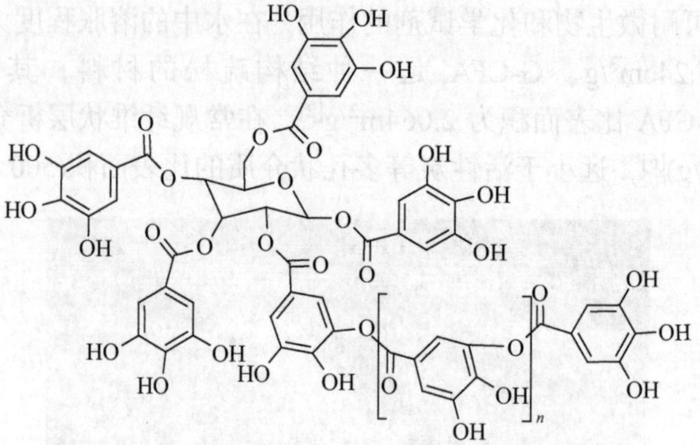

图 2.4 单宁酸的分子结构示意图

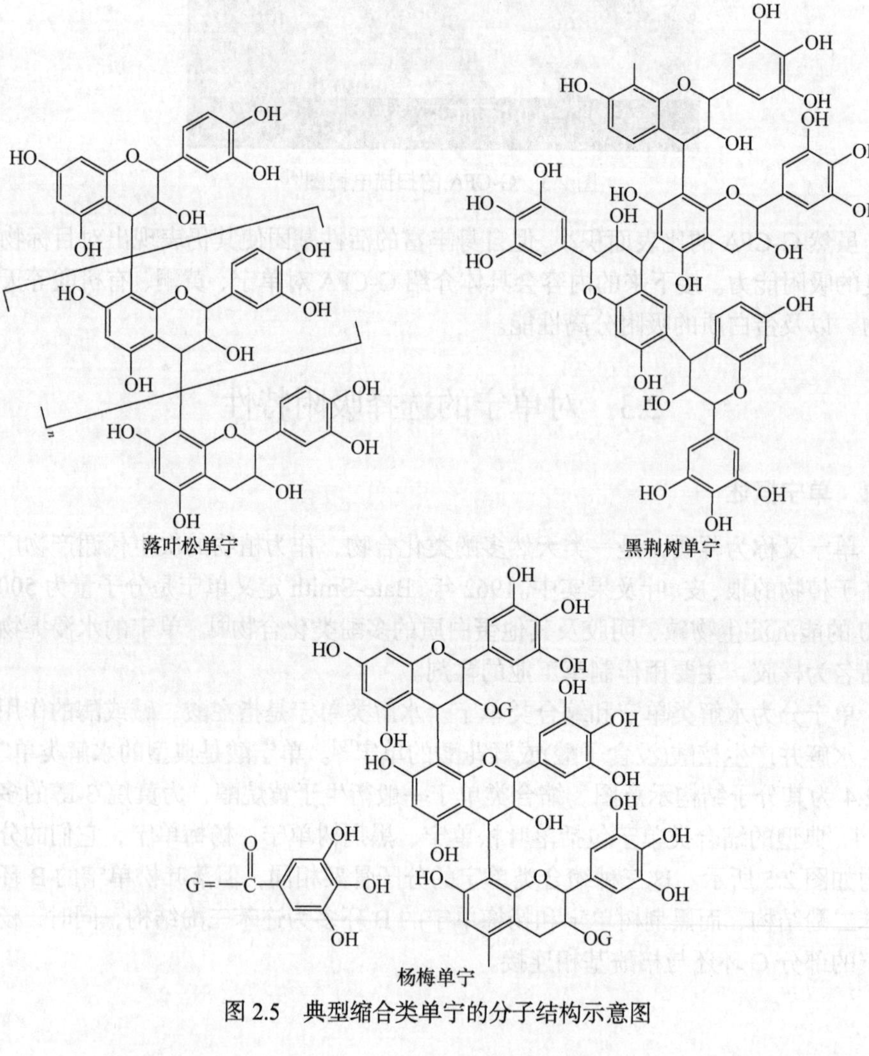

落叶松单宁

黑荆树单宁

杨梅单宁

图 2.5 典型缩合类单宁的分子结构示意图

单宁极易与蛋白质及金属离子反应[9,10]。单宁主要通过氢键和疏水作用与蛋白质结合，这是单宁用于制革的化学基础，利用单宁的这一反应活性将单宁用作制革的鞣剂(俗称栲胶)，这是单宁最主要的应用领域。作为植物的次生代谢产物，单宁的涩味和抗营养性可使植物免于受到动物的噬食，这也是单宁易与蛋白质结合的重要体现。另外，单宁分子内具有多个邻位酚羟基结构，它们能以两个配位原子与金属离子(如铜离子、铬离子、铁离子等)络合，形成五元螯合环[11-13]，可能同时还发生金属离子的氧化还原和水解配聚等其他反应。单宁与多种金属离子都可以发生络合反应，其络合能力较其他小分子配体强得多。这一特性不仅可用于单宁的定性、定量检测，而且是单宁在选矿、水处理、防锈涂料、染料和颜料、皮革结合鞣剂等多种应用方向上的化学基础。

单宁由于自身具有多酚羟基结构，表现出了抗氧化[14,15]、抑制微生物[16]、抗病毒[17-19]、抗突变[20,21]、抗肿瘤[22-24]等多种生物活性。然而，单宁也具有一定的毒副作用，主要表现为抗营养性和生物学毒性，其明显程度一般与摄取量呈正相关，而且有时这种毒副作用需要较长时间才能显现出来。单宁的抗营养性是因为单宁极易与蛋白质和金属离子结合，影响人或动物体对于蛋白质、维生素和矿物元素的摄入，同时还会抑制多种消化酶的催化活性[25,26]。关于单宁的生物学毒性也有许多报道，已经发现大剂量单宁酸能引起人和动物肝坏死[27]，某些单宁也可能诱发癌变[28,29]。70%中草药中都含有单宁，如果中药制剂中含有单宁，不仅会影响制剂的稳定性和澄清度，还可能会引起一系列严重的生理反应，例如，中草药注射液中的单宁可使血液中的蛋白质凝固，从而引起皮下出血等症状[30]。

药用植物提取物在利用之前，常常需要除去其中的单宁成分。目前，沉淀法是去除单宁成分的主要方法，但是由于单宁与许多中草药有效成分(如黄酮类化合物)具有相似的分子结构，传统的沉淀法很难有效地从中药及其制剂中选择性地去除单宁。吸附法是去除单宁的有效方法，常用的吸附材料聚酰胺虽然能脱除单宁，但同时会造成有效成分的严重损失。基于胶原纤维的单宁吸附材料对单宁具有高选择性去除性能，胶原纤维丰富的极性基团和疏水区域可以与单宁以多点氢键和疏水作用结合(这也正是制革中"植物鞣制"的理论基础[31])，而多数中草药有效成分由于分子量比单宁小，且没有足够的邻位酚羟基和疏水苯环，因而与胶原纤维的氢键和疏水结合能力小得多。所以，胶原纤维被开发成单宁吸附材料用于选择性吸附植物提取物中的单宁，并保留其有效成分。

2.3.2　对水解类单宁的选择吸附特性

G-CFA 对水解类单宁有很强的选择性吸附能力[1,32-34]。胶原纤维易于通过氢键和疏水作用与含有棓酰基(—C(=O)—〇—OH)的化合物结合[9,35]，而棓酰基是水解类单宁的特征结构。单宁酸是一种很典型的水解类单宁(结构如图 2.4 所示)，其分子中的糖环上含有多个棓酰基(平均含 10 个棓酰基)。当然，单宁酸实际上是含有多个组分的混合物，各组分的主要差异是棓酰基的含量不同。棓酰基含量越多的组分与胶原纤维的结合能力越强，越容易被胶原纤维吸附。如图 2.6 所示，单宁酸水溶液经 G-CFA 吸附后，除了含三个棓酰基的 1,2,3-三-O-棓酰基-β-D-葡萄糖(TrGG)等小分子组分外，其余组分几乎完全被 G-CFA 吸附[1,32]。例如，含五个棓酰基的 1,2,3,4,6-五-O-棓酰基-β-D-葡萄糖(PGG)即被完全吸附脱除。

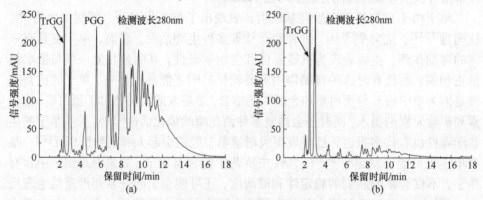

图 2.6　单宁酸水溶液经 G-CFA 吸附前(a)和吸附后(b)的高效液相色谱(HPLC)谱图[1,32]

G-CFA 用量为 5g/L，单宁酸浓度为 1000mg/L

辛弗林、葛根素、柚皮苷、黄芩苷、染料木苷、染料木素、白藜芦醇等化合物是典型的中草药有效成分，它们的结构如图 2.7 所示。辛弗林为生物碱类化合物，葛根素、柚皮苷、黄芩苷、染料木苷和染料木素均为黄酮类化合物，白藜芦醇为芪类化合物。这些化合物的分子量低，能与胶原形成氢键的位点少，因此 G-CFA 对这些化合物的吸附率都很低，如表 2.1 所示，G-CFA 仅对白藜芦醇有一定程度的吸附[1,32]。研究者将这些化合物与单宁酸混合，构建了中草药有效成分-单宁酸混合水溶液体系。G-CFA 能够从有效成分-单宁酸水溶液中去除 97% 的单宁酸，同时保留有效成分[1]。图 2.8 为有效成分-单宁酸水溶液吸附前后的高效液相色谱(HPLC)谱图，吸附前多数有效成分的峰与单宁酸的峰重叠，吸附后因为单宁酸几乎全部被吸附，这些有效成分的峰得以显现，很好地体现了 G-CFA 对单宁酸的选择吸附特性。在相同条件下，工业上常用的单宁吸附材料聚酰胺对单宁酸的去除效果不如 G-CFA 理想，聚酰胺对单宁酸的吸附量有限，而且未表现出较好的吸附选择性，有效成分损失较大[1,32]。如图 2.9 所示，有效成分-单宁酸水溶液经聚酰胺吸附以后，单宁酸的色谱峰仍然有一部分保留，而有效成分的色谱峰却有明显的降低。

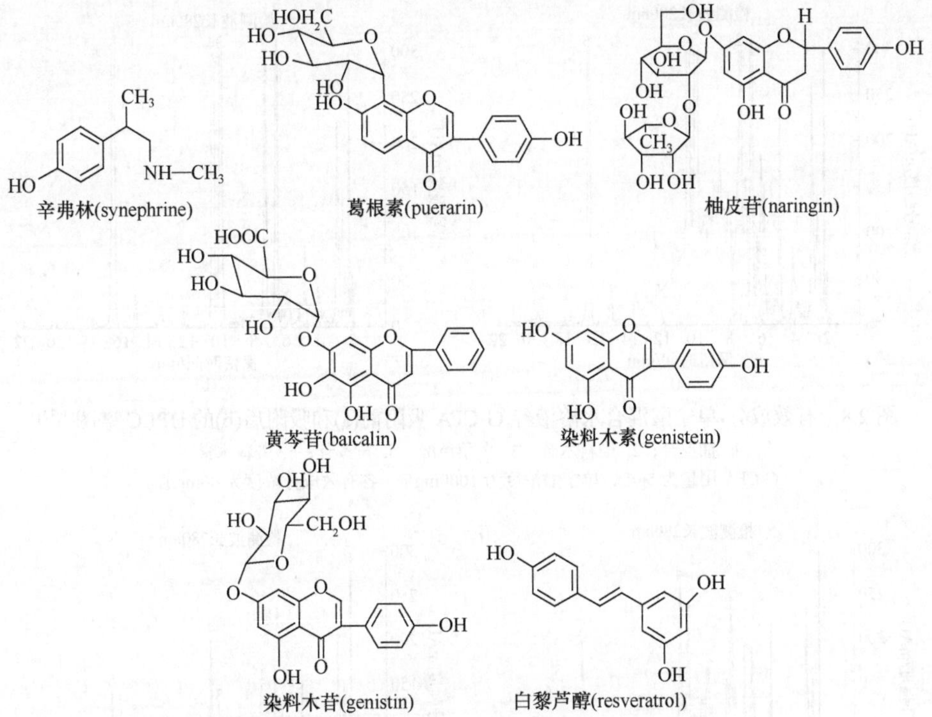

辛弗林(synephrine)　　　　葛根素(puerarin)　　　　柚皮苷(naringin)

黄芩苷(baicalin)　　　　染料木素(genistein)

染料木苷(genistin)　　　　白黎芦醇(resveratrol)

图 2.7　典型中草药有效成分的分子结构[1]

表 2.1　典型中草药有效成分在 G-CFA 上的吸附率[1,32]

组分	辛弗林	葛根素	柚皮苷	染料木苷	白黎芦醇	黄芩苷	染料木素
吸附率/%	2.7	4.3	2.9	6.3	27.0	2.4	9.5

注：G-CFA 用量为 5g/L，各有效成分浓度为 40mg/L。

　　研究者还将市售的双黄连口服液与单宁酸混合，构建了双黄连口服液-单宁酸混合水溶液体系。图 2.10 为该体系的 HPLC 谱图(依据单宁酸、绿原酸类化合物、黄芩苷类化合物的检测灵敏度，分别在 280nm 和 330nm 下检测)。图 2.11 是 G-CFA 对该体系吸附后余液的 HPLC 谱图，单宁酸除小分子组分外几乎全部被 G-CFA 吸附，而双黄连口服液中的主要成分绿原酸、黄芩苷及它们的类似物的吸附率均低于 5.0%[1,32]。有趣的是，G-CFA 对没有与单宁酸混合的双黄连口服液中的绿原酸及其类似物的吸附率均超过 15%，这说明单宁酸存在时，G-CFA 对双黄连口服液中有效成分的吸附能力降低[1,32]。胶原纤维与单宁酸具有很强的亲和性，这使得单宁酸在 G-CFA 上具有很强的竞争吸附能力，正是由于这种竞争吸附作用，有效成分得以更好地保留，这对植物提取物中单宁的选择性脱除是十分有利的。

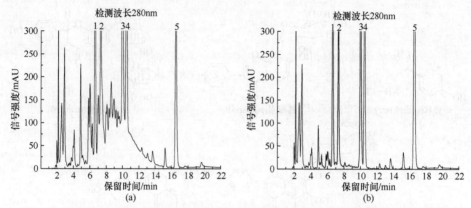

图 2.8　有效成分-单宁酸混合水溶液经 G-CFA 吸附前(a)和吸附后(b)的 HPLC 谱图[1,32]

1. 柚皮苷；2. 染料木苷；3. 白藜芦醇；4. 黄芩苷；5. 染料木素

G-CFA 用量为 5g/L，单宁酸浓度为 1000mg/L，各有效成分浓度为 40mg/L

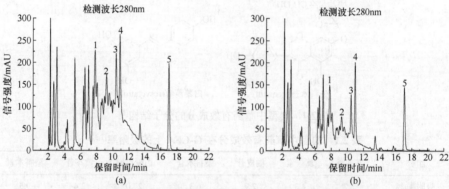

图 2.9　有效成分-单宁酸混合水溶液经聚酰胺吸附前(a)和吸附后(b)的 HPLC 谱图[1]

1. 柚皮苷；2. 染料木苷；3. 白藜芦醇；4. 黄芩苷；5. 染料木素

聚酰胺用量为 5g/L，单宁酸浓度为 1000mg/L，各有效成分浓度为 40mg/L

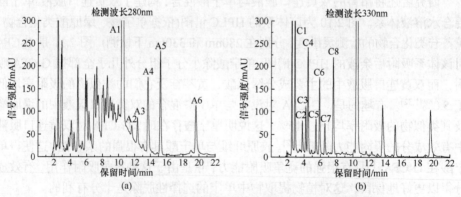

图 2.10　双黄连口服液-单宁酸混合水溶液的 HPLC 谱图[1,32,34]

A1. 黄芩苷；A2～A6. 黄芩苷类似物；C8. 绿原酸；C1～C7. 绿原酸类似物

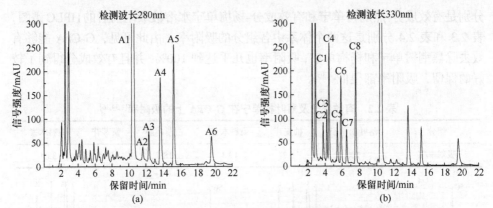

图 2.11　G-CFA 对双黄连口服液-单宁酸混合水溶液吸附后余液的 HPLC 谱图[1,32,34]

A1. 黄芩苷；A2～A6. 黄芩苷类似物；C8. 绿原酸；C1～C7. 绿原酸类似物

G-CFA 用量为 5g/L，单宁酸浓度为 1000mg/L，双黄连口服液用量为 100mL/L

2.3.3　对缩合类单宁的选择吸附特性

缩合类单宁虽然不具有或仅有少量棓酰基，但是富含酚羟基和苯环结构，也可以与胶原纤维以氢键作用和疏水作用结合，尤其是缩合类单宁的邻位酚羟基与胶原纤维具有很强的亲和性。G-CFA 对缩合类单宁具有很好的选择性[1,34,36]。

在黄芩苷、柚皮苷、染料木苷、染料木素、白藜芦醇等中草药有效成分与落叶松单宁、黑荆树单宁、杨梅单宁等缩合类单宁组成的混合水溶液体系中，G-CFA 几乎可以完全吸附去除缩合类单宁，而有效成分得到较好的保留。图 2.12 和表 2.2 分别是 G-CFA 对中草药有效成分-落叶松单宁水溶液吸附前后的 HPLC 谱图和吸附率。该体系经过 G-CFA 吸附以后，落叶松单宁的色谱峰几乎完全消失，单宁吸附率几乎达到 100%，而有效成分除黄芩苷外吸附率都很低[1,34,36]。图 2.13 和图 2.14

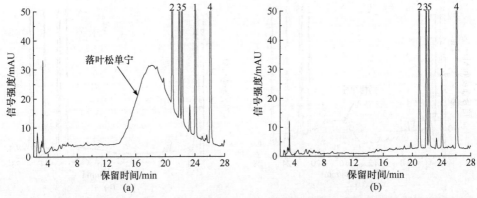

图 2.12　有效成分-落叶松单宁混合水溶液经 G-CFA 吸附前(a)和吸附后(b)的 HPLC 谱图[1,34,36]

1. 黄芩苷；2. 柚皮苷；3. 染料木苷；4. 染料木素；5. 白藜芦醇

G-CFA 用量为 5g/L，落叶松单宁浓度为 1000mg/L，各有效成分浓度为 20mg/L

分别是有效成分-黑荆树单宁和有效成分-杨梅单宁水溶液吸附前后的HPLC谱图，表 2.3 和表 2.4 分别是这两个体系中各组分的吸附率。由此可见，G-CFA 能够有效去除黑荆树单宁和杨梅单宁，吸附率也几乎达到 100%，并且有效成分得到了较好的保留，吸附率都很低[1,36]。

表 2.2　　有效成分及落叶松单宁在 G-CFA 上的吸附率[1,34,36]

组分	落叶松单宁	柚皮苷	染料木苷	白藜芦醇	黄芩苷	染料木素
吸附率/%	100	6.7	19.3	18.7	67.4	33.4

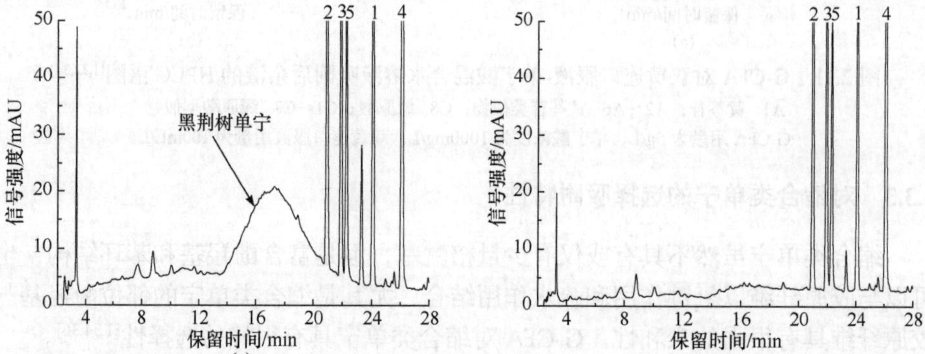

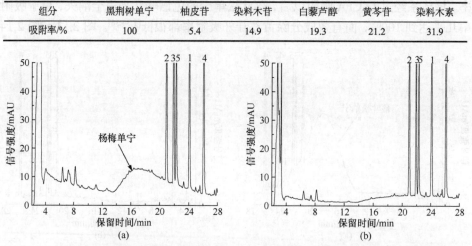

图 2.13　有效成分-黑荆树单宁混合水溶液经 G-CFA 吸附前(a)和吸附后(b)的 HPLC 谱图[1,36]
1. 黄芩苷；2. 柚皮苷；3. 染料木苷；4. 染料木素；5. 白藜芦醇
G-CFA 用量为 5g/L，黑荆树单宁浓度为 1000mg/L，各有效成分浓度为 20mg/L

表 2.3　　有效成分及黑荆树单宁在 G-CFA 上的吸附率[1,36]

组分	黑荆树单宁	柚皮苷	染料木苷	白藜芦醇	黄芩苷	染料木素
吸附率/%	100	5.4	14.9	19.3	21.2	31.9

图 2.14　有效成分-杨梅单宁混合水溶液经 G-CFA 吸附前(a)和吸附后(b)的 HPLC 谱图[1,36]
1. 黄芩苷；2. 柚皮苷；3. 染料木苷；4. 染料木素；5. 白藜芦醇
G-CFA 用量为 5g/L，杨梅单宁浓度为 1000mg/L，各有效成分浓度为 20mg/L

表 2.4　有效成分及杨梅单宁在 G-CFA 上的吸附率[1,36]

组分	杨梅单宁	柚皮苷	染料木苷	白藜芦醇	黄芩苷	染料木素
吸附率/%	100	6.5	26.2	21.1	0.1	30.5

　　不同类型的单宁对有效成分在 G-CFA 上的吸附存在一定的影响,尤其对黄芩苷的吸附影响最大。当黄芩苷与落叶松单宁共存时,其损失率较大,当与杨梅单宁共存时,其几乎不损失,而与黑荆树单宁共存时,其损失率也较低。这与各种单宁的结构有密切关系,如图 2.5 所示,落叶松单宁的 B 环为邻苯二酚结构,而黑荆树单宁和杨梅单宁的 B 环为连苯三酚结构。此外,杨梅单宁的部分 C 环还连有棓酰基,连苯三酚和棓酰基都与胶原纤维具有更强的结合能力,这使得黑荆树单宁和杨梅单宁在 G-CFA 上具有更强的竞争吸附能力,更有利于防止黄芩苷等有效成分的损失。

　　在相同条件下,目前常用的单宁吸附材料聚酰胺对中草药有效成分-缩合类单宁水溶液中缩合类单宁的去除效果并不理想。图 2.15 是有效成分-落叶松单宁水溶液经过聚酰胺吸附前后的 HPLC 谱图。该溶液经过聚酰胺吸附以后,仍然残留很多单宁。表 2.5 是有效成分分别与落叶松单宁、黑荆树单宁、杨梅单宁混合以后经聚酰胺吸附后各有效成分及单宁的吸附率。由此可见,聚酰胺对单宁的吸附选择性不如 G-CFA 好,聚酰胺不仅不能完全吸附单宁,而且多数有效成分的损失率也较高[1,34,36]。因此,G-CFA 是更理想的植物提取物中的单宁吸附脱除材料。

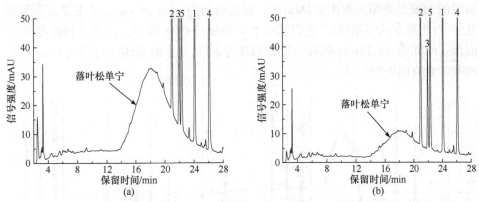

图 2.15　有效成分-落叶松单宁混合水溶液经聚酰胺吸附前(a)和吸附后(b)的 HPLC 谱图[1,34,36]
1. 黄芩苷; 2. 柚皮苷; 3. 染料木苷; 4. 染料木素; 5. 白藜芦醇
聚酰胺用量为 5g/L,落叶松单宁浓度为 1000mg/L,各有效成分浓度为 20mg/L

表 2.5　有效成分及缩合类单宁在聚酰胺上的吸附率[1,34,36]　　　　(单位:%)

体系	有效成分-落叶松单宁	有效成分-黑荆树单宁	有效成分-杨梅单宁
单宁	69.0	82.7	74.6
柚皮苷	7.2	7.5	7.5

续表

体系	有效成分-落叶松单宁	有效成分-黑荆树单宁	有效成分-杨梅单宁
染料木苷	68.5	67.9	71.5
白藜芦醇	25.9	24.7	26.6
黄芩苷	6.4	0.0	0.0
染料木素	63.6	60.5	61.9

注：聚酰胺用量为5g/L，缩合类单宁浓度为1000mg/L，各有效成分浓度为20mg/L。

原花青素是一种有效清除人体内自由基的天然抗氧化剂，葡萄籽和蓝莓叶提取物就含有丰富的原花青素。原花青素包括儿茶素、表儿茶素及它们的低聚体和多聚体。通常把聚合度小于6的组分称为低聚原花青素，如儿茶素、表儿茶素、原花青定B1和原花青定B2等，而聚合度在6以上的组分称为多聚原花青素[37]。一般认为，药用植物提取物中存在的低聚原花青素是有效成分，它们具有抗氧化、捕捉自由基等多种生物活性[38]；而将分子量更大的多聚原花青素称为单宁(缩合类单宁)，该部分为无效或不利成分，需要加以去除。多聚原花青素由于分子量大、酚羟基含量高，与G-CFA的结合强度大。因此，G-CFA对多聚原花青素具有很强的去除能力，可以选择性吸附中草药提取物中的多聚原花青素(缩合类单宁)，保留低聚原花青素等活性成分。图2.16为原花青素与有效成分混合水溶液吸附前后的HPLC谱图。在图2.16(a)中，保留时间为15~20min的峰主要是多聚原花青素(儿茶素的多聚体)，它们基本上全部被G-CFA吸附，如图2.16(b)所示；而保留时间为2~15min的峰为低聚原花青素(儿茶素低聚体)，它们在G-CFA上的吸附量有限[1,34,36]。

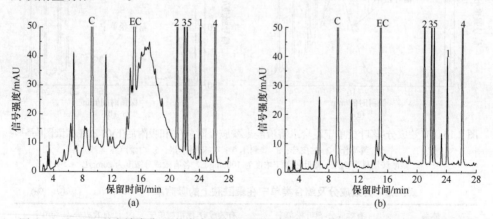

图2.16 G-CFA对有效成分-原花青素混合水溶液吸附前(a)和吸附后(b)的HPLC谱图[1,34,36]

C. 儿茶素；EC. 表儿茶素；1. 黄芩苷；2. 柚皮苷；3. 染料木苷；4. 染料木素；5. 白藜芦醇

G-CFA用量为5g/L，原花青素浓度为1000mg/L，各有效成分浓度为20mg/L

　　根据制革化学的植鞣理论[31]，胶原纤维与单宁分子的结合主要是基于氢键作用和疏水作用，这两种作用在不同溶剂中的表现是不同的。在水-有机溶剂混合体系中，水分子会倾向于与胶原纤维或单宁的亲水基团结合，从而在一定程度上抑制胶原纤维与单宁之间的氢键作用；而有机溶剂会削弱胶原纤维与单宁之间的疏水作用。因此，水-有机溶剂混合体系容易使吸附在胶原纤维上的单宁解吸下来。吸附在 G-CFA 上的多聚体可以用 50% 乙醇水溶液解吸，使 G-CFA 可以重复用于吸附多聚原花青素[39,40]。

　　水解类单宁的生物学毒性比缩合类单宁大[41-43]。水解类单宁因富含棓酰基，与胶原纤维的亲和性强于缩合类单宁，其在 G-CFA 上的竞争吸附能力可阻碍小分子有效成分被过多吸附。所以，相比较而言，G-CFA 更加适用于水解类单宁的去除。

2.3.4　对实际中草药提取物中单宁的去除

　　银杏叶提取物、虎杖提取物和红景天提取物中单宁的含量均较高，它们的有效成分分别是银杏黄酮、白藜芦醇、红景天苷和酪醇。G-CFA 对这些实际中草药提取物中的单宁也有很好的选择性吸附作用。

　　采用静态吸附或柱吸附的方式，G-CFA 均可以有效去除银杏叶提取物、虎杖提取物和红景天提取物水溶液中的单宁，同时保留有效成分。单宁可以使澄清的明胶溶液变浑浊，因此可以使用明胶溶液检测单宁。三种提取物与 1% 明胶-氯化钠溶液混合后有明显的浑浊现象，而经过 G-CFA 吸附后，与 1% 明胶-氯化钠溶液混合后始终保持澄清，如图 2.17 所示。因此可以认为 G-CFA 能够完全去除这些提取物中的单宁[2]。另外，有效成分银杏黄酮、白藜芦醇、红景天苷和酪醇经过 G-CFA 吸附后，其在 HPLC 上的色谱峰几乎没有变化，得到了很好的保留。1g G-CFA 能够去除 5.6～6.0g 虎杖生药中的单宁或 3.6～4.0g 红景天生药中的单

图 2.17　明胶法检测虎杖提取物溶液[2]
a. 提取物溶液(清澈)；
b. 吸附前提取物加明胶溶液(浑浊)；
c. 吸附后的提取物溶液(清澈)；
d. 吸附后提取物溶液加明胶溶液(清澈)
银杏叶提取物和红景天提取物的实验情况相同

宁。使用后的 G-CFA 可以用 30%～50% (体积分数)乙醇水溶液洗脱再生，大部分单宁会快速从 G-CFA 上解吸出来，再生后的 G-CFA 可以继续用于单宁的吸附，但是处理量会有所降低[2,44,45]。

　　单宁很容易从 G-CFA 上解吸下来，例如，仅用 150mL 30% 乙醇水溶液就可以对处理过虎杖提取物的 G-CFA 吸附柱(G-CFA 用量 5g，柱高 10cm，柱直径 1.6cm，柱体积 20mL)进行再生[2,45]。这是由于 G-CFA 保持了胶原纤维的纤维状结

构，单宁的吸附和解吸过程主要发生在纤维的表面，内扩散作用可以忽略。这是以胶原纤维为原料制备成吸附剂的一大优势。

2.3.5 对茶多酚(茶单宁)的选择吸附特性

茶是世界上最重要的饮料之一，人们普遍认为，饮茶有助于健康。茶的多种生物活性源于它的主要成分茶多酚，同时，茶中还含有黄酮、酚酸、生物碱(咖啡因等)等其他成分。茶多酚占茶叶干重的20%～30%，主要是以儿茶素类单体为基本结构单元的多酚类化合物，包括儿茶素(C)、表儿茶素(EC)、表棓儿茶素(EGC)、表儿茶素棓酸酯(ECG)、棓儿茶素棓酸酯(GCG)、表棓儿茶素棓酸酯(EGCG)等，它们的分子结构如图2.18所示。其中EGCG的含量最高，占儿茶素类化合物的40%～60%。这些成分的生物活性是不同的，研究表明，EGCG具有优异的抗氧化活性。各成分的抗氧化活性按以下顺序递减：EGCG＞GCG＞ECG＝EGC＞EC＞C[46,47]。茶多酚属于类单宁物质，所以也被称为茶单宁或茶鞣质。

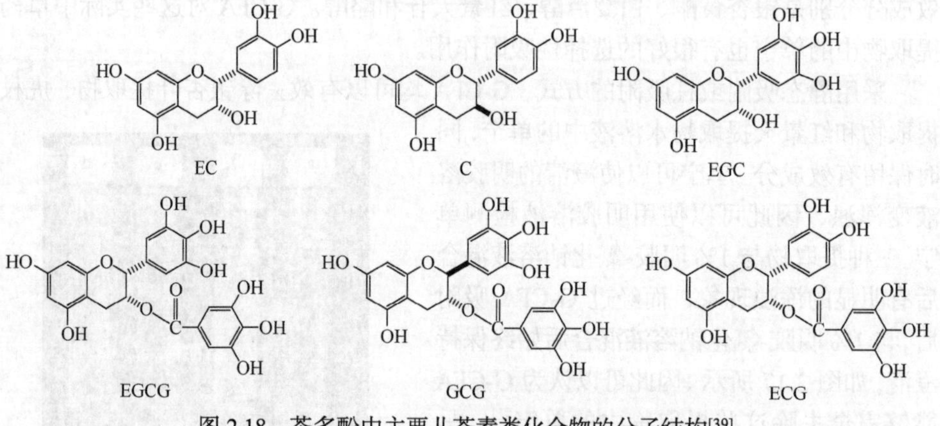

图2.18　茶多酚中主要儿茶素类化合物的分子结构[39]

茶多酚中的儿茶素类化合物均含有与胶原纤维亲和性较强的邻苯二酚、连苯三酚或棓酰基结构，所以G-CFA对茶多酚具有良好的吸附能力。当茶多酚与黄酮类化合物、酚酸类化合物、生物碱类化合物共存时，G-CFA均能够选择性吸附茶多酚，吸附在G-CFA上的茶多酚可以用低浓度的乙醇水溶液解吸出来并得到回收，这样便可以使具有不同生物活性的有效成分与茶多酚得以分离。图2.19为G-CFA对茶多酚提取物(含有一定量咖啡因)和柚皮素、柚皮苷混合水溶液吸附前后的HPLC谱图，表2.6为各组分的吸附率。G-CFA对茶多酚几乎完全吸附，而对柚皮苷和柚皮素的吸附率仅分别为3.9%和3.5%，对茶中含有的咖啡因的吸附率也只有5.3%[39]。柚皮苷、柚皮素和咖啡因的分子结构如图2.20所示。柚皮苷及柚皮素属于黄烷酮苷及苷元化合物，其酚羟基含量少，尤其不含邻位酚羟基，与G-CFA的氢键结合能力自然不如茶多酚强。咖啡因属于生物碱类化合物，与G-CFA的氢键结合能力也非常弱。完成吸附分离后，采用 50%(体积分数)乙醇水溶液可以将 G-CFA 上的茶多酚解吸下来，解吸率在 94% 以上，解吸所得的茶多酚具有较高的纯度，其 HPLC 谱图如图 2.21 所示[39]。所以，G-CFA 可以选择性吸附茶多酚，并将茶多酚与柚皮苷、柚皮素、咖啡因等小分子共存物质分离开。同样的示例还有 G-CFA 对茶多酚与槲皮素、芦丁混合水溶液，茶多酚与染料木素、染料木苷混合水溶液的吸附和分离。槲皮素、芦丁、染料木素、染料木苷均属于黄酮类化合物，当与茶多酚共存时，G-CFA 对它们的吸附作用均很弱，而茶多酚几乎被完全吸附。另外，G-CFA 在有机酸类化合物与茶多酚提取物的混合水溶液中也可以选择性吸附茶多酚，使有机酸和茶多酚分离开。如图 2.22 和表 2.7 所示，G-CFA 对有机酸类化合物莽草酸和甘草酸的吸附率仅分别为 4.5% 和 4.1%，而茶多酚的色谱峰在经 G-CFA 吸附以后几乎完全消失，吸附率接近 100%[39]。

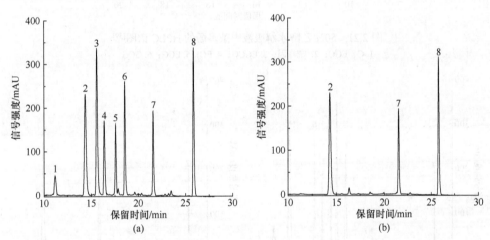

图 2.19　茶多酚提取物、柚皮素、柚皮苷混合水溶液经 G-CFA 吸附前(a)和吸附后(b)的 HPLC 谱图[39]

1. C、EGC；2. 咖啡因；3. EGCG；4. EC；5. ECG；6. GCG；7. 柚皮苷；8. 柚皮素

G-CFA 用量为 10g/L，茶多酚提取物浓度为 1000mg/L，柚皮苷、柚皮素浓度为 200mg/L

表 2.6　茶多酚、柚皮素、柚皮苷和咖啡因在 G-CFA 上的吸附率[39]

组分	C、EGC	咖啡因	EGCG	EC	ECG	GCG	柚皮苷	柚皮素
吸附率/%	100	5.3	100	96	100	100	3.9	3.5

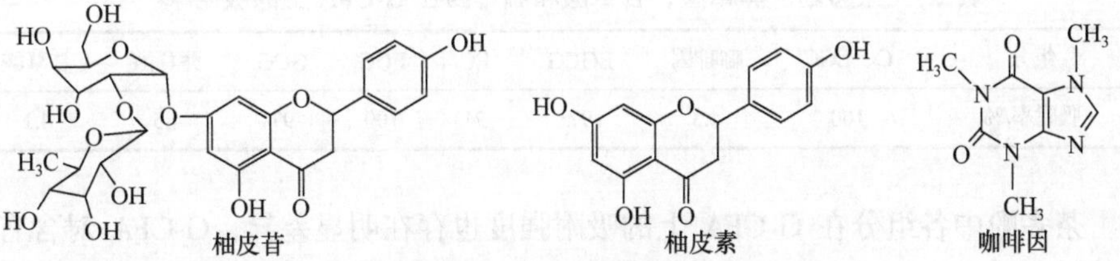

图 2.20　柚皮苷、柚皮素、咖啡因的分子结构[39]

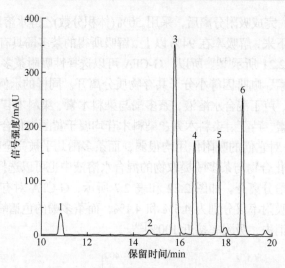

图 2.21　50% 乙醇水解吸液中茶多酚的 HPLC 谱图[39]

1. C、EGC；2. 咖啡因；3. EGCG；4. EC；5. ECG；6. GCG

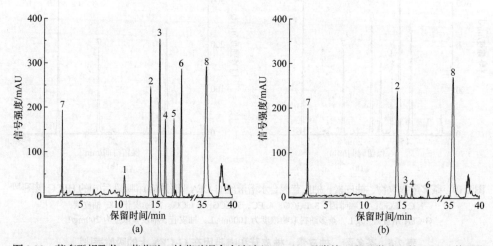

(a)　　　　　　　　　　　　　　(b)

图 2.22　茶多酚提取物、莽草酸、甘草酸混合水溶液经 G-CFA 吸附前(a)和吸附后(b)的 HPLC 谱图[39]

1. C、EGC；2. 咖啡因；3. EGCG；4. EC；5. ECG；6. GCG；7. 莽草酸；8. 甘草酸

G-CFA 用量为 10g/L，茶多酚提取物浓度为 1000mg/L，莽草酸、甘草酸浓度为 200mg/L

表 2.7　茶多酚、莽草酸、甘草酸和咖啡因在 G-CFA 上的吸附率[39]

组分	C、EGC	咖啡因	EGCG	EC	ECG	GCG	莽草酸	甘草酸
吸附率/%	100	4.3	97	94	100	97	4.5	4.1

　　茶多酚中各组分在 G-CFA 上的吸附强度也存在明显差异，G-CFA 对含有棓酰基的 EGCG、GCG 和 ECG 这三种化合物的吸附能力更强，而对不含棓酰基的

C、EGC 和 EC 的吸附能力相对较弱。利用这一差异，G-CFA 可以进一步从茶多酚中将生物活性更高的三种组分 EGCG、GCG 和 ECG 分离出来。研究者采用静态吸附或柱吸附的方式得到了仅含 EGCG、GCG 和 ECG 的混合物，并发现可以通过改变 G-CFA 的用量调节吸附剂对 EGCG、GCG 和 ECG 的吸附选择性[39]。图 2.23 是茶多酚水溶液经 G-CFA 静态吸附前后的 HPLC 谱图，表 2.8 是各组分的吸附率，可知 EGCG、GCG 和 ECG 都得到了较大程度的吸附，而 C、EGC 和 EC 的吸附程度明显更小。采用 50%(体积分数)丙酮水溶液可以将吸附在 G-CFA 上的 EGCG、GCG 和 ECG 解吸下来，解吸后组分的 HPLC 谱图如图 2.24 所示，解吸液中几乎仅含有 EGCG、GCG 和 ECG。G-CFA 可以重复使用 10 次，具有优良的重复使用性能[39]。

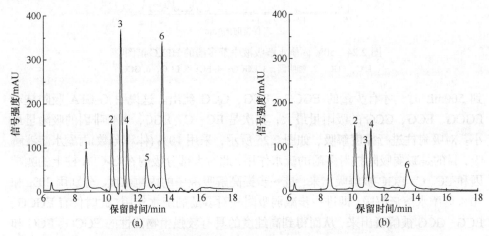

图 2.23　茶多酚提取物水溶液经 G-CFA 吸附前(a)和吸附后(b)的 HPLC 谱图[39]

1. C、EGC；2. 咖啡因；3. EGCG；4. EC；5. ECG；6. GCG

G-CFA 用量为 5g/L，茶多酚提取物浓度为 2000mg/L

表 2.8　茶多酚在 G-CFA 上的吸附率[39]

组分	C、EGC	咖啡因	EGCG	EC	ECG	GCG
吸附率/%	3.2	1.5	92	5.3	100	96

采用柱吸附方式，将浓度为 2000mg/L 的茶多酚提取物水溶液，以 30mL/h 的流速送入 G-CFA 吸附柱中(G-CFA 用量 2g，直径 1cm，柱高 25cm，柱体积 20mL)，用自动收集器收集流出液，用 HPLC 检测流出液中各组分的含量。如图 2.25 所示，当流出液体积达到 200mL 之前，G-CFA 吸附柱将茶多酚组分全部吸附，仅流出咖啡因；当流出液体积达到 300mL 时，G-CFA 吸附柱不再吸附不含棓酰基的 EC、C、EGC，而继续吸附含有棓酰基的 EGCG、ECG、GCG；当流出液体积达

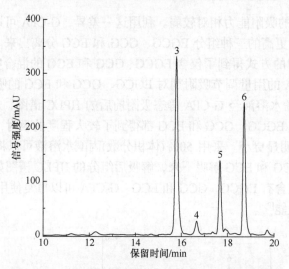

图 2.24 50% 丙酮水解吸液中茶多酚的 HPLC 谱图[39]
1. C、EGC；2. 咖啡因；3. EGCG；4. EC；5. ECG；6. GCG

到 500mL 时，才有少量的 EGCG、ECG、GCG 流出。这说明 G-CFA 吸附柱对 EGCG、ECG、GCG 的吸附量最大，其次是 EC、C、EGC，对咖啡因的吸附量最小。对吸附柱进行梯度解吸，如图 2.26 所示，采用 10% (体积分数)丙酮水溶液解吸，目的是减弱吸附柱对多酚的疏水作用，此时大部分吸附在 G-CFA 柱上的咖啡因和 EC、C、EGC 被解吸出来；进一步提高解吸液中的丙酮浓度，分别用 30% 和 50% 丙酮水溶液解吸，即进一步减弱吸附柱对多酚的疏水作用，此时仅有 EGCG、ECG、GCG 被解吸出来，从而得到高纯度的具有较强生物活性的 EGCG、ECG 和 GCG 混合组分[39]。

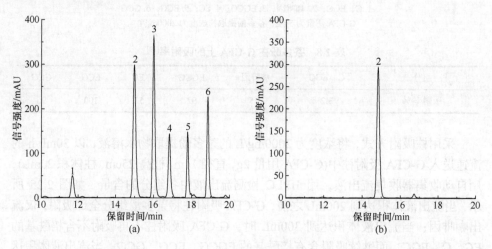

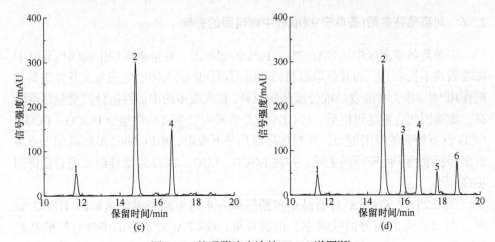

图 2.25　柱吸附流出液的 HPLC 谱图[39]

1. C、EGC；2. 咖啡因；3. EGCG；4. EC；5. ECG；6. GCG

(a) 吸附前；(b) 流出液达 200mL 时；(c) 流出液达 300mL 时；(d) 流出液达 500mL 时

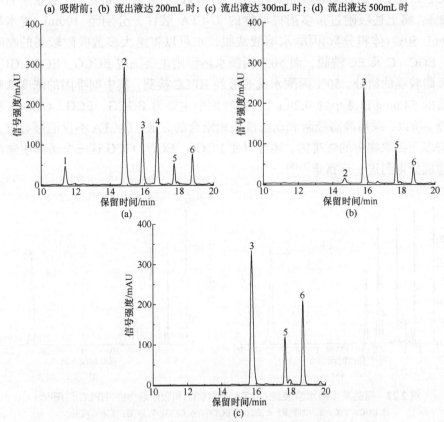

图 2.26　G-CFA 吸附柱各解吸液的 HPLC 谱图[39]

1. C、EGC；2. 咖啡因；3. EGCG；4. EC；5. ECG；6. GCG

(a) 10% 丙酮水溶液解吸；(b) 30% 丙酮水溶液解吸；(c) 50% 丙酮水溶液解吸

2.3.6　对商品茶多酚(茶单宁)提取物中咖啡因的去除

一般商品茶多酚中还含有 2%～10% 的咖啡因，在茶多酚的生物活性研究中咖啡因是干扰成分，而且摄取过量的咖啡因可能影响人体的生理系统并伴随其他副作用[1,48]。作为功能食品成分或药物原料，要求茶多酚中活性组分的含量尽可能高，咖啡因的含量尽可能低。G-CFA 对茶多酚中三个高活性组分 EGCG、ECG、GCG 具有较强的吸附能力，而对咖啡因几乎不吸附，所以 G-CFA 可以用于商品茶多酚提取物中咖啡因的去除，并使 EGCG、ECG、GCG 等活性组分的含量得到提高[1,49]。

图 2.27 是 G-CFA 对商品茶多酚提取物水溶液静态吸附前后的 HPLC 谱图，表 2.9 是各组分的吸附率。由表可见，G-CFA 对茶多酚中含有棓酰基的 EGCG、ECG、GCG 的吸附程度最大，吸附率均在 90% 以上，对不含棓酰基的 EGC、C 及 EC 的吸附程度相对较小，对咖啡因的吸附程度最小，吸附率只有 11.2%。将上述吸附过茶多酚提取物的 G-CFA 装柱，分别经 100mL 纯水和 100mL 50% (体积分数)丙酮水溶液洗脱，水可以将绝大多数吸附较弱的咖啡因、EGC、C 及 EC 洗脱，而 50% 丙酮水溶液则主要洗脱 EGCG、ECG、GCG 等吸附较强的组分。50% 丙酮水洗脱液经 HPLC 检测，其中咖啡因的浓度从吸附前的 54.6mg/L 减小到 0.2mg/L，解吸液中主要为 EGCG、ECG、GCG 三种成分。所以，采用静态吸附和动态洗脱相结合的方法，G-CFA 不仅能够有效去除茶多酚提取物中的咖啡因，还可以使 EGCG、ECG、GCG 这三个最具生物活性的成分得到进一步富集[1,49]。

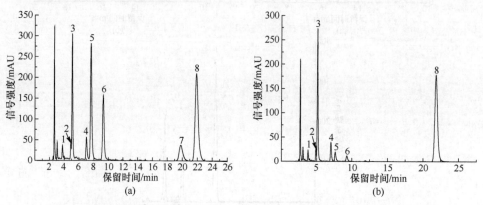

图 2.27　商品茶多酚水溶液经 G-CFA 吸附前(a)和吸附后(b)的 HPLC 谱图[1,49]

1. EGC；2. C；3. 咖啡因；4. EC；5. EGCG；6. GCG；7. ECG；8.未知成分

G-CFA 用量为 7.5g/L，茶多酚提取物浓度为 1000mg/L

表 2.9　商品茶多酚提取物中各组分在 G-CFA 上的吸附率[1,49]

组分	EGC	C	咖啡因	EC	EGCG	GCG	ECG	未知成分
吸附率/%	45.7	37.5	11.2	34.9	90.6	90.7	100	19.4

2.4　对黄酮类化合物的柱层析分离特性

2.4.1　黄酮类化合物概述

　　黄酮类化合物在植物中分布很广，许多植物体内都存在，并具有显著的生物活性，是近 40 年来国内外天然产物研究和开发利用的热点。黄酮类化合物是两个苯环通过三碳链相互连接而成的一系列化合物，其基本骨架呈现 C_6(A)-C_3(C)-C_6(B) 的特点。其中 C_3 部分可以是脂肪链，也可以是与 C_6 部分形成的六元或五元氧杂环。根据 C_3 部分的成环、氧化和取代方式的差异，黄酮类化合物可以分为狭义黄酮类、黄酮醇类、异黄酮类、查耳酮类、橙酮、花青素类，以及上述各类的二氢衍生物。最为常见的黄酮类化合物的基本结构如图 2.28 所示。黄酮类化合物既含有苯环结构，又含有一定数量的酚羟基，因此同时具有亲水和疏水位点。

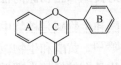

图 2.28　黄酮类化合物的基本结构

　　黄酮类化合物具有显著的生理和药理活性。研究表明，黄酮类化合物在治疗心血管疾病、肝脏疾病及神经系统疾病等方面疗效显著，同时具有抗氧化、抗病毒、抗炎、抗菌、抗肿瘤及提高机体免疫的功能[50-52]。目前，黄酮类化合物已经应用于保健产品。例如，食用保健品"碧萝芷"，是由法国地中海沿岸生长的海岸松树皮中的总黄酮制成的，它具有很强的抗氧化活性，可防止中枢神经系统疾病的发生。黄酮类化合物在植物体内常以游离态的黄酮苷元和与糖结合形成的黄酮苷的形式存在。同一植物中可能同时存在多种黄酮苷元和多种黄酮苷。常见的黄芩素、芹菜素、槲皮素等即为不带糖基的黄酮苷元类化合物，黄芩苷、染料木苷、芦丁等即为带有糖基的黄酮苷类化合物。

　　黄酮类化合物在植物中与多种化学成分共存，所以为了更好地研究和利用这一类生物活性物质，必须对其进行有效的分离和纯化。常采用溶剂提取和柱层析相结合的方法来分离黄酮类化合物，不仅可以得到纯度较高的产物，而且操作简便、成本较低。柱层析分离中最为核心的部分是分离材料。目前常用的层析分离材料有硅胶、聚酰胺、大孔吸附树脂、葡聚糖、纤维素、壳聚糖等[53-60]，其中，葡聚糖、纤维素、壳聚糖是天然分离材料，具有良好的生物相容性。

　　胶原分子含有丰富的肽键(—CONH—)，同时其侧链上含有大量的—COOH、—NH$_2$、—OH 等极性基团。这些基团可以与黄酮类化合物上的酚羟基形成氢键。

结构不同的黄酮类化合物与胶原纤维形成氢键的能力不同，利用它们与胶原纤维之间的氢键作用的差异，可以将它们分离开。另外，胶原纤维所含的脯氨酸、丙氨酸、缬氨酸和亮氨酸残基的脂肪侧链在肽链上能形成局部疏水区域，使胶原纤维能够与黄酮类化合物的疏水位置通过疏水作用结合，按照疏水作用的强弱也可以对黄酮类化合物产生分离作用。黄酮类化合物与胶原纤维之间的氢键作用和疏水作用都可以通过调节吸附溶液的极性得以调控，例如，在一定范围内减弱吸附溶液的极性，黄酮类化合物在胶原纤维上的吸附强度可以显著增加。考虑到医药食品的安全及环保的需要，研究者采用不同浓度的乙醇水溶液来调节吸附溶液的极性[2,4,61-68]。基于胶原纤维的黄酮柱层析分离材料的制备基本与基于胶原纤维的单宁吸附材料的制备一致，方法均是采用戊二醛处理胶原纤维，使胶原纤维的机械稳定性和湿热稳定性得到显著提高，从而可以满足实际分离环境的需求。因此，G-CFA 可以基于氢键作用和疏水作用对黄酮类化合物进行分离。

2.4.2 对黄酮和生物碱的柱层析分离特性

黄酮和生物碱是植物中分布较广泛的两类次生代谢产物，常常共存于植物提取物中[69-72]。黄酮和生物碱类化合物具有非常不同的生物活性和药理作用。黄酮类化合物具有较好的生理活性，对人体没有副作用[73]，而一部分与其共存的生物碱则被证明对人体具有较强的生理毒性。例如，与黄酮类化合物在菊科植物中大量共存的吡咯里西啶类生物碱，具有肝脏毒性和肺脏毒性，可引起肝细胞出血性坏死[74,75]；紫杉提取物中含有大量的黄酮类化合物和紫杉碱，后者对呼吸有较强的抑制作用，摄入超过 100mg 就会因呼吸麻痹而死亡[76,77]。所以，为了更好地研究和利用黄酮类化合物的药理活性，常常需要将共存的生物碱类化合物去除。

G-CFA 对黄酮类化合物和生物碱类化合物的亲和力存在显著的差异，尤其当吸附溶液极性较弱(乙醇浓度较高)时，G-CFA 对黄酮类化合物的吸附强度明显高于对生物碱类化合物的吸附强度[2,61]。G-CFA 对天然产物的吸附是基于氢键作用和疏水作用，黄酮类化合物既有可以与胶原纤维形成氢键的酚羟基，又有可参与疏水作用的苯环，而生物碱类化合物可以与胶原纤维产生氢键和疏水作用的基团很少，所以 G-CFA 在这两类化合物组成的混合物中可以选择性吸附黄酮类化合物。研究者选用苦参碱和咖啡因作为生物碱类化合物的代表，黄芩苷和芦丁作为黄酮类化合物的代表进行了较系统的分离研究，它们的结构如图 2.29 所示。G-CFA 对黄芩苷、芦丁、苦参碱和咖啡因的吸附率和平衡吸附量分别如图 2.30 和表 2.10 所示。当乙醇浓度低于 80% (体积分数)时，G-CFA 对芦丁和黄芩苷的吸附率均低于 30%；当乙醇浓度高于 80% 时，芦丁和黄芩苷的吸附率明显增加。在纯乙醇中，G-CFA 对芦丁和黄芩苷的吸附量达到最大值，分别为 2874μg/g 和 3355μg/g。在不同浓度的乙醇水溶液中，苦参碱和咖啡因的吸附率都很低。当乙醇浓度高于 80% 时，G-CFA 对芦丁和黄芩苷的吸附率远高于其对苦参碱和咖啡因的吸附率[2,61]。水分子作为良好的氢键受体和供体，能够分别与 G-CFA、黄酮类化合物、生物碱类化合物形成氢键，抑制 G-CFA 与黄酮类化合物、生物碱类化合物之间的氢键作用力。乙醇的极性小于水的极性，乙醇对氢键的抑制作用小于水对氢键的抑制作用[78]。因此当乙醇浓度较大(高于 80%)时，G-CFA 对黄酮类化合物和生物碱类化合物的氢键作用力更强，黄芩苷、芦丁、苦参碱和咖啡因在 G-CFA 上的吸附程度更高。如图 2.29 所示，芦丁和黄芩苷的氢键活性位点主要是羟基，而苦参碱和咖啡因的活性位点是羰基氧原子和叔胺氮原子，前者既是氢键的受体又

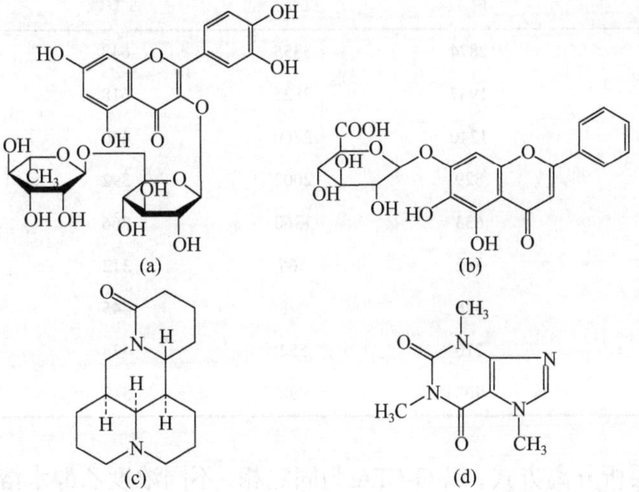

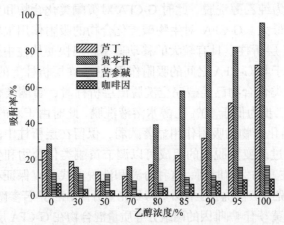

图 2.29　芦丁(a)、黄芩苷(b)、苦参碱(c)和咖啡因(d)的分子结构[2]

图 2.30　黄酮和生物碱类化合物在不同浓度(体积分数)乙醇水溶液中的吸附率[2,61]
G-CFA 用量为 10g/L，黄酮和生物碱类化合物浓度均为 40mg/L

是氢键的供体，而后者只能作为氢键的受体。另外，芦丁和黄芩苷上氧原子的电负性大于苦参碱和咖啡因上氮原子的电负性。因此，G-CFA 与黄酮类化合物之间的多点氢键作用远远大于 G-CFA 与生物碱类化合物之间的氢键作用，这就使 G-CFA 在高浓度乙醇水溶液中对黄酮类化合物具有良好的吸附选择性，尤其在纯乙醇中，黄酮类化合物和生物碱类化合物在 G-CFA 上的吸附程度差异达到最大。

表 2.10　黄酮和生物碱类化合物在不同浓度(体积分数)乙醇水溶液中的平衡吸附量[2,61]

乙醇浓度/%	平衡吸附量/(μg/g G-CFA)			
	芦丁	黄芩苷	苦参碱	咖啡因
100	2874	3355	648	339
95	1987	2825	618	323
90	1240	2760	430	314
85	829	2002	392	232
80	633	1360	266	168
70	392	566	312	40
50	478	278	445	109
30	710	552	478	153
0	908	992	512	304

采用柱层析分离方式，以 G-CFA 为固定相，不同浓度乙醇水溶液为流动相，黄酮类化合物和生物碱类化合物可以被完全分离开[2,61]。流动相的洗脱方式为分步洗脱，第一步为纯乙醇洗脱，此时 G-CFA 对黄酮类化合物和生物碱类化合物的吸附程度差异最大。G-CFA 对生物碱类化合物的吸附作用很弱，使生物碱类化合物在 G-CFA 层析柱上具有较大的移动速率，很快便从柱中被洗脱出来；而黄酮类化合物由于与 G-CFA 之间的吸附作用较强，在层析柱上的移动速率较慢，以至于当生物碱类化合物已经被完全洗脱出层析柱时，黄酮类化合物仍然保留在层析柱中。第二步为低于 80% 乙醇水溶液洗脱，此时由于水的氢键竞争作用，G-CFA 对黄酮类化合物的吸附作用显著减弱，保留在层析柱中的黄酮类化合物被洗脱出来。通过改变洗脱液的组成可以调节黄酮类化合物和生物碱类化合物在 G-CFA 层析柱上的保留时间，这种分离和洗脱方式可以保证不同的目标组分随着不同浓度的洗脱液被洗脱至柱外，得到完全分离。芦丁-苦参碱、芦丁-咖啡因、黄芩苷-苦参碱和黄芩苷-咖啡因的两组分等质量混合物在 G-CFA 层析柱(G-CFA 用量 6g，柱高 20cm，柱直径 1.6cm，柱床层体积 40mL，上样量 50mg)上的层析分离如图 2.31 所示。芦丁-苦参碱和芦丁-咖啡因体系的洗脱方式为无水乙醇—70%

乙醇水溶液分步洗脱；黄芩苷-苦参碱和黄芩苷-咖啡因体系的洗脱方式为无水乙醇—50% 乙醇水溶液分步洗脱。生物碱类化合物(苦参碱、咖啡因)均在无水乙醇段被完全洗脱，而黄酮类化合物(芦丁、黄芩苷)则被 70% 乙醇水溶液或 50% 乙醇水溶液洗脱，两种组分的色谱峰没有交叉，得到完全分离[2,61]。高斯(Gaussian)方程是分离中较常用的拟合模型[79]，该模型假设色谱流出曲线符合 Gaussian 分布函数，即为左右对称的峰。Gaussian 方程对四种两组分体系色谱曲线的拟合相关系数都大于 0.98，这说明黄酮苷-生物碱体系在 G-CFA 层析柱上的色谱曲线符合 Gaussian 分布，它们的色谱峰较对称，没有明显的区带扩展现象，表明 G-CFA 层析柱具有较高的柱效[2]。

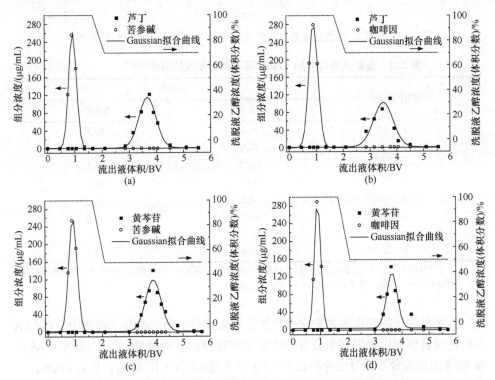

图 2.31　两组分黄酮-生物碱体系在 G-CFA 层析柱上的层析分离图[2]
(a) 芦丁-苦参碱；(b) 芦丁-咖啡因；(c) 黄芩苷-苦参碱；(d) 黄芩苷-咖啡因

　　分离材料的重复使用性对于其工业应用具有非常重要的意义。G-CFA 具有优良的可重复使用性能，并且在重复使用前不需要对材料进行特殊的活化处理。图 2.32 是 G-CFA 层析柱第 1 次和第 8 次分离黄芩苷-苦参碱的层析分离图。在第 1 次和第 8 次分离中，苦参碱和黄芩苷的保留时间基本一致。在 8 次重复分离中，苦参碱和黄芩苷的回收率均大于 90%，如表 2.11 所示[2,61]。

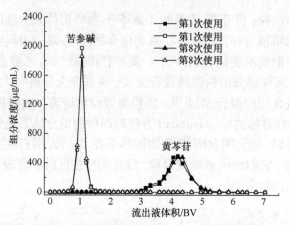

图 2.32 黄芩苷-苦参碱体系在重复使用 G-CFA 层析柱上的层析分离图[2]

表 2.11 重复使用 G-CFA 分离黄芩苷和苦参碱的回收率[2,61]　　　　　(单位：%)

使用次数	回收率	
	黄芩苷[a]	苦参碱[b]
1	96.8	95.9
2	92.6	97.4
3	102.9	96.2
4	101.7	99.6
5	92.9	106.2
6	95.7	103.2
7	95.6	94.7
8	92.8	93.5

a. 黄芩苷回收率 = (50% 乙醇水溶液洗脱段中黄芩苷的质量/黄芩苷的上样质量) × 100%；b. 苦参碱回收率 = (无水乙醇洗脱段中苦参碱的质量/苦参碱的上样质量) × 100%。

　　黄酮类化合物和生物碱类化合物往往以多组分的形式共存于植物中。G-CFA 层析柱对黄酮和生物碱多组分混合体系也有很好的分离效果。芦丁-黄芩苷-苦参碱-咖啡因四组分等质量混合物在 G-CFA 层析柱(G-CFA 用量 6g，柱高 20cm，柱直径 1.6cm，柱床层体积 40mL，上样量 100mg)上的层析分离图如图 2.33 所示，其洗脱方式为 100%—90%—80%—70%—50% 乙醇水溶液分步洗脱。由图可见，生物碱类化合物(苦参碱、咖啡因)与黄酮类化合物(芦丁、黄芩苷)是被完全分离开的[2,61]。由于 G-CFA 对苦参碱和咖啡因这两种生物碱类化合物的吸附作用均较弱且无明显差异，它们很快便从层析柱上同时流出。值得注意的是，芦丁和黄芩苷在 G-CFA 层析柱上也可以被完全分离开，这是因为这两种黄酮类化合物与 G-CFA 之间形成氢键的能力也存在一定的差异，从而使它们可以在不同浓度的乙醇水溶液中被洗脱得到分离。

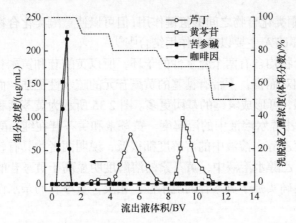

图 2.33　四组分黄酮-生物碱体系在 G-CFA 层析柱上的层析分离图[2,61]

2.4.3　对黄酮苷和黄酮苷元的柱层析分离特性

黄酮苷和黄酮苷元是黄酮类化合物在植物体内的两大主要存在形式，黄酮苷元往往与其对应的黄酮苷共存，两者具有不同的生理活性。例如，黄芩素和黄芩苷分别是黄酮苷元和黄酮苷的代表性化合物，它们共存于中草药黄芩中。如图 2.34 所示，它们仅相差一个葡萄糖基。黄芩素在人体中能得到更好的吸收[80,81]，其清除自由基、抑制 HIV 逆转录酶及螯合金属离子等活性远远高于黄芩苷[82-84]。而黄芩苷更易于口服和在人体中长期保留，能增强体液和细胞的免疫功能[85]。

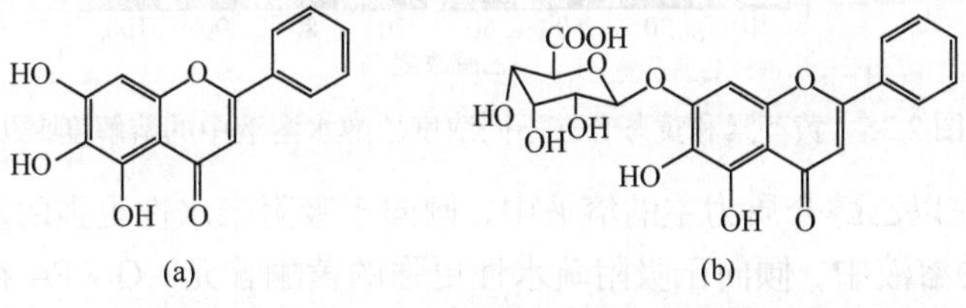

(a)　　　　　　　　　　　　　(b)

图 2.34　黄芩素(a)和黄芩苷(b)的分子结构[4,62]

G-CFA 主要基于氢键作用和疏水作用吸附黄酮类化合物，并且在不同极性的溶液环境中，主导吸附的作用力不同。研究者通过考察典型的氢键破坏试剂尿素[86]和疏水作用破坏试剂正丙醇[87-89]对 G-CFA 吸附黄芩素和黄芩苷的影响，证实了在极性较弱的溶液环境中，主导吸附的作用力为氢键，在极性较强的溶液环境中，主导吸附的作用力是疏水键。在乙醇介质中，G-CFA 对黄芩素和黄芩苷的吸附主要受氢键竞争试剂的影响，吸附过程以氢键作用为主。由于乙醇的极性较低，可形成氢键的能力较弱，因此乙醇溶剂有利于 G-CFA 与黄酮类化合物之间氢键的形成。而在水介质中，吸附主要受疏水作用竞争试剂的影响，吸附过程以疏水作用为主。水的极性较强，更容易与 G-CFA 或黄酮类化合物形成氢键，从而阻碍 G-CFA 与黄酮类化合物之间的氢键作用,但可以使黄酮类化合物的疏水性凸显出来,使其与 G-CFA 主要以疏水作用结合[4,62]。

黄酮类化合物均含有两个疏水性的苯环,所以黄酮苷和黄酮苷元都具有疏水反应位点,但相对而言,不带有糖基的黄酮苷元的疏水性更强,而带有糖基的黄酮苷亲水性更强,可形成氢键的基团更多。图 2.35 所示为黄芩素和黄芩苷在不同浓度(体积分数)乙醇水溶液中的溶解度。黄芩素和黄芩苷在纯乙醇中的溶解度都很高,在低浓度乙醇水溶液中的溶解度都很低,说明两者均具有较强的疏水性。在 70%~100% 乙醇水溶液中,黄芩素的溶解度明显高于黄芩苷的溶解度,说明黄芩素的疏水性确实强于黄芩苷的疏水性,相反,黄芩苷的亲水性则强于黄芩素的亲水性[4,62]。

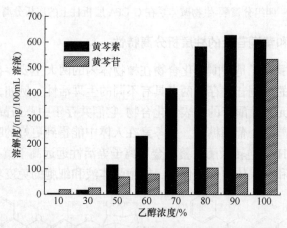

图 2.35　黄芩素和黄芩苷在不同浓度乙醇水溶液中的溶解度[4,62]

G-CFA 在以乙醇介质为主的溶液中,倾向于吸附亲水性更强的黄酮苷,在以水介质为主的溶液中,倾向于吸附疏水性更强的黄酮苷元。G-CFA 在不同乙醇水溶液中对黄芩素和黄芩苷的静态吸附结果如图 2.36 所示,两者的吸附率均随乙醇浓度的增大呈现先减小后增大的趋势。黄芩素在 10% 乙醇水溶液中的吸附率最高,在 80% 和 90% 乙醇水溶液中的吸附率较低。而黄芩苷在纯乙醇中的吸附率最高,当乙醇浓度低于 70% 时,黄芩苷的吸附率均较低。在 90% 乙醇水溶液中,两者达到最大的吸附率差异,此时黄芩苷的吸附率比黄芩素的吸附率高 62%[4,62]。可以对该吸附变化规律作如下解释:当乙醇浓度≥80% 时,黄芩苷的氢键反应活性位点含量高于黄芩素,因而吸附率更高;随着乙醇浓度降低,G-CFA 与黄酮类化合物之间的氢键作用逐渐受到水的竞争抑制,从而使黄酮类化合物的吸附率降低;随着乙醇浓度继续降低,黄酮类化合物的疏水性使得它们与 G-CFA 的疏水作用增强,所以吸附率再次增大,因为黄芩素的疏水性更强,所以其吸附率高于黄芩苷的吸附率。

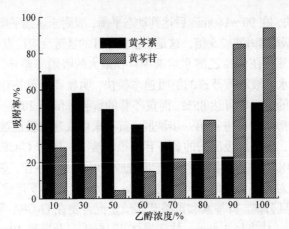

图 2.36　G-CFA 在不同浓度(体积分数)乙醇水溶液中对黄芩素和黄芩苷的吸附率[4,62]

G-CFA 用量为 10g/L，黄芩素和黄芩苷浓度均为 30mg/L

　　G-CFA 对黄酮类化合物的吸附作用可以通过改变乙醇水溶液的浓度来调节。由于不同的黄酮类化合物的氢键反应位点含量和疏水性不同，所以它们在不同浓度的乙醇水溶液中表现出不同的吸附行为。在高浓度乙醇水溶液中，可以利用黄酮类化合物与 G-CFA 之间的氢键作用差异将它们分离开，在低浓度乙醇水溶液中，可以利用它们的疏水作用差异实现分离。然而，黄酮类化合物在低浓度乙醇水溶液(<50%)中的溶解度比较低，不宜采用低浓度乙醇水溶液进行分离。而且，氢键的键能高于疏水键的键能，所以当乙醇浓度较高时，黄酮类化合物之间会呈现更大的吸附差异。因此，利用黄酮类化合物在高浓度乙醇水溶液中与 G-CFA 形成氢键能力的差异可以实现黄酮类化合物的分离。

　　G-CFA 除了对黄芩素和黄芩苷的吸附率存在差异，对两者的吸附速率也有明显差异。图 2.37 为 G-CFA 对黄芩素和黄芩苷在纯乙醇中的吸附动力学曲线。吸附在前

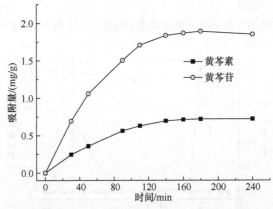

图 2.37　黄芩素和黄芩苷在纯乙醇中的吸附动力学曲线[4,62]

G-CFA 用量为 5g/L，黄芩素和黄芩苷浓度均为 20mg/L

90min 进行得很快，在 90～140min 后达到动态平衡，吸附未达到平衡前黄芩苷的吸附速率约为黄芩素吸附速率的 2.5 倍，这是由于黄芩苷的氢键反应位点多于黄芩素[4,62]。

　　黄芩素和黄芩苷在 90% 乙醇水溶液中存在最大的吸附率差异，而且如图 2.38(a) 所示，90% 乙醇水溶液对黄芩素的解吸速率很快，明显高于黄芩苷的解吸速率，达到平衡后黄芩素的解吸率可达 85%，而黄芩苷的解吸率低于 20%。所以在柱层析分离中，用 90% 乙醇水溶液进行第一步洗脱，黄芩素可快速解吸而被洗出，而黄芩苷仅有少量被解吸，而且解吸出来的黄芩苷会很快被下一层的 G-CFA 重新吸附而不被洗出。再用 70% 乙醇水溶液进行第二步洗脱，可洗出黄芩苷，如图 2.38(b) 所示，70% 乙醇水溶液对黄芩苷的解吸率可达 82%。黄芩素和黄芩苷被不同浓度的乙醇水溶液洗出而得到分离。黄芩素和黄芩苷等质量混合物在 G-CFA 层析柱(G-CFA 用量 3g，柱高 8cm，柱直径 1.6cm，柱床层体积 16mL，上样量 10mg)上的层析分离图如图 2.39 所示，黄芩素和黄芩苷的洗脱峰分别出现在 90% 乙醇水溶液洗脱段和 70% 乙醇水溶液洗脱段，这两个峰没有交叉重叠，说明黄芩素和黄芩苷被完全分离开。根据黄芩素和黄芩苷分离前后的 HPLC 分析图(图 2.40)可以计算出，分离所得的黄芩素和黄芩苷的纯度均高于 98%，回收率分别为 83.42% 和 94.31%[4,62]。

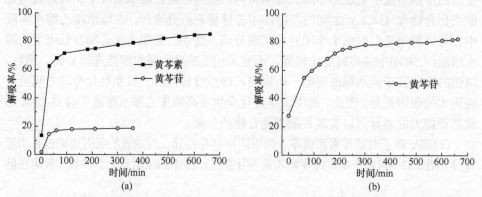

图 2.38　黄芩素和黄芩苷在 90% 乙醇水溶液(a)和在 70% 乙醇水溶液(b)中的解吸曲线[4,62]

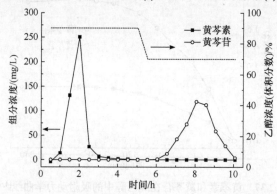

图 2.39　黄芩素和黄芩苷混合物在 G-CFA 层析柱上的层析分离图[4,62]

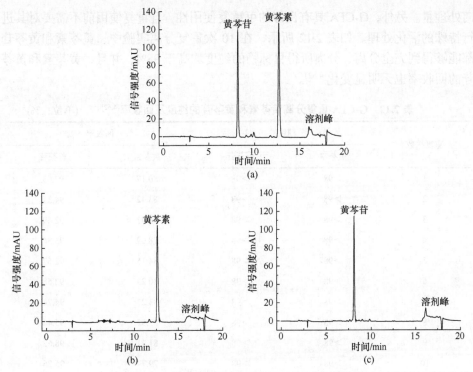

图 2.40　黄芩素和黄芩苷分离前后的 HPLC 谱图[4,62]

(a) 分离前；(b) 90% 乙醇溶液洗脱后；(c) 70% 乙醇溶液洗脱后

G-CFA 层析柱对黄芩素和黄芩苷的分离处理量可以达到 270mg。但是，当上样量较大时，黄芩素和黄芩苷在 G-CFA 层析柱上的洗脱时间会有一定延迟，如图 2.41 所示，当上样量增大到 40mg 时，黄芩素的洗脱峰峰形基本不变，而黄芩苷的洗脱峰出现拖尾现象。但是，当 G-CFA 用于制备分离黄芩素和黄芩苷时，如果不考虑保留时间，可以认为它的分离处理量较大，优于 D101 大孔吸附树脂的分

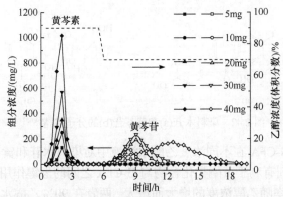

图 2.41　不同上样量条件下黄芩素和黄芩苷混合物在 G-CFA 层析柱上的层析分离图[4,62]

离处理量。另外，G-CFA 具有良好的可重复使用性，且重复使用前不需要对其进行特殊的活化处理。如表 2.12 所示，在 10 次重复分离实验中，黄芩素和黄芩苷都能够得到完全分离，分离所得目标物的纯度均高于98%，并且，黄芩素和黄芩苷的回收率也无明显变化[4,62]。

表 2.12　G-CFA 重复分离黄芩素和黄芩苷的纯度及回收率[4,62]　　　　（单位：%）

重复次数	纯度		回收率	
	黄芩素	黄芩苷	黄芩素	黄芩苷
1	>98	>98	80.17	92.63
2	>98	>98	83.42	94.31
3	>98	>98	79.97	92.49
4	>98	>98	78.69	93.34
5	>98	>98	84.15	92.67
6	>98	>98	80.23	92.58
7	>98	>98	83.27	94.74
8	>98	>98	83.52	95.44
9	>98	>98	81.71	98.62
10	>98	>98	79.74	95.25

2.4.4　对黄酮苷混合物的柱层析分离特性

黄酮苷类化合物均含有糖基，尽管不同的黄酮苷类化合物的分子结构差异较小，但是由于其与 G-CFA 的氢键作用较强，在 G-CFA 上也会产生明显的吸附差异而实现分离。如图 2.42 所示，染料木苷和黄芩苷是典型的黄酮苷类化合物，它们常共存于植物中且结构非常相近，两者的结构差异主要表现在苯环的位置及苯环上羟基的位置不同。

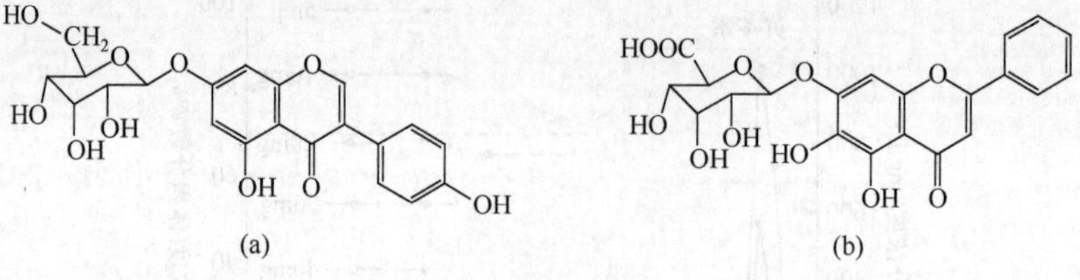

图 2.42　染料木苷(a)和黄芩苷(b)的分子结构[4,65]

图 2.43 为 G-CFA 在不同浓度乙醇水溶液中对染料木苷和黄芩苷的平衡吸附率。因为乙醇溶剂有利于黄酮类化合物与 G-CFA 之间的氢键作用，所以染料木苷和黄芩苷的吸附率随乙醇浓度的增大而增大。两者在 90% 乙醇水溶液和 100% 乙

醇水溶液中呈现较大的吸附差异，G-CFA 对黄芩苷有更高的平衡吸附量[4,65]。这是因为黄芩苷分子上含有邻苯二酚结构，与 G-CFA 的氢键作用更强，而染料木苷分子上酚羟基排布更分散，与 G-CFA 的氢键作用更弱。

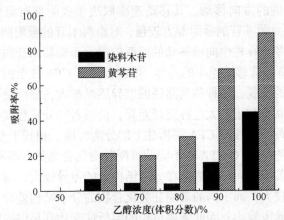

图 2.43　G-CFA 在不同浓度乙醇水溶液中对染料木苷和黄芩苷的吸附率[4,65]

G-CFA 用量为 10g/L，染料木苷和黄芩苷浓度均为 30mg/L

图 2.44(a)为 G-CFA 层析柱(G-CFA 用量 6g，柱高 16cm，柱直径 1.6cm，柱床层体积 32mL，上样量 10mg)对染料木苷和黄芩苷等质量混合物的层析分离图，洗脱方式为 100%—90%—70% 的乙醇水溶液分步洗脱。用 100% 乙醇水溶液进行第一步洗脱时，G-CFA 对黄芩苷的吸附作用较强，对染料木苷的吸附作用相对较弱，所以黄芩苷被保留，少部分染料木苷被洗出；用 90% 乙醇水溶液进行第二步洗脱时，G-CFA 对黄芩苷的吸附作用仍然较强，对染料木苷的吸附作用减弱，染料木苷被快速洗脱出来，随后少部分黄芩苷也被洗出；当用 70% 乙醇水溶液进行第三步洗脱时，G-CFA 对黄芩苷的吸附较弱，黄芩苷被洗脱出来。分段收集 0~15h 的染料木苷洗脱液和 18~27h 的黄芩苷洗脱液，经 HPLC 检测，分离得到的染料木苷的回收率为 99.35%，纯度为 98%；黄芩苷的回收率为 96.52%，纯度为 97%[4,65]。

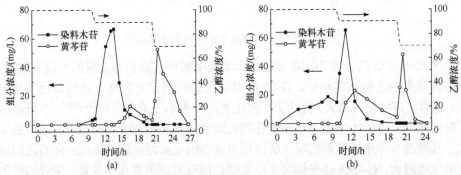

图 2.44　染料木苷和黄芩苷在 16cm (a)和 8cm (b) G-CFA 层析柱上的层析分离图[4,65]

G-CFA 层析柱的柱高对分离具有重要的影响，降低 G-CFA 层析柱的柱高到 8cm，G-CFA 用量减少至 3g，染料木苷和黄芩苷的分离程度明显减小，如图 2.44(b) 所示[4,65]。柱层析的洗脱过程是一个吸附、解吸、再吸附和再解吸的过程。洗脱组分沿洗脱液前进的方向移动，其移动速率取决于吸附剂对组分的吸附能力的强弱[90]。G-CFA 对黄芩苷的吸附能力较强，对染料木苷的吸附能力较弱，所以在洗脱过程中，黄芩苷在柱中向前移动的速率较慢，而染料木苷向前移动的速率较快。染料木苷和黄芩苷移动速率的差异，使两者在 G-CFA 柱上的移动路径产生差异，随着洗脱液的洗脱，这种移动路径的差异逐渐扩大，最终使两者分离开来。增大层析柱的柱高有利于扩大这种路径差异，使两者的分离程度得到提高，从而增大染料木苷和黄芩苷在 G-CFA 层析柱上的分离程度。相较于 G-CFA 对黄酮苷及其苷元化合物的分离，G-CFA 对不同的黄酮苷类化合物的分离所需的 G-CFA 层析柱更长。因为黄酮苷元和黄酮苷在分子结构上的差异较大，两者在层析柱上的移动速率差异也较大，而不同的黄酮苷类化合物的分子结构差异较小，在层析柱上的移动速率差异也较小，因此需要更长的层析柱来达到足够的路径差异而实现分离。

2.4.5 对黄酮苷元混合物的柱层析分离特性

黄酮苷元类化合物不含有糖基，与 G-CFA 的氢键作用较弱，在 G-CFA 上的吸附强度差异较小，但是用较长的 G-CFA 层析柱仍然可以将不同的黄酮苷元类化合物分离开。芹菜素和槲皮素作为黄酮苷元的代表性化合物，经常共存于植物的提取物中，其分子结构如图 2.45 所示，两者的结构非常相似，仅在 B 环和 C 环上的羟基数量上存在差异。

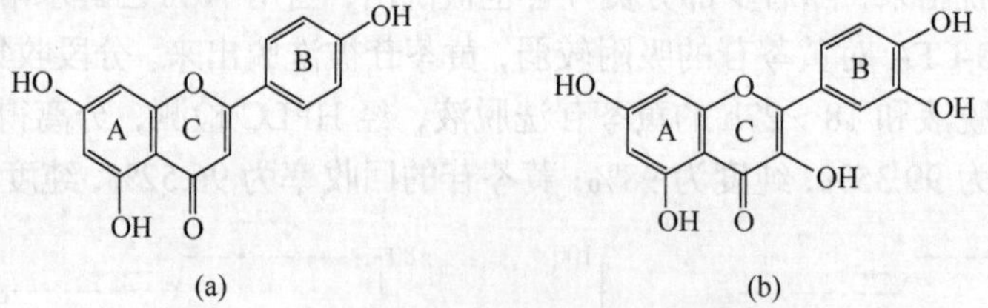

图 2.45 芹菜素(a)和槲皮素(b)的分子结构[4,66]

图 2.46 为 G-CFA 在不同浓度乙醇水溶液中对芹菜素和槲皮素的平衡吸附率。在各种浓度的乙醇水溶液中，G-CFA 对这两种黄酮苷元类化合物的吸附率均较低。随着乙醇浓度的增大，芹菜素、槲皮素的吸附率先减小后增大[4,66]。在低浓度乙醇溶液中，G-CFA 主要基于疏水作用吸附芹菜素和槲皮素，随着乙醇浓度的增大，这种疏水作用逐渐被削弱，所以芹菜素和槲皮素的吸附率降低；随着乙醇浓度的继续增大，G-CFA 逐渐倾向于以氢键作用吸附芹菜素和槲皮素，两者的吸附

率又再次升高。G-CFA 对芹菜素的吸附率始终较低，这是由于芹菜素分子中—OH 等可形成氢键的活性位点较少，所以在高浓度乙醇水溶液中与 G-CFA 的氢键作用较弱，吸附率低于槲皮素。在低浓度乙醇水溶液中，芹菜素的吸附率仍然更低，这是因为芹菜素和槲皮素的疏水性非常相近，两者与 G-CFA 的疏水作用也非常相近，此时两者在 G-CFA 上的吸附差异仍然是基于它们与 G-CFA 的氢键作用不同。

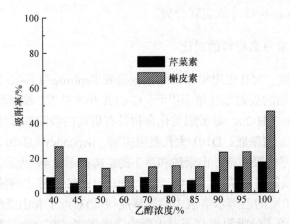

图 2.46　G-CFA 在不同浓度(体积分数)乙醇水溶液中对芹菜素和槲皮素的吸附率[4,66]

G-CFA 用量为 10g/L，芹菜素和槲皮素浓度均为 30mg/L

　　图 2.47 为 G-CFA 层析柱(G-CFA 用量 18g，柱高 48cm，柱直径 1.6cm，柱床层体积 96mL，上样量 10mg)对芹菜素和槲皮素等质量混合物的层析分离图，洗脱方式分别为 100%—70% 和 40%—60% 乙醇水溶液分步洗脱。在两种洗脱方式下，芹菜素均首先被洗脱出来，部分槲皮素随后被洗出，两者被完全分离开。芹菜素和槲皮素的纯度均大于 98%[4,66]。柱高 16cm G-CFA 层析柱(G-CFA 用量为 6g)即

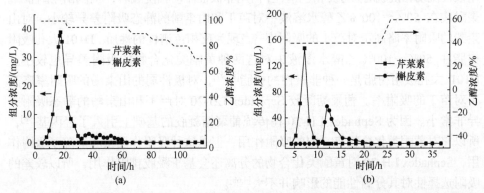

图 2.47　芹菜素和槲皮素在 100%—70% (a)和 40%—60% (b)乙醇水溶液分步洗脱下的层析分离图[4,66]

可实现黄酮苷类混合物的完全分离，而对黄酮苷元类混合物进行分离时，用柱高48cm G-CFA 层析柱(G-CFA 用量为 18g)才能将不同的黄酮苷元类化合物分离开。不同黄酮苷类化合物的分子结构差异与不同黄酮苷元类化合物的分子结构差异均很小，但是由于黄酮苷类化合物与 G-CFA 的氢键作用较强，所以它们在 G-CFA 上的吸附差异更大，因而分离纯化时所需的 G-CFA 层析柱更短。相反，黄酮苷元类化合物与 G-CFA 的氢键作用较弱，在 G-CFA 上的吸附差异更小，所以它们需要更长的 G-CFA 层析柱才能实现分离。

2.4.6 与常用吸附分离材料的对比

硅胶、聚酰胺、大孔吸附树脂和葡聚糖凝胶 Sephadex LH-20 是常规的可用于分离黄酮类化合物的吸附型柱填料[91-94]。G-CFA 相比硅胶、聚酰胺、D101 大孔吸附树脂、Sephadex LH-20，对黄酮类化合物具有更高的吸附选择性能[4,68]。图 2.48是 G-CFA、硅胶、聚酰胺、D101 大孔吸附树脂、Sephadex LH-20 对黄酮类化合物山奈酚和芦丁的平衡吸附率。山奈酚和芦丁的结构如图 2.49 所示，芦丁含有更多可与 G-CFA 形成氢键的基团。G-CFA 在 50%～100% 乙醇水溶液中(黄酮类化合物在浓度低于 50% 的乙醇水溶液中的溶解度很低)对芦丁和山奈酚的吸附存在很明显的差异，对芦丁的吸附率高于对山奈酚的吸附率。在 90%乙醇水溶液中，两者的吸附率差异最大。传统的硅胶主要表现出正相色谱的性质，它极易与水结合，且其吸附能力随水含量的增大而减小，不宜在有水的环境中使用(吸水量超过12%～17% 时，则完全失去吸附能力)。硅胶在 0%～50% 正己烷-乙醇溶液中对芦丁和山奈酚也具有一定的吸附差异，对芦丁的吸附率高于对山奈酚的吸附率，并且对芦丁的吸附率随正己烷浓度的增大而增大。聚酰胺分子中既有非极性的脂肪链，又有极性的酰胺基团，在分离黄酮类化合物时具有"双重层析"的性能，即用极性流动相洗脱时，为反相色谱柱，而用非极性流动相洗脱时，为正相色谱柱[95]。聚酰胺在 50%～100% 乙醇水溶液中对芦丁和山奈酚的静态吸附差异较小，对山奈酚的吸附率略高于对芦丁的吸附率，表现为反相色谱柱的性质。D101 大孔吸附树脂在 50%～100% 乙醇水溶液中对这两种黄酮类化合物的吸附差异也较小。D101 大孔吸附树脂是一种非极性的树脂[96,97]，对极性弱的山奈酚的吸附率略高于对芦丁的吸附率。葡聚糖凝胶 Sephadex LH-20 对芦丁和山奈酚的静态吸附差异非常小。因为 Sephadex LH-20 在传统葡聚糖凝胶的基础上引入了羟丙基[98]，所以它对黄酮类化合物有一定的吸附作用，但是这种吸附作用很小。除了吸附作用，Sephadex LH-20 对黄酮类化合物的分离还会基于凝胶排阻作用，所以较差的吸附选择性对其分离性能的影响并不大[4,68]。

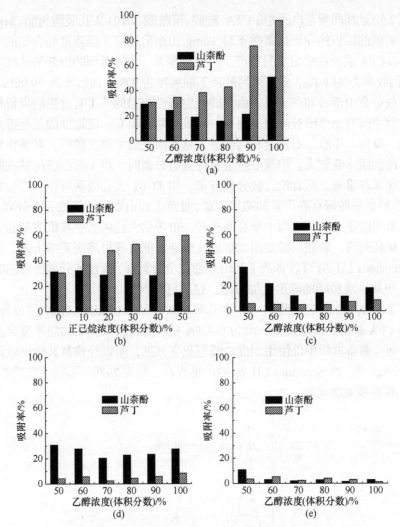

图 2.48　G-CFA(a)、硅胶(b)、聚酰胺(c)、D101 大孔吸附树脂(d)和 Sephadex LH-20(e)对芦丁和山柰酚的静态吸附率[4,68]

吸附剂用量为 10g/L，芦丁和山柰酚浓度均为 30mg/L

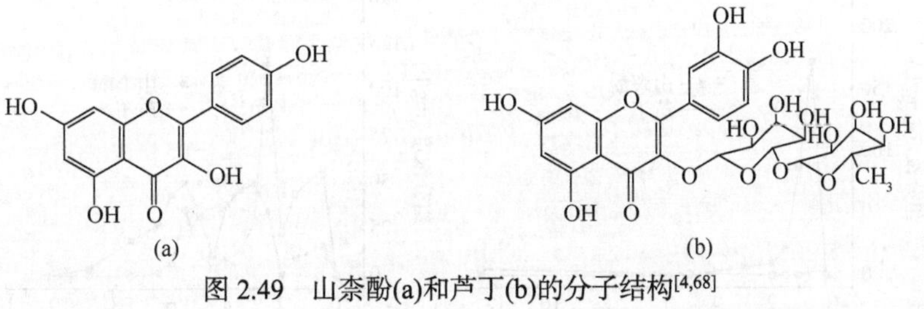

图 2.49　山柰酚(a)和芦丁(b)的分子结构[4,68]

　　图 2.50 是相同质量(3g)的 G-CFA、硅胶、聚酰胺、D101 大孔吸附树脂、Sephadex LH-20 装填的层析柱在优化条件下对 10mg 山柰酚和芦丁等质量混合物的层析分离图。G-CFA 层析柱将山柰酚和芦丁完全分离开,分离得到的山柰酚的纯度高于 98%,回收率为 94.60%,分离得到的芦丁的纯度为 97%,回收率为 90.02%。用硅胶层析柱分离山柰酚和芦丁时,由于硅胶对极性较强的芦丁有过强的保留作用,分离过程中仅有山柰酚被洗出。而且,硅胶必须依赖有一定毒性的正相溶剂,如正己烷、氯仿、甲醇、石油醚和丙酮等,这类溶剂通常沸点较低,对操作环境和操作者的健康影响较大。用聚酰胺层析柱进行分离时,芦丁和山柰酚的洗脱峰始终相互交叉和重叠,两者没有被分离开来。用 D101 大孔吸附树脂进行层析分离时,山柰酚的洗脱峰存在严重的拖尾现象,且芦丁和山柰酚不能被完全分离。D101 大孔吸附树脂是在有机溶剂中聚合而成的,市售的大孔树脂中有机溶剂的含量较高,气味较刺激,装柱后需要用大量的洗脱液才能将有机溶剂置换出来。葡聚糖凝胶 Sephadex LH-20 可以将芦丁和山柰酚完全分离开,而且其分离所需的时间比 G-CFA 更短,洗脱峰的峰形更加对称,柱效更高[4,68]。

　　表 2.13 为硅胶、聚酰胺、D101 大孔吸附树脂和 Sephadex LH-20 的市售价格,以及 G-CFA 材料的预期价格。因为 G-CFA 材料可以由未交联的制革废弃皮块等制备,而且制备过程中仅使用到戊二醛等化学试剂,所以经核算其价格较低,低于 20 元/kg[4,68]。而 Sephadex LH-20 的价格很高,约为 29800 元/kg。在成本方面,G-CFA 具有很大的优势。

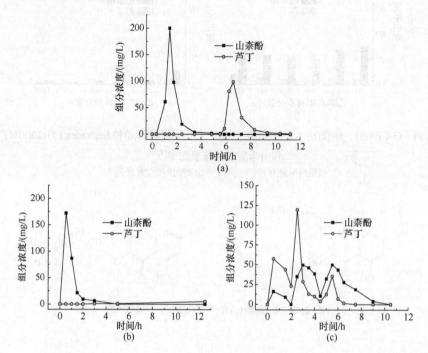

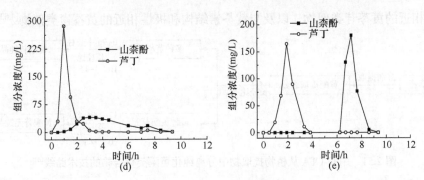

图 2.50 G-CFA(a)、硅胶(b)、聚酰胺(c)、D101 大孔吸附树脂(d)和 Sephadex LH-20(e)对芦丁
和山柰酚的层析分离图[4,68]

表 2.13 硅胶、聚酰胺、D101 大孔吸附树脂、Sephadex LH-20 与 G-CFA 价格的对比[4,68]

分离材料	硅胶	聚酰胺	D101 大孔吸附树脂	Sephadex LH-20	G-CFA
价格/(元/kg)	55	100	120	29800	<20

2.4.7 对实际黄酮提取物中有效成分的分离纯化

天然的黄酮提取物含有多种黄酮苷和多种黄酮苷元,通过调节 G-CFA 的用量和柱高,并采用分步分离的方式,可以将提取物中黄酮类化合物的有效成分进行分离和纯化,同时,这种分步分离的方式也有利于目标物质的实时监测。图 2.51 是用 G-CFA 从植物提取物中分离纯化黄酮类化合物的技术路线。首先,进行第一步分离,目的是将植物提取物中的多种黄酮苷类化合物和多种黄酮苷元类化合物分离开。由于黄酮苷和黄酮苷元的结构差异较大,因而与 G-CFA 的氢键作用差异也较大,利用一个 G-CFA 用量约为 3g 的短柱(柱高 8cm,柱直径 1.6cm)即可实现分离。然后,进行第二步分离,目的是从第一步分离得到的黄酮苷类混合物中分离纯化出希望得到的黄酮苷。黄酮苷类化合物结构相近,与 G-CFA 的氢键作用较强,利用 6～9g G-CFA 用量的中长柱(柱高 16～24cm,柱直径 1.6cm)可以将不同的黄酮苷类化合物分离开。同时,利用 12～18g G-CFA 用量的长柱(柱高 32～48cm,柱直径 1.6cm)可以从黄酮苷元类混合物中分离纯化出希望得到的黄酮苷元。因为黄酮苷元类化合物不仅结构相近,而且与 G-CFA 氢键作用较弱,所以需要增大 G-CFA 用量和柱高才可以实现分离。洗脱条件均为采用乙醇浓度由高到低的乙醇水溶液进行分步洗脱[4]。

黄芩为多年生草本植物,入药部位为根,具有清热、解毒、活血等功效[99]。近年来随着对其活性成分的深入研究,发现黄芩提取物还具有抗炎、抗病毒、抗菌、抗变态反应、抗氧化、抗肿瘤等作用[100,101]。黄芩素和黄芩苷是黄芩提取物中含量最高、药效最明显的黄酮类化合物[102,103]。图 2.52 为黄芩提取物的 HPLC 谱图,可知黄芩提取物中除了含有黄芩苷和黄芩素以外,还含有与黄芩苷结构和极性等相近的黄芩苷类似物，以及与黄芩素结构和极性相近的黄芩素类似物[4,62]。

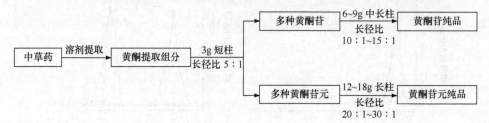

图 2.51 用 G-CFA 从植物提取物中分离纯化黄酮类化合物的技术路线[4]

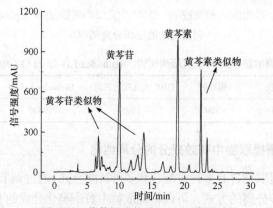

图 2.52 黄芩提取物的 HPLC 谱图[4,62]

图 2.53 是 G-CFA 层析柱(G-CFA 用量 3g，柱高 8cm，柱直径 1.6cm，上样量 270mg)对黄芩提取物分离前后的 HPLC 谱图，洗脱方式为 90%—70%乙醇水溶液分步洗脱。经过第一步短柱分离后，黄芩素及其类似物与黄芩苷及其类似物被分离开[4,62]。

图 2.54 是 G-CFA 层析柱(G-CFA 用量 12g，柱高 32cm，柱直径 1.6cm)对黄芩素及其类似物分离前后的 HPLC 分析谱图，洗脱方式为 100%—90%—80%—70%—60%—50% 乙醇水溶液分步洗脱。黄芩素得到分离纯化，其回收率为 53.43%[4,62]。

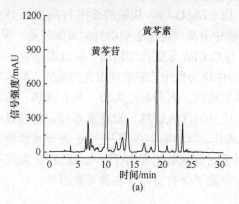

(a)

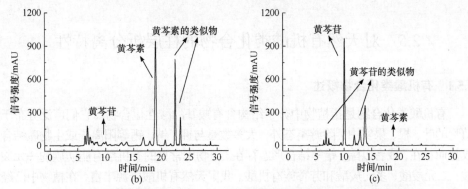

图 2.53　黄芩提取物经第一步 G-CFA 柱层析分离前后的 HPLC 谱图[4,62]

(a) 分离前；(b) 3g G-CFA 层析柱，90% 乙醇洗脱；(c) 3g G-CFA 层析柱，70% 乙醇洗脱

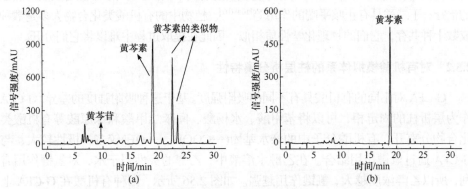

图 2.54　黄芩素及其类似物组分经第二步柱层析分离前后的 HPLC 谱图[4,62]

(a) 第二步柱层析分离前；(b) 12g G-CFA 层析柱，90% 乙醇洗脱

图 2.55 是 G-CFA 层析柱(G-CFA 用量 6g，柱高 16cm，柱直径 1.6cm)对黄芩苷及其类似物分离前后的 HPLC 分析谱图，洗脱方式为 100%—90%—80%—70%—60%—50% 乙醇水溶液分步洗脱。黄芩苷也得到分离纯化，其回收率为 38.92%[4,62]。

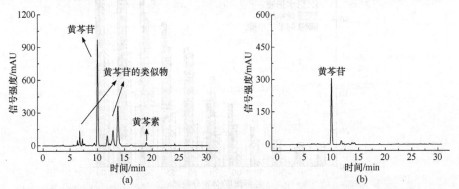

图 2.55　黄芩苷及其类似物组分经第二步柱层析分离前后的 HPLC 谱图[4,62]

(a) 第二步柱层析分离前；(b) 6g G-CFA 层析柱，70%乙醇洗脱

2.5　对天然有机酸类化合物的柱层析分离特性

2.5.1　有机酸类化合物概述

有机酸类化合物是指植物中分子结构含有羧基的酸性化合物。它们广泛分布于植物的叶、根、果实中，除游离态外，大多数是与钾、钠、钙等阳离子或生物碱结合成盐而存在，或者以酯、蜡等结合形态存在。植物中常见的有机酸有脂肪族的一元羧酸、二元羧酸、多元羧酸和芳香族有机酸。我国天然有机酸资源丰富，在植物中已经发现了较多种类的有机酸类化合物。越来越多的研究证明，有机酸类化合物具有广泛的生物活性。例如，绿原酸具有较强的抗氧化活性；阿魏酸可用于心血管疾病和癌症的治疗；丁二酸具有止咳平喘的作用等[104-107]。植物中的有机酸类化合物大多是数种或数十种共存，它们的物理化学性质相似，因此在提取过程中难以将它们分开。

2.5.2　对有机酸模拟体系的柱层析分离特性

G-CFA 对不同的有机酸具有不同的吸附强度。基于这种吸附强度的差异，G-CFA 作为层析柱的固定相，可以将苯甲酸、水杨酸、间苯二甲酸和绿原酸等有机酸类化合物分离开。有机酸分子中的亲水基团(—COOH、—OH)较多，极性较大，与 G-CFA 通过氢键作用结合。在乙醇水溶液中，乙醇的极性弱于水，对氢键作用有利，所以乙醇浓度越大，氢键作用越强。如图 2.56 所示，四种有机酸在 G-CFA 上的吸附率均随着乙醇浓度的增大而增大。苯甲酸含有一个羧基，水杨酸含有一个羧基和一个羟基，间苯二甲酸含有两个羧基，绿原酸含有一个羧基和五个羟基(存在一定的空间位阻)，它们的分子结构如图 2.57 所示。所以，苯甲酸与 G-CFA

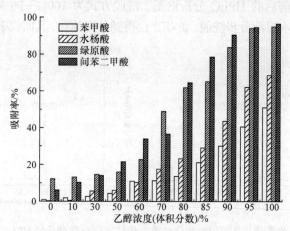

图 2.56　G-CFA 在不同浓度(体积分数)乙醇水溶液中对有机酸的吸附率[2]

G-CFA 用量为 10g/L，各有机酸浓度均为 30mg/L

的吸附作用最弱，其次是水杨酸，与 G-CFA 吸附作用比较强的是间苯二甲酸和绿原酸，这种吸附作用的差异在较高浓度的乙醇水溶液中更为明显[2]。

G-CFA 保持了胶原纤维的纤维状结构，基本不存在微孔，与传统的多孔状材料相比，其内扩散阻力可以忽略，因而具有较快的传质速率。G-CFA 对苯甲酸、水杨酸、间苯二甲酸和绿原酸的吸附速率均较快，在 240min 内就可以达到吸附平衡，如图 2.58 所示[2]，比大孔树脂[108]对有机酸的吸附速率更快。

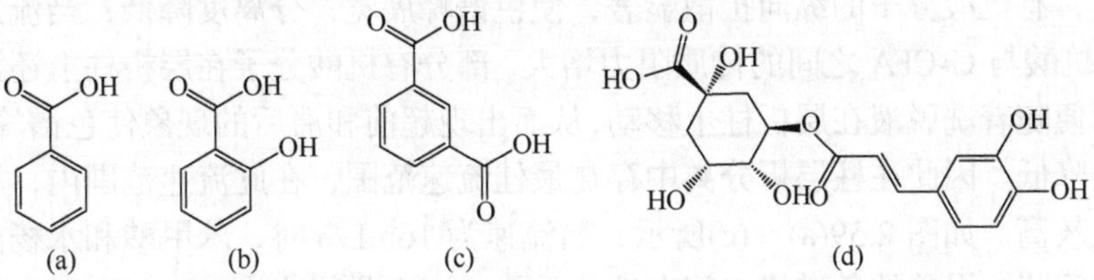

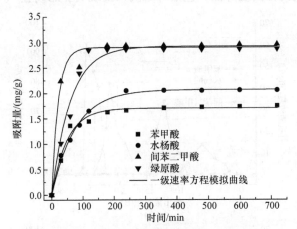

图 2.57 苯甲酸(a)、水杨酸(b)、间苯二甲酸(c)和绿原酸(d)的分子结构

图 2.58 G-CFA 对有机酸的吸附动力学曲线[2]

G-CFA 用量为 10g/L，各有机酸浓度均为 30mg/L

采用柱层析分离方式(G-CFA 用量 6g，柱高 20cm，柱直径 1.6cm)，用 100%—95%—90%—85%—80%—70%—50% 乙醇水溶液分步洗脱，可以使苯甲酸、水杨酸、绿原酸、间苯二甲酸得到分离。洗脱液中水比例的增大逐步削减了有机酸与 G-CFA 的氢键作用，从而使四种有机酸依次从层析柱上被洗脱，它们的回收率都在 90% 以上[2]。由于苯甲酸分子中只有一个羧基，它与 G-CFA 之间的氢键作用最弱，故最先流出层析柱；而水杨酸同时具有羧基和酚羟基，因此它与 G-CFA 之间的氢键作用稍强于苯甲酸；绿原酸分子中有多个羟基，能与 G-CFA 形成多点氢键，但其位阻较大，且由于羧基与 G-CFA 之间的氢键作用比羟基与 G-CFA 之间

的氢键作用更强[109]，因此绿原酸比间苯二甲酸先流出层析柱。四种有机酸在层析柱上的保留顺序与无水乙醇中吸附率的大小顺序基本一致。

洗脱流速对分离度有一定的影响。分离速率理论中的 Van Deemter 方程为 $H = A + B/u + C \cdot u$ [110]。其中，H 为理论塔板高度，H 越小则柱效越高；u 为流动相的线速度；A 为涡流扩散项系数；B 为分子扩散项系数；C 为传质阻力项系数。从方程可以看出，色谱柱的柱效与涡流扩散、分子扩散和传质阻力相关。当流速较低时，有机酸分子的纵向扩散显著，使色谱峰展宽，分离度降低；当流速较高时，有机酸与 G-CFA 之间的传质阻力增大，部分有机酸分子在层析柱上还没来得及吸附便随着洗脱液在层析柱上移动，从而出现超前和滞后的现象使色谱峰展宽，分离度降低。因此在柱层析分离中存在最佳流速范围，在此流速范围内，层析柱的柱效较高。如图 2.59(a)～(c)所示，当流速为 16mL/h 时，苯甲酸和水杨酸、绿原酸和间苯二甲酸的色谱峰之间有部分重叠；当洗脱流速为 30mL/h 时，四种有机酸之间的分离度较高，色谱峰几乎没有重叠；当洗脱流速增加到 60mL/h 时，四种有机酸之间的分离度降低，色谱峰之间又出现明显的重叠[2]。

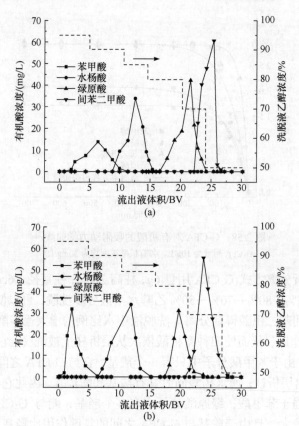

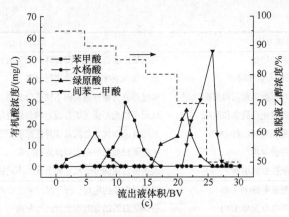

图 2.59　有机酸混合物在 G-CFA 层析柱上的色谱图[2]

(a) 流速 16mL/h；(b) 流速 30mL/h；(c) 流速 60mL/h

2.6　对蛋白质的柱层析分离特性

2.6.1　蛋白质分离方法概述

蛋白质是生命有机体的主要组成部分，其产品在诸多领域有着广泛的应用。研究蛋白质的结构和性质对众多科技领域和工业生产均有重大意义，而蛋白质的分离纯化是其研究中必不可少的一个环节。不同的蛋白质具有不同的氨基酸种类、数目和序列。蛋白质多肽链上连接的氨基酸残基可以是带正电或负电、中性或极性、亲水或疏水的。此外，多肽按照一定的二级结构(α螺旋、β折叠和各种转角)和三级结构折叠，形成了具有独特尺寸、形状和残基分布的蛋白质。利用不同蛋白质在结构及物理和化学性质上的差异，能对蛋白质进行纯化分离。这些性质包括分子尺寸、形状、电荷、等电点、电荷分布、疏水性、溶解度、密度、配体结合能力、金属结合能力、可逆结合及特殊序列或结构等[111]。蛋白质的分离不仅要求分离出的产品具有较高的纯度，还要求分离出的产品保持较高的原始状态。表 2.14 列出了蛋白质分离的主要方法及原理[112]。

表 2.14　蛋白质的分离方法[112]

	分离方法	原理
沉淀法	硫酸铵、丙酮沉淀法	利用蛋白质的溶解度差异进行分离
	聚乙烯亚胺沉淀法	根据蛋白质的电荷和分子尺寸的不同进行分离
	等电点沉淀法	根据蛋白质的溶解度和等电点的不同进行分离
相分配法(聚乙二醇)		基于蛋白质的溶解度差异而实现分离
层析法	离子交换层析(IEC)	根据蛋白质的电荷和电荷分布的不同进行分离
	疏水作用层析(HIC)	根据蛋白质的疏水性差异而达到分离的目的
	反相高效液相	利用蛋白质的疏水性和分子尺寸的不同进行分离

续表

分离方法		原理
层析法	亲和层析	利用蛋白质与其配体间特殊的亲和结合作用而进行分离
	DNA 亲和层析	基于蛋白质序列特异性进行分离
	外源凝集素亲和层析	根据糖基含量和类型的不同进行分离
	固定化金属亲和层析	根据蛋白质与金属结合能力的差异进行分离
	免疫亲和层析(IAC)	利用抗原和抗体之间高特异性亲和力进行分离
	层析聚焦	根据蛋白质的等电点差异进行分离
	凝胶过滤层析	根据蛋白质的分子尺寸和形状的不同进行分离
电泳法	凝胶电泳(PAGE)	根据蛋白质的电荷、分子尺寸和形状差异进行分离
	等电点聚集(IEF)	根据蛋白质的等电点差异进行分离
离心法		根据蛋白质的分子尺寸、形状和密度差异进行分离
超滤法		根据蛋白质的分子尺寸和形状差异进行分离

在各种蛋白质分离方法中，层析法具有分离效率高、选择性好、操作简单且工艺易于放大化和自动化等特点，成为蛋白质分离中最常用的方法之一。其中，离子交换层析、疏水作用层析、亲和层析和凝胶过滤层析是层析法中最常用的方法。这几种层析方法中的固定相或固定相载体大多采用葡聚糖或琼脂糖等软性基质材料。虽然这些材料的亲水性和生物相容性好，但它们的机械强度较差，能够承受的压力较小，不能进行快速洗脱，分离时间较长，容易造成蛋白质的变性失活。另外，软性基质材料的价格昂贵，且在制备时常使用溴化氢等剧毒试剂，因此该类材料在蛋白质大规模分离纯化中的应用受到限制。硅胶类硬基质材料虽然机械强度好、吸附量高，但其 pH 适应范围较窄(pH 2.0~8.0)，且其表面的硅羟基会对蛋白质产生不可逆吸附。另外，硅胶的多孔状结构使分离过程中的传质速率较慢、柱压较高、洗脱困难，不适合用于蛋白质的大规模分离。为了提高蛋白质在硬基质材料上的传质速率，人们合成了以聚苯乙烯等合成高分子为基础的无孔微球介质，实现了蛋白质的快速分离[112]。近年来，高分子纤维材料在蛋白质分离上的应用引起了人们的关注。与无孔微球介质相比，高分子纤维介质具有更高的传质速率和更低的柱压，适合蛋白质的快速分离和大规模分离应用[113]。特别是一些天然高分子纤维材料，因其良好的生物相容性，在蛋白质的纯化分离中具有独特的优势，以胶原纤维为原料开发的一系列蛋白质吸附分离材料便属于此类天然高分子纤维材料。

2.6.2 对蛋白质模拟体系的柱层析分离特性

离子交换层析法是蛋白质纯化分离方法的一种。与其他分离方法相比，离子交换层析法具有适用性广、过程易于放大、易自动化操作、不用有机溶剂作流动相等特点[114-116]。传统的离子交换剂可分为阳离子交换剂和阴离子交换剂，其中阳离子交换剂带酸性基团(—SO$_3$H、—COOH 和 —OH 等)，阴离子交换剂带碱性基团[—N$^+$(CH$_3$)$_3$、—NH$_2$ 和 =NH 等]。而两性离子交换剂是一种既带酸性基团又带有碱性基团的特殊离子交换剂，其表面电荷会随着外部溶液 pH 的变化而改变，因此在不同的 pH 条件下分别表现出阳离子或阴离子交换剂的特性，从而通过静电作用将不同电荷的物质分离开[117]。胶原纤维含有丰富的—COOH、—OH、—CONH—、—NH$_2$、—CONH$_2$ 等弱酸性和弱碱性基团，因此不需要引入其他官能团，胶原纤维自身就具有两性电荷的特殊性能，是一种天然的两性弱离子材料。

　　G-CFA 可以基于静电作用将牛血清白蛋白(BSA)、牛血红蛋白(Hb)和溶菌酶(LYS)分离开。三种蛋白质的理化性质如表 2.15 所示[118-120]。G-CFA 的等电点为 5.5，静电作用是 G-CFA 对这三种蛋白质吸附的主要作用力。溶液 pH 和离子强度对静电作用的影响非常大，从而影响三种蛋白质在 G-CFA 上的吸附。如图 2.60 所示，随着 pH 的升高，LYS 和 Hb 的吸附量均呈先增加后降低的趋势，当 pH 为 6.0 时，Hb 达到最大吸附量，当 pH 为 9.0 时，LYS 达到最大吸附量。然而，G-CFA 对 BSA 在 pH 为 4.0～11.0 范围内几乎没有吸附。当 pH 小于 5.0 时，G-CFA 和 Hb 均带正电荷，两者之间存在静电斥力，但 G-CFA 和 Hb 之间同时也存在疏水作用和氢键作用，因此 Hb 仍有少量的吸附；当 pH 为 6.0 时，G-CFA 带负电荷，而 Hb 带正电荷，它们之间存在静电引力，此时 Hb 在 G-CFA 上的吸附量达到最大值；随着 pH 的进一步增大，G-CFA 与 Hb 均带负电荷，G-CFA 与 Hb 之间变为负电荷的排斥作用，从而导致 Hb 在 G-CFA 上的吸附量又显著降低。与 Hb 相同，当 pH 小于 5.0 时 LYS 与 G-CFA 之间也存在着静电斥力，此时 G-CFA 基于疏水作用和氢键作用吸附 LYS。值得注意的是，此时 LYS 的吸附量明显高于 Hb，这是因为当 pH 低于等电点时，球状蛋白质 Hb 会出现类似于 "熔球态" 的构象，即以相对松散的三级结构存在[121,122]。与正常构象相比，"熔球态" 构象的 Hb 分子在 G-CFA 上会占据更大的空间位置。而 LYS 为刚性蛋白质，不会形成 "熔球态" 结构[121]，因此在 pH 均低于 LYS 和 Hb 等电点的情况下，LYS 的吸附量高于 Hb 的吸附量。当 pH 为 6.0 时，G-CFA 带负电荷，由于静电吸引作用，LYS 在 G-CFA 上的吸附量显著增加；随着 pH 的增大，G-CFA 所带的负电荷越来越多，LYS 的吸附量也随之增加，并在 pH 为 9.0 时达到最大值，此时 G-CFA 表现出阳离子交换剂的特性；随着 pH 的进一步增大，LYS 所带的正电荷逐渐减少，其吸附量又有所降低。BSA 与 G-CFA 的等电点非常接近，因此，在较宽的 pH 范围内两者之间的静电作用均很弱，所以 BSA 的吸附量始终很低。G-CFA 对 LYS 和 Hb 的吸附量随离子强度的增加而显著降低，如图 2.61 所示。这是因为在以静电作用为主要驱动力的吸附中，NaCl 的加入会屏蔽蛋白质与吸附剂之间的静电吸引作用，使蛋白质的吸附量降低。当 LYS 和 Hb 的初始浓度均为 3.0mg/mL，温度为 25℃时，G-CFA 在 pH 7.5 和 6.0 时对 LYS 和 Hb

的平衡吸附量分别达到 257.7mg/g 和 96.6mg/g。G-CFA 对 LYS 和 Hb 的吸附速率较快，两者分别在 180min 和 360min 内达到吸附平衡[2,123]。

表 2.15　BSA、Hb 和 LYS 的理化性质[118-120]

蛋白质	分子量	尺寸/(nm × nm × nm)	等电点(pI)
BSA	66700	$4.0 \times 4.0 \times 14.0$	4.9
Hb	65000	$5.0 \times 5.5 \times 6.4$	7.0
LYS	14400	$3.0 \times 3.0 \times 4.5$	11.0

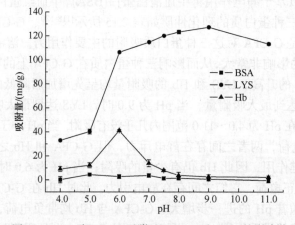

图 2.60　pH 对 G-CFA 吸附 BSA、Hb 和 LYS 的影响[2]

G-CFA 用量为 4g/L，各蛋白质浓度均为 500mg/L

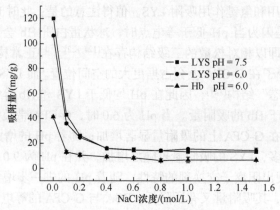

图 2.61　离子强度对 G-CFA 吸附 LYS 和 Hb 的影响[2]

G-CFA 用量为 4g/L，各蛋白质浓度均为 500mg/L

通过改变洗脱液的 pH 和离子强度，可以调节 G-CFA 对蛋白质的静电吸附能力，使不同的蛋白质在 G-CFA 层析柱上得到分离。对于 1mL 的 LYS-BSA 混合溶液(pH 为 7.5，LYS 和 BSA 的浓度均为 40mg/mL)，通过采用 pH 为 7.5 的磷酸盐缓冲液和 NaCl 浓度为 0.6mol/L 的磷酸盐缓冲液分步洗脱，G-CFA 层析柱(G-CFA 用量 4.0g，柱直径 1.6cm，柱高 13.5cm，床层体积 27mL)可以将 LYS 和 BSA 完全分离开，如图 2.62 所示。BSA 在 pH 为 7.5 时不被 G-CFA 吸附，因此在第一洗脱段中直接流出，而 LYS 因与 G-CFA 产生了较强的静电吸引作用停留在层析柱中；随着在洗脱液中加入 NaCl，G-CFA 与 LYS 之间的静电吸引作用被屏蔽，LYS 从 G-CFA 层析柱上洗脱，从而使两种等电点不同的蛋白质被完全分离开(pI$_{LYS}$ = 11.0，pI$_{BSA}$ = 4.9)。对于 1mL 的 Hb-BSA 混合溶液(pH 为 6.0，Hb 和 BSA 的浓度均为 20mg/mL)，通过采用 pH 为 6.0 的磷酸盐缓冲液和 NaCl 浓度为 0.8mol/L 的磷酸盐缓冲液分步洗脱，G-CFA 层析柱也可以将 Hb 和 BSA 完全分离开，如图 2.63 所示。BSA 在 pH 为 6.0 时也不被 G-CFA 吸附，因此在第一洗脱段中直接流出，此时 Hb 被 G-CFA 吸附保留在柱中；随着在洗脱液中加入 NaCl，G-CFA 与 Hb 之间的静电吸引作用被屏蔽，Hb 从 G-CFA 层析柱上洗脱，实现了等电点相差仅 2.1 pH 单位的 Hb 和 BSA 的分离(pI$_{Hb}$ = 7.0，pI$_{BSA}$ = 4.9)。对于 1mL 的 LYS-Hb-BSA 混合溶液(pH 为 6.0，LYS、Hb 和 BSA 的浓度均为 20mg/mL)，通过采用 pH 为 6.0 的磷酸盐缓冲液、pH 为 7.5 的磷酸盐缓冲液和 NaCl 浓度为 0.6mol/L 的磷酸盐缓冲液分步洗脱，G-CFA 层析柱可以将这三种蛋白质完全分离开，如图 2.64 所示。在 pH 为 6.0 的缓冲液中，LYS 和 Hb 均能通过静电吸引作用保留在 G-CFA 层析柱上，BSA 随洗脱液流出；随着洗脱液 pH 提高到 7.5，Hb 与 G-CFA 之间的静电引力转变为静电斥力，使 Hb 从 G-CFA 柱上洗脱出来；随着在洗脱液中加入 NaCl，LYS 与 G-CFA 之间的静电引力被屏蔽，LYS 从层析柱上流出，三种蛋白质在 G-CFA 层析柱上被完全分离开。G-CFA 层析柱可在较高流速条件下分离蛋白质，且随着流速的增加，所需的分离时间逐渐减少。当流速为 8mL/h 时，LYS 和 BSA 的分离需要 800min，当流速为 60mL/h 时，LYS 和 BSA 的分离仅需要 175min。另外，G-CFA 层析柱在蛋白质分离中具有优良的重复使用性和稳定性，在 4 次重复分离中，LYS 和 BSA 的保留时间和峰形基本一致，且回收率均大于 90%[2,123]。

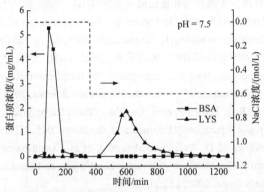

图 2.62　LYS-BSA 混合体系在 G-CFA 层析柱上的分离谱图[2]

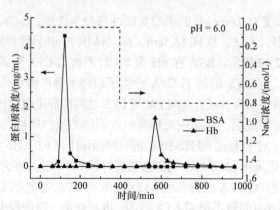

图 2.63　Hb-BSA 混合体系在 G-CFA 层析柱上的分离谱图[2]

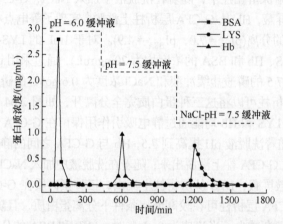

图 2.64　LYS-Hb-BSA 混合体系在 G-CFA 层析柱上的分离色谱图[2]

参 考 文 献

[1] 廖学品. 基于皮胶原纤维的吸附材料制备及吸附特性研究[D]. 成都: 四川大学, 2004.

[2] 李娟. 基于皮胶原纤维的天然产物和蛋白质分离材料[D]. 成都: 四川大学, 2011.

[3] Bigi A, Cojazzi G, Panzavolta S, et al. Mechanical and thermal properties of gelatin films at different degrees of glutaraldehyde crosslinking[J]. Biomaterials, 2001, 22(8): 763-768.

[4] 张琦弦. 胶原纤维吸附剂对黄酮类化合物的吸附层析特性[D]. 成都: 四川大学, 2013.

[5] Marcus R K. Use of polymer fiber stationary phases for liquid chromatography separations: Part Ⅰ: Physical and chemical rationale[J]. Journal of Separation Science, 2008, 31(11): 1923-1935.

[6] Nelson D M, Stanelle R D, Brown P, et al. Capillary-channeled polymer (C-CP) fibers: A novel platform for liquid-phase separations[J]. American Laboratory, 2005, 37(11): 28-32.

[7] Cotoruelo L M, Marques M D, Rodriguez-Mirasol J, et al. Lignin-based activated carbons for adsorption of sodium dodecylbenzene sulfonate: Equilibrium and kinetic studies[J]. Journal of Colloid and Interface Science, 2009, 332(1): 39-45.

[8] 孙达旺. 植物单宁化学[M]. 北京: 中国林业出版社, 1992: 257, 374.

[9] 石碧, 狄莹. 植物多酚[M]. 北京: 科学出版社, 2000: 5-18, 67-91.

[10] Schofield P, Mbugua D M, Pell A N. Analysis of condensed tannins: A review[J]. Animal Feed Science and Technology, 2001, 91: 21-40.

[11] Tiwari D, Mishra S P, Mishra M, et al. Biosorptive behaviour of Mango (*Mangifera indica*) and Neem (*Azadirachta indica*) bark for Hg^{2+}, Cr^{3+}, and Cd^{2+} toxic ions from aqueous solution: A radiotracer study[J]. Applied Radiation and Isotopes, 1999, 50: 631-642.

[12] Hynes M J, Coinceanainn M O. The kinetics and mechanism of the reaction of iron(Ⅲ) with gallic acid, gallic acid methyl ester and catechin[J]. Journal of Inorganic Biochemistry, 2001, 85: 131-142.

[13] Ross A R S, Ikonomou M G, Orians K J. Characterization of dissolved tannins and their metal-ion complexes by electrospray ionization mass spectrometry[J]. Analytica Chimica Acta, 2000, 411: 91-102.

[14] 彭凯, 王国霞, 孙育平, 等. 植物缩合单宁抗氧化作用机制的研究进展[J]. 饲料工业, 2020, 41(13): 49-53.

[15] 田燕, 邹波, 董晓倩, 等. 不同聚合度柿子单宁的体内外抗氧化作用[J]. 食品科学, 2013, 34(13): 54-60.

[16] 杨芬玲. 单宁共混高分子抗菌材料[D]. 上海: 复旦大学, 2010.

[17] Liu S W, Jiang S B, Wu Z H, et al. Identification of inhibitors of the HIV-l gp41 six-helix bundle formation from extracts of Chinese medicinal herbs *Prunella vulgaris* and *Rhizoma cibotte*[J]. Life Sciences, 2002, 71(5): 1779-1791.

[18] Notka F, Meier G R, Wagner R. Inhibition of wild-type human immunodeficiency virus and reverse transcriptase inhibitor-resistant variants by *Phyllanthus amarus*[J]. Antiviral Research, 2003, 58(2): 175-186.

[19] 王勇, 邓雷, 小岛纪德. 天然高分子柿单宁的研究与应用[J]. 材料导报, 2008, 22(8): 83-86, 98.

[20] Saleem A, Husheem M, Harkonen P, et al. Inhibition of cancer cell growth by crude extract and the phenolics of *Terminalia chebula* Retz. fruit[J]. Fruit Journal of Ethnopharmacology, 2002, 81(3): 327-336.

[21] 江凯. 五倍子单宁的提取纯化及其抗菌、抗突变作用研究[D]. 西安: 陕西师范大学, 2011.

[22] 刘瑜琛, 张亮亮, 汪咏梅, 等. 五没食子酰葡萄糖锗的合成及其体外抗肿瘤活性[J]. 林业工程学报, 2019, 4(2): 61-65.

[23] 王宏英, 魏海峰, 王卫芳, 等. 单宁酸对肾癌细胞生长的抑制作用及其机制[J]. 中国免疫学杂志, 2019, 35(17): 2089-2093.

[24] Szaefer H, Jodynis-Liebert J, Cichocki M, et al. Effect of naturally occurring plant phenolics on the induction of drug metabolizing enzymes by *o*-toluidine[J]. Toxicology, 2003, 186: 67-77.

[25] Athanasiadou S, Kyriazakis I, Jackson F, et al. Consequence of long-term feeding with condensed tannins on sheep parasitised with trichostrongylus colubriformis[J]. International Journal for Parasitology, 2000, 30(9): 1025-1033.

[26] 何强, 姚开, 石碧. 植物单宁的营养学特性[J]. 林产化学与工业, 2001, 21(1): 80-85.

[27] Zhu J, Filippich L J, Ng J. Rumen involvement in sheep tannic-acid metabolism[J]. Veterinary and Human Toxicology, 1995, 37(5): 436-440.

[28] Kinlen L J, Willows A N, Goldblatt P, et al. Tea consumption and cancer[J]. British Journal of Cancer, 1988, 58: 397-401.

[29] Niho N, Shibutani M, Tamura T, et al. Subchronic toxicity study of gallic acid by oral administration in F344 rats[J]. Food and Chemical Toxicology, 2001, 39(11): 1063-1070.

[30] 胡冠时. 中草药除鞣质的方法研究[J]. 中草药, 1991, 22(11): 491-493, 527.

[31] 张廷有. 鞣制化学[M]. 成都: 四川大学出版社, 2003: 36.

[32] 廖学品, 马贺伟, 陆忠兵, 等. 中草药提取物中单宁(鞣质)的选择性脱除[J]. 天然产物研究与开发, 2004, 16 (1): 10-15.

[33] Liao X P, Lu Z B, Shi B. Selective adsorption of vegetable tannins onto collagen fibers[J]. Industrial and Engineering Chemistry Research, 2003, 42: 3397-3402.

[34] Liao X P, Shi B. Selective removal of tannins from medicinal plant extracts using a collagen fiber adsorbent[J]. Journal of the Science of Food and Agriculture, 2005, 85: 1285-1291.

[35] Shi B, He X Q, Haslam E. Polyphenol-gelatin interaction[J]. Journal of American Leather Chemists Association, 1995, 89(4): 98-104.

[36] 廖学品, 唐伟, 邓慧, 等. 中草药提取物中缩合类单宁的选择性脱除[J]. 天然产物研究与开发, 2004, 16 (2): 111-117.

[37] Svedstrom U, Vuorela H, Kostiainen R, et al. High-performance liquid chromatographic determination of oligomeric procyanidins from dimers up to the hexamer in hawthorn[J]. Journal of Chromatography A, 2002, 968: 53-60.

[38] Jayaprakasha G K, Selvi T, Sakariah K K. Antibacterial and antioxidant activities of grape (*Vitis vinifera*) seed extracts[J]. Food Research International, 2003, 36(2): 117-122.

[39] 吕远平. 胶原纤维吸附材料及其对天然产物的吸附分离特性[D]. 成都: 四川大学, 2009.

[40] Lv Y P, Liao X P, Li J, et al. Separation of proanthocyanidins into oligomeric and polymeric components using a novel collagen fiber adsorbent[J]. Journal of Liquid Chromatography and Related Technologies, 2009, 32: 1901-1913.

[41] Becker K, Makkar H P S. Effects of dietary tannic acid and quebracho tannin on growth performance and metabolic rates of common carp (*Cyprinus carpio* L.)[J]. Aquaculture, 1999, 175: 327-335.

[42] Garg S K, Makkar H P S, Nagal K B, et al. Toxicological investigations into oak (*Quercus incana*) leaf poisoning in cattle[J]. Veterinary and Human Toxicology, 1992, 34(2): 161-164.

[43] 艾庆辉, 苗又青, 麦康森. 单宁的抗营养作用与去除方法的研究进展[J]. 中国海洋大学学报(自然科学版), 2011, 4(1): 33-40.

[44] 李娟, 廖学品, 唐睿, 等. 胶原纤维吸附剂对银杏叶中鞣质的选择性去除作用[J]. 中草药, 2008, 39 (1): 62-65.

[45] 李娟, 廖学品, 舒星旭, 等. 胶原纤维吸附剂对虎杖提取物中鞣质的选择性去除[J]. 中国中药杂志, 2010, 35 (5): 583-587.

[46] Hu C, Kitts D D. Evaluation of antioxidant activity of epigallocatechin gallate in biphasic model system *in vitro*[J]. Molecular and Cellular Biochemistry, 2001, 218: 147-155.

[47] 赵保路. 氧自由基和天然抗氧化剂[M]. 北京: 科学出版社, 1999: 199-221.

[48] Eteng M U, Eyong E U, Akpanyung E O, et al. Recent advances in caffeine and theobromine

toxicities: A review[J]. Plant Foods for Human Nutrition, 1997, 51(3): 231-243.

[49] 廖学品, 陆忠兵, 邓慧, 等. 胶原纤维吸附材料除去茶多酚中的咖啡因[J]. 离子交换与吸附, 2003, 19(3): 222-228.

[50] He L J, Wu Y Y, Lin L, et al. Hispidulin, a small flavonoid molecule, suppresses the angiogenesis and growth of human pancreatic cancer by targeting vascular endothelial growth factor receptor 2-mediated PI3K/Akt/mTOR signaling pathway[J]. Cancer Science, 2011, 102 (1): 219-225.

[51] Botta B, Vitali A, Menendez P, et al. Prenylated flavonoids: Pharmacology and biotechnology[J]. Current Medicinal Chemistry, 2005, 12 (6): 717-739.

[52] Liu Y T, Lu B N, Peng J Y. Hepatoprotective activity of the total flavonoids from *Rosa Iaevigata* Michx. fruit in mice treated by paracetamol[J]. Food Chemistry, 2011, 125 (2): 719-725.

[53] 刘晓艳, 徐鬼, 杨秀伟, 等. 鸡血藤黄酮类化学成分的分离与鉴定[J]. 中国中药杂志, 2020, 45(6): 1384-1392.

[54] Liu Q, Geng Y L, Wang X, et al. Preparative separation of flavonoid glycosides and flavonoid aglycones from the leaves of *Platycladus orientalis* by REV-IN and FWD-IN high-speed counter-current chromatography[J]. Analytical Methods, 2019, 11: 4260-4266.

[55] Zhang X Y, Wang R T, Zhao Y Y, et al. Separation and purification of flavonoids from polygonum cuspidatum using macroporous adsorption resin[J]. Pigment & Resin Technology, 2021, 50: 574-584.

[56] 王晓娅, 苏建青, 褚秀玲. 大孔树脂分离纯化黄酮类化合物的研究进展[J]. 食品科技, 2021, 46(8): 208-212.

[57] Yingyuen P, Sukrong S, Phisalaphong M. Isolation, separation and purification of rutin from banana leaves (*Musa balbisiana*)[J]. Industrial Crops and Products, 2020, 149(12): 112307.

[58] 徐赫, 李荣华, 夏岩石, 等. 黄酮类化合物提取、分离纯化方法研究现状及展望[J]. 应用化工, 2021, 50(6): 1677-1682.

[59] Ghanem A, Wang C X. Enantioselective separation of racemates using CHIRALPAK IG amylose-based chiral stationary phase under normal standard, non-standard and reversed phase high performance liquid chromatography[J]. Journal of Chromatography A, 2018, 1532: 89-97.

[60] 韩聪聪. 款冬花中萜类和黄酮类化合物分离技术研究[D]. 重庆: 重庆大学, 2015.

[61] Li J, Liao X P, Liao G H, et al. Separation of flavonoid and alkaloid using collagen fiber adsorbent[J]. Journal of Separation Science, 2010, 33(15): 2230-2239.

[62] Zhang Q X, Li J, Zhang W H, et al. Adsorption chromatography separation of baicalein and baicalin using collagen fiber adsorbent[J]. Industrial and Engineering Chemistry Research, 2013, 52(6): 2425-2433.

[63] 张琦弦, 李欣欣, 李娟, 等. 胶原纤维吸附剂分离黄烷酮苷和黄烷酮苷元[J]. 四川大学学报 (工程科学版), 2012, 44 (S1): 244-248, 254.

[64] 张琦弦, 李娟, 张文华, 等. 胶原纤维吸附剂分离芦丁和槲皮素[J]. 生物质化学工程, 2012, 46 (1): 1-5.

[65] 李欣欣, 张琦弦, 张文华, 等. 胶原纤维吸附剂对单糖基黄酮苷类化合物的层析分离性能[J]. 林产化学与工业, 2014, 34(6): 56-60.

[66] 张琦弦, 张文华, 廖学品, 等. 胶原纤维吸附剂对芹菜素的分离纯化性能研究[J]. 功能材料, 2012, 43 (5): 618-621.

[67] Ding P P, Liao X P, Shi B. Adsorption chromatography separation of the flavonols kaempferol, quercetin and myricetin using cross-linked collagen fibre as the stationary phase[J]. Journal of the Science of Food and Agriculture, 2013, 93: 1575-1583.

[68] Zhang Q X, Li X X, Li J, et al. Raw skin wastes-used to prepare a collagen fibre adsorbent for the chromatographic separation of flavonoids[J]. Journal of the Society of Leather Technologists and Chemists, 2014, 98(3): 93-98.

[69] Maia M, Andrade M, Braz Filho R, et al. Flavonoids and alkaloids from leaves of *Bauhinia ungulata* L. [J]. Biochemical Systematics and Ecology, 2008, 36(3): 227-229.

[70] Tsai T H, Wang G J, Lin L C. Vasorelaxing alkaloids and flavonoids from *Cassytha filiformis*[J]. Journal of Natural Products, 2008, 71(2): 289-291.

[71] Ding L, Luo X B, Tang F, et al. Simultaneous determination of flavonoid and alkaloid compounds in *Citrus* herbs by high-performance liquid chromatography-photodiode array detection-electrospray mass spectrometry[J]. Journal of Chromatography B: Analytical Technology in the Biomedical and Life Sciences, 2007, 857(2): 202-209.

[72] Garcia M R, Erazo S G, Pena R C. Flavonoids and alkaloids from *Cuscuta* (Cuscutaceae)[J]. Biochemical Systematics and Ecology, 1995, 23(5): 571-572.

[73] Tapas A R, Sakarkar D M, Kakde R B. Flavonoids as nutraceuticals: A review[J]. Tropical Journal of Pharmaceutical Research, 2008, 7(3): 1089-1099.

[74] Aqil M, Khan I Z, Diamari G A. Flavonoids from centaurea senegalensis DC (compositae)[J]. Bulletin of the Chemical Society of Ethiopia, 1998, 12(2): 177-180.

[75] Chojkier M. Hepatic sinusoidal-obstruction syndrome: Toxicity of pyrrolizidine alkaloids[J]. Journal of Hepatology, 2003, 39(3): 437-446.

[76] Kawamura F, Ohira T, Kikuchi Y. Constituents from the roots of taxus cuspidata[J]. Journal of Wood Science, 2004, 50(6): 548-551.

[77] Tekol Y. Acute toxicity of taxine in mice and rats[J]. Veterinary and Human Toxicology, 1991, 33(4): 337-338.

[78] 刘成梅, 游海. 天然产物有效成分的分离与应用[M]. 北京: 化学工业出版社, 2003: 1-60, 80-169.

[79] 张玉奎, 董礼孚, 包绵生, 等. 色谱流出曲线的曲线拟合法[J]. 分析测试通报, 1984, (2): 16-19.

[80] 刘太明, 蒋学华. 黄芩苷和黄芩素大鼠在体胃、肠的吸收动力学研究[J]. 中国中药杂志, 2006, 31 (12): 999-1001.

[81] Liu T M, Jiang X H. Investigation of the absorption mechanisms of baicalin and baicalein in rats[J]. Journal of Pharmaceutical Sciences, 2006, 95 (6):1326-1333.

[82] Shieh D E, Liu L T, Lin C C. Antioxidant and free radical scavenging effects of baicalein, baicalin and wogonin [J]. Anticancer Research, 2000, 20 (5A): 2861-2865.

[83] Shi H, Zhao B, Xin W. Scavenging effects of baicalin on free radicals and its protection on erythrocyte membrane from free radical injury[J]. Biochemistry and Molecular Biology International, 1995, 35 (5): 981-994.

[84] 赵晶. 两种抗人免疫缺陷病毒天然产物结构修饰的研究[D]. 北京: 中国协和医科大学, 1996.

[85] 袁榴娣, 徐红, 杜肇宗. 黄芩甙对艾氏腹水瘤细胞影响的初步探讨[J]. 南京铁道医学院学

报, 1997, 16 (4): 231-233.

[86] Wang J, Somasundaran P, Nagaraj D R. Adsorption mechanism of guar gum at solid-liquid interfaces[J]. Minerals Engineering, 2005, 18 (1): 77-81.

[87] Usha R, Ramasami T. Influence of hydrogen bond, hydrophobic and electrovalent salt linkages on the transition temperature, enthalpy and activation energy in rat tail tendon (RTT) collagen fibre[J]. Thermochimica Acta, 1999, 338(1-2): 17-25.

[88] Usha R, Maheshwari R, Dhathathreyan A, et al. Structural influence of mono and polyhydric alcohols on the stabilization of collagen[J]. Colloids and Surfaces B: Biointerfaces, 2006, 48(2): 101-105.

[89] Usha R, Ramasami T. The effects of urea and *n*-propanol on collagen denaturation: Using DSC, circular dicroism and viscosity[J]. Thermochimica Acta, 2004, 409(2): 201-206.

[90] 杨昌鹏, 张爱华. 生物分离技术[M]. 北京: 中国农业出版社, 2007: 117-134.

[91] Wang L, Gong L H, Chen C J, et al. Column-chromatographic extraction and separation of polyphenols, caffeine and theanine from green tea[J]. Food Chemistry, 2012, 131(4): 1539-1545.

[92] Houghton P J. Chromatography of the chromone and flavonoid alkaloids[J]. Journal of Chromatography A, 2002, 967 (1): 75-84.

[93] Chavan U D, Amarowicz R, Shahidi F. Antioxidant activity of phenolic fractions of beach pea (*Lathyrus maritimus* L.)[J]. Journal of Food Lipids, 1999, 6 (1): 1-11.

[94] Fu B Q, Liu J, Li H, et al. The application of macroporous resins in the separation of licorice flavonoids and glycyrrhizic acid[J]. Journal of Chromatography A, 2005, 1089 (1-2): 18-24.

[95] 徐任生. 天然产物化学[M]. 北京: 科学出版社, 1997: 4-40.

[96] 裴咏萍, 李维林, 张涵庆. 大孔树脂对红凤菜总黄酮的吸附分离特性研究[J]. 时珍国医国药, 2010, 21 (1): 8-9.

[97] 刘健伟, 陈勇, 熊富良, 等. 骨碎补总黄酮提取和大孔吸附树脂纯化的工艺研究[J]. 中国药学杂志, 2006, 41 (16): 1222-1224.

[98] 党建章, 聂小忠, 梁丽琴. Sephadex LH-20 纯化橄榄苦苷[J]. 中药材, 2010, 33 (1): 119-121.

[99] 董玲婉, 吕圭源. 浅谈中药黄芩的药理作用[J]. 浙江中医药大学学报, 2007, 31 (6): 787-788.

[100] 崔巍. 黄芩不同提取物及相关成分抑菌活性和抑菌机理研究[D]. 锦州: 锦州医科大学, 2020.

[101] 王双双, 高毅, 李敏, 等. 不同剂量黄芩提取物对牙周膜干细胞增殖、凋亡、周期的影响研究[J]. 中药药理与临床, 2021, 37(5): 64-68.

[102] 熊春媚, 郭亚东, 马银海, 等. RP-HPLC 法测定黄芩苷和黄芩素的含量[J]. 食品与药品, 2007, 9 (3): 15-17.

[103] 梁然, 陈长慧, 艾希成, 等. 黄芩素与黄芩苷抗氧化活性差异的结构原因[J]. 波谱学杂志, 2010, 27 (1): 132-140.

[104] Li L, Steffens J C. Overexpression of polyphenol oxidase in transgenic tomato plants results in enhanced bacterial disease resistance[J]. Planta, 2002, 215(2): 239-247.

[105] Jiang Y, Satoh K, Kusama K, et al. Interaction between chlorogenic acid and antioxidants[J]. Anticancer Research, 2000, 20(4): 2473-2476.

[106] Lin X F, Min W, Luo D. Anticarcinogenic effect of ferulic acid on ultraviolet-B irradiated human keratinocyte HaCaT cells[J]. Journal of Medicinal Plants Research, 2010, 4(16): 1686-1694.

[107] Barone E, Calabrese V, Mancuso C. Ferulic acid and its therapeutic potential as a hormetin for

age-related diseases[J]. Biogerontology, 2009, 10(2): 97-108.

[108] Liu B Y, Dong B T, Yuan X F, et al. Enrichment and separation of chlorogenic acid from the extract of *Eupatorium adenophorum* Spreng by macroporous resin[J]. Journal of Chromatography B, 2016, 1008: 58-64.

[109] Gilli G, Gilli P. The Nature of the Hydrogen Bond: Outline of a Comprehensive Hydrogen Bond Theory[M]. New York: Oxford Science Publication, 2009: 222-244.

[110] Rousseau R W. Handbook of Separation Process Technology[M]. New York: Wiley Interscience, 1987: 80-127.

[111] Nothwang H G, Pfeiffer S E. Proteomics of the Nervous System[M]. New York: Wiley Blackwell, 2008: 1-18.

[112] Lee W C. Protein separation using non-porous sorbents[J]. Journal of Chromatography B, 1997, 699(1-2): 29-45.

[113] Marcus R K. Use of polymer fiber stationary phases for liquid chromatography separations: Part II :Applications[J]. Journal of Separation Science, 2009, 32(5-6): 695-705.

[114] Levison P R. Large-scale ion-exchange column chromatography of proteins: Comparison of different formats[J]. Journal of Chromatography B: Analytical Technologies in the Biomedical and Life Sciences, 2003, 790(1-2): 17-33.

[115] Xu T W. Ion exchange membranes: State of their development and perspective[J]. Journal of Membrane Science, 2005, 263(1-2): 1-29.

[116] Hallgren E, Kalman F, Farnan D, et al. Protein retention in ion-exchange chromatography: Effect of net charge and charge distribution[J]. Journal of Chromatography A, 2000, 877(1-2): 13-24.

[117] Ramirez P, Alcaraz Z, Mafe S. Effects of pH on ion transport in weak amphoteric membranes[J]. Journal of Electroanalytical Chemistry, 1997, 436(1-2): 119-125.

[118] Yoon J Y, Lee J H, Kim J H, et al. Separation of serum proteins with uncoupled microsphere particles in a stirred cell[J]. Colloids and Surfaces B: Biointerfaces, 1998, 10(6): 365-377.

[119] Chesko J, Kazzaz J, Ugozzoli M, et al. An investigation of the factors controlling the adsorption of protein antigens to anionic PLG microparticles[J]. Journal of Pharmaceutical Sciences, 2005, 94(11): 2510-2519.

[120] Zhai Z, Wang Y J, Chen Y, et al. Fast adsorption and separation of bovine serum albumin and lysozyme using micrometer-sized macromesoporous silica spheres[J]. Journal of Separation Science, 2008, 31(20): 3527-3536.

[121] Kuwajima K. The molten globule state as a clue for understanding the folding and cooperativity of globular-protein structure[J]. Proteins-Structure Function and Genetics, 1989, 6(2): 87-103.

[122] Sattarahmady N, Moosavi-Movahedi A A, Ahmad F, et al. Formation of the molten globule-like state during prolonged glycation of human serum albumin[J]. Biochimica Et Biophysica Acta-General Subjects, 2007, 1770(6): 933-942.

[123] Li J, Liao X P, Zhang Q X, et al. Adsorption and separation of proteins by collagen fiber adsorbent[J]. Journal of Chromatography B, 2013, 928: 131-138.

第3章 胶原纤维固化单宁材料及其在金属离子分离中的应用

3.1 引 言

如第 2 章中的图 2.5 所示，植物单宁富含邻位酚羟基，因此极易与金属离子发生络合反应，这是单宁的一个突出特性。单宁对金属离子的络合能力较一般小分子配体高得多。单宁分子内含有多个邻位酚羟基结构，它们能以两个配位原子与金属离子络合，形成五元螯合环，同时还可能发生氧化还原和水解配聚等其他反应。

已有研究将单宁制备成为吸附材料用于对重金属离子的吸附。制备方法主要有两种，一种是利用酚-醛反应使单宁聚合成为单宁树脂[1]；另一种是用高分子材料作为载体，将单宁固化在这些高分子材料上，称为固化单宁。这两种方法均是为了解决单宁易溶于水而不能直接用作吸附材料的问题。然而第一种方法制备得到的单宁树脂并不能彻底解决单宁的水溶性问题，部分聚合度不高的单宁仍会被水和极性有机溶剂溶出。第二种固化单宁的方法较为常用，包括环氧激活法、氰尿酰氯耦合法、重氮耦合法、辐射引发甲基丙烯酸缩水甘油酯(GMA)活化法及酯键结合法等[2-5]。这些固化方法比较复杂，多数情况下要使用碱、有机溶剂、溴化氰、重氮盐等，对人体和环境造成不利影响；所用的载体如琼脂糖机械强度较差，难以用于柱操作；单宁与载体之间的键合作用较弱，如酯键在酸性或碱性条件下易断裂，从而引起单宁的脱落。

单宁极易与蛋白质(尤其是胶原纤维)通过多点氢键和疏水作用结合，这是单宁的另一突出特性。单宁的这一特性已经在制革工业中应用多年，即通过单宁与胶原纤维的多点氢键作用，提高胶原纤维的稳定性，获得"植鞣革"。单宁与胶原纤维反应以后，再通过醛类物质的交联作用，单宁便可以以共价键的形式牢固固定在胶原纤维上[6]。因此，将胶原纤维作为固化单宁的载体，可以较简单、方便地制备得到对重金属离子具有优良吸附作用的胶原纤维固化单宁吸附材料(tannin-immobilized collagen fiber adsorbent，T-CFA)。

为了进一步提高胶原纤维固化单宁对金属离子的吸附能力，研究者用胃蛋白酶水解胶原纤维，提取胶原分子，使胶原上更多的活性基团暴露出来，从而可以与更多的单宁分子结合，再通过醛类化合物的交联作用使单宁分子以共价键的形式与胶原分子结合。同时，在单宁和醛的诱导下，胶原分子会重新聚集形成不同于天然胶原纤维的纤维状结构。采用这种重组方式得到的重组胶原纤维固化单宁吸附材料(tannin-immobilized ressembled collagen fiber adsorbent，T-R-CFA)上单宁的固载量相比天然胶原纤维上单宁的固载量大得多，所以可以吸附金属离子的活性位点更多，对多数金属离子的吸附量要高于 T-CFA。但是 T-R-CFA 的制备过程相对更为复杂，成本更高，重组的胶原纤维机械强度更低，不如天然胶原纤维稳定。

利用胶原纤维-单宁-醛的反应原理，将单宁和醛直接与经过预处理的整张裸皮反应，可以制备得到胶原纤维固化单宁膜(tannin-immobilized collagen fiber membrane，T-CFM)吸附分离材料。膜吸附分离材料具有自身的应用优势，在吸附过程中体积不会被压缩，液体中的金属离子可在压力的作用下强制通过膜材料而被吸附，因此膜吸附材料具有较高的吸附效率。然而由于吸附过程短，吸附并不充分，所以 T-CFM 对金属离子的吸附量相对较低。但是这种膜材料适合用于对重金属离子的快速吸附。

3.2 胶原纤维固化单宁材料对金属离子的吸附分离特性

3.2.1 重金属离子处理方法概述

冶炼、化工、电子、汽车、采矿和轻工等行业会排放大量含有重金属离子的废水。其中，铅、镉、汞、六价铬等重金属具有很强的毒性。铅中毒会引起腹绞痛、肝炎、高血压、脑炎及贫血等；镉中毒会引起骨痛病；汞中毒会引起人体消化道、口腔、肾脏和肝脏等严重损害[7]；六价铬对皮肤有刺激作用，可损害人体的呼吸系统和内脏，其毒性是三价铬的 100 倍[8]。因此，有效处理含有有毒重金属离子的工业废水一直是环境保护的重要工作。另外，金、银、铂等贵金属具有很高的回收价值，有效地从废水中回收这些贵金属离子对资源的再利用具有重要意义。

当废水中的重金属离子含量较高时，可以采用沉淀、蒸发、电解、离子交换等方法处理。但当废水中重金属离子浓度低于 100mg/L 时，采用上述方法处理效率很低，难以达到相关要求[9]。吸附法是处理低浓度重金属离子废水最有效的方法，而吸附材料是吸附法处理废水的关键。理想的吸附材料应具有高效、廉价、适用范围广、处理成本低等特点。目前常用的吸附材料有活性炭、合成树脂、矿物质、微生物及天然生物质等。大多数吸附材料主要依赖于自身的多孔性质，其吸附速率和解吸速率都比较慢，而且其中活性炭只对少数重金属离子具有吸附作用[10,11]，而斜发沸石、麦饭石等矿物质对重金属离子的吸附量比较低[12-15]。另外，很多吸附材料不能再生和重复使用，它们吸附饱和后只能当成固体废弃物进行填埋或者焚烧，易造成二次污染。还有一些吸附材料，特别是合成树脂，处理废水的成本比较高[16-21]。

　　胶原纤维固化单宁材料具有非孔纤维状结构，它的吸附和解吸都发生在纤维的表面，因而对重金属离子的吸附速率和解吸速率比较快，并且在吸附金属离子后可以再生和重复使用。另外，胶原纤维的来源可以是制革工业的废弃边角料，加上胶原纤维固化单宁本身的制备工艺较为简单，所以它的应用成本比较低。这些都是基于胶原纤维制备重金属离子吸附材料的优势。

3.2.2　制备方法及物理性质

　　首先将胶原纤维与缩合类单宁(杨梅单宁、黑荆树单宁、落叶松单宁等)反应，它们主要以氢键作用和疏水作用结合，然后加入双官能团醛类交联剂(双环噁唑烷、戊二醛等)，醛类交联剂分别与胶原分子上的氨基及缩合类单宁 A 环上 6 位和 8 位亲核中心发生共价键结合，机理如图 3.1 所示[6]，单宁以共价键形式被牢固固定在胶原纤维上，由此制备得到胶原纤维固化单宁吸附材料(T-CFA)。具体制备方法如下：以牛皮为原料，通过常规的去肉、浸灰、片皮、复灰、脱灰和软化等制革工序，以及后续的干燥、研磨、过筛等物理处理后得到胶原纤维粉末。取胶原纤维粉末分散于蒸馏水中，加入适量单宁，在 35℃下反应 12h，经过过滤、蒸馏水洗涤后再加入一定量 20g/L 的醛溶液，调节 pH 至 6.5，先置于 25℃下反应 1h，然后置于 50℃下再反应 4h，经过过滤、蒸馏水洗涤后真空干燥 12h，得到胶原纤维-单宁-醛反应物，即 T-CFA[6,22-30]。

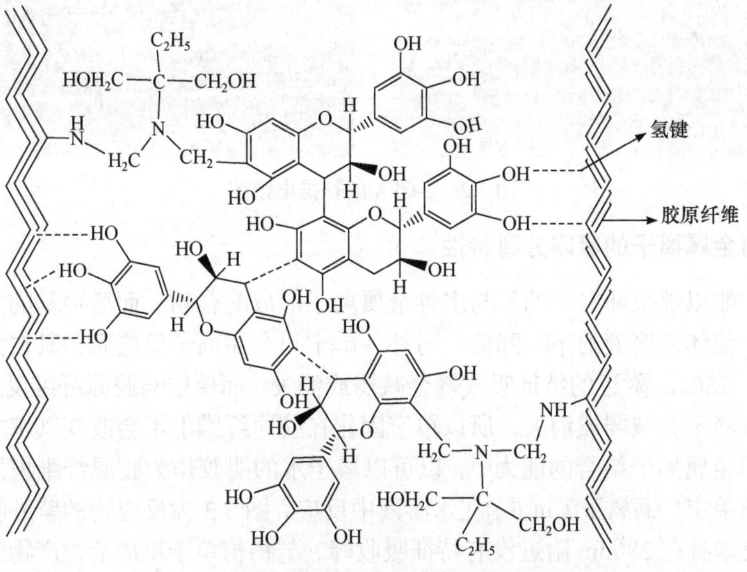

图 3.1　胶原纤维-单宁-醛反应机理示意图[6]

胶原纤维对单宁的固化容量较大，T-CFA 中单宁的含量(固载量)接近 0.5g/g 胶原纤维。单宁与胶原纤维通过共价键结合，这种结合方式稳定，单宁不易脱落，所以 T-CFA 具有优良的耐溶剂萃取能力。0.5g T-CFA 在 100mL 水中室温下搅拌 4h 后，溶液中未检测出单宁，而在 100mL 95%(体积分数)乙醇溶液及 8mol/L 的尿素溶液中，检测到的单宁浓度也不到 10mg/L[6]。

如表 3.1 所示，T-CFA 的热稳定性较高，结构疏松，在水溶液中易溶胀和吸水，具有良好的亲水性，适合用于水体中的吸附和分离。图 3.2 所示为 T-CFA 的扫描电镜图，可知 T-CFA 仍然保持了胶原纤维的纤维状结构[6]。

表 3.1   T-CFA 的物理性质[6]

物理性质	固化单宁		
	杨梅单宁	黑荆树单宁	落叶松单宁
热变性温度/℃	90～96	103～117	93～98
堆积密度/(mg/cm³)	102.2～133.7	104.4～136.5	109.7～140.8
吸水率/(g H₂O/g 固化单宁)	1.81～2.07	1.86～2.04	1.79～1.92
水中溶胀率/(cm³/g 固化单宁)	12.0～13.9	12.3～14.1	11.7～13.2

图 3.2   T-CFA 的扫描电镜图

3.2.3   对金属离子的吸附分离特性

单宁能以邻位酚羟基的氧与多种金属离子形成配合物，而酚羟基的氢则被解离出来，使体系溶液的 pH 降低。另外，单宁与金属离子反应后，其在紫外吸收光谱图上 280nm 附近的特征吸收峰会减弱或消失。而单宁与胶原纤维反应后，其特征吸收峰不会减弱或消失，所以单宁固化在胶原纤维上不会改变其基本性质，仍具有与金属离子结合的能力[6]。以可以溶于水的明胶作为胶原纤维模拟物，使其与杨梅单宁、铜离子[Cu(Ⅱ)]在水溶液中反应，图 3.3 为反应物的紫外吸收光谱图。明胶本身在 280nm 附近没有特征吸收峰，与杨梅单宁反应后，产物的特征吸收峰与纯单宁的特征吸收峰几乎重合，而再与 Cu(Ⅱ)反应后，杨梅单宁的特征吸收峰消失[6]。所以固化单宁一方面能提高胶原纤维的化学及热稳定性，另一方面固化后的单宁仍然具有与金属离子结合的能力，这是固化单宁作为金属离子吸附材料的理论基础。

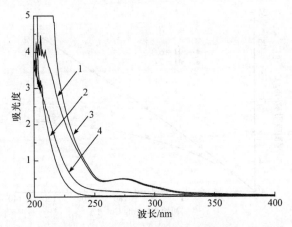

图 3.3　杨梅单宁-明胶-Cu(Ⅱ)反应物的紫外吸收光谱图[6]
1. 杨梅单宁；2. 明胶；3. 杨梅单宁-明胶；4. 杨梅单宁-明胶-Cu(Ⅱ)

　　不同的胶原纤维固化单宁与金属离子的结合能力不同，在多数情况下，固化单宁与金属离子结合能力的大小顺序为：固化杨梅单宁＞固化黑荆树单宁＞固化落叶松单宁。这是因为落叶松单宁 B 环为邻苯二酚结构，而黑荆树单宁和杨梅单宁 B 环为连苯三酚结构；此外，杨梅单宁的部分 C 环还连有棓酰基，如第 2 章的图 2.5 所示。连苯三酚结构比邻苯二酚结构更容易与金属离子结合，而且棓酰基与金属离子的结合能力更强[31]。

1. 对铜离子[Cu(Ⅱ)]的吸附分离特性

　　胶原纤维固化单宁对 Cu(Ⅱ)具有良好的吸附能力[6,23]。当 Cu(Ⅱ)(以 $CuSO_4 \cdot 5H_2O$ 作为吸附对象)的初始浓度为 2mmol/L，吸附剂用量为 5g/L，初始 pH 为 6.0，温度为 25℃时，胶原纤维固化杨梅单宁吸附剂(bayberry tannin-immobilized collagen fiber adsorbent，BT-CFA)、胶原纤维固化黑荆树单宁吸附剂 (black wattle tannin-immobilized collagen fiber adsorbent，BWT-CFA)及胶原纤维固化落叶松单宁吸附剂(larch tannin-immobilized collagen fiber adsorbent，LT-CFA)对 Cu(Ⅱ)的平衡吸附量分别为 0.17mmol/g、0.15mmol/g 及 0.12mmol/g。BT-CFA 和 BWT-CFA 对 Cu(Ⅱ)的平衡吸附量较大，这与杨梅单宁及黑荆树单宁的连苯三酚结构密切相关。温度对 BWT-CFA 吸附 Cu(Ⅱ)的影响很小，而 pH 对吸附的影响很大，提高 pH 有利于单宁酚羟基的解离，从而有利于 Cu(Ⅱ)的吸附。如图 3.4 所示，BWT-CFA 在 pH 为 7.0 时比 pH 为 6.0 时对 Cu(Ⅱ)的平衡吸附量更高。但过高的 pH 是不适宜的，

因为 Cu(Ⅱ)会发生沉淀，而且单宁的酚羟基也会发生氧化。单宁 B 环的酚羟基在与 Cu(Ⅱ)结合过程中会释放出 H⁺，所以随着吸附的进行，溶液的 pH 降低[6,23]。

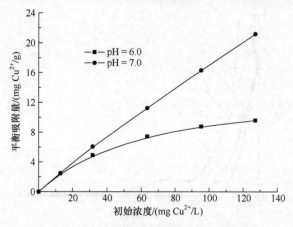

图 3.4　pH 对 BWT-CFA 吸附 Cu(Ⅱ)的影响[6]

BWT-CFA 吸附柱(BWT-CFA 用量 1.5g，柱高 21.5cm，柱直径 1.1cm，床层体积 20mL)对 Cu(Ⅱ)的吸附穿透曲线如图 3.5 所示。进料液以 1.76BV/h 的速度流过吸附柱，当进料液中 Cu(Ⅱ)浓度分别为 0.2mmol/L 和 1.0mmol/L 时，吸附穿透点分别为 20BV 和 7.5BV。穿透点与进料液浓度相关，进料液浓度低，穿透点靠后，进料液浓度高，穿透点靠前。酸性条件不利于吸附的进行，所以 BWT-CFA 吸附柱吸附 Cu(Ⅱ)后极易被酸液解吸，约 50mL 浓度为 0.1mol/L H₂SO₄ 溶液即可全部将吸附的 Cu(Ⅱ)洗脱下来。这是因为胶原纤维固化单宁呈非孔的纤维状结构，吸附发生在吸附剂的表面，所以相应的解吸也非常容易进行。解吸曲线如图 3.6 所示，固化单宁吸附柱能够使 Cu(Ⅱ)得到很好的富集，在解吸液中，Cu(Ⅱ)的浓度

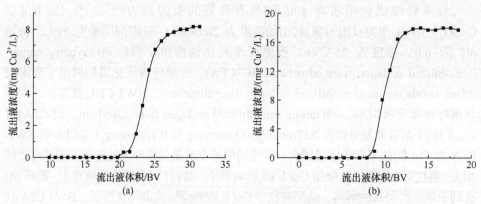

图 3.5　BWT-CFA 吸附柱对 Cu(Ⅱ)的吸附穿透曲线[6]
(a) 进料浓度 0.2mmol/L；(b) 进料浓度 1.0mmol/L

高达 8.9mmol/L(562mg Cu^{2+}/L)，而进料液中的 Cu(Ⅱ)浓度仅为 1.0mmol/L。解吸后的再生柱可以重复用于 Cu(Ⅱ)吸附，吸附穿透曲线的形状不变，只是穿透点略有提前，吸附量有所降低。经过第二次吸附和解吸后，解吸液中 Cu(Ⅱ)的浓度仍可达 7.1mmol/L (449mg Cu^{2+}/L)[6, 23]。

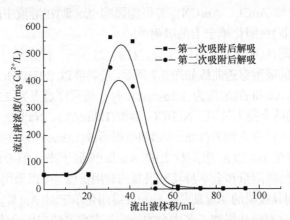

图 3.6　BWT-CFA 吸附柱吸附 Cu(Ⅱ)后的解吸曲线[6]

　　常用的金属离子吸附材料对 Cu(Ⅱ)的吸附情况如下：活性炭对 Cu(Ⅱ)的平衡吸附量一般低于 0.16mmol/g[32,33]，天然矿物质的平衡吸附量通常不到 0.09mmol/g[34]，大多数微生物的平衡吸附量为 0.16～0.79mmol/g[35,36]，合成树脂的平衡吸附量则较大，可达到 0.79～1.57mmol/g[37,38]。活性炭和天然矿物质平衡吸附量都较小，而且活性炭再生困难；虽然合成树脂的平衡吸附量大，但其合成工艺普遍较为复杂，价格较高；而微生物作为吸附材料在大规模工业应用时可能遇到许多问题，如不太适合于柱操作、性能不稳定等。胶原纤维固化单宁制备工艺简单，对 Cu(Ⅱ)具有良好的吸附和解吸能力，其吸附柱床层的有效利用率高，再生性能和重复使用性能优良，对水体中的 Cu(Ⅱ)具有很好的回收和富集作用。

2. 对金离子[Au(Ⅲ)]的吸附分离特性

　　Au(Ⅲ)具有较高的提取和回收价值。胶原纤维固化单宁对 Au(Ⅲ)的吸附作用很强，可用于 Au(Ⅲ)的提取和回收。当 Au(Ⅲ)(以 $AuCl_3 \cdot 4H_2O$ 作为吸附对象)的初始浓度为 2.4mmol/L，吸附剂用量为 0.2g/L，初始 pH 为 2.5，温度为 50℃时，胶原纤维固化杨梅单宁吸附剂(BT-CFA)和胶原纤维固化黑荆树单宁吸附剂(BWT-CFA)对 Au(Ⅲ)的平衡吸附量分别为 7.6mmol/g 和 7.7mmol/g。而在相同实验条件下，阴离子交换树脂 D301G 对 Au(Ⅲ)的平衡吸附量仅为 2.5mmol/g[6]。据报道，离子交换树脂对 Au(Ⅲ)的平衡吸附量一般为 0.8～1.4mmol/g[39]，活性炭对 Au(Ⅲ)的平衡吸附量则低于 0.3mmol/g[40,41]，文献所示的壳聚糖基磁性树脂对 Au(Ⅲ)的平衡吸附量为 3.5mmol/g[42]。所以，与已有的吸附剂相比，胶原纤维固化单宁对 Au(Ⅲ)的平衡吸附量处于比较高的水平。盐会对固化单宁吸附 Au(Ⅲ)造成一定的影响，如 KCl 会使 BWT-CFA 对 Au(Ⅲ)的平衡吸附量降低，可能是 KCl 的存在改变了溶液的离子强度，导致 Au(Ⅲ)的活度发生变化，从而影响 Au(Ⅲ)的吸附。不同阴离子的金盐如 AuCl$_3$、Au(CN)$_3$ 等可能影响 Au(Ⅲ)在溶液中的存在状态，从而也将影响 Au(Ⅲ)在固化单宁上的吸附[6]。

BT-CFA 吸附柱(BT-CFA 用量 1.5g，柱高 21.5cm，柱直径 1.1cm，床层体积 20mL)对 Au(Ⅲ)的吸附穿透曲线如图 3.7 所示。进料液以 1.93BV/h 的速度流过吸附柱，当进料液中 Au(Ⅲ)的浓度为 1.2mmol/L 时，吸附穿透点为 223BV。因为 BT-CFA 与 Au(Ⅲ)的结合能力过强，NaHCO$_3$ 溶液(1.0mol/L)、Na$_2$CO$_3$ 溶液(1.0mol/L)、HCl 溶液(1.0mol/L)、尿素溶液(1.0mol/L)和硫脲溶液(1.0mol/L)及它们的混合溶液均不能有效将吸附在 BT-CFA 吸附柱上的 Au(Ⅲ)洗脱下来，但考虑到固化单宁对 Au(Ⅲ)具有很高的吸附量和金本身具有很高的利用价值，可以采用燃烧的方法脱除 BT-CFA，从而回收吸附的 Au(Ⅲ)[6]。胶原纤维固化单宁对 Au(Ⅲ)的吸附是在酸性条件下进行的，这对湿法提取工艺中金的回收具有重要的应用价值。

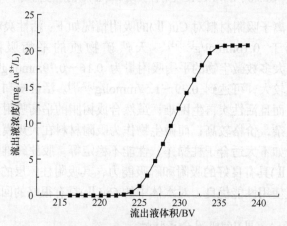

图 3.7 BT-CFA 吸附柱对 Au(Ⅲ)的吸附穿透曲线[6]

3. 对钍离子[Th(Ⅳ)]和铀离子[U(Ⅴ)]的吸附分离特性

从废水中脱除 Th(Ⅳ)和 U(Ⅴ)是核工业及其相关工业必须解决的问题，吸附法是脱除水溶液中 Th(Ⅳ)和 U(Ⅴ)的主要方法。胶原纤维固化单宁对 Th(Ⅳ)和 U(Ⅴ)具有很好的吸附性能[6,24,25]。杨梅单宁的 B 环不仅含有更易于与金属离子配位的连苯三酚结构，而且其 C 环还连接有棓酰基，这两个特殊的分子结构使胶原纤维固化杨梅单宁吸附剂(BT-CFA)对 Th(Ⅳ)和 U(Ⅴ)的吸附能力远大于胶原纤维固化黑荆树单宁吸附剂(BWT-CFA)和胶原纤维固化落叶松单宁吸附剂(LT-CFA)。当 Th(Ⅳ)[以

Th$(NO_3)_4 \cdot 6H_2O$ 作为吸附对象]的初始浓度为 0.3mmol/L，吸附剂用量为 1g/L，初始 pH 为 3.6，温度为 30℃时，BT-CFA 对 Th(Ⅳ)的平衡吸附量为 0.24mmol/g。当 U(Ⅴ)[以 $UO_2(NO_3)_2$ 作为吸附对象]的初始浓度为 2.5mmol/L，吸附剂用量为 5g/L，初始 pH 为 5.0，温度为 20℃时，BT-CFA 对 U(Ⅴ)的平衡吸附量为 0.43mmol/g[6,24,25]。BT-CFA 对 Th(Ⅳ)和 U(Ⅴ)的平衡吸附量明显优于活性炭[43]和矿物质[44-50]。合成树脂[51,52]的平衡吸附量很高，熊春华等发现大孔膦酸树脂对 U(Ⅴ)的平衡吸附量可达 1.89mmol/g，但多数合成树脂制备工艺复杂，且吸附后难以再生和重复使用。

升高温度有利于 BT-CFA 对 Th(Ⅳ)和 U(Ⅴ)的吸附。除了温度，pH 也是影响 BT-CFA 吸附 Th(Ⅳ)和 U(Ⅴ)非常重要的因素，因为 pH 会同时影响 Th(Ⅳ)和 U(Ⅴ)在水溶液中的存在状态，以及单宁 B 环邻位酚羟基的离子化程度，从而影响胶原纤维固化单宁对它们的吸附能力。当 pH<3.0 时，Th(Ⅳ)在水溶液中不易水解，主要以 Th^{4+} 的形式存在，而当 pH>3.0 时，Th(Ⅳ)形成单核羟配合物，如$[ThOH]^{3+}$、$[Th(OH)_2]^{2+}$、$[Th(OH)_3]^+$，以及多核羟配合物$[Th_2(OH)_2]^{6+}$。Th(Ⅳ)在高 pH 下形成的较大的配合物更易与单宁结合。另外，在较高 pH 下，单宁的酚羟基更易离子化，也会促进其与 Th(Ⅳ)的结合。但当 pH 超过 5.0 后，Th(Ⅳ)将会发生沉淀而使平衡吸附量降低[6,24,53]。BT-CFA 对 U(Ⅴ)的吸附也呈现相似的规律，升高 pH，U(Ⅴ)的平衡吸附量也增大，到初始 pH 为 7.0 时达到最大，而进一步升高 pH 会使 U(Ⅴ)发生沉淀，平衡吸附量降低。当 pH 为 4.0~5.0 时，U(Ⅴ)在溶液中主要以 UO_2^{2+} 和$[UO_2OH]^+$的形式存在，当 pH>6.0 时，U(Ⅴ)则以 $UO_2(OH)_2$ 沉淀的形式存在[54]。然而，在实际应用中可以发现，即使初始 pH 达到 8.0，在吸附过程中也没有沉淀生成，这是因为在吸附过程中单宁酚羟基的 H^+ 被释放出来而使溶液 pH 降低，吸附达到平衡后溶液的 pH 仅为 5.0。BT-CFA 吸附 U(Ⅴ)的最佳初始 pH 范围为 5.0~8.0[6,25]。

BT-CFA 吸附柱(BT-CFA 用量 1.5g，柱高 21.5cm，柱直径 1.1cm，床层体积 20mL)对 Th(Ⅳ)的吸附穿透曲线如图 3.8 所示。Th(Ⅳ)浓度为 0.3mmol/L 的进料液以 2.43BV/h 的速率流过吸附柱，吸附穿透点为 33BV。吸附柱很容易解吸再生，大约 60mL 0.1mol/L 的 HNO_3 溶液就可以将吸附的 Th(Ⅳ)解吸，解吸液中 Th(Ⅳ)的浓度高达 18.53mmol/L(4300mg Th^{4+}/L)，如图 3.9 所示，远远大于进料液中 Th(Ⅳ)的浓度[6,24]。

BT-CFA 吸附柱(BT-CFA 用量 1.5g，柱高 21.5cm，柱直径 1.1cm，床层体积 20mL)对 U(Ⅴ)的吸附穿透曲线如图 3.10 所示。U(Ⅴ)浓度为 2.0mmol/L 的进料液以 1.84BV/h 的速率流过吸附柱，吸附穿透点为 8BV。当达到穿透点后，流出液中 U(Ⅴ)的浓度迅速增加，表明吸附柱具有较高的床层利用率。吸附柱经过一次吸附和解吸后其吸附性能基本不变，再生柱的穿透点略有提前，穿透曲线的形状与新柱基本相同。BT-CFA 吸附柱吸附 U(Ⅴ)后也极易被酸液洗脱，约 75mL 0.1mol/L 的 HNO_3 溶液即可将吸附的 U(Ⅴ)全部洗脱下来，解吸液中 U(Ⅴ)的浓度达到 31.51mmol/L(7500mg U^{6+}/L)，如图 3.11 所示[6,25]。

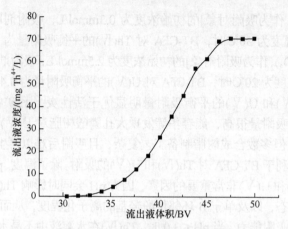

图 3.8 BT-CFA 吸附柱对 Th(Ⅳ)的吸附穿透曲线[6]

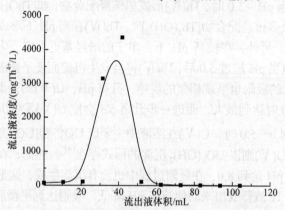

图 3.9 BT-CFA 吸附柱吸附 Th(Ⅳ)后的洗脱曲线[6]

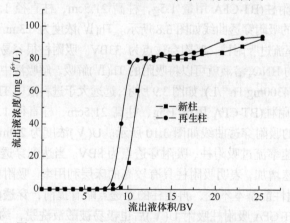

图 3.10 BT-CFA 吸附柱对 U(Ⅴ)的吸附穿透曲线[6]

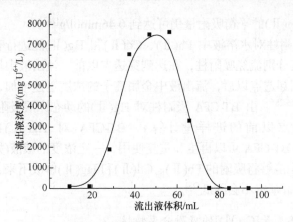

图 3.11　BT-CFA 吸附柱吸附 U(V)后的洗脱曲线[6]

BT-CFA 可以用于水溶液中 Th(Ⅳ)和 U(Ⅴ)的吸附和回收,并能将它们大大浓缩,吸附柱易于再生和重复使用。这不仅是因为胶原纤维固化单宁具有较高的吸附量,而且还基于它能对金属离子进行快速吸附和解吸的能力。胶原纤维固化单宁基本不存在微孔,金属离子在材料的表面结合,几乎没有扩散阻力,而大孔吸附树脂及其他无机吸附材料都存在微孔结构,金属离子在这些材料上的吸附存在一定的扩散阻力,因此其吸附速率和解吸速率均不及胶原纤维固化单宁快。

4. 对铅离子[Pb(Ⅱ)]、镉离子[Cd(Ⅱ)]和汞离子[Hg(Ⅱ)]的吸附分离特性

Pb(Ⅱ)、Cd(Ⅱ)、Hg(Ⅱ)是一类可严重污染环境的有毒金属离子,胶原纤维固化杨梅单宁吸附剂(BT-CFA)对它们也具有较好的吸附性能。当 Pb(Ⅱ)[以 $Pb(NO_3)_2$ 作为吸附对象]的初始浓度为 1.0mmol/L,吸附剂用量为 5g/L,初始 pH 为 3.0,温度为 40℃时,BT-CFA 对 Pb(Ⅱ)的平衡吸附量为 0.45mmol/g[6]。当 Cd(Ⅱ)[以 $Cd(NO_3)_2$ 作为吸附对象]的初始浓度为 0.9mmol/L,吸附剂用量为 5g/L,初始 pH 为 6.0,温度为 30℃时,BT-CFA 对 Cd(Ⅱ)的平衡吸附量为 0.20mmol/g[27]。当 Hg(Ⅱ)[以 $Hg(NO_3)_2 \cdot 1/2H_2O$ 作为吸附对象]的初始浓度为 1.0mmol/L,吸附剂用量为 5g/L,初始 pH 为 7.0,温度为 30℃时,BT-CFA 对 Hg(Ⅱ)的平衡吸附量为 0.99mmol/g[28]。

实际工业废水中往往含有多种阴离子、阳离子,研究者发现 BT-CFA 对 Hg(Ⅱ)的吸附几乎不受水体中常见的 Pb(Ⅱ)、Zn(Ⅱ)、Cu(Ⅱ)、Cd(Ⅱ)、Al(Ⅲ)等金属离子的影响,并且 Hg(Ⅱ)的存在也不会影响 BT-CFA 对 Pb(Ⅱ)的吸附,所以 BT-CFA 在一定程度上可以用于水体中多种金属离子的同时吸附,至少可以用于同时吸附脱除 Pb(Ⅱ)和 Hg(Ⅱ)。Cl⁻易于与 Hg(Ⅱ)结合,两者结合后的存在形式包括[HgCl]⁺、$HgCl_2$、$[HgCl_3]^-$、$[HgCl_4]^{2-}$等,所以 Cl⁻的存在会影响 BT-CFA 对 Hg(Ⅱ)的吸附,Hg(Ⅱ)的平衡吸附量随 Cl⁻浓度的增大而降低。尽管如此,当 Cl⁻的浓度增大到

5mmol/L 时，Hg(Ⅱ)的平衡吸附量仍可达到 0.46mmol/g[28]。

BT-CFA 吸附柱对水溶液中 Pb(Ⅱ)、Cd(Ⅱ)和 Hg(Ⅱ)能进行有效的脱除，三种离子的进料液分别流经吸附柱，在达到穿透点以前，流出液中均无金属离子被检测出，而达到穿透点以后，流出液中金属离子的浓度迅速增加，表明床层有效利用率较高[6,22,26-28]。由 BT-CFA 吸附柱对 Hg(Ⅱ)的动态床层吸附计算可知(根据达到吸附穿透点以前的进样量计算)，BT-CFA 对 Hg(Ⅱ)的吸附量可达 3.08mmol/g[28]。BT-CFA 可以再生和重复使用，一定浓度的酸液(如盐酸、硝酸、乳酸、柠檬酸等)能够将吸附的 Pb(Ⅱ)、Cd(Ⅱ)和 Hg(Ⅱ)解吸下来，并且解吸后的 BT-CFA 的吸附量基本不会降低[28]。

5. 对六价铬离子[Cr(Ⅵ)]的吸附分离特性

电镀、冶金、制革、化工和制药等工业会产生含铬废水。铬在水中主要以三价铬 Cr(Ⅲ)和六价铬 Cr(Ⅵ)的形式存在，Cr(Ⅵ)的毒性强，通常认为是 Cr(Ⅲ)的 100 余倍，对人体具有致畸、致癌、致突变的危害[55]。因此，Cr(Ⅵ)的有效去除一直是含铬废水处理的重点。

虽然单宁与 Cr(Ⅵ)不会发生络合反应，但胶原纤维固化单宁仍然可以吸附水体中的 Cr(Ⅵ)。这是因为，根据制革化学的铬鞣和植-铬结合鞣理论，胶原纤维的羧基和单宁的邻位酚羟基对 Cr(Ⅲ)均具有很好的配位结合能力。单宁具有较强的还原性，胶原纤维固化单宁可以首先利用单宁的还原性将 Cr(Ⅵ)还原为 Cr(Ⅲ)，再将还原后的 Cr(Ⅲ)吸附，以达到去除 Cr(Ⅵ)的目的。当 Cr(Ⅵ)(以 $K_2Cr_2O_7$ 作为吸附对象)的初始浓度为 1.9mmol/L，吸附剂用量为 1g/L，初始 pH 为 2.0，温度为 30℃时，胶原纤维固化杨梅单宁吸附剂(BT-CFA)对 Cr(Ⅵ)的平衡吸附量为 1.48mmol/g[22]。与已研究过的吸附剂相比，BT-CFA 对 Cr(Ⅵ)的吸附能力处于较高的水平[56-59]。当溶液中 Cr(Ⅵ)的初始浓度为 0.39～1.92mmol/L 时，受反应平衡的影响，通过静态吸附的方式，并非所有的 Cr(Ⅵ)都能被 BT-CFA 吸附，但是吸附后溶液中 Cr(Ⅵ)的浓度会降得非常低，未被吸附的 Cr(Ⅵ)几乎全部还原为 Cr(Ⅲ)，这是 BT-CFA 吸附 Cr(Ⅵ)的一大优势。

pH 是影响吸附平衡的主要因素，低 pH 更有利于 Cr(Ⅵ)还原为易被 BT-CFA 吸附的 Cr(Ⅲ)，因此 BT-CFA 对 Cr(Ⅵ)的平衡吸附量随 pH 的降低而显著增加。高 pH 不利于 Cr(Ⅵ)的吸附，所以 0.1mol/L 的 NaOH 溶液可以完全将吸附的 Cr(Ⅵ)解吸，并且解吸后的铬离子均为 Cr(Ⅲ)[22]。

在 Cr(Ⅵ)-Ni(Ⅱ)-Zn(Ⅱ)-Cu(Ⅱ)混合溶液中，BT-CFA 对 Cr(Ⅵ)具有很好的吸附选择性，可以用于 Cr(Ⅵ)的选择性分离和脱除。当 pH 为 2.0 时，BT-CFA 对 Cr(Ⅵ)的平衡吸附量和吸附率明显高于其他三种离子，如图 3.12 所示[22]。

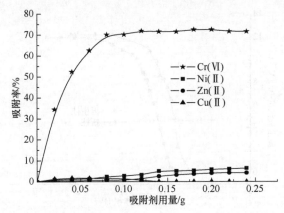

图 3.12 不同 BT-CFA 用量下 Cr(Ⅵ)、Ni(Ⅱ)、Zn(Ⅱ)、Cu(Ⅱ)的吸附率[22]

溶液体积为 100mL，各金属离子初始浓度均为 50mg M/L，M 代表金属离子

6. 对钒离子[V(Ⅴ)]的吸附分离特性

钒是一种稀有金属元素，有很多用途，可用于制造合金、电池和颜料等，还可用作重要有机合成的催化剂[60]。一方面，钒会随工厂排放的"三废"进入土壤和水环境中，对生态系统产生负面影响，尤其是 V(Ⅳ)和 V(Ⅴ)的化合物[61,62]。另一方面，由于钒的应用尤其是在高科技领域的应用扩大，其需求量不断增加，但其自然资源并不充足。因此，钒的回收和富集以及从矿物中提取钒受到了广泛关注。

当 V(Ⅴ)(以 NH$_4$VO$_3$ 作为吸附对象)的初始浓度为 2.8mmol/L，吸附剂用量为 1g/L，初始 pH 为 4.0，温度为 30℃时，胶原纤维固化杨梅单宁吸附剂(BT-CFA)对 V(Ⅴ)的平衡吸附量为 1.01mmol/g。温度对 BT-CFA 吸附 V(Ⅴ)的影响很小，而 pH 的影响很大。当 pH 为 4.0 时，BT-CFA 对 V(Ⅴ)的吸附量最大，低于或高于该 pH，其吸附量都会降低。这是由于 V(Ⅴ)在水溶液中会发生水解和聚合反应，pH 对其水解和聚合反应会产生直接的影响。在强酸性条件下，V(Ⅴ)在水溶液中的聚合程度增加，生成体积较大、负电荷较高的离子，如 HV$_{10}$O$_{28}^{5-}$，这种离子不易与 BT-CFA 反应，吸附量减小。在 pH 为 4.0 附近，V(Ⅴ)在水溶液中主要以 H$_3$VO$_4$ 和 H$_2$VO$_4^-$ 的形态存在；在 pH 为 4.0~8.0 的范围内，V(Ⅴ)主要以 H$_2$VO$_4^-$ 的形态存在[63]。根据软硬酸碱原理，与阴离子相比，中性分子是软酸，更容易与软碱(BT-CFA)配位[64]，所以，在 pH 为 4.0 时 BT-CFA 对 V(Ⅴ)具有相对更大的吸附强度[22]。

BT-CFA 吸附柱对 V(Ⅴ)具有很好的吸附和解吸性能，可以用于 V(Ⅴ)的浓缩和富集。图 3.13 为 BT-CFA 吸附柱对 V(Ⅴ)的吸附穿透曲线，经过穿透点后，流出液中 V(Ⅴ)的浓度迅速增加，床层利用率较高。经解吸再生后吸附柱的穿透点略有提前，穿透曲线的形状和新柱基本相同。约 100mL 0.1mol/L HCl 溶液即可将吸附的 V(Ⅴ)解吸下来，流出的解吸液中 V(Ⅴ)的浓度最高可达进样浓度的 27.5 倍[22]。

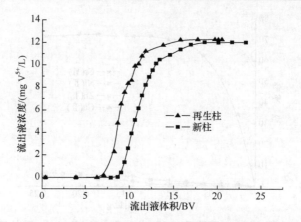

图 3.13　BT-CFA 吸附柱对 V(Ⅴ)的吸附穿透曲线[22]

BT-CFA 用量 2.5g，柱高 27cm，柱直径 1.1cm，床层体积 25.7mL，进料液 V(Ⅴ)浓度 0.4mmol/L，流速 1.60BV/h

工业废弃物、矿渣及环境水体中，往往不仅只含有 V(Ⅴ)一种金属离子。在 V(Ⅴ)-Mg(Ⅱ)-Fe(Ⅲ)-Ni(Ⅱ)-Cu(Ⅱ)-Zn(Ⅱ)混合溶液中，BT-CFA 可以选择性吸附 V(Ⅴ)，这对 V(Ⅴ)的分离具有重要的应用价值。如图 3.14 所示，在 pH 为 4.0 时，BT-CFA 对 V(Ⅴ)的吸附量明显高于对其他金属离子的吸附量[22]。

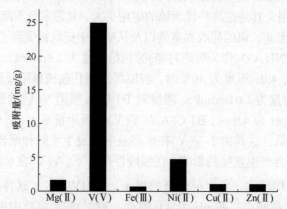

图 3.14　BT-CFA 对混合溶液中 V(Ⅴ)的选择性吸附[22]

吸附剂用量为 1g/L，各金属离子初始浓度均为 50mg M/L，M 代表金属离子，初始 pH 4.0，温度 30℃

7. 对铂离子[Pt(Ⅱ)]和钯离子[Pd(Ⅱ)]的吸附分离特性

贵金属铂和钯属于铂系金属，在工业上具有广泛的应用价值。获取铂系金属主要通过两种途径：一是通过湿法冶金从原矿中分离提取；二是从工业及核废液中分离富集。胶原纤维固化杨梅单宁吸附剂(BT-CFA)对这两种金属离子 Pt(Ⅱ)和 Pd(Ⅱ)都具有较好的吸附性能[22]。当 Pt(Ⅱ)(以 K_2PtCl_4 作为吸附对象)的初始浓度为 0.5mmol/L，吸附剂用量为 1g/L，初始 pH 为 5.6，温度为 30℃时，BT-CFA 对

Pt(Ⅱ)的平衡吸附量为 0.37mmol/g。当 Pd(Ⅱ)(以 PdCl₂ 作为吸附对象)的初始浓度为 0.9mmol/L, 吸附剂用量为 1g/L, 初始 pH 为 5.6, 温度为 30℃时, BT-CFA 对 Pd(Ⅱ)的平衡吸附量为 0.76mmol/g[22]。一些已报道的合成树脂对 Pt(Ⅱ)和 Pd(Ⅱ)的平衡吸附量如下: 聚苯乙烯负载葡糖胺树脂对 Pd(Ⅱ)的平衡吸附量为 0.81mmol/g[65]; 磷化氢硫化螯合树脂对 Pd(Ⅱ)的平衡吸附量为 0.11～0.73mmol/g[66]; 氨基磷酸衍生硅胶对 Pt(Ⅱ)的平衡吸附量为 0.09mmol/g, 对 Pb(Ⅱ)的平衡吸附量为 0.19mmol/g[67]; 含—NH—基离子交换树脂对 Pt(Ⅱ)的平衡吸附量为 0.29mmol/g, 对 Pd(Ⅱ)的平衡吸附量为 0.05mmol/g[68]; 二苄基硫醚树脂对 Pd(Ⅱ)的平衡吸附量为 0.36mmol/g[69]。BT-CFA 与这些合成树脂相比对 Pt(Ⅱ)和 Pd(Ⅱ)的吸附能力处于较高的水平。不同 pH 下, Pt(Ⅱ)和 Pd(Ⅱ)的存在形式不同, 这是 pH 影响它们在 BT-CFA 上吸附的主要原因。Pt(Ⅱ)和 Pd(Ⅱ)的平衡吸附量随 pH 的增大而略有增加, 适宜的吸附 pH 范围为 2.0～6.0, 当 pH 高于 6.0 时, Pt(Ⅱ)和 Pd(Ⅱ)会发生沉淀[22]。

BT-CFA 吸附柱(BT-CFA 用量 1.5g, 柱高 21.5cm, 柱直径 1.1cm, 床层体积 20mL)对 Pt(Ⅱ)和 Pd(Ⅱ)具有较好的床层吸附性能, 可望用于这两种金属离子的提取和富集。0.26mmol/L Pt(Ⅱ)和 0.47mmol/L Pd(Ⅱ)的进料液以 1.76BV/h 的速度流过吸附柱, 它们的吸附穿透点分别为 30BV 和 40BV。可以用 0.1mol/L 的 HCl 溶液解吸吸附柱, Pd(Ⅱ)的解吸速率非常快, 0.5～1.0BV 的解吸液可将 Pd(Ⅱ)全部解吸下来, Pd(Ⅱ)得到极大的浓缩。Pt(Ⅱ)解吸速率相对更慢, 约 20BV 的解吸液才能将大部分 Pt(Ⅱ)解吸下来, 而直到 60BV 才可以全部将 Pt(Ⅱ)解吸。吸附柱经过解吸再生后, 吸附穿透点略有提前, 吸附能力在一定程度上有所下降, 但仍可用于第二次吸附[22]。

在 Pt(Ⅱ)-Pd(Ⅱ)-Fe(Ⅲ)-Ni(Ⅱ)-Cu(Ⅱ)-Zn(Ⅱ)混合溶液中, BT-CFA 对 Pt(Ⅱ)和 Pd(Ⅱ)具有很好的吸附选择性, 这有利于 Pt(Ⅱ)和 Pd(Ⅱ)在实际环境中的分离和回收。当 pH 为 2.0 时, BT-CFA 对 Pt(Ⅱ)和 Pd(Ⅱ)的平衡吸附量明显高于对其他金属离子的平衡吸附量[22]。许多金属离子都可以与单宁的邻位酚羟基配位形成五元螯合环, 但是在较低的 pH 下, 这些金属离子与单宁的配位反应难以发生, 因此, 在酸性较强的情况下, BT-CFA 一般对这些金属离子的吸附量很低, 这也是为什么酸液一般作为解吸液使用。但是, 在酸性较强的情况下, BT-CFA 对 Pt(Ⅱ)和 Pd(Ⅱ)却保持较好的吸附, 此时单宁与 Pt(Ⅱ)和 Pd(Ⅱ)的配位反应仍然可以发生。根据 Pt(Ⅱ)和 Pd(Ⅱ)的均相催化原理[70]推测, BT-CFA 对这两种金属离子的吸附并非简单的配位反应, 而是伴随金属离子的氧化等反应。BT-CFA 在酸性条件 (pH = 2.0)下对 Pt(Ⅱ)和 Pd(Ⅱ)的吸附过程中, Pt(Ⅱ)(K₂PtCl₄)和 Pd(Ⅱ)(PdCl₂)首先被氧化成 Pt(Ⅳ)和 Pd(Ⅳ), 同时单宁羟基上的 H⁺被还原成 H⁻, H⁻进一步与 Pt(Ⅳ)和 Pd(Ⅳ)配合形成六配位的过渡状态配合物, 然后脱去 HCl 形成四配位的配合物而完成吸附。

8. 对铋离子[Bi(Ⅲ)]的吸附分离特性

铋主要用于制备易熔合金、半导体、化妆品及药物[71,72]。近年来，环境中的铋含量已随着铋在医药及冶金工业中用量的增加而增加，这易导致生物体内铋含量的大幅度升高。因此，控制工业废水中 Bi(Ⅲ)的排放已成为环境保护的一项重要课题。当 Bi(Ⅲ)[以 $Bi(NO_3)_3 \cdot 5H_2O$ 作为吸附对象]的初始浓度为 0.5mmol/L，吸附剂用量为 1g/L，初始 pH 为 2.0，温度为 30℃时，胶原纤维固化杨梅单宁吸附剂(BT-CFA)对 Bi(Ⅲ)的平衡吸附量为 0.35mmol/g。0.02mol/L 的 EDTA 溶液可以很好地将 Bi(Ⅲ)解吸，使吸附剂再生，再生后的 BT-CFA 对 Bi(Ⅲ)的吸附量没有显著变化，可以重复用于 Bi(Ⅲ)的吸附[22,29]。与单宁分子相比，EDTA 和 Bi(Ⅲ)能形成更加稳定的螯合物，解吸过程中，配体 EDTA 取代单宁分子与 Bi(Ⅲ)配位，从而使 Bi(Ⅲ)从 BT-CFA 上完全解吸。

Cl^-对 BT-CFA 吸附 Bi(Ⅲ)的影响很大，当存在 Cl^-时，BT-CFA 基本不吸附 Bi(Ⅲ)。采用 $Bi(NO_3)_3 \cdot 5H_2O$ 作为吸附对象时，阴离子为 NO_3^-，Bi(Ⅲ)主要以 $[Bi(NO_3)(H_2O)_n]^{2+}$形式存在；当存在 Cl^-时，Bi(Ⅲ)主要以 $BiCl_5^{2-}$ 和 $Bi_2Cl_8^{2-}$ 的形式存在[73]。Bi(Ⅲ)和 Cl^-形成的配合物很稳定，单宁分子的邻位酚羟基不能作为配体取代 $BiCl_5^{2-}$ 和 $Bi_2Cl_8^{2-}$ 中的 Cl^-，因此使 BT-CFA 对 Bi(Ⅲ)的吸附量降低[22]。

由于水溶液中 Bi(Ⅲ)的还原电位(0.317V)与 Cu(Ⅱ)的还原电位(0.340V)非常接近[72]，因此在铜电解液中即使有少量 Bi(Ⅲ)的存在，也将导致阳极(粗铜)残极率上升，阴极(精铜)表面起瘤，使精铜纯度下降[74]。为此，研究者研究了 Cu(Ⅱ)-Bi(Ⅲ)二元混合溶液中 BT-CFA 对 Bi(Ⅲ)的选择吸附特性。在初始 pH 为 2.0 时，BT-CFA 对 Cu(Ⅱ)-Bi(Ⅲ)二元混合溶液中的 Bi(Ⅲ)具有很好的吸附选择性，可用于混合溶液中 Bi(Ⅲ)的分离和脱除。在 Cu(Ⅱ)-Bi(Ⅲ)二元混合溶液中，当 Bi(Ⅲ)处于不同的初始浓度时，BT-CFA 对 Bi(Ⅲ)的吸附率均大于 80%，对 Cu(Ⅱ)的吸附率均很低。如图 3.15 所示，当吸附剂用量为 0.24g 时，BT-CFA 对 Bi(Ⅲ)的吸附率高达 98%，而对 Cu(Ⅱ)的吸附率仅为 1.1%[22]。并且，这种吸附选择性随吸附剂用量的增加而增大。

9. 对钼离子[Mo(Ⅵ)]的吸附分离特性

钼是一种重要的工业用元素，尤其作为催化剂广泛应用于有机合成。钼对动物有微毒，长期食入过多钼会引起生长不良、贫血、厌食和运动失调等症状。美国国家环境保护局规定，饮用水中钼的允许含量为 10～70μg/L，土壤中最高允许量为 75mg/kg，农业灌溉水中最高允许量为 50mg/kg[75]。当 Mo(Ⅵ)[以$(NH_4)_2MoO_4$

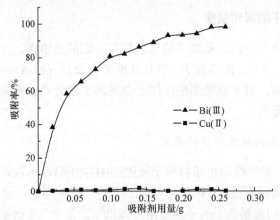

图 3.15　BT-CFA 用量对 Cu(Ⅱ)和 Bi(Ⅲ)的吸附率的影响[22]

溶液体积为 100mL，Cu(Ⅱ)和 Bi(Ⅲ)的初始浓度分别为 50.0mg Cu/L 和 10.0mg Bi/L

作为吸附对象]的初始浓度为 1.0mmol/L，吸附剂用量为 1g/L，初始 pH 为 2.0，温度为 30℃时，胶原纤维固化杨梅单宁吸附剂(BT-CFA)对 Mo(Ⅵ)的平衡吸附量为 0.86mmol/g[22,30]。据文献报道，纳米 TiO₂对 Mo(Ⅵ)的平衡吸附量仅为 0.13mmol/g[76]，用 EDTA 和 DTPA 改性的壳聚糖对 Mo(Ⅵ)的平衡吸附量为 2.10mmol/g[77]。BT-CFA 对 Mo(Ⅵ)的吸附能力不及改性壳聚糖，但 BT-CFA 制备简单、成本低，也具有很好的应用潜力。

　　EDTA 具有很强的配位能力，0.02mol/L 的 EDTA 溶液可以很好地将 Mo(Ⅵ)解吸使 BT-CFA 再生，再生后的吸附剂可以重复使用，并且对 Mo(Ⅵ)的平衡吸附量没有显著变化。温度对吸附的影响不明显，而 pH 对吸附的影响较大，因为 pH 决定了 Mo(Ⅵ)在溶液中的存在形式，而存在形式对其在 BT-CFA 上的吸附强度有很大的影响。BT-CFA 对 Mo(Ⅵ)的平衡吸附量随 pH 的降低而显著增加，但过低的 pH 会使 Mo(Ⅵ)沉淀，所以理想的吸附 pH 为 2.0[22,30]。

　　在低品级钼矿湿法冶炼溶液中，主要含有 Mo(Ⅵ)、Fe(Ⅲ)、Mn(Ⅱ)和 Al(Ⅲ)，而在一些以 Mo(Ⅵ)为活性成分的催化剂中，如 WN298 和 KF842，还含有 Ni(Ⅱ)、Cu(Ⅱ)和 Re(Ⅶ)[78]。在酸性条件(pH＝2.0)下，BT-CFA 对 Ni(Ⅱ)、Cu(Ⅱ)和 Re(Ⅶ)、Al(Ⅲ)、Mn(Ⅱ)和 Fe(Ⅲ)的平衡吸附量均很低，对 Mo(Ⅵ)的平衡吸附量较高，可以选择性吸附 Mo(Ⅵ)[22]。所以，BT-CFA 可以用于 Mo(Ⅵ)-Fe(Ⅲ)-Mn(Ⅱ)-Al(Ⅲ)混合溶液，以及 Mo(Ⅵ)-Ni(Ⅱ)、Mo(Ⅵ)-Cu(Ⅱ)和 Mo(Ⅵ)-Re(Ⅶ)二元混合溶液中 Mo(Ⅵ)的分离、提取和回收。

　　胶原纤维固化单宁吸附材料(T-CFA)是一种非多孔的纤维状吸附材料，吸附过程在纤维的表面进行，没有内扩散阻力，吸附和解吸速率较其他多孔吸附材料快。T-CFA 对以上金属离子的吸附速率满足拟二级速率方程，吸附过程一般在吸附刚开始的阶段(1～2h 内)进行得很快，随着吸附的进行逐渐达到吸附平衡[6,22-30]。

3.2.4 对金属离子的吸附规律

胶原纤维固化单宁对金属离子的吸附具有一定的规律性，这主要与金属离子的外层电子结构、半径、配位能力、氧化还原能力及其在溶液中的存在状态有关。认识这些吸附规律，对于该吸附剂应用于金属离子的分离、富集及选择性脱除等具有重要的指导意义。

1. 外层电子结构与吸附量的关系

图 3.16 为胶原纤维固化杨梅单宁吸附剂(BT-CFA)对元素周期表中不同位置的金属离子的平衡吸附量。BT-CFA 对第 2 周期、第 3 周期、第 4 周期及第 5 周期主族(s 区及 p 区)金属离子的平衡吸附量较低[22]。如表 3.2 所示，位于主族(s 区及 p 区)的金属离子，如 Na(Ⅰ)、Ca(Ⅱ)、Mg(Ⅱ)、B(Ⅲ)和 Al(Ⅲ)，它们的电子结构为全充满，即 2e-型和 8e-型，次外层没有空的 d 轨道，不能接受配体提供的电子形成配位键[79,80]，BT-CFA 对它们的吸附极有可能只是物理吸附。另外，BT-CFA 对第 4 周期和第 5 周期 ds 区和镧系的一些金属离子的吸附量也较低，如 Ag(Ⅰ)、Zn(Ⅱ)、Cd(Ⅱ)、Se(Ⅵ)、Ge(Ⅳ)、As(Ⅲ)、La(Ⅲ)和 Ce(Ⅲ)，这些金属离子的外层电子结构为全充满的 18e-型，因此配位能力也较弱[81]。BT-CFA 对镧系金属离子吸附量低的另外一个原因是镧系金属的三价离子均含有 4f 电子，如表 3.3 所示，

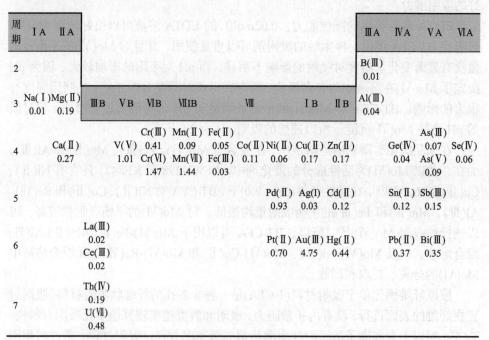

图 3.16 BT-CFA 对元素周期表中各金属离子的平衡吸附量(mmol/g)[22]

吸附剂用量为 1g/L，各金属离子初始浓度为 100mg M/L，M 代表金属离子

4f 亚层被较难变形的外层电子屏蔽，不易受周围电子的影响，晶体场稳定化能约为 4kJ/mol，不易形成稳定的配合物[79,82]。比较而言，锕系金属离子的配合物在种类和数量上都比 d 区其他过渡金属离子的配合物少得多。BT-CFA 对锕系金属离子 Th(Ⅳ)和 U(Ⅵ)的平衡吸附量较大。如表 3.3 所示，锕系金属离子比镧系金属离子多一个电子层，形成配合物的能力比镧系金属离子强得多，它们可以与卤离子及许多含氧酸根离子等形成配合物，也能与醚、醇、酮、酯、羧酸和胺等许多有机分子或离子形成配合物[79-83]。

表 3.2　金属阳离子的电子构型[79]

电子构型	外层电子结构	外层电子数	金属阳离子
2e⁻型	ns^2	2	B(Ⅲ)
8e⁻型	ns^2np^6	8	Na(Ⅰ)、Ca(Ⅱ)、Mg(Ⅱ)、Al(Ⅲ)
(9～17)e⁻型	$ns^2np^6nd^{1\sim9}$	9～17	Cr(Ⅲ)、Mn(Ⅱ)、Fe(Ⅱ)、Fe(Ⅲ)、Cu(Ⅱ)、Co(Ⅱ)、Ni(Ⅱ)、Pt(Ⅱ)、Pd(Ⅱ)、Au(Ⅲ)
18e⁻型	$ns^2np^6nd^{10}$	18	Ag(Ⅰ)、Zn(Ⅱ)、Cd(Ⅱ)、Se(Ⅳ)、Ce(Ⅳ)、As(Ⅴ)、Hg(Ⅱ)、La(Ⅲ)、Ce(Ⅲ)
(18＋2)e⁻型	$(n-1)s^2(n-1)p^6(n-1)d^{10}ns^2$	18＋2	Sn(Ⅱ)、Pb(Ⅱ)、As(Ⅲ)、Sb(Ⅲ)、Bi(Ⅲ)
(18＋2)＋(1～14)e⁻型	$(n-2)f^{1\sim14}(n-1)s^2(n-1)p^6(n-1)d^{10}ns^2$	(18＋2)＋(1～14)	Th(Ⅳ)、U(Ⅶ)

表 3.3　部分镧系和锕系金属离子的外层电子结构[83]

金属离子	原子价电子层结构	离子外层电子结构
La(Ⅲ)	$5d^16s^2$	$4f^05s^25p^6$
Ce(Ⅲ)	$4f^16s^2$	$4f^15s^25p^6$
Th(Ⅳ)	$5f^06s^26p^66d^27s^2$	$5f^06s^26p^6$
U(Ⅶ)	$5f^36s^26p^66d^17s^2$	$5f^26s^26p^3$

2. p 区金属离子半径与吸附量的关系

如表 3.4 所示，随着 p 区金属离子半径的增大，BT-CFA 对金属离子的平衡吸附量(q_e)增加[22,84]。p 区金属离子半径越大，其变形性越大[83,85]，与吸附剂成键的能力越强。如图 3.17 所示，随着金属离子半径的增加，键型逐渐从离子键向共价键过渡[81]。第 6 周期金属离子 Bi(Ⅲ)和 Pb(Ⅱ)与其他 p 区金属离子相比，其吸附量大得多，可能是由于有第六电子能级组的出现，其离子的半径和变形性增加更为明显，容易与配体形成更加稳定的配位化合物[73,86]。此外，离子半径相近且具有相同外层电子结构的金属离子，与 BT-CFA 形成配位键的能力相似，BT-CFA 对它们的吸附量相近，例如，Al(Ⅲ)(0.036mmol/g)和 Ge(Ⅳ)(0.038mmol/g)、As(Ⅲ)(0.064mmol/g)和 Se(Ⅳ)(0.063mmol/g)、Sn(Ⅱ)(0.119mmol/g)和 Sb(Ⅲ)(0.151mmol/g)、Bi(Ⅲ)(0.351mmol/g)和 Pb(Ⅱ)(0.373mmol/g)的平衡吸附量相近[22]。

表 3.4　p 区金属离子半径及电子结构与平衡吸附量的关系[22]

金属离子	离子半径/nm[84]	外层电子结构	q_e/(mmol/g)
B(Ⅲ)	0.020	$1s^2$	0.006
Al(Ⅲ)	0.050	$2s^22p^6$	0.036
Ge(Ⅳ)	0.053	$3d^{10}$	0.038
As(Ⅲ)	0.069	$3d^{10}4s^2$	0.064
Se(Ⅳ)	0.071	$3d^{10}4s^2$	0.063
Sn(Ⅱ)	0.093	$4d^{10}5s^2$	0.119
Sb(Ⅲ)	0.090	$4d^{10}5s^2$	0.151
Bi(Ⅲ)	0.120	$5d^{10}6s^2$	0.351
Pb(Ⅱ)	0.132	$5d^{10}6s^2$	0.373

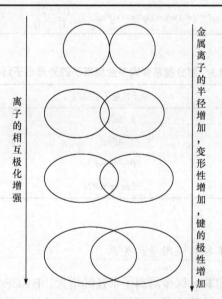

图 3.17　由离子键向共价键过渡的示意图[81]

3. d 区金属离子配位能力与吸附量的关系

对于 d 区金属离子，如图 3.16 所示，BT-CFA 对第 4 周期第一过渡系低氧化态金属离子 Mn(Ⅱ)、Fe(Ⅱ)、Fe(Ⅲ)、Co(Ⅱ)和 Ni(Ⅱ)的平衡吸附量较低，而对第 5 周期第二过渡系、第 6 周期第三过渡系的金属离子如 Pt(Ⅱ)和 Pd(Ⅱ)的平衡吸附量却较大[22]，这可以从配位场理论得到解释。

图 3.18 为配体光谱化学序列[79]，表 3.5 为部分金属离子的分裂能和电子成对能[81]。CN^-是配位能力最强的配体，其分裂能值大于或等于 $33000cm^{-1}$，Mn(Ⅱ)、Fe(Ⅱ)、Fe(Ⅲ)的电子成对能值分别为 $25500cm^{-1}$、$30000cm^{-1}$、$17600cm^{-1}$，分裂能大于电子成对能，因此 CN^-与这三种金属离子形成低自旋配合物，配合物的稳定性较大。而 H_2O 为弱场配位体，其分裂能值小于或等于 $13900cm^{-1}$，小于 Mn(Ⅱ)、Fe(Ⅱ)、Fe(Ⅲ)的电子成对能值，因此 H_2O 与这三种金属离子形成高自旋配合物。而 BT-CFA 主要以单宁分子 B 环上的邻位酚羟基与金属离子配位，即配体为 R—OH，从光谱化学序列知道，R—OH 排在 H_2O 的后面，分裂能更小，因此单宁分子与 Mn(Ⅱ)、Fe(Ⅱ)、Fe(Ⅲ)、Co(Ⅱ)配位时只能形成弱场高自旋配合物，稳定性小，所以 BT-CFA 对它们的吸附量较小。一般情况下，卤素离子、H_2O、OH^-、SO_4^{2-}、R—OH 等与第一过渡系低氧化态的金属离子的配合物是高自旋的，稳定性小，而与第二、第三过渡系金属离子易形成低自旋配合物，配合物的稳定性大。这些金属离子配位能力的强弱影响 BT-CFA 对它们的吸附能力。

$CN^- \gg —NO_2 >$ phen(邻二氮菲)$> $bpy(联吡啶)$> SO_3^{2-} > $tren(二乙三胺)$\sim$den(二乙烯三胺)$\sim$en(乙二胺)$> NH_3\sim$吡啶$> NH_2—CH_2—COO^-$(氨基乙酸)$\sim$EDTA^{4-}(乙二胺四乙酸)$> NCS^- > H_2O(1.00) > C_2O_4^{2-}$(草酸根)$>OSO_3^{2-} > CO(NH_2)_2$(尿素)$\sim OH^- > CO_3^{2-} > RCOO^-$(羧酸根)$> ROH > SO_3^{2-} > F^- > NO_3^- > SCN^-\sim Cl^- > Br^- > I^-$

图 3.18 配体光谱化学系列[22, 79]
图中为配体配位能力强弱的排序

表 3.5 某些金属离子的 d 轨道分裂能(Δ)和电子成对能(P)值[81] （单位：cm^{-1}）

金属离子	电子成对能(P)	分裂能(Δ)				
		6F⁻	6H₂O	6NH₃	3乙二胺	6CN⁻
Cr(Ⅲ)	23500	—	13900	—	—	—
Mn(Ⅱ)	25500	—	7800	9100	—	—
Fe(Ⅱ)	30000	10400	13700	—	—	34250
Fe(Ⅲ)	17600	10400	—	—	—	33000
Co(Ⅱ)	2250	—	9300	—	11000	34000

各种金属离子配合物的稳定化能列于表 3.6 中[81,82]，Mg(Ⅱ)、Ca(Ⅱ)、Na(Ⅰ)、

Ce(Ⅲ)、La(Ⅲ)、Zn(Ⅱ)、Cd(Ⅱ)和 Ag(Ⅰ)无论在强场和弱场中，其配合物的稳定化能都为 $0D_q$，生成配合物不能使体系的能量降低，因而生成配合物的趋势较弱，导致 BT-CFA 对它们的吸附量低。虽然 Au(Ⅲ)在强场和弱场中，其配合物的稳定化能也为 $0D_q$，但 BT-CFA 对它的吸附量却很大，这是因为 Au(Ⅲ)可以与单宁发生氧化还原反应而被吸附(分析见下文"4. 金属离子氧化还原能力与吸附量的关系")[87,88]。第一过渡系低氧化态金属离子 Mn(Ⅱ)、Fe(Ⅱ)、Fe(Ⅲ)、Cr(Ⅲ)、Co(Ⅱ)、Ni(Ⅱ)和 Cu(Ⅱ)与 R—OH 形成的是弱场高自旋配合物，它们弱场配合物的稳定化能的绝对值均小于或等于 $15D_q$。而 Pt(Ⅱ)和 Pd(Ⅱ)与 R—OH 形成的是强场低自旋配合物，其平面四边形配合物的稳定化能为 $-24.56D_q$，可以与吸附剂形成更加稳定的配合物，所以 BT-CFA 对它们的吸附量较高。

表 3.6　一些金属离子配合物的配体场稳定化能[LFSE(D_q)][81,82]

d 电子数	离子种类	弱场					强场				
		平面四边形	四面体	八面体	四方角锥	五角双锥	平面四边形	四面体	八面体	四方角锥	五角双锥
0	Mg(Ⅱ)、Ca(Ⅱ)、Na(Ⅰ)、Ce(Ⅲ)、La(Ⅲ)、Ag(Ⅰ)、Au(Ⅲ)、Zn(Ⅱ)、Cd(Ⅱ)	0	0	0	0	0	0	0	0	0	0
3	Cr(Ⅲ)	−15	−3.6	−12	−10	−7.74	−14.56	−8.01	−12	−16	−7.74
4	Mn(Ⅲ)	−12	1.78	−6	−9.14	−4.93	−19.7	−10.7	−16	−14.57	−13.02
5	Mn(Ⅱ)、Fe(Ⅲ)	0	0	0	0	0	−24.84	−8.9	−20	−19.14	−18.3
6	Fe(Ⅱ)	−5.10	−2.7	−4	−4.57	−5.28	−29.12	−7.12	−24	−20	−15.48
7	Co(Ⅱ)	−10	−5.3		−9.14	−10.6	−26.84	−5.36	−18	−19.14	−12.66
8	Ni(Ⅱ)、Pt(Ⅱ)、Pd(Ⅱ)	−15	−3.6	−12	−10	−7.74	−24.56	−3.56	−12	−10	−7.74
9	Cu(Ⅱ)	−12	−1.8	−6	−9.14	−4.93	−12.28	−1.78	−6	−9.14	−4.93

4. 金属离子氧化还原能力与吸附量的关系

从图 3.16 还可以看出，BT-CFA 对第一过渡系高价金属离子 V(Ⅴ)、Cr(Ⅵ)和 Mn(Ⅶ)有较大的吸附量，这是由于这些金属离子具有较强的氧化能力，可以与单宁发生氧化还原反应转变成易与单宁配位的低价金属离子[88]。文献报道，单宁分子可还原高氧化态金属离子，例如，可以将 Au(Ⅲ)、V(Ⅴ)和 Cr(Ⅵ)分别还原为单质 Au、V(Ⅳ)和 Cr(Ⅲ)[88-91]。单宁对金属离子的氧化还原能力受 pH 的影响较大，例如，随着 pH 的升高，Cr(Ⅵ)和 Mn(Ⅶ)的氧化能力减弱，BT-CFA 对它们的吸附量降低[22]。

5. 金属离子状态与吸附量的关系

金属离子在溶液中的存在状态会影响其与单宁分子的结合能力,从而影响它在 BT-CFA 上的吸附量。pH 是金属离子存在状态的最大影响因素,它会影响金属离子在水溶液中的溶剂化、水解和聚合。以 V(V)为例,在强酸性条件下,V(V)在水溶液中的聚合程度增大,生成体积较大、负电荷较高的离子,如 $HV_{10}O_{28}^{5-}$,这种离子不易于与 BT-CFA 反应,此时 V(V)的吸附量较小。在 pH 为 4.0 附近,V(V)在水溶液中主要以 H_3VO_4 和 $H_2VO_4^-$ 的形态存在,在 pH 为 4.0~8.0 的范围内,V(V)主要以 $H_2VO_4^-$ 的形态存在[63]。根据软硬酸碱原理,与阴离子相比,中性分子是软酸,更容易与软碱(BT-CFA)配位[64],所以,在 pH 为 4.0 时,BT-CFA 对 V(V)具有更大的吸附量。不同的金属离子的存在状态受 pH 的影响不同,某些金属离子会在一定 pH 下沉淀,从而不被 BT-CFA 吸附[22]。

6. 吸附等温线分析

胶原纤维固化单宁材料对大多数金属离子的吸附平衡符合经典的 Freundlich 和 Langmuir 吸附等温方程。Freundlich 和 Langmuir 方程最初都主要用于描述固体界面对于气体分子的吸附平衡。Freundlich 方程认为在等温条件下,平衡吸附量 q_e 与吸附质分压 p 的适当次方成正比,如式(3-1)所示[92,93]:

$$q_e = kp^{\frac{1}{n}} \tag{3-1}$$

对式(3-1)取对数可得式(3-2)[92,93]:

$$\ln q_e = \ln k + \frac{1}{n}\ln p \tag{3-2}$$

式中,k 和 n 都是经验常数,与吸附质、吸附剂的性质和温度有关。Freundlich 方程也可以描述从溶液中吸附溶质的吸附平衡,只需要将式中的气体压力 p 换为溶质的平衡浓度 c_e,即式(3-3)[93]:

$$\ln q_e = \ln k + \frac{1}{n}\ln c_e \tag{3-3}$$

Freundlich 吸附等温方程式是一个经验式,一般在气体压力(或溶质浓度)不太大也不太小时能很好地符合实验数据,但在气体压力(或溶质浓度)较低或较高时会产生较大的偏差。另外,经验常数 k 和 n 没有实际的物理意义[93]。

著名化学家、物理学家 Langmuir 在 1916 年建立了 Langmuir 吸附等温方程式,该方程式的适用范围较 Freundlich 经验式更广。Langmuir 方程式认为晶体表面上的原子或分子成键没有达到饱和,有剩余键力能够吸附其表面上的气体分子,形成单分子层吸附，并假设晶体表面是均匀的，被吸附的气体分子之间没有相互作用力。固体在溶液中吸附溶质的吸附平衡也可借用 Langmuir 等温方程式，如式(3-4)所示[6]：

$$\frac{c_e}{q_e} = \frac{1}{q_{max}b} + \frac{c_e}{q_{max}} \tag{3-4}$$

式中，q_e 和 c_e 分别为平衡吸附量(mg/g)和吸附平衡浓度(mg/L)；q_{max} 为最大吸附量(mg/g)；b 为与吸附强度有关的系数，$b = k_a/k_d$(k_a 为吸附速率，k_d 为解吸速率)。

　　Freundlich 吸附等温方程可以较好地拟合胶原纤维固化单宁材料对 Cu(Ⅱ)、U(Ⅴ)、Hg(Ⅱ)、Pb(Ⅱ)、Cd(Ⅱ)、Mo(Ⅵ)等金属离子的吸附平衡数据[6,22]。以 BT-CFA 吸附 Hg(Ⅱ)、Pb(Ⅱ)、Cd(Ⅱ)的吸附平衡为例，图 3.19 为 BT-CFA 对 Pb(Ⅱ)、Cd(Ⅱ)和 Hg(Ⅱ)的 Freundlich 吸附等温线，表 3.7 为 BT-CFA 对 Pb(Ⅱ)、Cd(Ⅱ)和 Hg(Ⅱ)的 Freundlich 参数。由此可见，Freundlich 方程与 BT-CFA 对 Pb(Ⅱ)、Cd(Ⅱ)和 Hg(Ⅱ)的吸附平衡数据能较好地吻合，BT-CFA 吸附 Hg(Ⅱ)的 Freundlich 参数 $1/n$ 在 0.1～0.5 之间，而吸附 Pb(Ⅱ)和 Cd(Ⅱ)的 Freundlich 参数 $1/n$ 大于 0.5，说明 Hg(Ⅱ)在 BT-CFA 上更易被吸附，其吸附量比吸附 Pb(Ⅱ)和 Cd(Ⅱ)的吸附量大得多[6]。

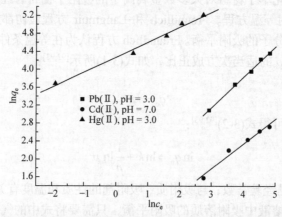

图 3.19　BT-CFA 对 Pb(Ⅱ)、Cd(Ⅱ)和 Hg(Ⅱ)的 Freundlich 吸附等温线(T = 303K)[6]

表 3.7　BT-CFA 对 Pb(Ⅱ)、Cd(Ⅱ)和 Hg(Ⅱ)的 Freundlich 参数(303K)[6]

金属离子	$1/n$	k	R^2
Pb(Ⅱ)	0.6801	3.035	0.9960
Cd(Ⅱ)	0.5526	1.136	0.9862
Hg(Ⅱ)	0.3347	71.78	0.9877

　　Langmuir 吸附等温方程可以较好地拟合胶原纤维固化单宁材料对 Au(Ⅲ)、Th(Ⅳ)、V(Ⅴ)、Pt(Ⅱ)、Pd(Ⅱ)等金属离子的吸附平衡数据[6,22]。以 BT-CFA、BWT-

CFA、LT-CFA 吸附 Au(Ⅲ)的吸附平衡为例，如图 3.20 所示，Langmuir 方程与 BT-CFA、BWT-CFA、LT-CFA 对 Au(Ⅲ)的吸附平衡数据能较好地吻合。拟合所得的 Langmuir 参数如表 3.8 所示，可见，随着温度的升高，q_{max} 和 b 均增大，即升高温度有利于三种胶原纤维固化单宁材料对 Au(Ⅲ)的吸附，所以胶原纤维固化单宁材料对于 Au(Ⅲ)的吸附可能为化学吸附，即单宁分子的邻位酚羟基与 Au(Ⅲ)形成配位结合[6]。

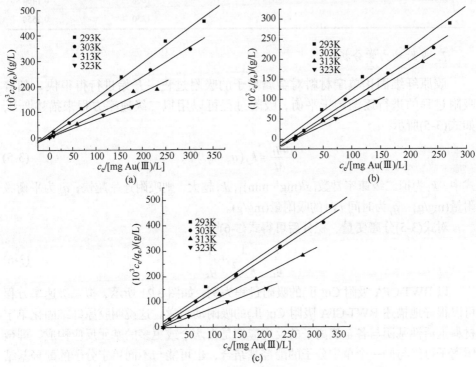

图 3.20　胶原纤维固化单宁对 Au(Ⅲ)的 Langmuir 吸附等温线[6]

(a) BT-CFA；(b) BWT-CFA；(c) LT-CFA

表 3.8　胶原纤维固化单宁吸附 Au(Ⅲ)的 Langmuir 参数[6]

胶原纤维固化单宁材料	温度/K	q_{max}/[mg Au(Ⅲ)/g 吸附剂]	b
BT-CFA	293	732.2	0.0763
	303	874.6	0.1349
	313	1152	0.3549
	323	1460	0.7183
BWT-CFA	293	959.0	0.0676
	303	1068	0.1446
	313	1163	0.6897
	323	1511	1.2080

续表

胶原纤维 固化单宁材料	温度/K	q_{max}/[mg Au(Ⅲ)/g 吸附剂]	b
LT-CFA	293	759.4	0.0572
	303	791.0	0.0977
	313	1008	0.1464
	323	1350	0.3550

7. 吸附动力学分析

胶原纤维固化单宁材料对金属离子的吸附过程，开始进行得很快，随着吸附过程的进行逐渐趋于平衡，吸附过程可以用拟二级速率方程来描述[6,22]，如式(3-5)所示[6]：

$$\frac{dq_t}{dt} = k_2(q_e - q_t)^2 \tag{3-5}$$

式中，k_2 为拟二级速率常数[g/(mg·min)]，k_2 越大，则吸附速率越快；q_e 为平衡吸附量(mg/g)；q_t 为时间 t 时的吸附量(mg/g)。

对式(3-5)分离变量、积分后可得式(3-6)[6]：

$$\frac{t}{q_t} = \frac{1}{k_2 q_e^2} + \frac{1}{q_e}t \tag{3-6}$$

以 BWT-CFA 吸附 Cu(Ⅱ)的吸附过程为例，如图 3.21 所示，拟二级速率方程可以很好地描述 BWT-CFA 吸附 Cu(Ⅱ)的吸附动力学。这说明胶原纤维固化单宁材料上活性基团与各金属离子的反应应该是由两个或更多的基元反应构成，即金属离子可能与同一个单宁分子的酚羟基结合，也可能与不同单宁分子的酚羟基结合；或各金属离子虽然只与一个单宁分子的多个酚羟基部位结合，但这些不同部位的酚羟基的反应活性不相同[6]。

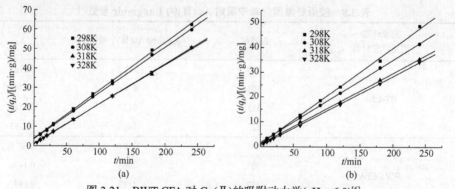

图 3.21　BWT-CFA 对 Cu(Ⅱ)的吸附动力学(pH = 6.0)[6]

(a) $c_o = 31.8$mg Cu²⁺/L；(b) $c_o = 63.5$mg Cu²⁺/L

3.2.5　用植鞣革废弃物制备金属离子吸附材料

制革固体废弃物主要指制革生产过程中产生的皮革边角料及削匀产生的废革屑。这类固体废弃物约占制革原料皮总量的 30%。目前制革固体废弃物除很少一部分用来生产再生革和明胶外，其余大部分作为垃圾处理，既造成环境污染，又导致资源浪费。植鞣革废弃物是制革固体废弃物的一种，植鞣废革屑中大约含有胶原纤维 87%、单宁 13%。针对废水的处理材料，不仅要求效果好，而且要求成本低。制革植鞣革废弃物本身就是一种胶原纤维固载单宁的材料，可以用于废水中金属离子的吸附。

植鞣革废弃物中的单宁容易被水和有机溶剂溶出，同胶原纤维固化单宁的制备方法一样，需要通过醛类化合物的交联作用，使单宁与胶原纤维之间形成共价键结合，从而将单宁牢固固定在胶原纤维上。具体的制备方法如下：将植鞣废革屑 30g(以干重计)放入 300mL 戊二醛水溶液中(浓度为 20g/L)，调节 pH 至 6.4～6.6，在 25℃下反应 1h，然后在 50℃下反应 4h；反应物用蒸馏水洗涤后置于 60℃下真空干燥 12h，再粉碎至 0.1mm 即得到含单宁废革屑吸附材料(tannin-containing leather waste adsorbent，T-LWA)[94]。

T-LWA 对多种金属离子具有一定的吸附能力，尤其是对 Au(Ⅲ)、U(Ⅵ)、Pb(Ⅱ) 和 Hg(Ⅱ) 的吸附作用较强。如表 3.9 所示，T-LWA 对 Au(Ⅲ)、U(Ⅵ) 和 Hg(Ⅱ) 的平衡吸附量分别达到 779.3mg/g(3.96mmol/g)、106.9mg/g(0.45mmol/g)、184.7mg/g (0.92mmol/g)，远大于活性炭的吸附量(30～40mg/g)[95]，与常用的树脂类材料的吸附量(141～344mg/g)[96, 97]相当，甚至更高[94]。

表 3.9　T-LWA 对各金属离子的平衡吸附量[94]

金属离子	金属化合物	初始浓度/(mmol/L)	吸附材料用量/(g/L)	初始 pH	平衡吸附量/(mmol/g)	平衡吸附量/(mg/g)
Cu(Ⅱ)	$CuSO_4 \cdot 4H_2O$	1.0	5	6.0	0.11	6.9
Au(Ⅲ)	$AuCl_3 \cdot 4H_2O$	1.5	0.2	2.5	3.96	779.3
U(Ⅵ)	$UO_2(NO_3)_2$	2.5	5	5.0	0.45	106.9
Th(Ⅳ)	$Th(NO_3)_4 \cdot 6H_2O$	0.3	1	3.6	0.24	55.0
Pb(Ⅱ)	$Pb(NO_3)_2$	1.0	1	3.0	0.38	78.8
Cd(Ⅱ)	$Cd(NO_3)_2 \cdot 4H_2O$	1.8	1	3.0	0.21	23.9
Hg(Ⅱ)	$HgCl_2$	1.0	1	7.0	0.92	184.7

3.3　重组胶原纤维固化单宁材料对金属离子的吸附分离特性

3.3.1　制备方法及物理性质

重组胶原纤维固化单宁吸附材料(T-R-CFA)的具体制备方法如下：以牛皮为原料，通过浸水、脱毛、浸灰、脱灰等常规的制革工序处理，除去非胶原间质，然后通过干燥、粉碎等物理处理后得到胶原纤维粉末。取胶原纤维粉末分散于一定浓度的乙酸溶液中，搅拌均匀，加入适量胃蛋白酶(酶活为 12000 单位/g)，在 5～10℃下水解 24h，再经离心、盐析、再离心等操作，去除小分子多肽、酶和未水解的胶原。取上述水解胶原溶于乙酸溶液中，缓慢加入适量单宁(杨梅单宁或黑荆树单宁)，首先置于 25℃下反应 3h，再置于 40℃下反应 1h。反应产物经过滤后，加入 5% 双环噁唑烷(醛类交联剂)，调节 pH 至 6.5，先在 25℃下反应 2h，然后在 40℃下再反应 2h，经过洗涤、过滤后，在室温下自然干燥 24h，即得到 T-R-CFA[98-103]。

经过胃蛋白酶水解后的胶原，有更多的活性基团暴露出来，可以与更多的单宁分子结合。T-R-CFA 的单宁结合量为 1.5g/g 胶原纤维，而未经胃蛋白酶水解的胶原纤维，其单宁结合量仅接近 0.5g/g 胶原纤维[6]。单宁主要通过氢键和疏水键与胶原分子结合，醛类化合物噁唑烷主要起交联剂的作用，使单宁分子与胶原分子的氨基形成共价键。固载在胶原分子上的单宁很稳定，其耐水(或溶剂)能力很强，T-R-CFA 在 pH 2.0～7.0 的溶液中浸泡 24h 后没有单宁脱落，而在酸性较强的情况下(pH＜2.0)，仅有少量单宁脱落，并且 T-R-CFA 在 Cu(Ⅱ)、Th(Ⅳ)、U(Ⅵ)、Pb(Ⅱ)、Hg(Ⅱ)和 Pd(Ⅱ)的吸附实验中未检测到吸附液中有脱落的单宁存在[98-103]。

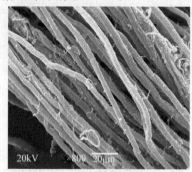

图 3.22　T-R-CFA 的扫描电镜图[100]

图 3.22 是在扫描电镜(SEM)下观察到的 T-R-CFA 的微观结构，发现 T-R-CFA 在单宁和醛的诱导下重新组装成纤维。T-R-CFA 的等电点为 4.05，热变性温度为(105±2)℃，可以满足实际使用环境的要求。T-R-CFA 的比表面积为 0.75m²/g，是一种非多孔的纤维状材料，其亲水性较强，1g T-R-CFA 可以吸收 1.4g 左右的水[100]，所以 T-R-CFA 用于水环境中吸附金属离子时具有扩散阻力小、传质速率快的优势。

3.3.2　对金属离子的吸附分离特性

1. 对铜离子[Cu(Ⅱ)]的吸附分离特性

当 Cu(Ⅱ)(以 CuSO$_4$·5H$_2$O 作为吸附对象)的初始浓度为 1.0mmol/L，吸附剂用量为 1g/L，初始 pH 为 5.5，温度为 30℃时，重组胶原纤维固化黑荆树单宁吸附剂(black wattle tannin-immobilized ressembled collagen fiber adsorbent, BWT-R-CFA)对 Cu(Ⅱ)的平衡吸附量为 0.26mmol/g，比 BT-CFA 对 Cu(Ⅱ)的平衡吸附量(0.17mmol/g)更大[98]，这是由于胃蛋白酶打开了胶原纤维之间的连接键，胶原上更多的活性基团暴露出来，与单宁的反应活性增强，单宁固载量增大，从而对金属离子的吸附能力增强。

BWT-R-CFA 对 Cu(Ⅱ)的吸附是一个吸热过程，吸附量随温度的升高而增大。pH 对吸附的影响很大，如图 3.23 所示，吸附量随 pH 的升高而显著增大。当 pH 从 2.0 升高到 5.5 时，虽然 Cu(Ⅱ)在水溶液中始终以 Cu^{2+}的形式存在，但是单宁酚羟基的解离程度增大，有利于 BWT-R-CFA 对 Cu(Ⅱ)的吸附。然而，过高的 pH 是不适宜吸附的，因为 Cu(Ⅱ)会发生沉淀，而且单宁的酚羟基也会发生氧化，最佳吸附 pH 为 5.5。单宁 B 环的酚羟基在与 Cu(Ⅱ)结合过程中会释放 H$^+$，所以随着吸附的进行，溶液的 pH 降低。吸附过程在前 20min 进行得很快，约 120min 达到吸附平衡[98]，这与重组胶原纤维固化单宁的非多孔的纤维状结构有关，吸附过程在纤维的表面进行，没有内扩散阻力的约束，所以吸附速率较高。

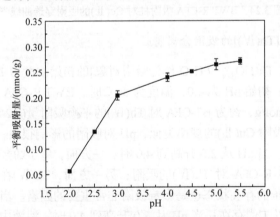

图 3.23　pH 对 BWT-R-CFA 吸附 Cu(Ⅱ)的影响[98]

BWT-R-CFA 吸附柱(BWT-R-CFA 用量 2.0g，柱高 17cm，柱直径 1.1cm，床层体积 16mL)对 Cu(Ⅱ)具有较好的吸附和解吸性能，可以用于水体中 Cu(Ⅱ)的去除和回收。如图 3.24 所示，Cu(Ⅱ)浓度为 1.0mmol/L 的进料液以 1.86BV/h 的速度流过吸附柱，吸附穿透点为 20BV，达到穿透点后，流出液中 Cu(Ⅱ)浓度迅速增加，说明吸附柱的床层有效利用率高。BWT-R-CFA 吸附柱吸附 Cu(Ⅱ)后极易洗脱和再生，因为酸性条件不利于 BWT-R-CFA 对 Cu(Ⅱ)的吸附，所以酸液可以作为解吸液使用，约 60mL 0.1mol/L 的 HNO_3 溶液即可解吸 99% 的 Cu(Ⅱ)。经解吸后，Cu(Ⅱ)可以得到很好的富集，解吸液中 Cu(Ⅱ)的浓度高达 19mmol/L，远远高于进料液中 Cu(Ⅱ)的浓度(1.0mmol/L)。BWT-R-CFA 吸附柱可以至少重复使用 5 次，如图 3.24 所示，再生柱对 Cu(Ⅱ)的吸附量不会降低。根据 BWT-R-CFA 制备所需的原料成本和生产花费估算，BWT-R-CFA 的价格不超过 5578 元/t(900 美元/t)，是一种非常低廉的吸附材料，适合实际的工业应用[98]。

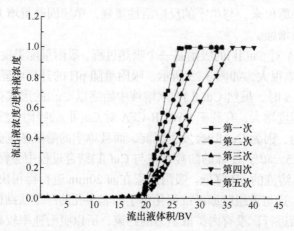

图 3.24　BWT-R-CFA 吸附柱对 Cu(Ⅱ)的吸附穿透曲线[98]

2. 对钍离子[Th(Ⅳ)]的吸附分离特性

当 Th(Ⅳ)[以 $Th(NO_3)_4 \cdot 6H_2O$ 作为吸附对象]的初始浓度为 1.0mmol/L，吸附剂用量为 0.5g/L，初始 pH 为 4.0，温度为 30℃时，BWT-R-CFA 对 Th(Ⅳ)的平衡吸附量为 0.61mmol/g，约为 BT-CFA 对 Th(Ⅳ)的平衡吸附量(0.24mmol/g)的 3 倍。与 BWT-R-CFA 吸附 Cu(Ⅱ)的规律类似，pH 对吸附的影响很大，吸附量随 pH 的升高而显著增大。当 pH 从 2.0 升高到 4.0 时，一方面，单宁酚羟基的解离程度增大，有利于 BWT-R-CFA 对 Th(Ⅳ)的吸附；另一方面，Th(Ⅳ)在水溶液的存在状态发生变化，离子的存在状态也是影响吸附非常重要的因素。当 pH 为 1.0～3.0 时，Th(Ⅳ)始终以 Th^{4+} 存在；当 pH 从 3.0 升高到 4.0 时，溶液中 Th^{4+} 逐渐减少，而 $Th(OH)^{3+}$ 和 $Th(OH)_2^{2+}$ 逐渐增多；当 pH＞4.0 时，Th(Ⅳ)发生沉淀。BWT-R-CFA 倾向于吸附 $Th(OH)^{3+}$ 和 $Th(OH)_2^{2+}$，所以 4.0 为最佳吸附 pH。吸附过程在前 30min 进行得很快，在短时间内(100min)就可以达到吸附平衡，这与吸附剂的非多孔纤维状结构有关[99]。

Th(Ⅳ)可以与固化单宁的邻位酚羟基配位，形成五元螯合环的结构，所以吸附并非是一个阳离子交换的过程，阴离子强度对吸附的负面影响不大，反而吸附量会随着 NO_3^- 和 Cl^- 等阴离子浓度的增大而呈现小幅度增加的趋势[99]。NO_3^- 和 Cl^- 的存在会影响 Th(Ⅳ) 在溶液中的存在状态。随着 NO_3^- 和 Cl^- 浓度的增大，溶液中 $Th(OH)^{3+}$ 和 $Th(OH)_2^{2+}$ 逐渐减少，$Th(NO_3)^{3+}$ 和 $ThCl^{3+}$ 逐渐增多，吸附量增加的原因可能是 BWT-R-CFA 对 $Th(NO_3)^{3+}$ 和 $ThCl^{3+}$ 的结合能力比对 $Th(OH)^{3+}$ 的结合能力更强一些。

BWT-R-CFA 吸附柱(BWT-R-CFA 用量 2.0g，柱高 16cm，柱直径 1.1cm，床层体积 15mL)对 Th(Ⅳ) 也具有较好的吸附和解吸性能。如图 3.25 所示，Th(Ⅳ) 浓度为 1.0mmol/L 的进料液以 1.97BV/h 的速度流过吸附柱，吸附穿透点为 13BV，达到吸附穿透点以前，进料液中的 Th(Ⅳ) 全部被吸附柱吸附，流出液中没有 Th(Ⅳ) 存在。约 60mL 0.1mol/L HNO_3 溶液即可解吸吸附的 Th(Ⅳ)。经解吸后，Th(Ⅳ) 可以得到很好的富集，解吸液中 Th(Ⅳ) 的浓度高达 17.7mmol/L，远远高于进料液中 Th(Ⅳ) 的浓度(1.0mmol/L)[99]。

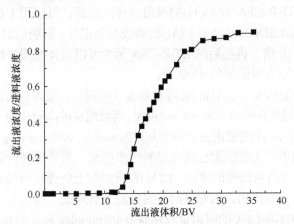

图 3.25　BWT-R-CFA 吸附柱对 Th(Ⅳ) 的吸附穿透曲线[99]

3. 对铀离子[U(Ⅵ)]的吸附分离特性

重组胶原纤维固化杨梅单宁吸附剂(bayberry tannin-immobilized ressembled collagen fiber adsorbent，BT-R-CFA)对 U(Ⅵ) 具有很强的吸附能力。当 U(Ⅵ)[以 $UO_2(NO_3)_2 \cdot 6H_2O$ 为吸附对象]的浓度为 2.5mmol/L，吸附剂用量为 1g/L，温度为 30℃，初始 pH 为 5.0 时，BT-R-CFA 对 U(Ⅵ) 的平衡吸附量达到 1.49mmol/g，而 BT-CFA 对 U(Ⅵ) 的平衡吸附量仅为 0.43mmol/g[100]。

pH 对吸附的影响较大，随着 pH 的升高，BT-R-CFA 对 U(Ⅵ) 的平衡吸附量逐渐增加，在 pH 为 6.0 时吸附量达到最大，之后平衡吸附量随 pH 的升高而下降。升高 pH 可以促进单宁 B 环邻位酚羟基的解离，失去 H^+，使其更易与 U(Ⅵ) 形成五元螯合环，从而使 U(Ⅵ)的吸附量升高，但过高的 pH(pH>7.0)会使单宁的邻位酚羟基氧化，吸附能力降低。另外，pH 还会影响 U(Ⅵ)在溶液中的存在状态，当 pH 在 5.0~6.0 范围内时，U(Ⅵ)主要以 $(UO_2)_3(OH)_5^+$ 和 $(UO_2)_4(OH)_7^+$ 等阳离子形式存在，当 pH 为 7.0 以上时，U(Ⅵ)主要以阴离子形式存在。单宁酚羟基的氧与金属离子的配位是一个亲核反应，吸附材料易于吸附阳离子，而难以吸附阴离子。pH 在 5.0 以下时，虽然 U(Ⅵ)主要以 UO_2^{2+} 的阳离子形式存在，但单宁 B 环的部分邻位酚羟基被 H⁺封闭，不利于吸附的进行，因此吸附量较小，所以最佳吸附 pH 范围为 5.0~6.0[100]。

BT-R-CFA 对 U(Ⅵ)的吸附速率较快，300min 左右可达到吸附平衡，与多孔型吸附剂相比，达到吸附平衡所需的时间大大缩短[104]。溶液中共存的 NO_3^-、Cl^- 对 BT-R-CFA 吸附 U(Ⅵ)基本没有影响，而共存的 F^- 的影响很大。F^- 与 U(Ⅵ)会形成稳定的络合物 UO_2F_2(溶液)、UO_2F^+、$UO_2F_3^-$、$UO_2F_4^{2-}$，但是 F^- 的影响可以通过加入掩蔽剂 $Al(NO_3)_3$ 来消除。在 Ca(Ⅱ)、Mg(Ⅱ)、Cu(Ⅱ)和 U(Ⅵ)混合溶液中，pH 为 5.0 时，BT-R-CFA 对 U(Ⅵ)的吸附选择性较高，可以用于选择性分离和脱除 U(Ⅵ)。0.1mol/L HNO₃溶液对 U(Ⅵ)的解吸效果很好，解吸后的 U(Ⅵ)浓度是初始 U(Ⅵ)浓度的 10 倍。再生后的 BT-R-CFA 至少可以重复使用 4 次，并且重复使用 4 次后仍保持原有吸附量的 90%[100]。

BT-R-CFA 吸附柱对 U(Ⅵ)的吸附和解吸效果很好，吸附柱的高径比、进料液的流速和浓度对柱吸附的分离效果影响较大。当吸附柱的高径比为 6.4、11.8 和 16.4 时，BT-R-CFA 对 U(Ⅵ)的吸附量分别为 0.179mmol/g、0.463mmol/g、0.440mmol/g。所以在实际应用中，为使吸附柱的床层利用率更高，需要选择合适的高径比来装填吸附柱。随着进料液流速的增加，U(Ⅵ)在吸附剂上的停留时间减少，吸附剂上的活性位点不能充分作用，因此吸附柱的吸附量会降低。当流速为 0.4mL/min 和 1.0mL/min 时，BT-R-CFA 的吸附量分别是 0.463mmol/g 和 0.271mmol/g。当进料液中 U(Ⅵ)的浓度为 0.5mmol/L、1.0mmol/L 和 2.0mmol/L 时，BT-R-CFA 的吸附量分别为 0.463 mmol/g、0.493 mmol/g 和 0.296mmol/g。这说明 U(Ⅵ)的初始浓度应该在一个合适的范围内，才能使得柱子中的 BT-R-CFA 得到充分的利用[100]。

共存金属离子 Cu(Ⅱ)、Mg(Ⅱ)、Fe(Ⅱ)、Pb(Ⅱ)的存在几乎不影响 BT-R-CFA 对 U(Ⅵ)的柱吸附特性(pH 5.0)，表明 BT-R-CFA 吸附柱对 U(Ⅵ)具有很好的吸附选择性。如图 3.26 所示，Cu(Ⅱ)、Mg(Ⅱ)、Fe(Ⅱ)、Pb(Ⅱ)的穿透点均位于 U(Ⅵ)之前，并且这些共存金属离子达到穿透点以后，吸附在吸附柱上的大部分共存金属离子又会被进料液中的 U(Ⅵ)置换下来，使得流出液中这些共存金属离子的浓度迅速增加，并且超过初始浓度。BT-R-CFA 吸附柱达到吸附饱和后，用少量 0.1mol/L 的 HNO₃溶液可以将吸附在吸附柱上 99% 的 U(Ⅵ)解吸下来，且解吸液中 U(Ⅵ)的最高浓度可达进样 U(Ⅵ)浓度的 100 倍。另外，再生后的 BT-R-CFA 吸附柱可以重复使用 6 次以上，而且对 U(Ⅵ)的吸附能力不会降低[100]。

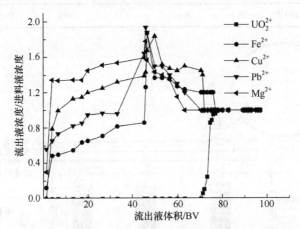

图 3.26　共存金属离子对 BT-R-CFA 吸附柱吸附 U(Ⅵ)的影响[100]

核燃料元件制造是原子能工业的一个重要组成部分，其制造过程主要包括陶瓷型二氧化铀制备、芯块制备、机加工和组装等四大工序。其中，采用湿法还原制备陶瓷型二氧化铀(UO$_2$)粉末及芯块的过程中，会产生大量的硝酸体系含铀废水。含铀废水的排放不仅危害环境安全，还会造成铀资源的浪费。如何有效地回收和利用含铀废水中的铀，并使处理后的废水中铀含量达到排放标准是核燃料制造工业的关键性问题。研究工作者尝试了将 BT-R-CFA 吸附柱运用到实际含铀萃余废水中 U(Ⅵ)的分离和回收。

表 3.10 为我国某公司 UO$_2$ 粉末生产车间提供的含铀萃余废水的主要杂质金属离子含量。图 3.27 为放大实验中吸附装置的示意图。单根 BT-R-CFA 吸附柱(BT-R-CFA 用量 6.0kg，柱高 1.4m，柱直径 19.5cm，床层体积 42L)对 U(Ⅵ)浓度为 1.0mmol/L 的含铀萃余废水中 U(Ⅵ)的吸附穿透曲线如图 3.28 所示，进料液 pH 为 4.5，流速为 100L/h。单根吸附柱能够处理约 71BV(约 3000L)的含铀萃余废水，其相应的吸附量为 0.5mmol/g，与实验条件下的小型吸附柱的吸附量相当。达到吸附饱和后可以用 0.1mol/L HNO$_3$ 溶液解吸吸附柱，大概 2BV 的 HNO$_3$ 溶液就可以将吸附在 BT-R-CFA 吸附柱上 90% 的 U(Ⅵ)解吸下来，而且解吸液中其他杂质离子的含量远小于 U(Ⅵ)的含量，仅仅约占 5%。解吸后的 BT-R-CFA 吸附柱通过 4BV 的蒸馏水冲洗后，可以用于再吸附处理 1.0mmol/L 的含铀萃余废水约 69BV(约 2900L) [100]。所以，BT-R-CFA 在放大实验中同样表现出对 U(Ⅵ)优良的吸附性能和重复使用性能，具有较大的实际应用价值。

表 3.10　含铀萃余废水中杂质金属离子及含量

金属离子	Fe	Ca	Mg	Cu	Ni	Cr	Pb
浓度/(mg/L)	359.9	28.1	8.98	9.75	66.6	86.8	2.08

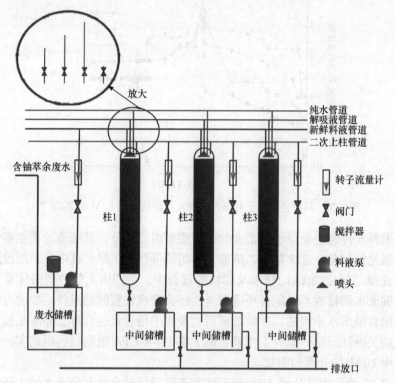

图 3.27　吸附装置示意图[100]

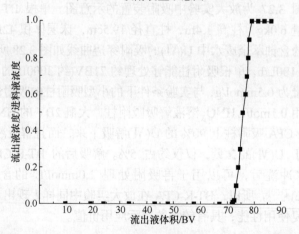

图 3.28　单根 BT-R-CFA 吸附柱对实际含铀萃余废水中 U(Ⅵ)的吸附穿透曲线[100]

图 3.29 是 BT-R-CFA 吸附柱串并联的两种连接方式。这两种连接方式的目的均是既提高单位时间的废水处理量，又保证尾液达到排放标准。第一种连接方式是将柱 1、柱 2 和柱 3 串联，利用柱 1 和柱 2 对含铀萃余废水进行预处理，使大部分 U(Ⅵ)被吸附后，再通过柱 3 吸附废水中残余的低浓度 U(Ⅵ)，从而使尾液能够达标排放[图 3.29(a)]。在这种连接方式下，含铀萃余废水的输入流量可以提高到 300L/h。另外一种连接方式是首先将柱 1 和柱 2 并联，它们可以同时对含铀萃余废水进行第一步处理，两根柱的输入流量均为 100L/h，而串联的柱 3 可以对第一步处理后的废水进行再处理[图 3.29(b)]。这种连接方式下，废水处理量是单根吸附柱废水处理量的两倍[100]。

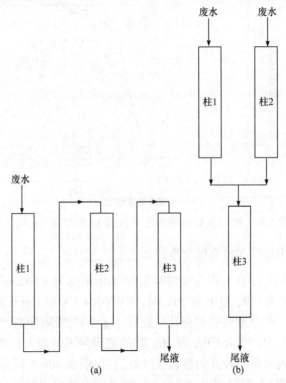

图 3.29　串并联 BT-R-CFA 吸附柱的示意图[100]

4. 对铅离子[Pb(Ⅱ)]的吸附分离特性

当 Pb(Ⅱ)[以 Pb(NO$_3$)$_2$ 作为吸附对象]的初始浓度为 1.0mmol/L，吸附剂用量为 1g/L，初始 pH 为 4.5，温度为 30℃时，BWT-R-CFA 对 Pb(Ⅱ)的平衡吸附量为 0.34mmol/g。pH 对吸附具有较大的影响，当 pH 低于 5.0 时，Pb(Ⅱ)主要以 Pb^{2+} 的形式存在，此时吸附量随 pH 的升高而增大，因为 pH 升高会促进单宁酚羟基的解离，从而利于 BWT-R-CFA 对 Pb(Ⅱ)的吸附；当 pH 高于 5.0 后，溶液中逐渐出现

$Pb_4(OH)_4^{4+}$，Pb(Ⅱ)的这种存在形式不利于 BWT-R-CFA 对它的吸附，因此吸附量减小，并且随着 pH 的进一步升高，单宁的酚羟基会被氧化，其对金属离子的配位能力降低，这是导致吸附量减小的另外一个原因[101]。

BWT-R-CFA 吸附柱(BWT-R-CFA 用量 2.0g，柱高 17cm，柱直径 1.1cm，床层体积 16mL)对 Pb(Ⅱ)的吸附穿透曲线如图 3.30 所示，Pb(Ⅱ)浓度为 1.0mmol/L 的进料液以 30mL/h 的速度流过吸附柱，吸附穿透点为 60mL。用盐酸、硝酸、EDTA 等溶液可以将 BWT-R-CFA 吸附柱解吸再生，解吸率高于 95%，解吸再生后的吸附柱可以重复使用[101]。

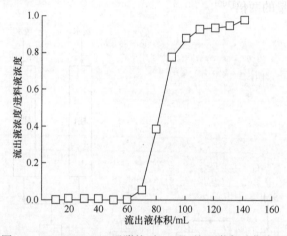

图 3.30　BWT-R-CFA 吸附柱对 Pb(Ⅱ)的吸附穿透曲线[101]

5. 对汞离子[Hg(Ⅱ)]的吸附分离特性

当 Hg(Ⅱ)[以 $Hg(NO_3)_2$ 作为吸附对象]的初始浓度为 4.5mmol/L，吸附剂用量为 1g/L，初始 pH 为 7.0，温度为 30℃时，BWT-R-CFA 对 Hg(Ⅱ)的平衡吸附量为 3.13mmol/g，比一些合成树脂和介孔硅胶对 Hg(Ⅱ)的吸附量高[105-108]。当 pH 由 2.0 升高到 4.0 时，BWT-R-CFA 对 Hg(Ⅱ)的吸附量迅速增大，并且吸附量在 pH 为 4.0～7.0 范围内可保持较高的数值。吸附过程在前 50min 进行得很快，约 180min 达到吸附平衡，吸附速率较快。0.1mol/L 的乳酸溶液可以解吸 95% 以上吸附在 BWT-R-CFA 上的 Hg(Ⅱ)[102]。

Cl⁻的存在会影响 BWT-R-CFA 上对 Hg(Ⅱ)的吸附，这是因为 Cl⁻可以与 Hg(Ⅱ) 形成多种配合物 $HgCl_3^-$、$HgCl_4^{2-}$、$HgCl_2$(溶液)，使 Hg(Ⅱ)在溶液中的存在形式发生明显变化。但即使在 Cl⁻浓度大于或等于 50mmol/L 的情况下，BWT-R-CFA 对 Hg(Ⅱ)的吸附量仍可达到 0.92mmol/g。共存金属离子 Al(Ⅲ)、Cu(Ⅱ)、Zn(Ⅱ)、Pb(Ⅱ)、Cd(Ⅱ)几乎不影响 BWT-R-CFA 对 Hg(Ⅱ)的吸附，如图 3.31 所示，在一定条件(pH 3.5，30℃，各金属离子的初始浓度均为 2.0mmol/L)下，1g/L 的 BWT-

R-CFA 对 Hg(Ⅱ)具有很好的吸附选择性,可以作为一种高效的吸附剂用于水体中 Hg(Ⅱ)的吸附和分离[102]。

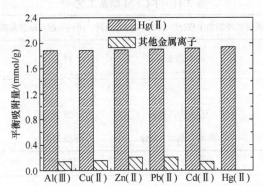

图 3.31 其他金属离子对 BWT-R-CFA 吸附 Hg(Ⅱ)的影响[102]

6. 对钯离子[Pd(Ⅱ)]的吸附分离特性

当 Pd(Ⅱ)(以 PdCl$_2$ 作为吸附对象)的初始浓度为 1.0mmol/L,吸附剂用量为 1g/L,初始 pH 为 4.0,温度为 30℃时,BWT-R-CFA 对 Pd(Ⅱ)的平衡吸附量为 0.67mmol/g。pH 对吸附的影响表现如下:当 pH 由 2.0 升高到 4.0 时,BWT-R-CFA 对 Pd(Ⅱ)的吸附量逐渐增大,在 pH 为 4.0 时吸附量达到最大。随着 pH 的增大,单宁酚羟基的解离程度增大,有利于 BWT-R-CFA 对 Pd(Ⅱ)的吸附,但是当 pH 大于 4.5 后,Pd(Ⅱ)逐渐发生沉淀,不利于吸附的进行[103]。

NO$_3^-$ 基本不影响 BWT-R-CFA 对 Pd(Ⅱ)的吸附,而 Cl$^-$的影响较大,平衡吸附量随着 Cl$^-$浓度的升高而明显降低[103]。据文献报道,Pd(Ⅱ)的阳离子型配合物比阴离子型配合物更有利于吸附[109]。当溶液中 Cl$^-$浓度极低时,PdCl$^+$、PdCl$_2$ 含量较多,单宁酚羟基上的氧易于与 Pd(Ⅱ)形成配合物。而随着 Cl$^-$浓度的增加,PdCl$^+$、PdCl$_2$ 明显减少,PdCl$_3^-$、PdCl$_4^{2-}$ 逐渐增多,当 Cl$^-$浓度大于 10mmol/L 时,Pd(Ⅱ)主要以 PdCl$_3^-$、PdCl$_4^{2-}$ 的形式存在,这两种阴离子的存在形式不利于 BWT-R-CFA 对 Pd(Ⅱ)的吸附。

3.4 胶原纤维固化单宁膜材料对金属离子的吸附分离特性

3.4.1 制备方法及物理性质

胶原纤维固化单宁膜吸附材料(T-CFM)的制备参照了制革工艺,使用的设备为转鼓、精密剖层机等传统制革设备，具体制备方法见表 3.11[110]。

表 3.11　T-CFM 制备工艺[110]

以经过片碱皮的浸酸山羊皮(pH = 2.5～2.8)为原料，用料基准以酸皮重的 1.5 倍计			
噁唑烷预处理 (在浸酸液中进行)	噁唑烷 0.5%	转 1h	
植鞣	水 50%		
	杨梅单宁 10%	转 2h	
	加 40℃热水 150%	保温 35℃	转 3h
甲酸固定	甲酸 0.2%～0.5%	转 0.5h	pH = 3.8～4.0
静置过夜			
水洗			
一次漂洗	水 200%	转 30min	水洗
	亚硫酸氢钠 1%		
二次漂洗	水 200%	转 30min	pH = 3.8～4.0 水洗
	草酸 0.5%		
噁唑烷结合鞣	水 80%	转 1h	
	噁唑烷 2%		
	加热水 120%	升温至 55℃	转 3h
静置过夜			
水洗 10 次(每次 10min)			
挂晾	以水分含量 10%～15%为标准		
剖层	将膜精密剖层至厚度为 0.7～0.8mm		

　　生皮组织是呈现由天然胶原纤维编织成的三维网状构成，并含少量非胶原蛋白、油脂等成分。经过一系列鞣制前工序处理后，剩下的部分主要是由胶原构成的纤维网。经过杨梅单宁及噁唑烷结合鞣制后，胶原纤维得到分散和固定，机械强度增加。T-CFM 的抗张强度在 1.07～1.87MPa 之间，撕裂强度为(342.5 ± 20.0)N/mm。良好的机械强度可以保证其作为膜吸附材料使用时，在吸附效果不变的前提下，在较高的压力作用下进行操作，提高吸附分离效率。T-CFM 的水通量为 93.87L/(m² · h)，胶原纤维的网状结构有利于水分子通过，同时也为重金属离子进入 T-CFM 内部与单宁进行络合提供了极为有利的条件。另外，作为水

体中的吸附材料，必须具有一定的亲水性，T-CFM 的亲水性很强，其吸水率可达 73%[110]。

T-CFM 的单宁含量为 10%。通过醛类化合物的作用，单宁和胶原纤维之间不再是氢键和疏水键结合，而是以稳定的共价键交联，所以 T-CFM 的热变性温度比仅用单宁处理时更高，达到 92℃。热变性温度是胶原纤维湿热稳定性高低的反映，高的热变性温度可以保证材料在实际使用过程中具有良好的稳定性能。另外，单宁和胶原纤维的共价键交联还使单宁在胶原纤维膜上的固载非常牢固。T-CFM 在水中浸泡 96h 后，几乎无单宁脱落，因而适合作为水体中金属离子的膜吸附材料[110]。

3.4.2 对金属离子的吸附分离特性

1. 对铀离子[U(Ⅵ)]的吸附分离特性

当 U(Ⅵ)[以 $UO_2(NO_3)_2 \cdot 6H_2O$ 为吸附对象]的初始浓度为 1.1mmol/L、溶液体积为 100mL、温度为 30℃，初始 pH 为 5.0 时，0.3g T-CFM 对 U(Ⅵ)的平衡吸附量为 0.23mmol/g，比 T-CFA 和 T-R-CFA 对 U(Ⅵ)的平衡吸附量都低[110,111]。T-CFA 和 T-R-CFA 均是纤维状材料，具有较大的表面积，而 T-CFM 是具有一定厚度(0.7~0.8mm)的膜，膜中的单宁与溶液中金属离子的络合活性远低于纤维状材料，所以吸附量相对较低。

平衡吸附量随温度的升高而增大，温度升高，U(Ⅵ)在溶液中的运动加剧，U(Ⅵ)更易于克服膜厚度的阻碍，向膜内渗透。pH 对吸附的影响也较大，同 T-CFA 和 T-R-CFA 对 U(Ⅵ)的吸附规律一样，pH 既影响 T-CFM 上单宁酚羟基的解离，又影响 U(Ⅵ)在水溶液中的存在状态。升高 pH 有利于单宁酚羟基的解离，从而有利于 U(Ⅵ)的吸附，但过高的 pH 是不适宜的，它将使 U(Ⅵ)沉淀，而且单宁的酚羟基也会发生氧化，最佳吸附 pH 范围为 5.0~7.5。U(Ⅵ)在 T-CFM 上的吸附在前 50min 进行得较快，而后吸附速率逐渐减慢，在 4h 后逐渐达到吸附平衡[110,111]。而纤维型的 T-CFA 对 U(Ⅵ)的吸附在短短 40min 即可达到吸附平衡，和膜相比，纤维状材料具有较大的表面积，与溶液中金属离子的接触位点更多，所以吸附速率更快。

T-CFM 对 U(Ⅵ)具有较好的连续吸附性能。图 3.32(a)为单层 T-CFM(面积为 63.62cm²)对 U(Ⅵ)的连续吸附曲线(动态吸附曲线)。进样液中 U(Ⅵ)的浓度为 1.1mmol/L，流速为 12mL/min，U(Ⅵ)经过 T-CFM 吸附以后的出口浓度增加缓慢，以出口浓度为进样浓度的 2% 为临界穿透点，达到临界穿透点时流出液的体积约为 200mL。而当流出液体积为 500mL 时，单层 T-CFM 对 U(Ⅵ)的吸附率仍然可以达到 90%，出口浓度仅为进样浓度的 10% 左右。100mL 0.1mol/L HNO_3 溶液几乎可以将全部吸附在膜上的 U(Ⅵ)洗脱出来，如图 3.32(b)所示，U(Ⅵ)的浓度被大大地浓缩了。经过三次连续吸附-解吸操作，T-CFM 对 U(Ⅵ)的吸附性能基本不变，吸附和解吸曲线的重复性较好，表明 T-CFM 具有优良的再生和重复使用性能。双层及三层 T-CFM 对 U(Ⅵ)的连续吸附效果明显优于单层 T-CFM，如图 3.33 所示。用双层膜进行连续吸附，当 U(Ⅵ)的流出液体积达到 800mL 时，U(Ⅵ)出口浓度达到临界穿透点浓度；用三层膜连续吸附，当 U(Ⅵ)的流出液体积达到 1800mL 时，U(Ⅵ)出口浓度才达到临界穿透点浓度，而且在流出液体积达到 1000mL 以前，流出液中没有 U(Ⅵ)存在[110,111]。在长时间的连续操作下，T-CFM 的性能没有发生变化，无溶胀、单宁移出等现象，表现出良好的连续吸附特性，可以用于水体中 U(Ⅵ)的分离、脱除及富集。

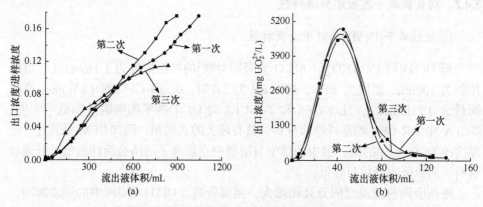

图 3.32　单层 T-CFM 对 U(Ⅵ)的吸附-解吸曲线[110]

(a) 连续吸附曲线；(b) 解吸曲线

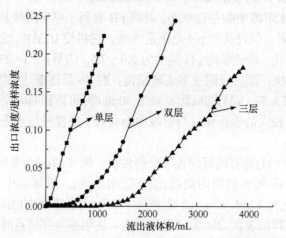

图 3.33　单层及多层 T-CFM 对 U(Ⅵ)的吸附穿透曲线[110]

2. 对铅离子[Pb(Ⅱ)]、汞离子[Hg(Ⅱ)]的吸附分离特性

当 Pb(Ⅱ)[以 Pb(NO$_3$)$_2$ 作为吸附对象]的初始浓度为 1.5mmol/L、溶液体积为 100mL、初始 pH 为 5.0、温度为 30℃时，0.3g T-CFM 对 Pb(Ⅱ)的平衡吸附量为 0.20mmol/g。当 Hg(Ⅱ)(以 HgCl$_2$ 作为吸附对象)的初始浓度为 1.2mmol/L、溶液体积为 100mL、初始 pH 为 6.0、温度为 30℃时，0.3g T-CFM 对 Hg(Ⅱ)的平衡吸附量为 0.38mmol/g。pH 和温度是影响吸附的两大主要因素，升高 pH 和温度有利于单宁与金属离子的络合，但考虑到金属离子在高 pH 条件下易水解沉淀及单宁的酚羟基易被氧化，体系的 pH 不宜过高。T-CFM 对 Pb(Ⅱ)和 Hg(Ⅱ)的吸附分别在前 70min 和前 100min 进行得很快，约 200min 达到吸附平衡[110,112]。

当 Pb(Ⅱ)和 Hg(Ⅱ)的进样浓度分别为 0.5mmol/L 和 0.7mmol/L，进样流速为 12mL/min 时，单层 T-CFM(70cm^2)对 Pb(Ⅱ)的吸附穿透点(金属离子的出口浓度为进样浓度的 2%)为 110mL，对 Hg(Ⅱ)的吸附穿透点为 120mL。0.1mol/L HNO$_3$ 溶液在膜装置内对 T-CFM 进行强制性解吸，解吸速率较快，但不会对 T-CFM 的结构造成破坏，当流出液体积为 35～40mL 时，金属离子的出口浓度达到最高，当流出液体积为 90mL 时，解吸率达到 95% 以上。解吸后的 T-CFM 可以再次用于吸附，其吸附性能变化不大，具有良好的重复使用性。双层及三层 T-CFM 对 Pb(Ⅱ)和 Hg(Ⅱ)的连续吸附效果明显优越于单层膜。对于双层膜，当 Pb(Ⅱ)和 Hg(Ⅱ)的流出液体积分别达到 300mL 和 600mL 时达到临界穿透点。对于三层膜，Pb(Ⅱ)和 Hg(Ⅱ)的流出液体积分别达到 950mL 和 1100mL 时达到临界穿透点，而且流出液体积在 600mL 以前，流出液中没有 Pb(Ⅱ)和 Hg(Ⅱ)存在，如图 3.34 和图 3.35 所示[110,112]。这表明 T-CFM 能够有效地去除水体中的 Pb(Ⅱ)和 Hg(Ⅱ)。

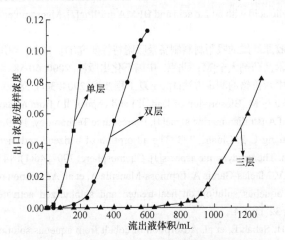

图 3.34　T-CFM 对 Pb(Ⅱ)的连续吸附曲线[110]

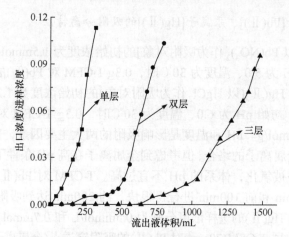

图 3.35　T-CFM 对 Hg(Ⅱ)的连续吸附曲线[110]

参 考 文 献

[1] Yamaguchi H, Higasid A R, Higuchi M, et al. Adsorption mechanism of heavy-metal ion by microspherical tannin resin[J]. Journal of Applied Polymer Science, 1992, 45 (8): 1463-1472.

[2] Nakajima A, Sakaguchi T. Recovery of uranium by tannin immobilized on matrices which have amino group[J]. Journal of Chemical Technology and Biotechnology, 1990, 47(1): 31-38.

[3] Chibata I, Tosa T, Mori T, et al. Immobilized tannin: A novel adsorbent for protein and metal ion[J]. Enzyme and Microbial Technology, 1986, 8(3): 130-136.

[4] Kim M, Saito K, Furusaki S, et al. Synthesis of new polymers containing tannin[J]. Journal of Applied Polymer Science, 1990, 39(4): 855-863.

[5] Strumia M C, Bertorello H, Grassino S. A new gel as a support for an ionic exchanger: A copolymer of butadiene-acrylic acid with tannic acid and HEMA grafting[J]. Macromolecules, 1991, 24: 5468-5469.

[6] 廖学品. 基于皮胶原纤维的吸附材料制备及吸附特性研究[D]. 成都: 四川大学, 2004.

[7] 陈复. 水处理技术及药剂大全[M]. 北京: 中国石化出版社, 2000: 50-58.

[8] 姜玲. 污水处理中六价铬的测定方法[J]. 宁夏工程技术, 2004, 3(1): 58-60.

[9] Matheickal J T, Yu Q M. Biosorption of lead(Ⅱ) and copper(Ⅱ) from aqueous solutions by pre-treated biomass of Australian marine algae[J]. Bioresource Technology, 1999, 69(3): 223-229.

[10] Chiang H L, Huang C P, Chiang P C. The adsorption of benzene and methylethylketone onto activated carbon: Thermodynamic aspects[J]. Chemosphere, 2002, 46(1): 143-152.

[11] Gomez-Serrano V, Macias-Garcia A, Espinosa-Mansilla A, et al. Adsorption of mercury, cadmium and lead from aqueous solution on heat-treated and sulphurized activated carbon[J]. Water Research, 1998, 32(1): 1-4.

[12] Kara M, Yuzer H, Sabah E, et al. Adsorption of cobalt from aqueous solutions onto sepiolite[J]. Water Research, 2003, 37(1): 224-232.

[13] Guo Z J, Yu X M, Guo F H, et al. Th(Ⅳ) adsorption on alumina: Effects of contact time, pH, ionic strength and phosphate[J]. Journal of Colloid and Interface Science, 2005, 288: 14-20.

[14] 周顺桂, 周立祥. 污泥生物淋滤过程中黄铁矾对重金属离子的吸附与共沉淀作用的模拟研究[J]. 光谱学与光谱分析, 2006, 26(5): 966-970.

[15] 范春辉, 张颖起, 马宏瑞. 粉煤灰基沸石对亚甲基蓝和 Cr(Ⅲ)的共吸附行为: Ⅱ. 竞争吸附机制[J]. 环境工程学报, 2014, 8(3): 1025-1028.

[16] Xi H X, Li Z, Zhang H B, et al. Estimation of activation energy for desorption of low-volatility dioxins on zeolites by TPD technique[J]. Separation and Purification Technology, 2003, 31(1): 41-45.

[17] Armagan B, Turan M, Celik M S. Equilibrium studies on the adsorption of reactive azo dyes into zeolite[J]. Desalination, 2004, 170(1): 33-39.

[18] Chojnacki A, Chojnacka K W, Hoffmann J, et al. The application of natural zeolites for mercury removal: from laboratory tests to industrial scale[J]. Minerals Engineering, 2004, 17(8-7): 933-937.

[19] Abburi K. Adsorption of phenol and p-chlorophenol from their single and bisolute aqueous solutions on Amberlite XAD-16 resin[J]. Journal of Hazardous Materials, 2003, 105(1/3): 143-156.

[20] Bai X Y, Liu B, Yan J. Adsorption behavior of water-wettable hydrophobic porous resins based on divinylbenzene and methyl acrylate[J]. Reactive and Functional Polymers, 2005, 63(1): 43-53.

[21] Yang W B, Li A M, Zhang Q X, et al. Adsorption of 5-sodiosulfoisophthalic acids from aqueous solutions onto acrylic ester polymer YWB-7 resin[J]. Separation and Purification Technology, 2005, 46(3): 161-167.

[22] 王茹. 胶原纤维固化杨梅单宁对金属离子的吸附研究[D]. 成都: 四川大学, 2006.

[23] Liao X P, Lu Z B, Zhang M N, et al. Adsorption of Cu(Ⅱ) from aqueous solutions by tannins immobilized on collagen[J]. Journal of Chemical Technology and Biotechnology, 2004, 79(4): 335-342.

[24] Liao X P, Li L, Shi B. Adsorption recovery of thorium(Ⅳ) by *Myrica rubra* tannin and larch tannin immobilized onto collagen fibres[J]. Journal of Radioanalytical and Nuclear Chemistry, 2004, 260 (3): 619-625.

[25] Liao X P, Lu Z B, Du X, et al. Collagen fiber immobilized *Myrica rubra* tannin and its adsorption to UO_2^{2+} [J]. Environmental Science and Technology, 2004, 38(1): 324-328.

[26] 王茹, 廖学品, 侯旭, 等. 胶原纤维固化杨梅单宁对 Pb^{2+}、Cd^{2+}、Hg^{2+}的吸附[J]. 林产化学与工业, 2005, 25 (1): 10-14.

[27] 唐伟. 基于皮胶原纤维的吸附材料对重金属离子的吸附特性研究[D]. 成都: 四川大学, 2006.

[28] Huang X, Liao X P, Shi B. Hg(Ⅱ) removal from aqueous solution by bayberry tannin-immobilized collagen fiber[J]. Journal of Hazardous Materials, 2009, 170(2/3): 1141-1148.

[29] Wang R, Liao X P, Zhao S L, et al. Adsorption of bismuth(Ⅲ) by bayberry tannin immobilized on collagen fiber[J]. Journal of Chemical Technology and Biotechnology, 2006, 81(7): 1301-1306.

[30] 王茹, 廖学品, 曾滔, 等. 胶原纤维固化杨梅单宁对 Mo(Ⅵ)的吸附[J]. 林产化学与工业, 2008, 28 (2): 21-26.

[31] Sykes R L, Hancock R A, Orszulik S T. Tannage with aluminium salts. Part Ⅱ. Chemical basis of the reactions with polyphenols[J]. Journal of Society of Leather Technologists and Chemists, 1980, 64 (2): 31-37.

[32] Kadirvelu K, Faur-Brasquet C, Le Cloirec P. Removal of Cu(Ⅱ), Pb(Ⅱ), and Ni(Ⅱ) by adsorption onto activated carbon cloths[J]. Langmuir, 2000, 16(22): 8404-8409.

[33] Chen J P, Wu S N, Chong K H. Surface modification of a granular activated carbon by citric acid for enhancement of copper adsorption[J]. Carbon, 2003, 41(10): 1979-1986.

[34] 丁振华, 王明仕, 冯俊明. 天然铁(氢)氧化矿物对铜离子的吸附特征[J]. 矿物学报, 2003, 23(1): 70-74.

[35] 王磊, 范立梅, 李宗林, 等. 不同生长期的 *Pseudomonas putida* 5-x 细胞对工业废水中 Cu^{2+} 的吸附[J]. 环境科学学报, 2001, 21(2): 208-212.

[36] Ozturk A, Artan T, Ayar A. Biosorption of nickel(II) and copper(II) ions from aqueous solution by *Streptomyces coelicolor* A3(2) [J]. Colloids and Surfaces B: Biointerfaces, 2004, 34(2): 105-111.

[37] 杨超雄, 吴锦远. 纤维素基磁性聚偕胺肟树脂的研究——$CuCl_2$ 的吸附行为[J]. 高等学校化学学报, 1998, 19(3): 419-423.

[38] Zhang Z P, Wang Z P, Zhang B G, et al. The application of polytetrafluoroethylene (PTFE) fiber grafted acrylic acid as a cation exchanger for removing Cu^{2+}[J]. Chinese Chemical Letters, 2003, 14(6): 609-610.

[39] Zhang H G, Dreisinger D B. The adsorption of gold and copper onto ion-exchange resins from ammoniacal thiosulfate solutions[J]. Hydrometallurgy, 2002, 66(1-3): 67-76.

[40] 杨春芬, 王光灿. 金离子的活性炭吸附及微波解吸[J]. 应用化学, 1995, 12(2): 110-112.

[41] Jia Y F, Steele C J, Hayward I P, et al. Mechanism of adsorption of gold and silver species on activated carbons[J]. Carbon, 1998, 36(9): 1299-1308.

[42] 周利民, 王一平, 黄群武, 等. 壳聚糖基磁性树脂对 Au^{3+} 和 Ag^+ 的吸附特性. I. 吸附平衡和动力学研究[J]. 离子交换与吸附, 2008, 24(5): 434-441.

[43] Metaxas M, Kasselouri-Rigopoulou V, Galiatsatou P, et al. Thorium removal by different adsorbents[J]. Journal of Hazardous Materials, 2003, 97(1-3): 71-82.

[44] Giammer D E, Hering J G. Time scales for sorption-desorption and surface precipitation of uranyl on goethite[J]. Environmental Science and Technology, 2001, 35(16): 3332-3337.

[45] Villalobos M, Trotz M A, Leckie J O. Surface complexation modeling of carbonate effects on the adsorption of Cr(VI), Pb(II), and U(VI) on goethite[J]. Environmental Science and Technology, 2001, 35(19): 3849-3856.

[46] Kornilovich B Y, Pshinko G N, Koval' Chuk I A. Effect of fulvic acids on sorption of U(VI) on clay minerals of soils[J]. Radiochemistry, 2001, 43(5): 528-531.

[47] Kaplan D I, Serkiz S. Quantification of thorium and uranium sorption to contaminated sediments[J]. Journal of Radioanalytical and Nuclear Chemistry, 2001, 248(3): 529-535.

[48] Savenko A V. Sorption of UO_2^{2+} on calcium carbonate[J]. Radiochemistry, 2001, 43(2): 174-177.

[49] Baraniak L, Bernhard G, Nitsche H. Influence of hydrothermal wood degradation products on the uranium adsorption onto metamorphic rocks and sediments[J]. Journal of Radioanalytical and Nuclear Chemistry, 2002, 253(2): 185-190.

[50] Greathouse J A, O'Brien R J, Bemis G, et al. Molecular dynamics study of aqueous uranyl interactions with quartz(010)[J]. Journal of Physical Chemistry B, 2002, 106(7): 1646-1655.

[51] 熊春华, 莫建军, 林峰. 铀酰离子在大孔膦酸树脂上的吸附行为及其机理[J]. 铀矿冶, 1994, 13(4): 264-267.

[52] 平爱东, 罗明标, 刘建亮, 等. D231 强碱性环氧系阴离子交换树脂吸附铀性能研究[J]. 东华理工大学学报(自然科学版), 2013, 36(1): 69-75.

[53] Misaelides P, Godelitsas A, Filippidis A, et al. Thorium and uranium uptake by natural zeolitic materials[J]. The Science of the Total Environment, 1995, 173(1-6): 237-246.

[54] Vodolazov L I, Shatalov V V, Molchanova T V, et al. Polymerization of uranyl ions and its role in ion-exchange extraction of uranium[J]. Atomic Energy, 2001, 90(3): 213-217.

[55] Chandra Babu N K, Asma K, Raghupathi A, et al. Screening of leather auxiliaries for their role in toxic hexavalent chromium formation in leather-posing potential health hazards to the users[J]. Journal of Cleaner Production, 2005, 13(12): 1189-1195.

[56] Fiol N, Escudero C, Villaescusa I. Chromium sorption and Cr(Ⅵ) reduction to Cr(Ⅲ) by grape stalks and yohimbe bark[J]. Bioresource Technology, 2008, 99(11): 5030-5036.

[57] Kobya M. Removal of Cr(Ⅵ) from aqueous solutions by adsorption onto hazelnut shell activated carbon: kinetic and equilibrium studies[J]. Bioresource Technology, 2004, 91(3): 317-321.

[58] Nakajima A, Baba Y. Mechanism of hexavalent chromium adsorption by persimmon tannin gel [J]. Water Research, 2004, 38(12): 2859-2864.

[59] Kamari A, Wan-Ngah W S. Adsorption of Cu(Ⅱ) and Cr(Ⅵ) onto treated *Shorea dasyphylla* bark: Isotherm, kinetics and thermodynamic studies[J]. Separation Science and Technology, 2010, 45(4/6): 486-496.

[60] 彭雪枫, 张洋, 郑诗礼, 等. 溶液中钒铬分离方法的研究进展[J]. 中国有色金属学报, 2019, 29(11): 2620-2634.

[61] Poder D, Penot M. The effect of vanadate on phosphate transport in aged potato tuber tissue (*Solanum tuberosum*)[J]. Journal of Experiment Botany, 1992, 43(2): 189-193.

[62] Mikkonen A, Tummavuori J. Retention of vanadium(Ⅴ) by three finnish mineral soils[J]. European Journal of Soil Science, 1994, 45(3): 361-368.

[63] Nakajima A. Electron spin resonance study on the vanadium adsorption by persimmon tannin gel[J]. Talanta, 2002, 57(3): 537-544.

[64] 戴安邦. 无机化学丛书 第 12 卷, 配位化学[M]. 北京: 科学出版社, 1998: 72-82.

[65] 徐波, 邢伟, 黄海兰, 等. 新型螯合树脂聚苯乙烯负载葡糖胺对 Pd(Ⅱ)吸附性能的研究[J]. 青岛大学学报(工程科学版), 2008, 23(4): 69-73.

[66] Sanchez J M, Hidalgo M, Salvado V. The selective adsorption of gold(Ⅲ) and palladium(Ⅱ) on new phosphine sulphide-type chelating polymers bearing different spacer arms equilibrium and kinetic characterisation[J]. Reactive and Functional Polymers, 2001, 46(3): 283-291.

[67] 徐辉, 韩小元, 梁威, 等. 氨基膦酸衍生硅胶吸附剂分离铂、钯和铀[J]. 稀有金属, 2018, 42(2): 113-122.

[68] Els E R, Lorenzen L. The adsorption of precious metals and base metals on a quaternary ammonium group ion exchange resin [J]. Minerals Engineering, 2000, 13(4): 401-414.

[69] 黄锋, 黄章杰. 二苄基硫醚树脂对钯的固相萃取吸附性能研究[J]. 分析实验室, 2010: 29(1): 119-122.

[70] 王世华. 无机化学教程[M]. 北京: 科学出版社, 2000: 139-141.

[71] Pamphlett R, Danscher G, Rungby J, et al. Tissue uptake of bismuth from shotgun pellets[J].

Environmental Research A, 2000, 82(3): 258-262.

[72] 夏振荣. 中国铋工业资源利用现状与发展[J]. 中国金属通报, 2011, (48): 36-38.

[73] 项斯芬, 严宣申, 曹庭礼, 等. 无机化学丛书 第4卷, 氮、磷、砷分族[M]. 北京: 科学出版社, 1998: 319-509.

[74] 曹岳辉, 黄坚. 铋的分光光度法分析概况[J]. 冶金分析, 2000, 20(6): 26-30.

[75] Zhou D H, Ma D, Liu X C, et al. A simulation study on the absorption of molybdenum species in the channels of HZSM-5 zeolite[J]. Journal of Molecular Catalysis: A, Chemical, 2001, 168(1/2): 225-232.

[76] 张蕾, 刘雪岩, 姜晓庆, 等. 纳米 TiO_2 对钼(Ⅵ)的吸附性能[J]. 中国有色金属学报, 2010, 20(2): 301-307.

[77] Inoue K, Yoshizuka K, Ohto K. Adsorptive separation of some metal ions by complexing agent types of chemically modified chitosan[J]. Analytica Chimica Acta, 1999, 388(1/2): 209-218.

[78] Painuly A S, Khurana U, Yadav S K, et al. Thiophosphinic acids as selective extractants for molybdenum recovery from a low grade ore and spent catalysts[J]. Hydrometallurgy, 1996, 41(1): 99-105.

[79] 袁友泉, 孙立平. 无机化学[M]. 武汉: 华中科学技术大学出版社, 2020: 122-179.

[80] 王世华. 无机化学教程[M]. 北京: 科学出版社, 2000: 150-229.

[81] 戴安邦. 无机化学丛书 第12卷, 配位化学[M]. 北京: 科学出版社, 1998: 23-117.

[82] 周公度. 无机化学丛书 第11卷, 无机结构化学[M]. 北京: 科学出版社, 1982: 121-173.

[83] 唐任寰, 刘元方, 张志尧, 等. 无机化学丛书 第10卷, 锕系、锕系后元素[M]. 北京: 科学出版社, 1998: 7-12.

[84] Moeller T. Inorganic Chemistry. A Advanced Textbook[M]. New York: John Wiley & Sons, Inc., London: Chapman & Hall, Limited, 1952: 345.

[85] 江龙. 胶体化学[M]. 北京: 科学出版社, 2000: 8-18.

[86] 顾学民, 龚毅生, 藏希文, 等. 无机化学丛书 第2卷, 铍、碱土金属硼、铝、镓分族[M]. 北京: 科学出版社, 1998: 235-513.

[87] 刘风雷, 王仲民, 戴培邦. 壳聚糖固化柿子单宁对 Au^{3+} 吸附特性的研究[J]. 材料导报, 2014, 28(6): 57-60.

[88] Ogata T, Nakano Y. Mechanisms of gold recovery from aqueous solutions using a novel tannin gel adsorbent synthesized from natural condensed tannin[J]. Water Research, 2005, 39(18): 4281-4286.

[89] Palma G, Freer J, Baeza J. Removal of metal ions by modified *Pinus radiata* bark and tannins from water solutions[J]. Water Research, 2003, 37(20): 4974-4980.

[90] Babic B M, Milonjic S K, Polovina M J, et al. Adsorption of zinc, cadmium and mercury ions from aqueous solutions on an activated carbon cloth[J]. Carbon, 2002, 40(7): 1109-1115.

[91] 李娜, 袁世斌, 李旭东. 胶原纤维固化黑荆树单宁吸附 V(V) 的研究[J]. 化学研究与应用, 2006, 18(3): 266-271.

[92] 王淑兰. 物理化学[M]. 3版. 北京: 冶金工业出版社, 2007: 184-186.

[93] 石国乐, 张凤英. 给水排水物理化学[M]. 北京: 中国建筑工业出版社, 1989: 107-110.

[94] 廖学品, 张米娜, 王茹, 等. 制革固体废弃物的吸附特性[J]. 化工学报, 2004, 55(12): 2051-2059.

[95] 周刚, 刘文君, 冯兆敏, 等. 吸附重金属用活性炭对汞的去除特性研究[J]. 给水排水, 2013, 39(5): 120-124.

[96] 花榕, 李嘉辉, 李爽, 等. LSU-1 离子交换树脂对 U(Ⅵ)的吸附性能研究[J].有色金属(冶炼部分), 2021(8): 94-99.

[97] 王世明, 李红玲, 杨敏, 等. PS-TMT 树脂的含成及其对水溶液中 Hg(Ⅱ)的吸附性能[J]. 环境工程学报, 2017, 7(5): 1761-1766.

[98] Sun X, Huang X, Liao X P, et al. Adsorptive removal of Cu(Ⅱ) from aqueous solutions using collagen-tannin resin[J]. Journal of Hazardous Materials, 2011, 186(2/3): 1058-1063.

[99] Zeng Y H, Liao X P, He Q, et al. Recovery of Th(Ⅳ) from aqueous solution by reassembled collagen-tannin fiber adsorbent[J]. Journal of Radioanalytical and Nuclear Chemistry, 2009, 280 (1): 91-98.

[100] 孙霞. 胶原-单宁树脂的制备及其对UO_2^{2+}的吸附特性研究[D]. 成都: 四川大学, 2011.

[101] 孙霞, 廖学品, 石碧. 胶原-单宁树脂对水体中 Pb(Ⅱ)的吸附特性研究[J]. 林产化学与工业, 2010, 30(2): 11-16.

[102] 孙霞, 廖学品, 石碧. 胶原-单宁树脂对水体中Hg(Ⅱ)的吸附特性研究[J]. 高校化学工程学报, 2010, 24(4): 562-568.

[103] 曾运航, 孙霞, 廖学品, 等. 胶原固化单宁吸附剂的制备及其对 Pd^{2+}的吸附特性研究[J]. 皮革化学与工程, 2007, 17(5): 16-20.

[104] Vasiliev A N, Golovko L V, Trachevsky V V, et al. Adsorption of heavy metal cations by organic ligands grafted on porous materials[J]. Microporous and Mesoporous Materials, 2009, 118(1-3): 251-257.

[105] Aguado J, Arsuaga J M, Arencibia A. Adsorption of aqueous mercury(Ⅱ) on propylthiol-functionalized mesoporous silica obtained by cocondensation[J]. Industrial and Engineering Chemistry Research, 2005, 44(10): 3665-3671.

[106] 曲荣君, 王春华, 孙昌梅, 等. 汞(Ⅱ)在螯合树脂聚[对乙烯苄基-(2-羟乙基)硫醚]上的吸附机理[J]. 分析化学, 2004, 32(4): 445-450.

[107] 张启伟, 熊春华. 氨基膦酸树脂对汞的吸附性能及其机理[J]. 离子交换与吸附, 2003, 19(6): 525-531.

[108] 王京平. PAN-S 浸渍树脂对汞吸附特性的应用研究[J]. 离子交换与吸附, 2003, 19(4): 357-362.

[109] Kim Y H, Nakano Y. Adsorption mechanism of palladium by redox within condensed-tannin gel[J]. Water Research, 2005, 39(7): 1324-1330.

[110] 马贺伟. 皮胶原固化单宁膜材料的制备及其对水溶液中 Hg^{2+}、Pb^{2+}和UO_2^{2+} 的吸附[D]. 成都: 四川大学, 2004.

[111] 马贺伟, 廖学品, 石碧. 皮胶原固化单宁膜材料的制备及其对 U(Ⅵ)的吸附研究[J]. 膜科学与技术, 2005, 25(2): 20-29.

[112] 马贺伟, 廖学品, 王茹, 等. 皮胶原纤维固化单宁膜的制备及其对水溶液中铅和汞的吸附[J]. 化工学报, 2005, 56(10): 1907-1911.

第 4 章　胶原纤维固载金属吸附分离材料

4.1　引　　言

胶原纤维很容易与铁离子[Fe(Ⅲ)]、锆离子[Zr(Ⅳ)]、铬离子[Cr(Ⅲ)]等发生配位反应，这正是制革工业中金属鞣法的原理。将胶原纤维与制革上具有鞣性的金属离子反应，可以制备得到对以阴离子形态存在的无机物和有机物等具有较好吸附强度的吸附材料，称之为胶原纤维固载金属吸附材料(metal-immobilized collagen fiber adsorbent，M-CFA)。被固载的具有鞣性的金属离子可以与胶原纤维的羧基、氨基等基团形成牢固的配位键，因此 M-CFA 具有很好的耐溶剂萃取能力，一般只在强酸性条件(pH<3)下才会有少量金属离子脱落。M-CFA 适合用于水体中无机阴离子和阴离子有机物的吸附和分离。

某些金属离子可以与蛋白质、酶表面组氨酸的咪唑基、半胱氨酸的巯基和色氨酸的吲哚基进行配位结合。不同的蛋白质、酶表面由于氨基酸种类、数量、位置和构象不同，因而与金属离子的亲和能力存在差异，这种差异可以使不同的蛋白质分离开。因此，将金属离子固定在胶原纤维上，得到的吸附材料 M-CFA 会对不同的蛋白质产生不同程度的吸附作用，可用于蛋白质和酶的吸附和分离。

微生物细胞表面具有疏水性，并且带有电荷，这些特征是其吸附到固体表面的决定性因素。绝大多数微生物的细胞表面都带有负电荷，而胶原纤维固载金属离子以后，在通常情况下带有正电荷，两者之间能够通过静电作用相互吸引。另外，胶原纤维上的非极性氨基酸会形成一部分疏水区域，因而还可以通过疏水作用与微生物结合。所以，固载金属离子的胶原纤维 M-CFA 对微生物具有较强的吸附能力。

将胶原纤维用胃蛋白酶水解为胶原分子，以暴露更多的羧基、氨基、肽键等胶原活性基团，再由对胶原具有较强结合能力的金属离子，诱导胶原分子重组为新的结构，由此得到重组胶原纤维固载金属材料。这种材料可以作为吸附剂吸附有机酸和分离蛋白质，并且它的某些性能优于以天然胶原纤维为原料制备的吸附材料，例如，重组胶原纤维固载锆离子吸附材料对有机酸的吸附量较未经水解的胶原纤维固载锆离子吸附材料有所提高。

4.2　胶原纤维固载金属材料及其在无机阴离子分离中的应用

4.2.1　废水中的无机阴离子

部分金属离子在水中主要以阴离子形态存在，例如，六价铬离子[Cr(Ⅵ)]在水中的存在形态主要有 $HCrO_4^-$、CrO_4^{2-} 等；钒离子[V(Ⅴ)]在水中的存在形态主要有 $H_3V_2O_7^-$、HVO_4^{2-} 等，它们与很多阳电性金属离子具有较强的亲和力。氟离子、磷酸根离子、砷酸根离子都是水体中常见的且受到严格限制的无机阴离子。饮用水中，氟的浓度必须控制在 1.0mg/L 以下，高于这个浓度会对人体造成很大的危害[1]。过量的磷会引起水体的富营养化，刺激藻类和细菌的大量繁殖，导致水质恶化，当湖海中磷的浓度超过 0.03mg/L 时，可能引发赤潮[2]。砷化合物被美国疾病控制与预防中心和美国国家癌症研究中心确定为第一类致癌物，欧盟、美国等国家和地区都规定饮用水中砷的含量不得超过 10μg/L[3]。M-CFA 对以上无机阴离子都具有很好的吸附和分离性能。

4.2.2　制备方法及物理性质

1. 胶原纤维固载金属离子吸附材料

参照制革工业金属鞣的原理和方法，将锆盐、铁盐、铝盐、铈盐等金属盐与胶原纤维反应，使相应的锆离子(Zr^{4+})、铁离子(Fe^{3+})、铝离子(Al^{3+})、铈离子(Ce^{3+})以配位键的形式牢固固定在胶原纤维上，由此制备得到 M-CFA。具体制备方法如下：

以牛皮为原料，通过常规的去肉、浸灰、片皮、复灰、脱灰和软化等制革工序，以及后续的干燥、研磨、过筛等物理处理后得到胶原纤维粉末。取胶原纤维粉末分散至蒸馏水中，用酸(10% H_2SO_4、10% HCOOH)将溶液 pH 调至 1.7～2.0，充分搅拌后加入一定量 $Fe_2(SO_4)_3$、$Al_2(SO_4)_3$、$Zr(SO_4)_2$、$Ce_2(SO_4)_3$，在约 30℃下反应 6～8h，然后用 10% $NaHCO_3$ 将溶液 pH 缓慢调至 3.8～4.2，再于 45℃下反应 4～6h，过滤并用蒸馏水洗涤后，置于 50℃下真空干燥 12h 得到 M-CFA[4-18]。

金属离子与胶原纤维通过配位键结合，这种结合方式稳定性较高，金属离子只有在强酸性环境(pH<3.0)下才会发生脱落，所以 M-CFA 具有优良的耐溶剂萃取性能。M-CFA 的热稳定性较高(热变性温度在 87℃以上)，结构疏松，在水溶液中易溶胀和吸水，具有良好的亲水性，适合用于水体环境中的吸附和分离。M-CFA 的等电点为 9.8～11.1，所以它在中性和酸性条件下呈正电性，从而对无机阴离子

表现出亲和性。图 4.1 所示为胶原纤维固载锆吸附材料(Zr-immobilized collagen fiber adsorbent，Zr-CFA)的扫描电镜图[14]，Zr-CFA 及其他 M-CFA 都保持了胶原纤维的纤维状结构。Zr-CFA 的比表面积为 $2.07\sim3.87m^2/g$[9]，是一种非多孔的材料，具有传质速率快、传质阻力小的优点[4-18]。

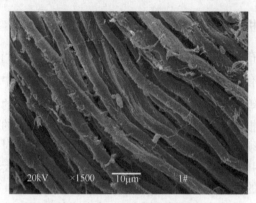

图 4.1　Zr-CFA 的扫描电镜图[14]

2. 铬鞣废革屑固载锆离子吸附材料

制革工业产生的金属鞣废革屑本身就是一种固载金属离子的材料，其中产生量最大的废革屑是铬鞣废革屑。但仅仅利用铬离子[Cr(Ⅲ)]对无机阴离子的亲和作用，吸附能力较弱。在铬鞣废革屑上再固载一定量与无机阴离子亲和性更强的锆离子[Zr(Ⅳ)]，可以制备得到对无机阴离子具有较好吸附能力的铬鞣废革屑固载锆吸附材料(Zr-immobilized chrome-containing leather waste adsorbent，Zr-Cr-LWA)。具体的制备方法如下：

取制革厂的含铬废革屑(铬鞣牛皮削匀革屑)经筛选、水洗后置于 50℃下干燥 12h，并粉碎至粒度为 0.5～1.0mm。取 10g 粉碎后的含铬废革屑于 400mL 蒸馏水中浸泡约 2h，加入适量 H_2SO_4 和 HCOOH 将 pH 调节至 2.0，加入 41.0g $Zr(SO_4)_2$，在 30℃下搅拌反应 6h，然后用 10%(质量分数)的 $NaHCO_3$ 溶液将反应液的 pH 在 2h 内调节至 4.0～4.5，升高温度到 45℃，再反应 4h，取出反应物，经过蒸馏水洗涤、过滤后，干燥 12h，即得到 Zr-Cr-LWA[19-22]。

4.2.3　对金属阴离子的吸附分离特性

当 V(Ⅴ)(以 NH_4VO_3 作为吸附对象)的初始浓度为 2.0mmol/L，吸附材料用量为 1g/L，初始 pH 为 5.0，温度为 30℃时，胶原纤维固载锆吸附材料(Zr-CFA)对 V(Ⅴ)的平衡吸附量为 1.92mmol/g。当 Cr(Ⅵ)(以 $K_2Cr_2O_7$ 作为吸附对象)的初始浓度为 2.0mmol/L，初始 pH 为 7.0，温度为 30℃时，Zr-CFA 对 Cr(Ⅵ)的平衡吸附量为 0.53mmol/g。pH 对平衡吸附量的影响非常大，原因是 V(Ⅴ)和 Cr(Ⅵ)

在不同 pH 溶液中呈不同的离子状态。当 pH 为 4.0～8.0 时，Zr-CFA 对 V(V)的平衡吸附量较大，此时 V(V)主要以 $H_3V_2O_7^-$ 存在；当 pH 为 6.0～10.0 时，Zr-CFA 对 Cr(Ⅵ)的平衡吸附量较大，此时 Cr(Ⅵ)主要以 CrO_4^{2-} 存在。Zr-CFA 的等电点为 10.5，所以在过高的 pH 下，Zr-CFA 呈负电性，对这些金属阴离子几乎会失去吸附能力[4,5]。

　　比较而言，Zr-CFA 对 V(V)的平衡吸附量大于对 Cr(Ⅵ)的平衡吸附量。而且，V(V)和 Cr(Ⅵ)适合 Zr-CFA 吸附的 pH 不同，例如，当 pH 为 5.0 时，Zr-CFA 对 V(V)具有显著的吸附选择性，此时 V(V)的吸附量较大，而 Cr(Ⅵ)的吸附量较小。钒是一种很有价值的金属，但钒经常与其他金属混合在一起，如钼、铜、铬等。攀钢集团有限公司在提炼钒矿的过程中发现很难从 V(V)和 Cr(Ⅵ)的混合溶液中分离 V(V)。因此，Zr-CFA 在 V(V)和 Cr(Ⅵ)的混合溶液中对 V(V)的选择性吸附能力具有重要的实际应用价值。如图 4.2 所示，Zr-CFA 对 V(V)的平衡吸附量几乎不随混合溶液中 Cr(Ⅵ)浓度的增加而改变，而 Zr-CFA 对 Cr(Ⅵ)的平衡吸附量却因 V(V)的存在而显著降低。吸附 V(V)和 Cr(Ⅵ)后的 Zr-CFA 可以用 0.1mol/L $NH_3 \cdot H_2O$ 溶液解吸和再生，使 Zr-CFA 能够重复用于对金属离子的吸附[4,5]。

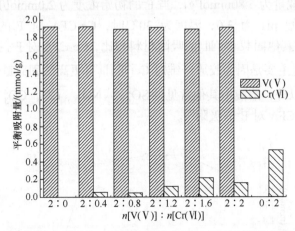

图 4.2　Zr-CFA 在 V(V)和 Cr(Ⅵ)混合溶液中对 V(V)的吸附选择性(pH 5.0)[4,5]

4.2.4　对氟离子的吸附分离特性

　　固载不同的金属离子，以及固载相同的金属离子但固载量不同的 M-CFA 对氟离子会表现出不同的吸附能力。廖学品等制备的 Zr-CFA[Zr(Ⅳ)固载量为 3.41mmol/g]对氟离子具有很好的吸附和去除性能。当氟离子(F-)的初始浓度为 5.0mmol/L，吸附材料用量为 1g/L，初始 pH 为 5.5，温度为 30℃时，Zr-CFA 对 F- 的平衡吸附量为 2.29mmol/g。0.3g Zr-CFA 对 100mL F- 溶液(5.0mmol/L)中 F-

的去除率高达 97.4%。pH 对吸附的影响显著，如图 4.3 所示，当 pH 由 3.5 增大到 5.5 时，Zr-CFA 对 F^- 的平衡吸附量缓慢增大，随着 pH 继续增大到 10.0 时，平衡吸附量呈轻微下降的趋势，当 pH 由 10.0 增大到 11.4 时，平衡吸附量急剧下降至零。在酸性范围内(pH＜5.0)吸附量相对较低的原因是部分 F^- 与 H^+ 结合形成 HF，HF 的电离性较差，不利于 Zr-CFA 对 F^- 的吸附；在碱性范围内(pH＞10.0)吸附量明显降低的原因是大量的 OH^- 与 F^- 竞争吸附材料上有限的吸附位点，并且 Zr-CFA(等电点为 9.8～11.1)自身的阳电性也受到严重削弱，因而对 F^- 几乎失去吸附能力。Zr-CFA 对 F^- 的最佳吸附 pH 范围为 5.0～8.0。也正是因为 Zr-CFA 在强碱性条件下对 F^- 吸附能力很弱，可以采用强碱性条件对吸附 F^- 后的 Zr-CFA 进行解吸和再生，使 Zr-CFA 可以重复使用。例如，pH 为 11.5 的 NaOH 溶液能够解吸回收 97.0% 的 F^-。另外，温度对 Zr-CFA 吸附 F^- 也有一定影响，吸附量随温度的升高而增大[6]。邓慧等制备的 Zr-CFA[Zr(Ⅵ)固载量为 6.67mmol/g]对 F^- 也呈现类似的吸附规律，但因为该材料上 Zr(Ⅵ)的固载量更高，所以对 F^- 的吸附能力更强。当 F^- 的初始浓度为 5.3mmol/L，吸附材料用量为 1g/L，初始 pH 为 5.6～5.8，温度为 30℃时，Zr(Ⅵ)固载量为 6.67mmol/g 的 Zr-CFA 对 F^- 的平衡吸附量为 3.22mmol/g[7]。邓慧等还制备了胶原纤维固载铈吸附材料 (Ce-CFA)[Ce(Ⅲ)固载量为 5.80mmol/g]，当 F^- 的初始浓度为 2.0mmol/L，吸附材料用量为 1g/L，初始 pH 为 3.0，温度为 30℃时，Ce-CFA 对 F^- 的平衡吸附量为 5.88mmol/g，与其他固载 Ce(Ⅲ)的吸附材料相比，Ce-CFA 对 F^- 的吸附能力处于较高的水平，这主要是因为胶原纤维对 Ce(Ⅲ)具有更高的固载量。除了 PO_4^{3-} 会影响 F^- 的吸附以外，溶液中其他常见的 SO_4^{2-}、NO_3^-、Cl^-、CO_3^{2-} 等无机阴离子基本不影响 Ce-CFA 对 F^- 的吸附[8]。

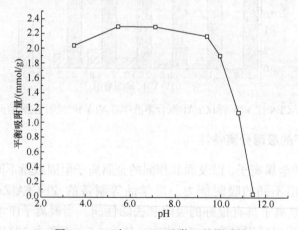

图 4.3　pH 对 Zr-CFA 吸附 F^- 的影响[6]

利用制革废弃物制备的铬鞣废革屑负载锆吸附材料(Zr-Cr-LWA)[Zr(Ⅳ)含量为 1.74mmol/g，Cr(Ⅲ)含量为 0.48mmol/g]对 F⁻的吸附能力也较强。当 F⁻的初始浓度为 5.3mmol/L，吸附材料用量为 1g/L，初始 pH 为 6.5，温度为 30℃时，Zr-Cr-LWA 对 F⁻的平衡吸附量为 3.19mmol/g(60.6mg F/g)。表 4.1 为常用的氟吸附材料的平衡吸附量[23]，与其他氟吸附材料相比，Zr-Cr-LWA 对 F⁻的平衡吸附量处于较高的水平。对于 F⁻浓度为 5.3mmol/L 的溶液，3.0g/L 的 Zr-Cr-LWA 在 pH 为 6.5 时可去除 99.0% 的 F⁻。pH 对吸附的影响显著，由图 4.4 可见，在 pH 为 4.0～9.0 范围内，Zr-Cr-LWA 对 F⁻均有较显著的吸附效果，当 pH<4.0 和 pH>9.0 时，平衡吸附量均降低，当 pH=12.0 时，Zr-Cr-LWA 基本不吸附 F⁻。pH 较低时，H^+ 浓度较高，此时 F⁻的存在形态包括未解离的 HF，因而溶液中游离 F⁻的浓度相对较低，F⁻的吸附量较小；而当溶液的 pH 较高时，OH⁻浓度较高，OH⁻与 F⁻竞争吸附材料上有限的吸附位点，从而造成 F⁻的吸附量下降。Zr-Cr-LWA 仍然保持了胶原纤维的纤维状结构，所以相比其他多孔材料对 F⁻的吸附速率更快，约在 100min 时达到吸附平衡[19,20]。

表 4.1　常用氟吸附材料的平衡吸附量[23]

吸附材料种类	平衡吸附量/(mg/g)
活性氧化铝	0.8～2.0
活性氧化镁	6.0～14.0
骨炭及羟基磷酸钙	2.0～3.5
活化沸石	0.06～0.3
氧化锆树脂	30
粉煤灰	0.01～0.03

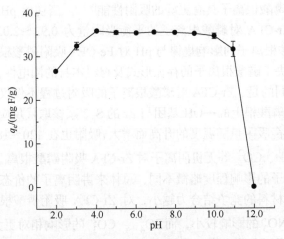

图 4.4　pH 对 Zr-Cr-LWA 吸附 F⁻的影响[19]

4.2.5 对磷酸根离子的吸附分离特性

廖学品、丁云等制备的胶原纤维固载铁吸附材料(Fe-CFA)[Fe(Ⅲ)固载量为 6.67mmol/g]对磷酸根离子具有较好的吸附性能[9,10]。当初始 pH 为 3.0~6.0, 温度为 30℃时, Fe-CFA 对磷酸根离子的平衡吸附量为 0.84~1.10mmol/g。pH 对 Fe-CFA 吸附磷酸根离子影响非常大。当 pH 为 3.0~6.0 时, 磷酸根离子主要以 $H_2PO_4^-$ 的形式存在[24], $H_2PO_4^-$ 有利于 Fe-CFA 对磷酸根离子的吸附, 所以磷酸根离子的吸附量在此 pH 范围内均保持较高的数值; 当 pH>6.0 时, 吸附量开始下降, 且当 pH>7.0 时, 吸附量急剧下降, 随着 pH 的升高, OH^- 与磷酸根离子竞争吸附材料上的吸附位点, 并且 Fe-CFA 自身的阳电性也被削弱, 因此对磷酸根离子的吸附能力显著降低。另外, 磷酸根离子在 pH>7.2 时逐渐转变为 HPO_4^{2-}, 在 pH>12.2 时逐渐转变为 PO_4^{3-} [24], 这两种存在形式都不利于 Fe-CFA 对磷酸根离子的吸附。磷酸根离子在 Fe-CFA 上的吸附过程为离子交换的过程[$Fe-OH_2^+ + H_2PO_4^-$ $\longrightarrow Fe-O-(H_2PO_4^-)+H^+$], 吸附达到平衡后, 溶液的 pH 降低。pH 约为 11.5 的 NaOH 溶液可以对吸附磷酸根离子以后的 Fe-CFA 进行有效解吸, 解吸率高于 90%, 吸附材料易于再生和重复使用。Cl^-、NO_3^-、SO_4^{2-}、CO_3^{2-} 等水体中常见的无机阴离子对磷酸根离子的吸附影响很小。Fe-CFA 对磷酸根离子的吸附速率比较高, 120~180min 达到吸附平衡[9,10], 这与 Fe-CFA 的非孔纤维状结构有关, 非孔纤维状材料的传质阻力很小, 吸附仅在材料的表面进行, 所以它的吸附速率和解吸速率都较快。

廖学品、丁云等还制备了用于磷酸根离子吸附的胶原纤维固载锆吸附材料 (Zr-CFA)[Zr(Ⅳ)固载量为 6.67mmol/g], Zr(Ⅳ)比 Fe(Ⅲ)具有更强的配位结合能力, 所以 Zr-CFA 对磷酸根离子具有更好的吸附性能[9,11]。当初始 pH 为 3.0~6.0, 温度为 30℃时, Zr-CFA 对磷酸根离子的平衡吸附量为 0.92~2.02mmol/g。pH 对 Zr-CFA 吸附磷酸根离子的影响规律与 pH 对 Fe-CFA 吸附磷酸根离子的影响规律几乎一致, 都取决于磷酸根离子的存在形式及材料本身的阳电性, 最佳吸附 pH 仍为 3.0~6.0。不同的是, Zr-CFA 对磷酸根离子的吸附过程不仅仅只是离子交换的过程, 还伴随有磷酸根上的—OH 基团与 Zr 的 S_N2 亲核取代反应[9,24]。Zr-CFA 对磷酸根离子的平衡吸附量随温度的升高而增大, 吸附也在 120~180min 达到平衡。Cl^-、NO_3^-、SO_4^{2-}、CO_3^{2-} 等无机阴离子对 Zr-CFA 吸附磷酸根离子的影响也很小, 不同的无机阴离子的影响程度略微不同, 总体来讲阴离子的价态越低, 静电作用力越小, 与吸附材料的竞争结合力越小, 对 Zr-CFA 吸附磷酸根离子的影响也越小, 所以 Cl^-、NO_3^- 的影响较小, 而 SO_4^{2-}、CO_3^{2-} 的影响相对更大。Cu^{2+}、Zn^{2+}、Cr^{6+} 等无机阳离子对吸附也有一定影响, 但这种影响是有限的, 如图 4.5 所示, 当有无机阳离子共存时,磷酸根离子的吸附量仅比没有无机阳离子共存时稍低。Cu^{2+}和 Zn^{2+}能够与磷酸根离子分别形成配合物 $CuHPO_4$ 和 $ZnHPO_4$,从而使磷酸根离子的吸附量降低;Cr^{6+}在溶液中主要以 $HCrO_4^-$ 形式存在,$HCrO_4^-$ 会与 $H_2PO_4^-$ 竞争吸附 Zr-CFA 上的吸附位点,使磷酸根离子的吸附量降低。Zr-CFA 吸附柱对磷酸根离子具有良好的吸附和回收能力。磷酸根离子在 Zr-CFA 吸附柱(Zr-CFA 用量 1.0g,柱高 10.5cm,柱直径 1.0cm,床层体积 8.2mL)中的吸附穿透曲线如图 4.6 所示,浓度为 2mmol/L 的磷酸根离子溶液以 5BV/h 的速度流过吸附柱,吸附穿透点约为 76BV,经过穿透点后,流出液中磷酸根离子的浓度迅速增加,床层的有效利用率较高。吸附柱可以用稀 NaOH 溶液(pH≈11.5)进行解吸,解吸率>90%,吸附柱可以重复使用[9,11]。

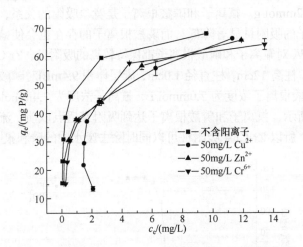

图 4.5　无机阳离子对 Zr-CFA 吸附磷酸根离子的影响[11]

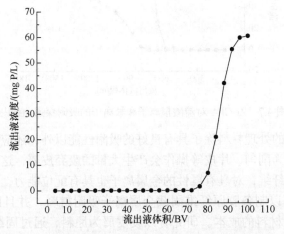

图 4.6　磷酸根离子在 Zr-CFA 柱上的吸附穿透曲线[11]

  Zr-CFA 对磷酸根离子的平衡吸附量可以达到 2.02mmol/g，而与其类似的以废弃豆渣为原料通过固载 Zr(IV)制备得到的吸附材料对磷酸根离子的平衡吸附量仅有 1.32mmol/g[25]，其他吸附材料如氧化铝、离子交换树脂对磷酸根离子的平衡吸附量为 1.16～2.5mmol/g[26-29]。

  一些电子产品生产企业产生的废水中不仅含有磷，同时还含有氟。例如，国内某大型彩色液晶显示器生产基地，每天排放的含氟、磷废水约 1600m³，其中 F⁻含量为 124.7mg/L，PO_4^{3-} 含量为 172.2mg/L[30]。Zr-CFA 可以同时吸附和去除废水中的氟离子和磷酸根离子[11,12]。当温度为 30℃，初始 pH 为 8.0，溶液中磷酸根离子浓度为 2.0mmol/L，氟离子浓度为 7.4mmol/L 时，用量为 1.5g/L 的 Zr-CFA[Zr(IV)固载量为 6.67mmol/g]对磷酸根离子的平衡吸附量为 1.08mmol/g，对氟离子的平衡吸附量为 2.22mmol/g。氟离子和磷酸根离子是竞争吸附的关系，氟离子的存在会使磷酸根离子的吸附量显著降低，而磷酸根离子的存在也会使氟离子的吸附量降低，但 Zr-CFA 对氟离子和磷酸根离子都保持较高的吸附量。Zr-CFA 吸附柱(Zr-CFA 用量 2.0g，柱高 12cm，柱直径 1.0cm，床层体积 9.4mL)对磷酸根离子和氟离子混合溶液(磷酸根离子浓度为 2.0mmol/L，氟离子浓度为 7.4mmol/L)的吸附穿透曲线如图 4.7 所示，氟离子和磷酸根离子达到吸附穿透点以前，流出液中没有这两种离子存在，所以 Zr-CFA 吸附柱可以同时除去废水中的磷和氟[11,12]。

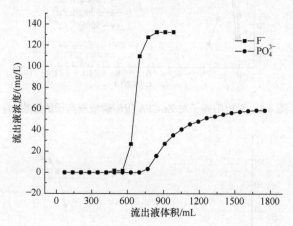

图 4.7 Zr-CFA 对磷酸根离子和氟离子的吸附穿透曲线[11]

  对工业废水的处理材料除了具有良好的吸附性能以外，还应该具有低廉的价格。皮革行业因为削匀、片皮等操作会产生大量的废弃皮屑，这些废弃皮屑的主要成分也是胶原纤维，对具有鞣性的金属离子也具有配位能力，所以以这些废弃皮屑为原料也可以制备胶原纤维固载金属离子吸附材料，并且以废皮屑为原料会显著降低吸附材料的成本。研究者以废皮屑为原料，通过固载 Fe(III)制备了 Fe-CFA[Fe(III)固载量为 6.02mmol/g]，这种 Fe-CFA 对磷酸根离子也具有良好的吸附性能[13]。当磷酸根离子的初始浓度为 3.0mmol/L，吸附材料用量为 1g/L，初始 pH 为 7.0，温度为 30℃时，Fe-CFA 对磷酸根离子的平衡吸附量为 2.19mmol/g。Fe-CFA 能有效去除某汽车制造厂废水中的磷。表 4.2 为该汽车制造厂废水的主要化学成分，0.1g Fe-CFA 在 2h 内可以去除 100mL 废水中 80% 的磷酸根离子，并使磷酸根离子的含量低于 0.5mg/L，达到排放标准。吸附速率快是以胶原纤维为载体制备的材料的一大优势。图 4.8 为 Fe-CFA 吸附柱(柱高 22cm，柱直径 1.1cm，床层体积 21mL)对该汽车制造厂废水的吸附穿透曲线，约处理 18000mL 废水才能达到 Fe-CFA 吸附柱的吸附穿透点，并且达到吸附穿透点以后，流出液中磷酸根离子的浓度迅速增加，床层利用率比较高[13]。

表 4.2　某汽车制造厂废水的主要化学成分(pH 6.5~7.2)[13]

成分	COD	BOD$_5$	磷	铅	砷	钙	汞
浓度/(mg/L)	50~60	60~70	1.7~1.8	0.068	0.008	0.050	0.001

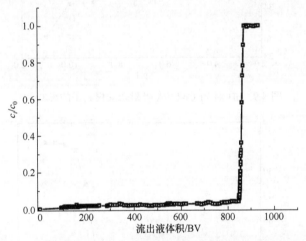

图 4.8　Fe-CFA 对汽车制造厂废水中磷酸根离子的吸附穿透曲线[13]

直接采用铬鞣废革屑固载锆离子制备得到的吸附材料(Zr-Cr-LWA)对磷酸根离子也具有一定的吸附能力。Zr-Cr-LWA[Zr(Ⅳ)含量为 1.12mmol/g，Cr(Ⅲ)含量为 0.60mmol/g]对磷酸根离子的吸附能力，与 Zr-CFA 对磷酸根离子的吸附能力相当。在温度为 30℃，磷酸根离子初始浓度为 2.0mmol/L，吸附材料用量为 1g/L，初始 pH 为 5.0 时，Zr-Cr-LWA 对磷酸根离子的平衡吸附量为 1.50mmol/g。pH 对 Zr-Cr-LWA 吸附磷酸根离子的影响与 Zr-CFA 类似，如图 4.9 所示，在 pH 为 3.0~6.0 范围内，磷酸根离子的吸附量均较高并且没有明显变化，当 pH>6.0 时，吸附量开始急剧下降，这是由磷酸根离子在溶液中的存在状态及 Zr-Cr-LWA 自身的电荷性质共同决定的。K$^+$、Ca^{2+}、Mg^{2+}、NH$_4^+$ 等无机阳离子对 Zr-Cr-LWA 吸附磷酸根离子的影响非常小。Cl⁻、NO_3^- 和 SO_4^{2-} 等无机阴离子对吸附也几乎没有影响，因此可以认为 Zr-Cr-LWA 对磷酸根离子具有较强的吸附选择性。Zr-Cr-LWA 吸附柱(吸附材料用量 1.5g，柱高 10.4cm，柱直径 1.1cm，床层体积 9.9mL)可以很好地去除磷酸根离子。如图 4.10 所示，当磷酸根离子的进样浓度为 2mmol/L，pH 为 5.0 时，磷酸根离子的吸附穿透点约为 86BV，达到穿透点以前，流出液中没有磷酸根离子存在[21,22]。

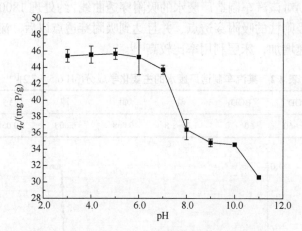

图 4.9 pH 对 Zr-Cr-LWA 吸附磷酸根离子的影响[21]

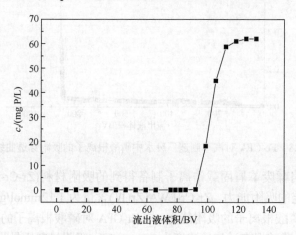

图 4.10 磷酸根离子在 Zr-Cr-LWA 吸附柱上的吸附穿透曲线[21]

4.2.6 对砷酸根离子的吸附分离特性

砷在水体和土壤中主要以五价砷[As(Ⅴ)]和三价砷[As(Ⅲ)]两种价态存在，As(Ⅲ)比 As(Ⅴ)的毒性更强，但 As(Ⅴ)更稳定[31]。As(Ⅴ)在 pH>3.0 时，都是以阴离子形态存在[32]，As(Ⅲ)在 pH>9.0 时，也主要以阴离子形态存在[18]，所以胶原纤维固载金属吸附材料(M-CFA)对砷也具有良好的吸附特性。当初始 pH 为 5.0，温度为 30℃时，砷酸根离子[As(V)]的初始浓度为 0.7mmol/L，吸附材料用量为 0.5g/L 时，黄彦杰等制备的胶原纤维固载铁吸附材料(Fe-CFA)[Fe(Ⅲ)固载量为 8.57mmol/g]对 As(V)的平衡吸附量约为 1.01mmol/g (75.4mg As/g)[14,15]。与其他吸附材料相比[33-39]，Fe-CFA 对 As(V)的吸附量较高，如表 4.3 所示。pH 对 Fe-CFA 吸附 As(V)的影响较大。当 pH 为 3.0~6.0 时，As(V)主要以 $H_2AsO_4^-$ 的形式存在[32]，$H_2AsO_4^-$ 有利于 Fe-CFA 对 As(V)的吸附，所以 As(V)的吸附量在该 pH 范围内保持较高的数值；当 pH 为 7.0~11.0 时，As(V)逐渐转变为 $HAsO_4^{2-}$ 的形式[32]，吸附量显著降低。另外，随着 pH 的升高，OH^- 会参与竞争吸附材料上的吸附位点，并且 Fe-CFA 自身的阳电性被削弱，因此对 As(V)的吸附能力显著降低。As(V)在 Fe-CFA 上 的 吸 附 过 程 为 离 子 交 换 的 过 程 [Fe — OH_2^+ + $H_2AsO_4^-$ ⟶ Fe—O—($H_2AsO_4^-$) + H^+]，所以吸附达到平衡后，溶液的 pH 降低。Fe-CFA 对 As(V)的吸附速率在吸附开始阶段非常快，约 60min 达到吸附平衡，这得益于材料的非孔纤维状结构。Ca^{2+}、Mg^{2+} 对 Fe-CFA 吸附 As(V)的影响很小，所以 Fe-CFA 适用于在不同硬度的水中对 As(V)进行吸附。Cl^-、NO_3^-、SO_4^{2-}、CO_3^{2-}、SiO_4^{4-}、PO_4^{3-} 等对 As(V)的吸附有一定抑制作用，但这种抑制作用很有限，当其中影响相对最大的 PO_4^{3-} 的浓度为 0.6mmol/L 时，Fe-CFA 对 As(V)仍然具有较高的吸附量，达到 0.80mmol/g[14,15]。

表 4.3　其他吸附材料对砷酸根离子的吸附量

吸附材料	吸附量/(mg/g)
负载 Fe^{3+} 螯合树脂[33]	55.5
海藻酸钙/活性炭复合物[34]	66.7
Fe^{3+}-Si 二元氧化物[35]	14.9
饮用水处理废弃材料[36]	1.5
高粱生物质[37]	3.6
天然铁矿石[38]	0.4
氧化土[39]	12.4

黄彦杰等制备的胶原纤维固载锆吸附材料(Zr-CFA)[Zr(Ⅳ)固载量为 5.33mmol/g]对 As(V)的吸附性能优于 Fe-CFA 的吸附性能[14]。当初始 pH 为 5.0，温度为 30℃，As(V)的初始浓度为 0.8mmol/L，吸附材料用量为 0.5g/L 时，Zr-CFA 对 As(V)的平衡吸附量达到 1.22mmol/g。Zr-CFA 除了对 As(V)的吸附量高于 Fe-CFA 以外，其吸附规律与 Fe-CFA 基本类似。例如，最佳吸附 pH 范围为 3.0~

6.0；As(V)以 $H_2AsO_4^{2-}$ 的形式存在时有利于吸附的进行；水体中常见的 Ca^{2+}、Mg^{2+} 等无机阳离子对吸附基本无影响；Cl^-、NO_3^-、SO_4^{2-}、CO_3^{2-}、SiO_4^{3-}、PO_4^{3-} 等无机阴离子对 As(V)的吸附有一定抑制作用，但抑制作用有限。Zr-CFA 吸附柱(Zr-CFA 用量 3g，柱高 12cm，柱直径 1.0cm，床层体积 9.4mL)对 As(V)的吸附穿透曲线如图 4.11 所示，As(V)的进料液浓度为 4.0mmol/L 时，流速为 12.8BV/h，大约在 50BV 时出现穿透点，此时约有 1.88mmol 的 As(V)被吸附。用 pH>11.0 的碱液可以对 Zr-CFA 吸附柱进行解吸和再生，约 80mL 的碱溶液即可全部将吸附的 As(V)洗脱下来，砷酸根离子溶液得到大大的浓缩，洗脱曲线如图 4.12 所示。再生柱的穿透点提前到 40BV 左右，穿透点的提前可能是因为高 pH 的碱液会破坏部分 Zr-CFA 吸附材料的结构[14]。

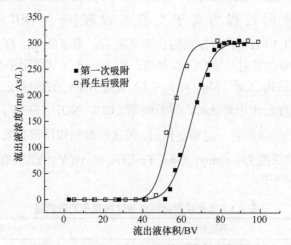

图 4.11　　Zr-CFA 对 As(V)的吸附穿透曲线[14]

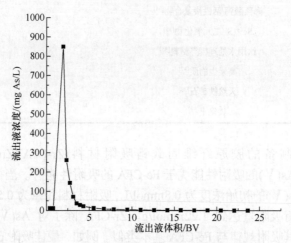

图 4.12　　Zr-CFA 吸附 As(V)后的洗脱曲线[15]

用于吸附 As(Ⅴ)的胶原纤维固载金属吸附材料,也可以以废皮屑为原料制备,这样不但会显著降低吸附材料的成本,同时也为制革行业废弃物的再利用提供一条有效的途径。焦利敏等以废皮屑为原料,通过固载 Zr(Ⅳ)制备了 Zr-CFA[Zr(Ⅳ)固载量为 0.99~1.21mmol/g],这种 Zr-CFA 对 As(Ⅴ)也具有良好的吸附性能。当初始 pH 为 4.0,温度为 30℃,As(Ⅴ)的初始浓度为 1.0mmol/L,吸附材料用量为 0.5g/L 时,Zr-CFA 对 As(Ⅴ)的平衡吸附量约为 0.81mmol/g[16,17]。

与砷酸根离子[As(Ⅴ)]相比,亚砷酸根离子[As(Ⅲ)]的毒性更强并且更难从水体中脱除。Zr-CFA[Zr(Ⅳ)固载量为 6.67mmol/g]对 As(Ⅲ)也具有一定的吸附能力[18]。当 As(Ⅲ)的初始浓度为 0.97mmol/L,吸附材料用量为 1g/L,初始 pH 为 11.0,温度为 30℃时,Zr-CFA 对 As(Ⅲ)的平衡吸附量为 0.72mmol/g。As(Ⅲ)在 pH>9.0 时才以阴离子形态存在[18],所以它的吸附规律与 As(Ⅴ)的吸附规律有很大的差别。如图 4.13 所示,在 pH 为 3.0~8.0 范围内,Zr-CFA 对 As(Ⅲ)的吸附量随 pH 的增大而逐渐增加;随着 pH 由 8.0 增大到 11.0 时,As(Ⅲ)的吸附量显著增加;当 pH 大于 11.0 以后,吸附量急剧下降。最佳吸附 pH 为 11.0,此时 Zr-CFA(等电点约为 10.5)呈电中性或很弱的负电性,所以吸附机理不是静电作用或离子交换,而主要是 As(Ⅲ)与 Zr(Ⅳ)的配位络合作用。As(Ⅲ)在 pH 为 9.0~12.0 范围内主要以 $H_2AsO_3^-$ 的形式存在,$H_2AsO_3^-$ 的形式有利于 Zr-CFA 对 As(Ⅲ)的配位吸附。吸附过程可能为: $Zr—OH_2^+ + H_2AsO_3^- \rightleftharpoons Zr—(HAsO_3^-) + H_2O + H^+$ 。吸附过程在前 50min 进行得很快,约 120min 达到吸附平衡,较其他多孔状材料的吸附速率快得多[18]。

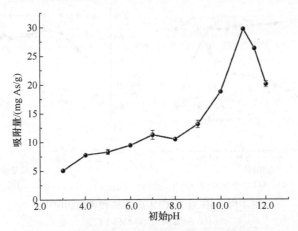

图 4.13　pH 对 Zr-CFA 吸附 As(Ⅲ)的影响[18]

Zr-CFA 还可以用于水体中砷和氟的同时去除。焦利敏等研究了 Zr-CFA[Zr(Ⅳ)固载量为 2.51mmol/g]对模拟地下水中砷酸根离子[As(Ⅴ)]、亚砷酸根离子[As(Ⅲ)]和氟离子(F⁻)混合溶液的吸附性能。pH 既能影响 As(Ⅴ)、As(Ⅲ)和 F⁻在溶液中的存在形式，也能影响 Zr-CFA 自身的电荷性质，所以对 Zr-CFA 同时吸附这三种离子的影响非常大。如图 4.14 所示，F$^-$ 的最佳吸附 pH 范围为 3.0～10.0，As(Ⅲ)的最佳吸附 pH 为 11.0，As(Ⅴ)的最佳吸附 pH 范围为 2.0～11.0，它们在混合溶液中的最佳吸附 pH 与它们单独存在时的最佳吸附 pH 基本一致。pH 为 7.5 可以作为 Zr-CFA 同时吸附这三种离子的条件，因为此时这三种离子都保持了相对较高的吸附量，而且与地下水的 pH 也比较接近。对于 As(Ⅴ)/As(Ⅲ)和 F$^-$ 初始浓度分别为 1mg/L、9.5mg/L 的二元模拟地下水，0.1g/L 的吸附材料用量就可以 100%地去除 As(Ⅴ)，0.5g/L 的吸附材料用量可以使 As(Ⅴ)和 F$^-$ 都达到国家饮用水标准；4g/L 的吸附材料用量能使 As(Ⅲ)和 F$^-$ 达到国家饮用水标准[14,16]。Zr-CFA 吸附柱(Zr-CFA 用量 1g，柱高 8.3cm，柱直径 1.1cm，床层体积 7.9mL)也可以有效地从污染地下水中同时去除 As(Ⅲ)和 F$^-$。装载量为 1g Zr-CFA 的吸附柱就可以处理 3321mL As(Ⅲ)和 F$^-$ 初始浓度分别为 1mg/L 和 9.5mg/L 的地下水，并使两种离子均达到国家饮用水标准，如图 4.15 所示。依次用 0.05mol/L NH$_3$ · H$_2$O 和 0.05mol/L H$_2$SO$_4$ 溶液对 Zr-CFA 吸附柱进行解吸，150mL 0.05mol/L NH$_3$ · H$_2$O 溶液就可以 100%解吸 F$^-$，但不能解吸 As(Ⅲ)，F$^-$ 的浓缩倍数达到 20 倍左右，最高浓度可达 688mg/L。而 200mL 0.05mol/L H$_2$SO$_4$ 溶液可以解吸 30%的 As(Ⅲ)，达到浓缩 As(Ⅲ)的目的。F$^-$ 和 As(Ⅲ)分别在两种溶液中得到解吸，因此这种解吸方法还可以用来从混合溶液中分离纯化 As(Ⅲ)和 F$^-$。虽然 Zr-CFA 吸附柱上的 As(Ⅲ)没有完全被解吸，但是再生柱仍然保持较强的再吸附能力[16]。

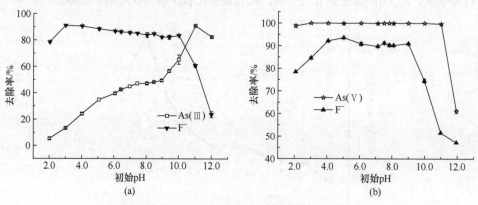

图 4.14　pH 对 Zr-CFA 吸附砷和氟的影响[16]

(a) As(Ⅲ)-F$^-$；(b) As(Ⅴ)-F$^-$

地下水中与砷、氟共存的主要阴离子 HCO$_3^-$、SO$_4^{2-}$ 和 Cl$^-$，SO$_4^{2-}$ 和 Cl$^-$ 对 Zr-CFA 吸附 F$^-$ 具有一定的抑制作用，但这种抑制作用很小，而 HCO$_3^-$ 对 Zr-CFA 吸附 F$^-$ 的抑制作用很强，当 HCO$_3^-$ 的浓度从 0 增加到 4.0mmol/L 时，Zr-CFA 对 F$^-$

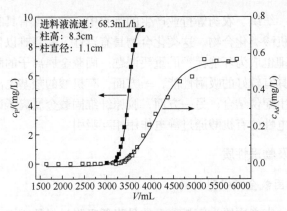

图4.15　Zr-CFA 吸附砷(Ⅲ)和氟的吸附穿透曲线[16]

的吸附量从 0.78mmol/g 降到 0.14mmol/g。SO_4^{2-} 和 Cl⁻对 Zr-CFA 吸附 As(Ⅲ)的影响可以忽略，但 HCO_3^- 对 Zr-CFA 吸附 As(Ⅲ)却具有促进作用，这可能是因为 HCO_3^- 的存在使得溶液的 pH 有所升高，有利于 Zr-CFA 对 As(Ⅲ)的吸附。共存阳离子 Ca^{2+} 和 Mg^{2+}对 Zr-CFA 吸附 As(Ⅲ)和 F⁻的影响都很小，可以忽略，而且因为 Zr-CFA 的等电点为 10.5，pH 为 7.5 时，Zr-CFA 的表面带正电，强烈的静电排斥作用会阻止 Zr-CFA 对这些阳离子的吸附[16]。

4.3　胶原纤维固载金属材料及其在有机物吸附分离中的应用

4.3.1　废水中的有机物

废水中的染料即使浓度非常低，也能使水产生明显的颜色，从而减弱太阳光在水中的穿透能力，使水生生物的光合作用和呼吸作用受到影响。并且含有芳香胺结构或重金属离子的染料被公认为致癌物质[40]。染料可分为直接染料、酸性染料、活性染料、碱性染料和分散染料等，其中直接染料、酸性染料和活性染料都属于阴离子染料。如前所述，胶原纤维固载金属离子以后，对无机阴离子表现出很好的吸附性能，主要原因是固载金属离子的胶原纤维具有较强的正电性。而基于同样的原因，胶原纤维固载金属离子吸附材料对阴离子染料也表现出较好的吸附性能。

表面活性剂的使用领域非常广泛，由此也带来了一定程度的环境污染。表面活性剂能够抑制和杀死微生物。另外，废水中的表面活性剂易产生泡沫，从而妨碍污水的处理。大多数表面活性剂为阴离子型，如十二烷基磺酸钠(SDBS)，它们可以与固载金属离子的胶原纤维以静电作用和疏水作用结合。

化工、轻工、纺织、农药等行业产生的废水中，常常含有具有苯环或其他复杂芳环结构的有机酸类化合物。这类化合物具有毒性，并且难以生物降解，因此有机酸废水的处理也成为环境保护的重要课题。固载金属离子的胶原纤维材料对废水中的有机酸具有较好的吸附性能，一方面，有机酸的羧基电离以后可以与固载的金属离子发生配位结合；另一方面，胶原纤维固载金属离子以后呈现的阳电性也能使其与阴电性的有机酸通过静电作用相互吸引。

4.3.2　制备方法及物理性质

1. 胶原纤维固载金属吸附材料

以未经鞣制的废弃皮屑为原料，目的是降低吸附材料的成本，同时实现制革行业废弃物的资源化利用。将废皮屑经过脱脂、清洗、碱处理、中和、除矿物质、缓冲液处理、脱水、干燥、粉碎等工序制得胶原纤维粉末。胶原纤维粉末为10～20目的白色短纤维状材料，其水分含量不超过12%，灰分含量不超过0.3%。将20g胶原纤维粉末放入400mL NaCl浓度为75g/L的水溶液中，用0.1mol/L H_2SO_4溶液将上述混合液的pH调节至1.8～2.0之间，充分搅拌。加入一定量的金属盐[$Zr(SO_4)_2$等]，在室温下反应4h。用10%(质量分数)的$NaHCO_3$溶液在2h内逐渐将反应物的pH提高至4.0，再继续反应4h。过滤反应产物并用去离子水充分洗涤，反应产物在50℃下真空干燥12h，得到胶原纤维固载金属吸附材料(M-CFA)[41]。

M-CFA的金属离子固载量随金属离子用量的增加而增加，胶原纤维固载锆吸附材料(Zr-CFA)的Zr(Ⅳ)固载量为0.59～0.97mmol/g。Zr-CFA上的Zr(Ⅳ)具有良好的固载稳定性，在pH为3.0～11.0的范围内Zr(Ⅳ)溶出率均低于0.1%，而且Zr(Ⅳ)在pH为1.0时的溶出率也只有1.11%。Zr-CFA的收缩温度大于97℃，具有较好的热稳定性。Zr-CFA的等电点(pI)偏碱性(10.5～11.2)，因此在较宽的pH范围内(pH<pI)，它的表面都带有正电荷，从而对阴离子有机物表现出较强的亲和作用。Zr-CFA的比表面积为4.35～17.63m²/g，随金属离子固载量的增加而增加[41]。

图4.16为Zr-CFA的扫描电镜图，胶原纤维与Zr(Ⅳ)反应后纤维获得了良好的分散，其比表面积明显增加。通常比表面积的增加可以增强材料的吸附能力，但对于M-CFA而言，随着其比表面积增加，胶原纤维因交联产生的网状结构也变得更加致密，而致密的网状结构有可能对大分子物质的吸附产生一定的空间位阻效应[41]。因此，制备M-CFA时应对胶原纤维进行适度交联，从而使其在吸附有机物等应用中可以发挥优良的性能。

2. 含铬废革屑吸附材料

含铬废革屑是制革产生的主要固体废弃物之一，目前除了很少一部分用来生

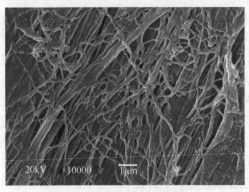

图 4.16　Zr-CFA 的扫描电镜图[41]

产再生革和制备明胶外，其余大部分作为垃圾处理，不但污染环境，也会造成资源浪费。含铬废革屑中的三价铬[Cr(Ⅲ)]与胶原纤维的羧基配位结合，从而使胶原纤维获得较高的化学稳定性和热稳定性。而与胶原纤维结合的[Cr(Ⅲ)]仍然保持了对阴离子型有机物的亲和性。同时，胶原纤维本身含有大量的活性基团，如羧基、氨基、肽基等，这些基团能与有机物分子内的羟基、氨基、偶氮基及磺酸基以离子键或氢键方式结合。所以，含铬废革屑不需要经过任何方式的化学处理，即可以用来吸附阴离子有机物。

　　将含铬废革屑经清洗、60℃下干燥、粉碎至 0.1mm，制备得到含铬废革屑吸附材料(chromium-containing leather waste adsorbent，Cr-LWA)[42-45]。Cr-LWA 的水分含量为 14.2%、Cr_2O_3 含量为 3.21%[43]。图 4.17 为 Cr-LWA 的扫描电镜图，表明 Cr-LWA 仍保持了胶原纤维的纤维状结构[45]。

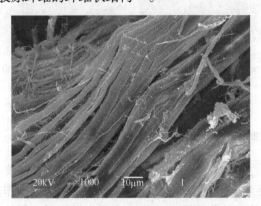

图 4.17　Cr-LWA 的扫描电镜图[45]

3. 含铬废革屑固载锆吸附材料

　　进一步在含铬废革屑上固载锆离子，可以增大吸附材料对阴离子有机物的吸附强度。15g 经清洗、干燥、粉碎至 0.1mm 的含铬废革屑，用 500mL 蒸馏水浸泡

12h，加入 0.1mol/L H₂SO₄ 溶液将 pH 调节到 2.0，搅拌 10min，加入 15%～30%的 Zr(SO₄)₂(以含铬废革屑干重为基准)，常温下搅拌反应 8h 后，缓慢滴加 CH₃COONa 溶液，将 pH 调节到 4.0，然后升温至 40℃再反应 2h，过滤、洗涤，50℃干燥 12h，制备得到含铬废革屑固载锆吸附材料(Zr-immobilized Cr-containing leather waste adsorbent，Zr-Cr-LWA)[45]。

当 Zr(SO₄)₂ 用量为 15% 时，Zr-Cr-LWA 中 Zr(Ⅳ)含量为 0.18mmol/g，Cr(Ⅲ)含量为 0.22mmol/g；当 Zr(SO₄)₂ 用量为 30% 时，Zr-Cr-LWA 中 Zr(Ⅳ)含量为 0.36mmol/g，Cr(Ⅲ)含量为 0.21mmol/g。pH = 3.0 时，Cr(Ⅲ)溶出率为 7%左右，pH＞3.0 时，Cr(Ⅲ)溶出率则低于 1%；在 pH 为 3.0～11.0 的范围内几乎没有 Zr(Ⅳ)溶出。所以 Zr-Cr-LWA 在较宽的 pH 范围内耐水洗，适用于废水中有机物的处理。Zr-Cr-LWA 的热变性温度高于 94℃，满足实际应用的需求[45]。

不同 Zr(Ⅳ)固载量的 Zr-Cr-LWA 的扫描电镜图如图 4.18 所示。含铬废革屑的纤维排列紧密(图 4.17)；而 Zr-Cr-LWA 的纤维较为分散，在材料表面有松散的网状结构，并且随着 Zr(Ⅳ)用量的增加，纤维的分散程度也有一定的增大。Zr(Ⅳ)并不是简单地在含铬废革屑表面进行沉积，而是均匀地分散在纤维之间，这对吸附过程是非常有利的[45]。

(a)   (b)

图 4.18　Zr-Cr-LWA 的扫描电镜图(1000 倍)[45]
(a) Zr(Ⅳ)固载量 0.18mmol/g；(b) Zr(Ⅳ)固载量 0.36mmol/g

4.3.3　对阴离子染料的吸附分离特性

研究者选用酸性嫩黄 G(acid yellow 11，C.I.18820)、直接黄 R(direct yellow 11，C.I.40000)和活性艳蓝 KN-R(reactive blue 19，C.I.61200)分别作为酸性染料、直接染料和活性染料的代表性化合物，它们均为阴离子染料。另外，研究者还选用了阳离子染料桃红 FG(basic red 13，C.I.48015)作为对比性化合物。以上四种染料的分子结构如图 4.19 所示。pH 对 Zr-CFA 吸附染料的影响非常大，如图 4.20 所示，当 pH 为 3.0 时，三种阴离子染料的吸附量最大，随着 pH 的升高，它们的吸附量逐渐降低，酸性嫩黄 G 和直接黄 R 的吸附量在 pH 为 10.0 时最小，而活性艳蓝

KN-R 的吸附量却在 pH 为 10.0 时出现明显回升。在较宽的 pH 范围内，阳离子桃红 FG 的吸附量都接近零。Zr-CFA 的等电点为 10.5~11.2，在 pH 为 3.0~10.0 范围内，Zr-CFA 表面带有正电荷，对阴离子染料具有静电吸引作用，而对阳离子染料具有静电排斥作用。因此在该 pH 范围内，Zr-CFA 对三种阴离子染料产生明显的吸附，却难以吸附阳离子桃红 FG。pH 越低，Zr-CFA 表面正电荷越多，对阴离子染料的静电吸引作用越强，所以 Zr-CFA 对阴离子染料的吸附随 pH 的降低而增大。但是，除了静电作用以外，还存在多种化学作用，如三种阴离子染料所带的 —SO$_3^-$ 基团可以与固载的 Zr(Ⅳ)形成配位键；直接黄 R 中的富电子 O 可以与胶原纤维的—OH 形成氢键；三种阴离子染料分子的非极性部分可以与吸附材料的疏水区域形成疏水键；而范德瓦耳斯力可能发生在阴离子染料与吸附材料之间的任何极性和非极性部位。另外，活性艳蓝 KN-R 的吸附量在 pH 为 10.0 时出现明显回升也不是由静电作用引起的。活性艳蓝 KN-R 含有—SO$_2$CH$_2$CH$_2$OSO$_3$Na 基团，在碱性条件下可转变为—SO$_2$CH=CH$_2$，继而可以和胶原纤维的—OH 发生亲核加成反应[46]，形成共价键，从而使其在 Zr-CFA 上的吸附量明显增加[41,47]。

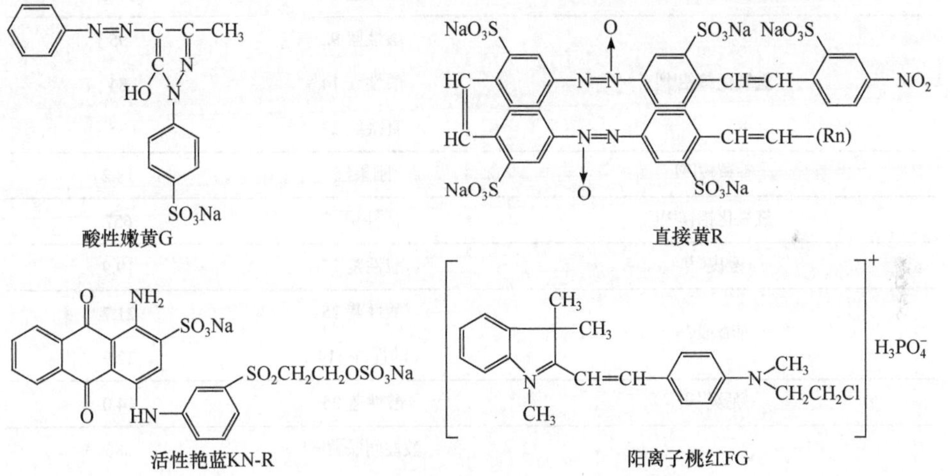

图 4.19　四种代表性染料的分子结构[41]

当染料的初始浓度为 600mg/L，吸附材料用量为 0.5g/L，初始 pH 为 3.0，温度为 30℃时，Zr-CFA[Zr(Ⅳ)固载量为 0.59~0.68mmol/g]对酸性嫩黄 G、直接黄 R 和活性艳蓝 KN-R 的平衡吸附量分别为 439.6~493.2mg/g、388.9~420.7mg/g 和 368.9~369.1mg/g。Zr-CFA 对阴离子染料的吸附量明显大于纤维素类的吸附材料，与金属氧化物及商品活性炭对部分阴离子染料的吸附量相当，如表 4.4 所示[48-57]。对于 100mL 染料浓度为 100mg/L 的染料溶液，0.12g Zr-CFA 可以去除 85.6% 的酸性嫩黄 G、95.9% 的直接黄 R、99.5% 的活性艳蓝 KN-R，所以少量的 Zr-CFA 就可以对水体中的阴离子染料有较好的去除效果[41,47]。

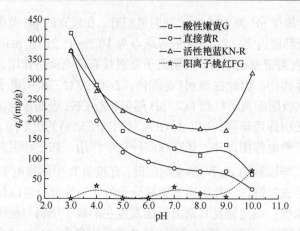

图 4.20　pH 对 Zr-CFA 吸附染料的影响[41]

表 4.4　纤维素类材料和商品活性炭对阴离子染料的吸附量

吸附材料	阴离子染料	吸附量/(mg/g)
稻谷壳[48]	活性蓝 67	37.9
氢氧化锌铝[49]	酸性蓝 92	95
	酸性红 14	84
	直接红 23	75
香蕉皮[50]	刚果红	18.2
氢氧化铝镁[51]	活性艳红	657
橙皮[52]	酸性紫 17	19.9
蔗渣糠[53]	酸性蓝 25	21.7
	酸性红 114	22.9
泥炭[54]	酸性蓝 25	14.0
商品活性炭[55-57]	酸性间胺黄[55]	386
	刚果红[56]	500
	活性黄[57]	1111
	活性黑[57]	434
	活性红[57]	400

　　Zr-CFA 对酸性嫩黄 G、直接黄 R 和活性艳蓝 KN-R 的吸附在开始的 60min
进行得很快，随着吸附的进行逐渐减缓，120min 时基本达到吸附平衡[41]。较快
的吸附速率主要取决于 Zr-CFA 的非孔纤维状结构，这种结构赋予材料很低的传
质阻力。

　　直接利用制革工业含铬废革屑制备得到的吸附材料(Cr-LWA)对一些酸性染料和直接染料的吸附能力如下：酸性嫩黄 G 的初始浓度为 1000~2000mg/L，吸附材料用量为 1g/L，初始 pH 为 3.0 时，Cr-LWA 对它的平衡吸附量为 612~790mg/g；酸性黑 ATT 的初始浓度为 1000mg/L，吸附材料用量为 1g/L，初始 pH 为 3.0 时，Cr-LWA 对它的平衡吸附量为 721mg/g；直接桃红 12B 的初始浓度为 1000~2000mg/L，吸附材料用量为 1g/L，初始 pH 为 3.0 时，Cr-LWA 对它的平衡吸附量为896~1032mg/g；直接橘红的初始浓度为 1000mg/L，吸附材料用量为 1g/L，初始 pH为 3.0 时，Cr-LWA 对它的平衡吸附量为 447mg/g；直接红棕 RN 的初始浓度为1157mg/L，吸附材料用量为 5g/L，初始 pH 为 9.0 时，Cr-LWA 对它的平衡吸附量为152mg/g。酸性条件(pH=3.0)下，Cr-LWA 表面的正电性较强，对大多数阴离子染料(酸性嫩黄 G、酸性黑 ATT、直接桃红 12B、直接橘红)都具有较强的静电吸引作用，而直接红棕 RN 的分子较大且较为复杂，分子中除了含有偶氮基、磺酸基外，还含有氨基，与 Cr-LWA 的结合机理复杂得多，所以它的最佳吸附 pH 与其他阴离子染料不同[42-44]。Cr-LWA 吸附柱(Cr-LWA 用量 2.0g，柱高 27cm，柱直径 1.1cm，床层体积 25.6mL)对阴离子染料有很好的吸附去除作用，可以用于含阴离子染料废水的脱色处理。浓度均为 1000mg/L 的酸性嫩黄 G 和直接桃红 12B 溶液(pH 为 3.0)分别以 1.77BV/h 和 1.53BV/h 的流速流过吸附柱，它们的吸附穿透点分别为 40BV和 30BV，如图 4.21 所示，穿透点以前的流出液均呈无色透明状态[44]。当达到穿透点以后，流出液中染料浓度迅速增加，床层有效利用率高。用稀 NaHCO₃ 溶液很容易对吸附柱进行洗脱和再生，而且再生柱对染料的吸附性能没有明显变化[42]。

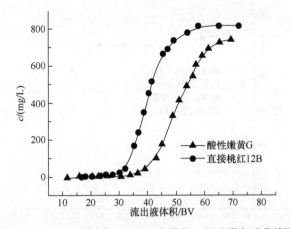

图 4.21　阴离子染料在 Cr-LWA 吸附柱上的吸附穿透曲线[44]

4.3.4　对阴离子表面活性剂的吸附分离特性

　　含铬废革屑吸附材料(Cr-LWA)除了对阴离子型的染料具有较强的亲和能力

以外，对阴离子型的表面活性剂也具有良好的亲和能力。Cr-LWA 自身含有丰富的活性基团，能够与表面活性剂通过离子键和疏水键等作用力结合。所以，Cr-LWA 也可以作为廉价的吸附材料用于除去废水中的阴离子表面活性剂。

当十二烷基磺酸钠(SDBS)的初始浓度为 2000mg/L，吸附材料用量为 1g/L，初始 pH 为 3.0，温度为 40℃时，Cr-LWA 对 SDBS 的平衡吸附量为 423mg/g。对于 100mL 浓度为 500mg/L 的 SDBS 溶液，0.4g Cr-LWA 即可以吸附和去除其中 97%～98% 的 SDBS。Cr-LWA 上的 Cr(III)对 SDBS 的吸附具有非常重要的作用，一定条件下，Cr-LWA 对 SDBS 的吸附率达到 94.8% 时，而不含 Cr(III)的胶原纤维粉末对 SDBS 的吸附率仅有 37.6%。Cr-LWA 对 SDBS 的吸附主要依靠静电吸引作用，它的—NH_2 和 Cr(III)是主要的活性基团，可以与 SDBS 上的磺酸基形成离子键。另外，胶原纤维的结构中本身具有一定的疏水区域，所以 Cr-LWA 还可以通过疏水作用与 SDBS 的疏水链(十二烷基链)结合[44,58]。

pH 对于 Cr-LWA 吸附 SDBS 有重要的影响，如图 4.22 所示，在 pH 为 3.0～8.0 范围内，Cr-LWA 对 SDBS 的吸附率较高，吸附率随着 pH 的升高略微呈现逐渐下降的趋势，当 pH 大于 8.0 时，吸附率显著降低。pH 较低时，Cr-LWA 上有更多的—NH_2 质子化，Cr(III)呈更强的正电性，因此对 SDBS 具有更强的吸附能力。随着 pH 的升高，Cr-LWA 的正电性被削弱，同时更多的 OH^- 参与竞争 Cr-LWA 上的吸附位点，Cr-LWA 对 SDBS 的吸附能力减弱。电解质对 Cr-LWA 吸附 SDBS 也具有一定的影响，SDBS 的吸附量随 NaCl 浓度的增大而增大，这是因为随着盐浓度的增大，SDBS 的稳定性降低，更有利于其在 Cr-LWA 上的吸附。

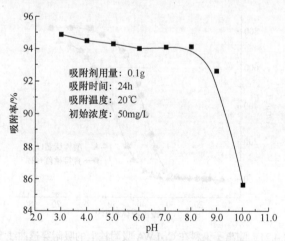

图 4.22 pH 对 Cr-LWA 吸附 SDBS 的影响[58]

Cr-LWA 吸附柱(Cr-LWA 用量 2.0g，柱高 27cm，柱直径 1.1cm，床层体积 25.6mL)对 SDBS 的吸附穿透曲线如图 4.23 所示，100mg/L 的 SDBS 溶液(pH 为

3.0)以 1.77BV/h 流过吸附柱,其吸附穿透点为 150BV,达到穿透点以前,流出液中几乎没有 SDBS,表明 Cr-LWA 吸附柱对 SDBS 具有良好的吸附和去除能力。用 0.1mol/L NaHCO$_3$ 溶液可以解吸 90% 的 SDBS,吸附柱能够再生和重复使用[58]。

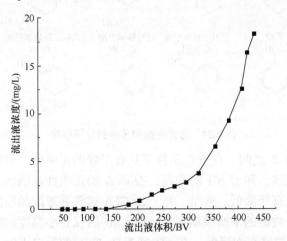

图 4.23　SDBS 在 Cr-LWA 吸附柱上的吸附穿透曲线[58]

4.3.5　对有机酸的吸附分离特性

固载锆离子的胶原纤维吸附材料对废水中的有机酸具有较好的亲和性,有机酸的羧基电离以后(—COO$^-$)可以与锆离子[Zr(Ⅳ)]发生配位结合,而且胶原纤维固载锆离子以后呈现的阳电性也能使其与带阴电荷的有机酸通过静电作用相互吸引。直接由制革工业产生的含铬废革屑制备的吸附材料对有机酸也具有一定的吸附能力,而且通过进一步固载锆离子后,其吸附能力显著增大,这种材料不仅吸附性能较好,而且成本较低。

1. 对芳香羧酸的吸附特性

苯甲酸(BA)、邻苯二甲酸(*o*-PA)、对苯二甲酸(*p*-PA)、间苯二甲酸(*m*-PA)、邻羟基苯甲酸(*o*-HBA)、对羟基苯甲酸(*p*-HBA)和 2,4-二羟基苯甲酸(2,4-DHBA)等芳香羧酸都是重要的精细化工原料和中间体,它们和苯酚(作为对比)的结构如图 4.24 所示。与这些有机物相对应的精细化工产品的生产废水通常含有较高浓度的芳香羧酸,在排放之前必须加以去除。

Zr-CFA 可以基于静电吸引作用和配位结合作用吸附这些芳香羧酸,其中配位结合作用对吸附的贡献较大。pH、离子强度和 Zr(Ⅳ)固载量是影响吸附的三个主要因素。pH 将影响芳香羧酸的解离程度和吸附材料的表面电荷,从而影响 Zr-CFA 对芳香羧酸的静电吸引作用。在 pH 为 3.0～5.0 的范围内,BA、*o*-PA、*o*-HBA 和 *p*-HBA 在 Zr-CFA 上都有较大的平衡吸附量,这是因为 Zr-CFA 的等

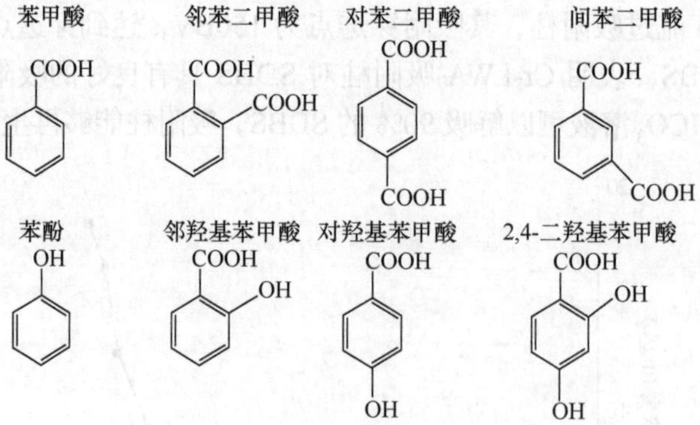

苯甲酸　　　　　邻苯二甲酸　　　　对苯二甲酸　　　　间苯二甲酸

苯酚　　　　邻羟基苯甲酸　　对羟基苯甲酸　　2,4-二羟基苯甲酸

图4.24　芳香羧酸和苯酚的分子结构

电点在 10.5～11.2 之间，在酸性条件下具有很强的正电性，可以通过静电吸引作用吸附芳香羧酸。随着 pH 的升高，Zr-CFA 的正电性被削弱，所以对芳香羧酸的平衡吸附量有所降低。然而，由于 Zr-CFA 对芳香羧酸的吸附也可以是配位结合作用，芳香羧酸的平衡吸附量在 pH>5.0 后仅有小幅度的降低，而且吸附量不随 pH 的继续升高而降低，在 pH 接近 Zr-CFA 的等电点时，吸附材料表面正电荷明显减少的情况下，Zr-CFA 对芳香羧酸仍有较大的吸附量。另外，在酸性较强的情况下，BA 和 p-HBA 等芳香羧酸呈分子态，此时 Zr-CFA 对两者仍有较好吸附也是因为配位结合作用[41]。所以，基于静电吸引和配位结合的共同作用，在较宽的 pH 范围内 Zr-CFA 都可以对芳香羧酸产生明显的吸附。

随着溶液(pH = 5.0)中离子强度(NaCl 浓度)的增大，芳香羧酸在 Zr-CFA 上的平衡吸附量有所降低。当 pH 为 5.0 时，Zr-CFA 表面带正电荷，此时只要芳香羧酸以羧酸根离子($-COO^-$)的形态存在于溶液中，溶液中的共存离子 Cl^-便会与$-COO^-$竞争 Zr-CFA 表面的正电荷，使 Zr-CFA 对芳香羧酸的静电吸引作用减弱，芳香羧酸的吸附量减少。在较高的 NaCl 浓度范围内(100～500mmol/L)，Zr-CFA 对芳香羧酸仍有较大的吸附量，这是因为固载的 Zr(Ⅳ)与芳香羧酸的配位结合作用不受 NaCl 离子强度的影响[41]。因此，NaCl 离子强度的增加虽然可使吸附量减少，但其影响程度不大，在较高的 NaCl 浓度范围内，芳香羧酸在 Zr-CFA 上仍有明显的吸附。

固载的 Zr(Ⅳ)是 Zr-CFA 吸附芳香羧酸的活性中心，所以 Zr(Ⅳ)固载量对 Zr-CFA 吸附芳香羧酸的影响非常大。未固载 Zr(Ⅳ)的胶原纤维对芳香羧酸基本没有吸附或只有少量吸附，而 Zr-CFA 对芳香羧酸有明显的吸附，且吸附量随 Zr(Ⅳ)固载量的增大而显著增加[41,59,60]。当胶原纤维没有固载 Zr(Ⅳ)时，它与芳香羧酸之间的微量吸附仅依靠一些弱作用力(如氢键、范德瓦耳斯力等)。而当胶原纤维固载 Zr(Ⅳ)以后，一方面，Zr-CFA 的正电性较未固载 Zr(Ⅳ)时有所增强，这赋予 Zr-CFA 对芳香羧酸的静电吸附能力；另一方面，固载的 Zr(Ⅳ)与芳香羧酸的羧基之间可以进行配位反应，所以 Zr(Ⅳ)的引入还赋予 Zr-CFA 对芳香羧酸的配位结合能力。

Zr-CFA[Zr(Ⅳ)固载量为 0.97mmol/g]对芳香羧酸具有较快的吸附速率和较大的吸附量。在 200～300min 内，Zr-CFA 对芳香羧酸的吸附达到平衡。当初始浓度为 6mmol/L，吸附材料用量为 5g/L，pH 为 5.0 (p-PA 溶液的 pH 为 5.5)，NaCl 浓度为 50mmol/L，温度为 20℃时，Zr-CFA 对 BA、o-PA、m-PA 和 p-PA 的平衡吸附量分别为 0.4616mmol/g、0.5892mmol/g、0.4912mmol/g 和 0.3138mmol/g；当初始浓度为 6mmol/L，吸附材料用量为 5g/L，pH 为 5.0，NaCl 浓度为 100mmol/L，温度为 20℃时，Zr-CFA 对 o-HBA、p-HBA 和 2,4-DHBA 的平衡吸附量分别为 0.3824mmol/g、0.4922mmol/g 和 0.4759mmol/g[41,59,60]。已报道的一些合成树脂对有机酸具有很强的吸附能力，Zr-CFA 对 o-PA 的最大吸附量是合成树脂 NDA-66 的 51%[61]，对 o-HBA 的最大吸附量接近合成树脂 NDA-90 的 25%[62]。虽然 Zr-CFA 吸附芳香羧酸的能力不及上述两种合成树脂，但 Zr-CFA 具有制备简单、成本低廉的优势，很有潜力用于废水中芳香羧酸的吸附和去除。

Zr-CFA 对 o-PA 的吸附亲和力大于对 BA、m-PA 和 p-PA 的吸附亲和力。BA 只带一个羧基，当它与固载 Zr(Ⅳ)发生配体反应时，形成图 4.25 中的(a)型结构配合物。当 m-PA 和 p-PA 与固载 Zr(Ⅳ)发生配体交换反应时，虽然它们含有两个羧基，但根据苯环上羧基的空间位置，m-PA 和 p-PA 的两个羧基不能同时与固载 Zr(Ⅳ)配位，它们主要以一个羧基与固载 Zr(Ⅳ)进行配位结合，形成的配合物也为图 4.25 中的(a)型结构配合物。当 o-PA 与固载 Zr(Ⅳ)进行配体反应时，若 o-PA 以一个羧基参与配位，也可形成图 4.25 中的(a)型结构配合物；若 o-PA 的两个邻位羧基同时参与配位，还可以形成图 4.25 中的(b)型和(c)型结构配合物，其中(b)型结构为螯合结构[41]。所以，o-PA 与固载 Zr(Ⅳ)形成配合物的结构类型较多，其中有稳定性很高的螯合结构，这是 Zr-CFA 对 o-PA 产生较大吸附量的主要原因。

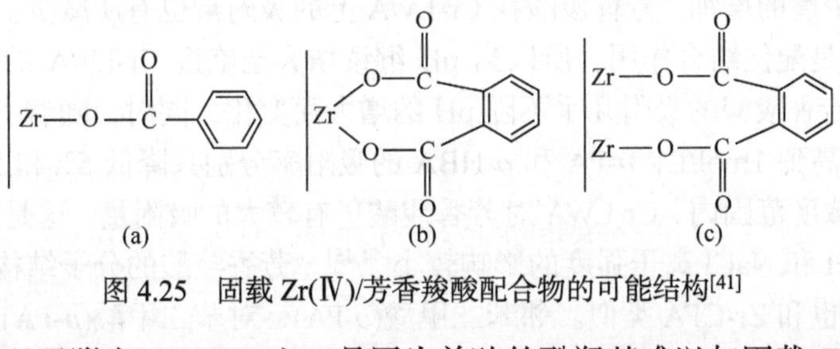

图 4.25　固载 Zr(Ⅳ)/芳香羧酸配合物的可能结构[41]

苯酚难以吸附在 Zr-CFA 上，是因为单独的酚羟基难以与固载 Zr(Ⅳ)形成配位结合；当酚羟基的邻位或(和)对位有羧基时，如 o-HBA、p-HBA 和 2,4-DHBA，羧基可以与固载 Zr(Ⅳ)进行配位结合，因此 Zr-CFA 可以吸附 o-HBA、p-HBA 和

2,4-DHBA[41]。另外，由于酚羟基氧原子和苯环的 p-π 共轭效应，以及羧基氧原子的吸电子诱导效应的共同作用，酚羟基可以使其对位或邻位羧基氧原子上的电子云密度增大，使得酚羟基对位或邻位羧基的配位活性增强，羧基氧原子更容易与固载 Zr(Ⅳ)发生配位结合。所以，虽然酚羟基没有直接与固载 Zr(Ⅳ)发生配位反应，但是酚羟基使 p-HBA 的对位羧基氧原子的配位能力增强，使 Zr-CFA 对它的吸附亲和力增强。o-HBA 的羧基和酚羟基互为邻位，虽然理论上邻位酚羟基可以增强羧基的配位活性，但是两者互为邻位产生一定的空间位阻效应，影响了 o-HBA 羧基与固载 Zr(Ⅳ)的配位结合，所以 Zr-CFA 对 o-HBA 的吸附作用小于对 p-HBA 的吸附作用。2,4-DHBA 的吸附也受苯环上取代基的共轭效应、诱导效应和空间位阻效应的共同影响，其邻位和对位酚羟基氧原子与苯环的 p-π 共轭效应对羧基活性的增强作用大于邻位酚羟基对羧基的空间位阻效应，所以 Zr-CFA 对 2,4-DHBA 的吸附作用也较大。由此可见，苯环上不同位置的羧基和羟基对于芳香羧酸在 Zr-CFA 上的吸附作用是不同的。羧基可通过直接与固载 Zr(Ⅳ)配位而产生吸附，对芳香羧酸的吸附有决定性作用，羟基没有参与和固载 Zr(Ⅳ)的配位反应，而是通过共轭效应、诱导效应和空间效应影响羧基与固载 Zr(Ⅳ)的配位反应，因此酚羟基是芳香羧酸吸附的影响因素之一。

　　含铬废革屑吸附材料(Cr-LWA)[Cr(Ⅲ)含量为 0.21mmol/g]也可以基于静电吸引作用和配位结合作用吸附芳香羧酸，且芳香羧酸的羧基与 Cr(Ⅲ)的配位结合作用占吸附主导地位。当 pH 为 5.0，温度为 30℃，邻苯二甲酸(o-PA)、邻羟基苯甲酸(o-HBA)的初始浓度均为 5mmol/L，吸附材料用量为 1g/L 时，Cr-LWA 对 o-PA、o-HBA 的平衡吸附量分别可达 0.52mmol/g、0.34mmol/g。pH 和离子强度对 Cr-LWA 吸附芳香羧酸的影响与 Zr-CFA 吸附芳香羧酸类似。Cr-LWA 的等电点在 8.5～9.0 之间，所以在酸性 pH 范围内，Cr-LWA 具有较强的正电性，可以通过静电吸引作用对芳香羧酸产生较大的吸附量，随着 pH 的升高，吸附量有所降低。芳香羧酸的吸附量也受 NaCl 离子强度的影响，NaCl 会减弱静电吸引作用，所以随着 NaCl 浓度的增加，芳香羧酸在 Cr-LWA 上的吸附量也有所减少。但是，主导吸附的作用是配位结合作用，所以当 pH 继续增大至临近 Cr-LWA 的等电点时，Cr-LWA 对芳香羧酸的吸附几乎不随 pH 的增大而变化；同时，随着 NaCl 浓度从 0.2mol/L 升高到 1mol/L，o-PA 和 o-HBA 的吸附率分别只降低 5%和 5.5%，即在较高 NaCl 浓度范围内，Cr-LWA 对芳香羧酸仍有较大的吸附量，这是因为配位结合作用受 pH 和 NaCl 离子强度的影响较小[44,45]。芳香羧酸的分子结构对 Cr-LWA 吸附的影响也和 Zr-CFA 类似。邻苯二甲酸(o-PA)、对苯二甲酸(p-PA)、间苯二甲酸(m-PA)相比，Cr-LWA 对 o-PA 的吸附量最大，其原因也可以用图 4.25 所示的配位结构差异解释。

　　另外，Cr-LWA 对含有羧基但不是芳香羧酸的草酸(HOOC—COOH)具有很好的吸附能力。当 pH 为 5.0，温度为 30℃，草酸的初始浓度为 10mmol/L，吸附材料用量为 1g/L 时，Cr-LWA 对草酸的平衡吸附量达 1.20mmol/g。虽然 Cr-LWA 对草酸的吸附机理也包括静电吸引作用和配位结合作用，但是不同于 Cr-LWA 对芳香羧酸的吸附，其主导吸附的作用是静电作用，而不是配位结合。正是因为静电作用在吸附过程中的贡献比较大，所以 pH 对草酸在 Cr-LWA 上的吸附具有非常重要的影响。如图 4.26 所示，在所研究的 pH 范围内，低 pH 条件下 Cr-LWA 的正电性更强，有利于吸附的进行，随着 pH 的升高，Cr-LWA 的正电性被削弱，吸附量显著降低。然而，在较高的 pH 条件下，Cr-LWA 对草酸仍具有一定的吸附能力，这是 Cr(Ⅲ)与草酸中的羧基发生配位结合的体现。另外，草酸在 Cr-LWA 上的平衡吸附量随溶液中 NaCl 浓度的增加有明显减少，随着 NaCl 浓度从 0.2mol/L 升高到 1mol/L，草酸的吸附量降低 47%，这是因为主导吸附的静电吸引作用受到 NaCl 离子强度的严重削弱[45]。

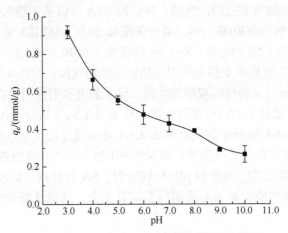

图 4.26 pH 对 Cr-LWA 吸附草酸的影响[45]

含铬废革屑固载锆吸附材料(Zr-Cr-LWA)[Zr(Ⅳ)含量 0.36mmol/g，Cr(Ⅲ)含量 0.21mmol/g]对芳香羧酸和草酸的吸附能力明显强于含铬废革屑吸附材料(Cr-LWA)的吸附能力，这是因为 Zr(Ⅳ)比 Cr(Ⅲ)具有更强的配位能力。吸附同样也是基于静电吸引和配位结合的共同作用。当 pH 为 5.0，温度为 30℃，邻苯二甲酸(o-PA)、邻羟基苯甲酸(o-HBA)、草酸的初始浓度均为 10mmol/L，吸附材料用量为 1g/L 时，Zr-Cr-LWA 对 o-PA、o-HBA 和草酸的平衡吸附量分别可达 1.13mmol/g、0.62mmol/g、1.60mmol/g。对于 100mL 浓度分别为 1mmol/L 的 o-PA 溶液、1mmol/L 的 o-HBA 溶液、5mmol/L 的草酸溶液，0.3g 吸附材料可以去除 95% 的 o-PA，1.2g 吸附材料可以去除 93% 的 o-HBA，2.0g 吸附材料可以去除 94% 的草酸[45]。

2. 对脂肪羧酸的吸附特性

反丁烯二酸(FA)、顺丁烯二酸(MA)和2,4-己二烯酸(山梨酸，SA)都是重要的不饱和脂肪酸。FA 和 MA 主要用于制备合成树脂和松香脂等，也可用作油脂的防腐剂，而 SA 是一种防腐性能优良且毒性很低的食品添加剂。FA、MA 和 SA 都具有羧基和碳碳双键结构，MA 和 FA 是顺反异构体，SA 含有两个碳碳双键，它们的分子结构如图 4.27 所示。

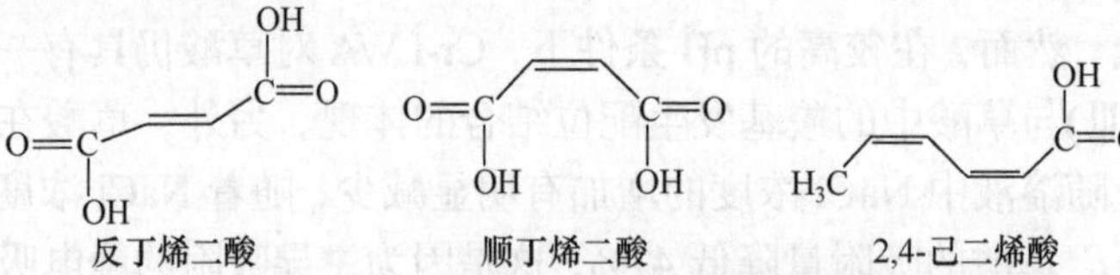

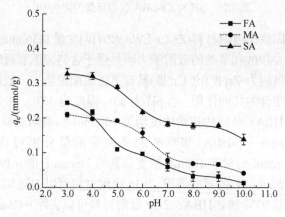

反丁烯二酸　　　　　　顺丁烯二酸　　　　　　2,4-己二烯酸

图 4.27　典型脂肪羧酸的分子结构

同 Zr-CFA 吸附芳香羧酸的机理一样，Zr-CFA 可以基于静电吸引作用和配位结合作用吸附这些脂肪羧酸。pH、离子强度和 Zr(Ⅳ)固载量对吸附的影响较大。pH 会影响 Zr-CFA 的表面电荷，Zr-CFA 的等电点为 10.5～11.2，在酸性条件下具有很强的正电性，可以基于静电吸引作用吸附脂肪羧酸，如图 4.28 所示，酸性条件有利于 Zr-CFA 对三种脂肪羧酸的吸附。除了静电吸引作用，Zr-CFA 对脂肪羧酸的吸附还依靠固载 Zr(Ⅳ)与脂肪羧酸的羧基发生配位结合。SA 的 pK_a 为 3.50，当 pH 为 3.0 时，SA 呈分子态，此时 Zr-CFA 可以通过配位结合作用吸附分子态的 SA，使 SA 具有较大的吸附量；而且在 pH 为 7.0～9.0 范围内，SA 的吸附量不随 pH 的升高而改变，甚至到 pH 为 10.0 时，SA 仍有相当的吸附量，所以 Zr-CFA 表面正电荷的减少对 SA 吸附的影响并不大，这也是配位结合作用的重要体现[41]。

图 4.28　pH 对 Zr-CFA 吸附脂肪羧酸的影响[41]

溶液中的离子强度对三种不同的脂肪羧酸具有不同的影响，如图 4.29 所示。随着溶液(pH = 4.0)中 NaCl 含量从 0 增加至 500mmol/L(脂肪羧酸浓度的 100 倍)，SA 的吸附量没有明显改变，但 FA 和 MA 的吸附量却有显著降低，并且 FA 降低的程度最大。当 pH 为 4.0 时，Zr-CFA 表面具有较强的正电性，可以对三种脂肪羧酸的羧酸根离子(—COO⁻)产生较强的静电吸引作用。溶液中共存离子 Cl⁻ 对表面正电荷有屏蔽作用，并且 Cl⁻ 的屏蔽作用随 NaCl 浓度的增加而增强，所以 Zr-CFA 对脂肪羧酸的静电吸引作用随 NaCl 浓度的增加而减弱，FA 和 MA 的吸附量也随之明显降低。这也说明静电吸引作用对 FA 和 MA 在 Zr-CFA 上的吸附有相当大的贡献，并且对 FA 的贡献最大。但是静电吸引作用的减弱对 SA 的吸附没有明显改变，说明 SA 在 Zr-CFA 上的吸附主要归功于 SA 的羧基与固载 Zr(Ⅳ)的配位结合作用，配位结合作用不受离子强度的影响。固载 Zr(Ⅳ)是 Zr-CFA 吸附脂肪羧酸的活性中心，未固载 Zr(Ⅳ)的胶原纤维对脂肪羧酸基本没有吸附或只有少量吸附，Zr-CFA 对脂肪羧酸的吸附量随 Zr(Ⅳ)固载量的增大而显著增加[41]。

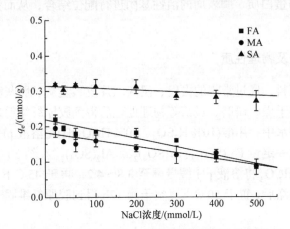

图 4.29　NaCl 对 Zr-CFA 吸附脂肪羧酸的影响[41]

Zr-CFA[Zr(Ⅳ)固载量为 0.97mmol/g]对水体中的脂肪羧酸具有较快的吸附速率和较大的吸附量。在 100min 内，Zr-CFA 对脂肪羧酸的吸附基本达到平衡。当初始浓度为 6mmol/L，吸附材料用量为 4g/L，pH 为 4.0，NaCl 浓度为 100mmol/L，温度为 20℃时，FA、MA 和 SA 在 Zr-CFA 上的平衡吸附量分别为 0.3107mmol/g、0.2210mmol/g 和 0.3889mmol/g[41]。

脂肪羧酸分子结构对其在 Zr-CFA 上的吸附平衡具有一定影响，三种脂肪羧酸的吸附量大小顺序为 SA>FA>MA。其原因除了它们的电荷性质、配位能力的差异之外，也可以从吸附过程的空间位阻的角度加以解释。MA 的两个羧基在双键的一侧，而 FA 的两个羧基在双键的两侧，当 MA 和 FA 在 Zr-CFA 表面吸附时，MA 双键一侧的两个羧基同时接近 Zr-CFA 表面，而 FA 双键两侧的两个羧基只能以其中之一接近 Zr-CFA 表面，一分子 MA 在 Zr-CFA 表面所占据的空间大于 FA，具有更大的空间位阻，所以 MA 的吸附量小于 FA 的吸附量。SA 只有一个羧基，SA 的两个共轭双键还使其分子链柔性增加，与 MA 和 FA 相比，SA 接近 Zr-CFA 表面时占据的空间最小，空间位阻也相应最小，因此 Zr-CFA 对 SA 的吸附量最大[41]。

4.4　胶原纤维固载金属材料及其在蛋白质、酶吸附分离中的应用

分离得到高纯度的蛋白质和酶不仅有助于其结构和功能的研究，还能为医药、食品等行业提供所需品。第 2 章讲到的戊二醛交联胶原纤维材料可以基于静电作用吸附和分离蛋白质，而本章讲述的胶原纤维固载金属材料可以通过固载的金属离子与蛋白质、酶表面的活性基团进行配位结合，从而将蛋白质和酶分离开。

4.4.1　制备方法及物理性质

以牛皮为原料，通过常规的去肉、浸灰、片皮、复灰、脱灰和软化等制革工序，以及后续的干燥、研磨、过筛等物理处理后得到胶原纤维粉末。取胶原纤维粉末分散于蒸馏水中，用酸(10% H_2SO_4、10% HCOOH)将溶液 pH 调至 1.7~2.0，充分搅拌后加入一定量 $Fe_2(SO_4)_3$、$Zr(SO_4)_2$ 或 $Al_2(SO_4)_3$，在约 30℃下反应 6~8h，然后用 10% $NaHCO_3$ 将溶液 pH 缓慢调至 3.8~4.2，再于 45℃下反应 4~6h，过滤并用蒸馏水洗涤后，置于 50℃下真空干燥 12h 得到胶原纤维固载金属吸附材料(M-CFA)[63]。

金属离子与胶原纤维通过配位键结合，这种结合方式稳定性较高，金属离子只有在强酸性环境(pH<3.0)下才会发生脱落，所以 M-CFA 具有优良的耐溶剂萃取能力。M-CFA 的热稳定性较高(热变性温度在 87℃以上)，结构疏松，在水溶液中易溶胀和吸水，具有良好的亲水性，适合用于水体环境中的吸附和分离。M-CFA 都保持了胶原纤维的纤维状结构，是一种非多孔的材料，具有传质速率快、传质阻力小的优点[63]。

4.4.2　对蛋白质和酶的吸附分离特性

固定化金属离子亲和层析是近 30 年发展起来的一项新型分离技术。Porath 等首先将金属离子通过螯合剂亚氨基二乙酸交联到琼脂糖上来分离蛋白质[64]。其原理是通过载体上 Fe^{3+}、Cu^{2+}、Co^{2+}、Zn^{2+}、Ni^{2+} 等过渡金属离子与不同蛋白质配位

结合能力的不同，对蛋白质进行分离纯化[65]。对于某一特定的蛋白质而言，暴露在其表面的给电子基团的位置和数量是其与金属离子配位结合的决定性因素。另外，该蛋白质在固定化金属离子材料上的吸附还受其他因素的影响，如金属离子的种类及其固载量、吸附溶液的 pH 等。当同一种蛋白质与不同的金属离子作用时，由于不同金属离子所带电荷、离子半径和电子层结构不同，对蛋白质也呈现不同的亲和能力。

胶原纤维固载铁吸附材料(Fe-CFA)[Fe(Ⅲ)固载量为 5.503～5.723mmol/g]对各种蛋白质和酶的平衡吸附量如表 4.5 所示。pH 对 Fe-CFA 吸附各种蛋白质和酶具有显著影响，最佳吸附 pH 随被吸附的蛋白质和酶的不同而不同。例如，Fe-CFA对溶菌酶的最佳吸附 pH 为 8.0，在实验条件下平衡吸附量高达 94.7mg/g，而对牛肝血红素和纤维素酶的最佳吸附 pH 分别为 6.0 和 4.0，平衡吸附量分别为 55.9mg/g 和49.4mg/g。胶原纤维固载锆吸附材料(Zr-CFA)[Zr(Ⅳ)固载量为 5.618～6.175mmol/g]对各种蛋白质和酶的平衡吸附量如表 4.6 所示。Zr-CFA 对蛋白质和酶的吸附量也随着 pH 的变化而不同，pH 为 8.0 时对溶菌酶的平衡吸附量最高，可达 60.7mg/g，pH 为 4.0 时对胃蛋白酶和过氧化氢酶的平衡吸附量最高，分别为 36.3mg/g 和33.2mg/g。胶原纤维固载铝吸附材料(Al-CFA)[Al(Ⅲ)固载量为 2.532～2.804mmol/g]对各种蛋白质和酶的平衡吸附量如表 4.7 所示。与 Fe-CFA 和 Zr-CFA的吸附情况相同，Al-CFA 对多种蛋白质和酶的吸附量随着 pH 的变化而变化，但其吸附量小于 Fe-CFA 和 Zr-CFA[63]。

表 4.5　Fe-CFA 对蛋白质和酶的平衡吸附量[63]

蛋白质和酶	平衡吸附量/(mg/g 干材料)				
	pH 2.0	pH 4.0	pH 6.0	pH 8.0	pH 10.0
牛血清白蛋白	0.14	10.9	8.67	1.05	0.58
胃黏液蛋白	8.38	11.9	11.9	8.38	10.1
麦醇溶蛋白	3.90	30.1	16.1	15.6	40.1
牛肝血红素	5.01	14.8	55.9	27.8	16.9
鸡蛋白蛋白	0.56	44.8	16.1	6.40	6.13
胰岛素	0	1.78	6.57	0	3.45
胃蛋白酶	20.3	31.7	12.5	4.73	12.3
木瓜蛋白酶	3.62	12.5	19.5	30.9	27.8
α-淀粉酶	5.78	3.47	2.06	0.29	0.58
纤维素酶	40.2	49.4	22.3	13.9	2.72
果胶酶	15.0	20.8	6.34	1.31	0.132

蛋白质和酶	平衡吸附量/(mg/g 干材料)				
	pH 2.0	pH 4.0	pH 6.0	pH 8.0	pH 10.0
溶菌酶	0.574	1.16	35.8	94.7	48.8
过氧化氢酶	2.02	35.60	31.8	12.4	19.4
酸性脂肪酶	4.2	21.4	8.38	7.58	6.20
碱性脂肪酶	2.63	34.1	11.4	2.46	2.07

表 4.6　Zr-CFA 对蛋白质和酶的平衡吸附量[63]

蛋白质和酶	平衡吸附量/(mg/g 干材料)				
	pH 2.0	pH 4.0	pH 6.0	pH 8.0	pH 10.0
牛血清白蛋白	1.05	15.1	9.72	3.84	0.72
胃黏液蛋白	5.08	4.83	8.97	3.07	1.45
麦醇溶蛋白	4.87	26.7	30.5	19.2	20.3
牛肝血红素	3.57	10.5	51.7	20.8	12.5
鸡蛋白蛋白	0	5.61	26.2	0	0
胰岛素	0	1.82	7.43	3.40	2.57
胃蛋白酶	23.5	36.3	14.7	11.3	12.8
木瓜蛋白酶	4.73	9.47	18.2	25.7	16.3
α-淀粉酶	5.10	4.72	7.61	0	0
纤维素酶	32.1	32.1	30.7	30.8	32.1
果胶酶	7.22	14.6	0	0	0
溶菌酶	0.29	1.44	14.2	60.7	46.8
过氧化氢酶	3.45	33.2	28.4	15.8	19.2
酸性脂肪酶	0.39	19.6	7.42	8.01	2.38
碱性脂肪酶	3.07	24.5	7.22	4.62	1.78

表 4.7　Al-CFA 对蛋白质和酶的平衡吸附量[63]

蛋白质和酶	平衡吸附量/(mg/g 干材料)				
	pH 2.0	pH 4.0	pH 6.0	pH 8.0	pH 10.0
牛血清蛋白	0.46	9.07	4.14	4.32	1.52
胃黏液蛋白	2.79	4.56	7.84	3.59	0.79
麦醇溶蛋白	5.47	16.8	21.4	7.95	6.47
牛肝血红素	2.48	15.7	42.8	23.2	1.49

续表

蛋白质和酶	平衡吸附量/(mg/g 干材料)				
	pH 2.0	pH 4.0	pH 6.0	pH 8.0	pH 10.0
鸡蛋白蛋白	0	11.4	11.9	1.23	0.83
胰岛素	0.75	2.47	4.32	1.08	0.32
胃蛋白酶	15.2	24.7	9.45	10.8	8.37
木瓜蛋白酶	5.48	8.74	15.1	20.7	10.5
α-淀粉酶	2.23	2.34	0	0	0
纤维素酶	29.2	46.2	21.4	15.6	26.6
果胶酶	5.66	16.9	0	0	0
溶菌酶	0	2.54	14.4	27.7	21.1
过氧化氢酶	2.02	35.6	31.8	12.4	19.4
酸性脂肪酶	4.32	17.3	4.67	3.85	1.04
碱性脂肪酶	2.30	24.1	5.07	1.27	0.79

溶菌酶(lysozyme)是由英国细菌学家弗莱明在 1922 年发现的一种有效的抗菌剂[66]。溶菌酶的作用是催化水解肽聚糖中 N-乙酰葡萄糖胺和 N-乙酰胞壁酸之间的β-1,4-糖苷键，破坏肽聚糖支架，在内部渗透压的作用下使细胞胀裂开，引起细菌裂解[67,68]。有些革兰氏阴性菌，如埃希氏大肠杆菌、伤寒沙门氏菌也会受到溶菌酶的破坏[69]。人和动物细胞无肽聚糖，故溶菌酶对人体细胞无毒性作用。它具有溶解细菌细胞壁的能力，起到抗菌消炎的作用，可用作婴儿食品的添加剂。溶菌酶本身是一种无毒、无害、安全性很高的高盐基蛋白质，所以作为天然防腐剂的溶菌酶在食品工业中有较高的应用价值[70]。除此之外，溶菌酶还具有抗菌、抗病毒、止血、消肿、镇痛、加快组织修复等功能，可以广泛应用到医疗行业和科学研究领域[71]。鸡蛋清溶菌酶的研究进行得相当深入和广泛，它作为溶菌酶类的典型代表，是目前重点研究的对象，也是了解最清楚的溶菌酶之一。

Fe-CFA 对溶菌酶具有很好的吸附能力，吸附作用的发生主要依靠固载在胶原纤维上的 Fe(Ⅲ)与溶菌酶之间的螯合作用，同时静电作用和疏水作用也参与了吸附过程。当溶菌酶浓度为 2.5mg/mL，吸附材料用量为 4g/L，pH 为 8.0，温度为 30℃时，Fe-CFA 对溶菌酶的吸附量高达 395mg/g，远远高于其他一些吸附材料[63,72]。例如，超稳定沸石 Y 对溶菌酶的吸附量为 26.7mg/g[73]，硅酸 MCM 对溶菌酶的吸附量为 250mg/g (溶菌酶起始浓度 10mg/mL，吸附 144h)[74]。对于 25mL 浓度为 0.5mg/mL，pH 为 8.0 的溶菌酶溶液，0.3g Fe-CFA 可以吸附 99.3% 的溶菌酶。Fe-CFA 对溶菌酶具有相对较高的吸附速率，尤其在吸附进行的前 5h 内吸附速率很高，约 10h 达到吸附平衡。温度对吸附有一定影响，溶菌酶的吸附量随温度的升高而增大。pH 对吸附有很显著的影响，如图 4.30 所示，当 pH 为 8.0 时溶菌酶的吸附量达到最大。这是由于溶菌酶在固定化金属离子材料上的吸附作用主要是通过金属离子和溶菌酶分子上组氨酸之间的螯合作用进行的，大多数蛋白质分子上组氨酸残基的解离常数 pK_a 在 5.5～8.5 范围内[75,76]，所以在 pH 为 8.0 时氨基酸残基解离产生未成键电子对，此时蛋白质呈去质子化状态，蛋白质与金属离子间的配位结合能力增强。pH 为 6.0 的 NaCl-咪唑-磷酸缓冲液(NaCl 0.25mol/L、咪唑 0.3mol/L)对溶菌酶的解吸效果很好，溶菌酶的解吸率和酶活保存率分别可达 96.7% 和 94.1%[63,72]。

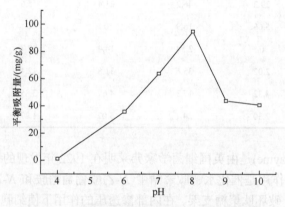

图 4.30　pH 对溶菌酶在 Fe-CFA 上吸附的影响[63]

　　Fe-CFA 吸附柱(Fe-CFA 用量 1.5g，柱直径 1.1cm，柱高 18.5cm，床层体积 17.6mL)对 pH 为 8.0 的溶菌酶溶液有很好的固定床吸附性能。当浓度为 500mg/L、pH 为 8.0 的溶菌酶溶液以 0.81BV/h 流进吸附柱时，吸附穿透点约为 50BV，如图 4.31 所示。吸附曲线很陡峭，解吸后的再生柱的吸附能力与新柱几乎

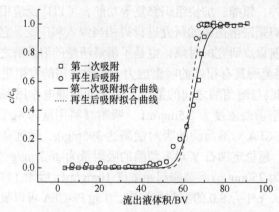

图 4.31　溶菌酶在 Fe-CFA 吸附柱上的吸附穿透曲线[63]

相同，Fe-CFA 具有很好的再生和重复使用性能。Fe-CFA 为非多孔性材料，因此对溶菌酶的吸附是在材料的表面进行的，这一特点赋予材料优良的再生性能。对于吸附溶菌酶以后的 Fe-CFA 吸附柱，仅需 60mL NaCl-咪唑-磷酸缓冲液就可以对吸附柱进行洗脱和再生，洗脱液中溶菌酶的最高浓度可达 14.4mg/mL，远远高于进料液中溶菌酶的浓度，所以 Fe-CFA 吸附柱对溶菌酶具有很好的富集作用[63,72]。

　　Fe-CFA 还对鸡蛋清中的溶菌酶具有很好的吸附选择性能和分离纯化性能。市售的蛋清粉中溶菌酶含量约为 3.5%，白蛋白含量＞90%。Fe-CFA 在不同 pH 条件下对相同初始量的溶菌酶和白蛋白的平衡吸附量如表 4.8 所示。Fe-CFA 在 pH 为 8.0 时对溶菌酶具有较高的吸附量，为 94.7mg/g，而此时白蛋白的吸附量很低，仅有 4.66mg/g，白蛋白的吸附主要发生在 pH 为 4.0 时。Fe-CFA 吸附柱(Fe-CFA 用量 3.0g)在 pH 为 8.0 时可以选择性吸附市售蛋清粉中的溶菌酶，使溶菌酶从蛋清粉中分离出来，得到纯化。2L 浓度为 1.0mg/mL、pH 为 8.0 的蛋清粉溶液以 1.1mL/min 流入 Fe-CFA 吸附柱，此时吸附柱主要吸附目标蛋白质溶菌酶，白蛋白等非目标蛋白质则流出吸附柱；当 2L 蛋清粉溶液进样完毕，先用 200mL pH 为 8.0 的磷酸缓冲液作为冲洗剂，除去 Fe-CFA 吸附柱上吸附不牢固的蛋白质；再用 100mL NaCl-咪唑-磷酸缓冲液对吸附柱进行洗脱，目的是收集溶菌酶，以上过程如图 4.32 所示。吸附和洗脱前蛋白质溶液的溶菌酶酶活很低(小于 100U/mL)，而洗脱后溶菌酶的最高酶活可达 4.84×10^4U/mL，洗脱液中溶菌酶的浓度远远高于蛋清粉起始溶液中的溶菌酶浓度。分离后溶菌酶的纯度几乎达到 100%，图 4.33 为 HPLC 对分离得到的溶菌酶纯度的检测结果。另外，SDS-聚丙烯酰胺凝胶电泳也证实洗脱液中只存在大量的溶菌酶，没有其他蛋白质。据报道，染料亲和基质 RB-10 和 RG-5 从蛋清液中分离纯化溶菌酶，所得溶菌酶的纯度分别仅为 76% 和 92%[77]。不到 50mL 的 NaCl-咪唑-磷酸缓冲液就可以集中洗脱溶菌酶，溶菌酶的回收率为 70.0%。Fe-CFA 吸附柱再生后对溶菌酶的分离效果与初次使用的吸附柱的分离效果基本相同[63,72]。

表 4.8　Fe-CFA 对溶菌酶和白蛋白的平衡吸附量[63]

蛋白质和酶	平衡吸附量/(mg/g 干材料)				
	pH 2.0	pH 4.0	pH 6.0	pH 8.0	pH 10.0
溶菌酶	0.57	1.16	35.8	94.7	48.8
白蛋白	1.55	29.3	9.84	4.66	2.33

　　Zr-CFA 吸附柱(Zr-CFA 用量 3.0g)对蛋清粉中的溶菌酶也具有优良的分离和纯化性能，溶菌酶的纯度也几乎达到 100%，溶菌酶回收率为 68.4%[63]。分离纯化过程中，无论是新柱还是再生柱，其固载的 Fe(Ⅲ) 和 Zr(Ⅳ) 均无渗漏，由此避免了分离过程中材料对目标分离物质造成污染的情况发生。

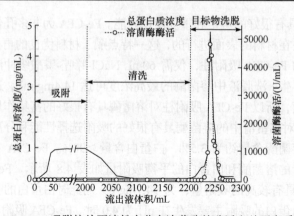

图 4.32　Fe-CFA 吸附柱从蛋清粉中分离溶菌酶的酶活和总蛋白质浓度[63]

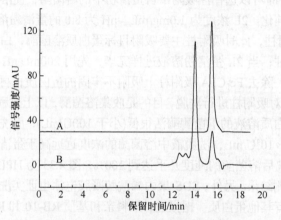

图 4.33　溶菌酶和蛋清粉的 HPLC 谱图[63]

A 为分离得到的溶菌酶溶液，B 为蛋清粉溶液

4.5　胶原纤维固载金属材料及其在微生物吸附中的应用

4.5.1　微生物吸附的意义

　　水环境污染也包括病原微生物污染，这种污染主要来自城市生活污水、医院污水、垃圾及地面径流等方面。天然水一般含细菌很少，病原微生物就更少，采取常用的给水处理或煮沸就可以消除危害。而受病原微生物污染后的水体，微生物激增，其中许多是致病菌、病虫卵和病毒。此类污染物可以通过多种途径进入人体，并在体内生存，一旦条件适合就会引起人体疾病。19 世纪欧洲一些大城市的污水污染了地表与地下水源，造成了多次霍乱暴发和蔓延。清除水体中细菌的方法主要有过滤法和吸附法两种。利用颗粒介质深层过滤除去微生物是最常用的方法，但必须在过滤介质表面形成生物膜或向水中加入絮凝剂才能有效地除去微生物。

由于细菌表面通常带有负电荷，而大多数过滤介质(如硅藻土、沙子等)本身也带有负电荷，因而过滤除菌效果不佳。吸附法是利用固体吸附材料来处理废水的方法，吸附材料具有很强的吸附能力，可以把废水中的细菌和病毒等微生物吸附到它的表面而除去[78]。众多研究者发现，增加过滤介质或多孔吸附介质表面的正电荷数量，是有效提高细菌清除率的途径之一[79-82]。胶原纤维固载金属离子以后带有正电荷，因此，病原微生物和胶原纤维固载金属离子材料之间存在静电吸引作用，胶原纤维固载金属离子材料可以通过静电吸引作用除去水体中的病原微生物。

生物细胞固定化技术兴起于 20 世纪 60 年代，是将动物细胞、植物细胞或微生物细胞固定于合适的不溶性载体上，细胞仍保持催化活性并具有能被反复或连续使用的活力[83]。生物细胞固定化具有以下特点：适合于多酶顺序连续反应；生物细胞可长时间反复使用；适合于进行合成、氧化、还原等需要辅助因子的反应；可以简化工艺设备等[84,85]。固定化活细胞发酵的研究较为活跃，它具有显著的优越性：固定化细胞的密度大、可增殖，因而可获得高度密集而体积缩小的工程菌集合体，不需要微生物菌体的多次培养、扩大，从而缩短了发酵生产周期，提高生产能力；发酵稳定性好，可以较长时间反复使用或连续使用；发酵液中含菌体较少，有利于产品分离纯化，提高产品质量等[86,87]。固定化细胞的制备方法按照固定载体与作用方式不同，可分为 3 种类型：吸附法、包埋法和交联法。其中吸附法是以水不溶性多糖、蛋白质、合成多聚体、无机材料等为载体，经物理吸附和化学键合等作用将微生物细胞直接结合到载体上的方法。酵母细胞表面具有特殊的化学结构，且通常带有负电荷(等电点约为 2.0)，与很多金属离子具有亲和性。可以利用固载有金属离子的胶原纤维来吸附酵母细胞，以制备固定化酵母细胞，应用于连续发酵生产乙醇。

4.5.2 制备方法及物理性质

胶原纤维固载金属吸附材料(M-CFA)的制备方法及物理性质同 4.4.1 节。

4.5.3 对细菌的吸附特性

大肠杆菌(E. coli)为革兰氏阴性细菌，其细胞壁的外层壁具有革兰氏阴性菌特有的脂多糖，这使其表面带有负电荷。金黄色葡萄球菌(S. aureus)为革兰氏阳性细菌，其细胞壁具有革兰氏阳性菌特有的磷壁酸，其分子上也带有大量的负电荷[88]。胶原纤维固载铁吸附材料(Fe-CFA)[Fe(Ⅲ)固载量为 6.66mmol/g]可以与这些细菌表面的负电荷发生静电吸引作用，从而对它们产生一定的吸附能力。另外，胶原纤维上的非极性氨基酸会形成一部分疏水区域，因而还可以通过疏水作用与微生物结合。Fe-CFA 对 E. coli 和 S. aureus 的吸附速率非常快，当 E. coli 和 S. aureus 的初始浓度分别为 $1.02×10^7$CFU/mL 和 $9.60×10^6$CFU/mL，吸附材料用量为 5g/L 时，在自然水条件(30℃)下，Fe-CFA 在 10min 内对 E. coli 和 S. aureus 的吸附量可以分别达到 $1.93×10^9$CFU/g

和 2.72×10^9CFU/g，是它们平衡吸附量的 66% 和 86%。90min 后吸附达到平衡，平衡吸附量为 2.93×10^9CFU/g 和 3.16×10^9CFU/g。该吸附量远大于赤铁矿和石英对细菌的吸附量(分别为 1.7×10^9CFU/g 和 1.4×10^9CFU/g)[89]。pH 和温度对吸附的影响都不明显，Fe-CFA 在 pH 为 4.0～10.0 范围内对 *E. coli* 和 *S. aureus* 均有较好的吸附，在酸性 pH 条件下，吸附量稍高一些，但差别不大。细菌的培养时间(菌龄)对吸附具有一定影响，当细菌培养 15h 时，Fe-CFA 对细菌的吸附能力最强，此时菌体处于生长速率最快的对数生长期[63,90]。细菌所处的生长阶段不同，其细胞活性也不同，细胞表面的电荷性质及亲疏水性也就不同。有学者认为对数生长期的细菌具有更强的运动能力，与吸附材料有更多的接触机会[91,92]；还有一些学者认为对数生长期的细菌细胞表面具有更多的负电荷[90]和更强的疏水性[93,94]，因而与吸附材料具有更强的结合能力。

4.5.4 对酵母细胞的吸附特性

胶原纤维固载锆吸附材料(Zr-CFA)[Zr(Ⅳ)固载量为 5.618～6.175mmol/g]在 pH 为 6.0、温度 30℃时对酵母细胞的平衡吸附量达到 8.2×10^7CFU/g(酵母细胞的初始浓度为 5.3×10^5CFU/mL，吸附材料用量为 5g/L)[63]。在相同 pH 和温度条件下，当酵母细胞的初始浓度减小到 3.6×10^5CFU/mL，Zr-CFA 对酵母细胞的平衡吸附量也减少至 6.7×10^7CFU/g[95,96]。Zr-CFA 对酵母细胞的吸附主要基于配位反应、静电吸引和疏水作用，酵母细胞壁上的—NHCO、—OH、—COOH 等基团可以与金属离子 Zr(Ⅳ)配位结合；酵母细胞带有负电荷，也可以通过静电作用和正电性强的 Zr-CFA 结合；胶原纤维具有一定的疏水区域，可以通过疏水作用吸附同样具有一定疏水性的酵母细胞。Zr-CFA 对酵母细胞的吸附速率较快，5h 可达到吸附平衡。酵母细胞在不同的生长期具有不同的理化和生物学特性，因此其生长时间(菌龄)对吸附的影响较大。Zr-CFA 对稳定期(48h)的酵母细胞的吸附量最大，这是由于酵母细胞在稳定期时其表面的疏水性最强[97]，能通过疏水作用增大在 Zr-CFA 上的吸附。离子强度对吸附也具有一定影响，0.1mol/L NaCl 溶液有利于酵母细胞的生长，从而有利于 Zr-CFA 吸附酵母细胞；而提高 NaCl 浓度后，酵母细胞的生长减缓或受到抑制，导致其在 Zr-CFA 上的吸附量减少[65,95,96]。

吸附固定在 Zr-CFA 上的酵母细胞仍然保持了很好的生理生化活性，甚至其乙醇发酵能力优于游离酵母细胞。如图 4.34 所示，经 Zr-CFA 吸附固定后，酵母细胞表现出了更强的乙醇发酵能力，一个发酵周期(5 天)后，培养基中乙醇含量上升至 9.1%(体积分数)，乙醇产量比采用游离酵母细胞发酵高 32.7%。当发酵液中糖浓度为 15% 时，固定化酵母细胞对葡萄糖的转化率近 95%。Zr-CFA 吸附固定化酵母细胞具有非常优良的重复使用性，经过多次重复使用后，仍然保持了较高的产乙醇能力。在重复使用的第 12 个发酵周期中，固定化酵母细胞的乙醇产量仍可达到

7.8% (体积分数)，该乙醇发酵能力接近甚至优于文献报道的部分天然载体固定的酵母细胞[98-102]。重复使用 12 个周期后，Zr-CFA 的纤维结构保持完好，仍有大量酵母细胞被吸附固定在胶原纤维上，并且酵母细胞还在 Zr-CFA 上进行出芽繁殖，如图 4.35 所示[95]。

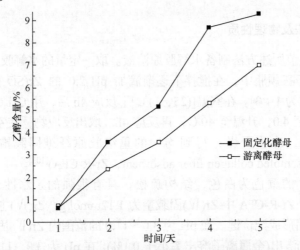

图 4.34　固定化酵母和游离酵母的乙醇发酵能力[95]

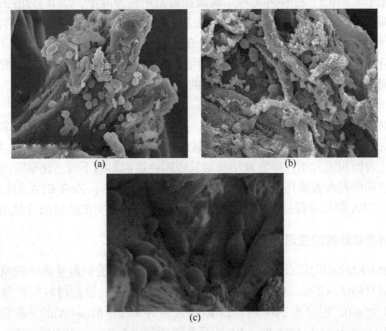

图 4.35　12 个发酵周期后 Zr-CFA 吸附固定化酵母细胞的扫描电镜图[95]

(a) 1500 倍；(b) 1500 倍；(c) 4000 倍

4.6 重组胶原纤维固载金属材料及其对有机酸、蛋白质的吸附分离

4.6.1 制备方法及物理性质

按照 3.3.1 节所述方法制备水解胶原溶液。取一定量的水解胶原溶液(以绝干重计约 4g)置于三颈瓶中，在搅拌下逐渐滴加 pH 2.0 的 $Zr(SO_4)_2$ 溶液[胶原与 $Zr(SO_4)_2$ 质量比为 1：3]。在室温[(25 ± 2)℃]下反应 4h 后，用 CH_3COONa 溶液在 2h 内将 pH 调至 4.0，升温至 40℃，再反应 4h。取出反应物，在室温下静置 24h 后，充分洗涤，冷冻干燥，得到均一的重组胶原纤维固载锆吸附材料(Zr-immobilized ressembled collagen fiber adsorbent，Zr-R-CFA)[103]。

Zr-R-CFA 的颜色为白色，结构疏松，具有很强的亲水性，其吸水率为 5.692g H_2O/g。Zr-R-CFA 中 Zr(Ⅳ)固载量为 1.12mmol/g，Zr(Ⅳ)主要与胶原的氨基、羧基等基团形成配位键。在 pH 为 3.0～11.0 的范围内 Zr(Ⅳ)固载非常稳定，几乎没有 Zr(Ⅳ)溶出(金属离子溶出率小于 0.1%)。在 pH 为 3.0～11.0 的 Tris(三羟甲基氨基甲烷)-HCl、乙酸钠-乙酸、磷酸盐等常用缓冲液中，Zr(Ⅳ)的溶出情况也可以忽略不计，但在柠檬酸与柠檬酸盐配制的缓冲液中则有不同程度的溶出(溶出率 15%～35%)。因此，Zr-R-CFA 不适合在柠檬酸存在的条件下使用。由于 Zr(Ⅳ)和胶原分子之间发生了配位共价交联作用，Zr-R-CFA 的热变性温度为 156℃，锆离子的固载进一步拓宽了胶原在工业中的应用范围。Zr-R-CFA 的等电点为 4.25～4.5[103]。

Zr-R-CFA 的比表面积为 3.512m²/g，孔径为 56.88nm，孔容为 0.0538cm³/g。与活性炭、分子筛等吸附材料的一个明显区别在于，Zr-R-CFA 的吸附能力并不依赖于其比表面积的大小，即物理结构对其吸附性能的影响不大，化学吸附作用则在吸附过程中起着重要作用。图 4.36 为放大 100 倍条件下 Zr-R-CFA 的扫描电镜图。Zr-R-CFA 的尺寸保持均匀，但形状较为独特，有点类似疏松的片状结构[103]。

4.6.2 对芳香羧酸的吸附分离特性

Zr-R-CFA[Zr(Ⅳ)固载量为 1.12mmol/g]对芳香羧酸的吸附量高于胶原纤维固载锆吸附材料(Zr-CFA)。例如，当初始浓度为 5mmol/L，吸附材料用量为 1g/L，初始 pH 为 6.0，温度为 30℃时，Zr-R-CFA 对邻苯二甲酸(o-PA)的平衡吸附量为 2.8mmol/g，远大于 Zr-CFA 对 o-PA 的平衡吸附量(0.5892mmol/g)[59]。对于 100mL 浓度为 0.5mmol/L 的 o-PA 和邻羟基苯甲酸(o-HBA)溶液，0.5g 吸附材料可以吸附 96% 的 o-PA，1.2g 吸附材料可以吸附 86% 的 o-HBA[103]。

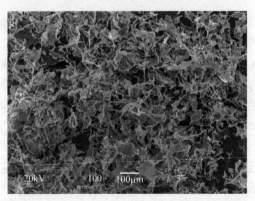

图 4.36　低放大倍数下 Zr-R-CFA 的扫描电镜图[103]

与 Zr-CFA 对芳香羧酸的吸附机理类似，Zr-R-CFA 对芳香羧酸的吸附是基于静电吸引作用和配位结合作用，但是，由于 Zr-R-CFA 的等电点很低(4.25～4.5)，其正电性较弱，所以静电吸引作用的贡献较小，吸附主要依靠配位结合作用。从材料的角度讲，虽然 Zr-R-CFA 与 Zr-CFA 的吸附活性中心都是固载的 Zr(IV)，但是两者的 Zr(IV)固载量、等电点和结构形态等都不同，所以 Zr-R-CFA 对芳香羧酸的吸附规律与 Zr-CFA 相比有所差异。pH 对芳香羧酸在 Zr-R-CFA 上的吸附有重要影响。在 pH 为 2.0～6.0 范围内，Zr-R-CFA 对 o-PA 的吸附量随着 pH 的增加而增加，但当 pH 大于 7.0 时，吸附量基本不变；对于 o-HBA，当 pH 从 2.0 提高到 4.0 时，吸附量稍有增加，但随着 pH 进一步增加，其吸附量反而降低。pH 直接影响芳香羧酸的存在形式，当溶液中的 pH>pK_a 时，芳香羧酸以离子的形式存在；当溶液中的 pH<pK_a 时，芳香羧酸则以分子的形式存在。对于 o-PA，当 pH<pK_{a1}(2.75)时，一价酸根离子随着 pH 的增加而增加，吸附量也增加；当 pH 增加到 pK_{a2}(4.92)时，一价酸根离子进一步解离成二价酸根离子，解离的羧基易于配位结合，所以吸附量达到最大值。在 Zr-R-CFA 吸附 o-HBA 过程中，同样也是解离的基团有利于吸附。当体系中主要是 o-HBA 分子存在时，材料对 o-HBA 的吸附量较低。当 pH 增加时，o-HBA 分子解离成酸根离子，吸附量增加。另外，离子强度对 Zr-R-CFA 吸附芳香羧酸几乎没有影响，这是因为吸附主要依靠配位结合作用，而配位结合作用几乎不受 NaCl 离子强度的影响。温度对 Zr-R-CFA 吸附芳香羧酸也有一定的影响，Zr-R-CFA 对 o-PA 和 o-HBA 的吸附量随着温度的升高而增大[103]。

Zr-R-CFA 对苯甲酸(BA)、邻苯二甲酸(o-PA)、对苯二甲酸(p-PA)、间苯二甲酸(m-PA)的吸附能力的大小依次为 o-PA>m-PA>BA>p-PA。羧基的数量和位置对其与 Zr-R-CFA 上固载的 Zr(IV)之间形成的配合物有很大影响。BA 只带一个羧基，当它与固载 Zr(IV)发生配体交换反应时，形成图 4.25 中的(a)型结构配合物。

当 m-PA 和 p-PA 与固载的 Zr(IV)发生配体交换反应时，根据苯环上羧基的空间构象，m-PA 和 p-PA 的两个羧基不能同时与固载的 Zr(IV)配位，它们只能主要以一个羧基与固载的 Zr(IV)配位，形成的配合物也是图 4.25 中的(a)型结构配合物。因此，BA 和 m-PA 及 p-PA 的吸附量很接近。o-PA 与固载的 Zr(IV)进行配位反应时，可能以三种方式产生配位结合。o-PA 可以以一个羧基参与配位，形成图 4.25 中的(a)型结构配合物；o-PA 也可以以两个邻位羧基同时参与配位，形成图 4.25 中的(b)型和(c)型结构配合物，其中(b)型结构为螯合结构。o-PA 与固载的 Zr(IV)形成配合物的可能结构类型较多，其中有稳定性更高的螯合结构，这是 Zr-R-CFA 对 o-PA 产生较大吸附量的主要原因。邻羟基苯甲酸(o-HBA)、对羟基苯甲酸(p-HBA)在 Zr-R-CFA 上的吸附量是 o-HBA>p-HBA。o-HBA 中羧基与羟基处于邻位位置，p-HBA 中羧基与羟基处于对位位置，与本章 4.3 节中 Zr-CFA 吸附 o-HBA 和 p-HBA 的情况不同，Zr-R-CFA 上的 Zr(IV)可能可以同时与 o-HBA 上的邻位羟基和羧基配位，而 p-HBA 的两个对位取代基不能同时与一个 Zr(IV)配位，参与配位的基团主要是它的羧基，所以相比之下，可以以羟基和羧基同时配位的 o-HBA 的吸附量较 p-HBA 大一些。另外，含有两个邻位羧基的 o-PA 的吸附量又比含有邻位羟基和羧基的 o-HBA 大得多，这是因为羧基在吸附过程中起到的配位作用远大于羟基[103]。

4.6.3　对蛋白质的吸附分离特性

重组胶原纤维固载锆吸附材料(Zr-R-CFA)[Zr(IV)固载量为 1.12mmol/g]对蛋白质也具有较好的吸附和分离性能。张米娜等研究了 Zr-R-CFA 对牛血清蛋白(BSA)和牛血红蛋白(Hb)这两种性质相似的蛋白质的吸附分离特性。当 BSA 和 Hb 的初始浓度均为 0.5mg/mL，吸附材料用量为 2g/L，pH 为 5.0，温度为 25℃时，Zr-R-CFA 对 BSA 和 Hb 的吸附量分别约为 220mg/g 和 150mg/g；当 BSA 的初始浓度提高到 2.0mg/mL，吸附材料用量仍为 2g/L，pH 仍为 5.0，温度为 30℃时，Zr-R-CFA 对 BSA 的吸附量增大至 550mg/g。BSA 与 Zr-R-CFA 之间的吸附主要是静电作用，而 Hb 与 Zr-R-CFA 之间的吸附是同时基于螯合作用、疏水作用和静电作用[103]。

pH 和离子强度对 BSA 和 Hb 的吸附具有显著的影响。蛋白质作为一种两性高分子电解质，含有许多解离基团，pH 影响蛋白质分子上带电基团的离子化程度，从而改变蛋白质表面的净电荷数。如图 4.37 所示，在 BSA 等电点(pI 4.9)附近 pH 为 5.0 处 Zr-R-CFA 对 BSA 的吸附量达到最大值，随着 pH 偏离等电点其吸附量急剧下降。Zr-R-CFA 的等电点在 4.4 左右，当 pH 小于 4.4 时，BSA 和吸附剂均带正电荷，两种物质存在静电斥力，因此吸附量随 pH 的降低而逐渐降低；当 pH 大于 5.0 时，BSA 与吸附剂均带负电荷，同样，由于两者存在静电斥力，BSA 的吸附量降低；在 pH 为 4.4~5.0 范围内，BSA 带正电荷，而吸附剂带负电荷，它们之间存在着静电引力，因此吸附量最大。另外，当 pH 偏离蛋白质等电点时，BSA 的水化性更强，从而增加了其在水相中的溶解度及稳定性，不利于吸附的进行。Zr-R-CFA 对 Hb 的吸附量在 pH 为 5.0～8.0(此 pH 范围下，Hb 才能保持结构稳定)时随着 pH 的升高而略微降低，在 pH 为 5.0 时，吸附量出现最大值。NaCl 离子强度对吸附的影响如图 4.38 所示，盐的存在不利于 BSA 的吸附，随着盐浓度的增加，BSA 的吸附量快速下降。在 Zr-R-CFA 和 BSA 之间静电作用占据主导地位，盐浓度增大的同时，静电作用受到削弱，因此吸附量迅速下降。相对于 BSA，NaCl 离子强度对 Hb 的吸附具有不同的影响，盐在一定浓度范围内还可以增强 Zr-R-CFA 对 Hb 的吸附作用。当 pH 在 Hb 的等电点(pI 7.0)附近时(pH 7.5)，NaCl 浓度的增加几乎不影响 Hb 在 Zr-R-CFA 上的吸附；当 pH 偏离其等电点时(pH 5.0)，随着 NaCl 浓度在 0～0.1mol/L 之间的增加，Hb 的吸附量呈显著的上升趋势，随着 NaCl 浓度的继续增加(0.1～0.6mol/L)，吸附量几乎不变，但当再进一步增加 NaCl 的浓度时(0.6～1.0mol/L)，吸附量缓慢下降。可以判断，静电作用在 Zr-R-CFA 对 Hb 的吸附过程中贡献并不大，而螯合作用和疏水作用占据主导地位。盐有助于削弱金属离子的水合作用，金属离子失水后，促使金属离子与蛋白质配基之间形成络合物。此外，加入盐还能使供电氨基与固定化金属离子发生紧密接触从而发生吸附，盐还能使蛋白质从水中析出与金属离子接触，同时使蛋白质的疏水性增强，与 Zr-R-CFA 的疏水区域通过疏水作用结合。NaCl-磷酸缓冲液对 BSA 的解吸效果较好，解吸率达到 93.2%，而咪唑-SDS 磷酸缓冲液可以对 Hb 进行解吸，解吸率达到 95.9%，并且这两种解吸液都不会使蛋白质变性[103,104]。

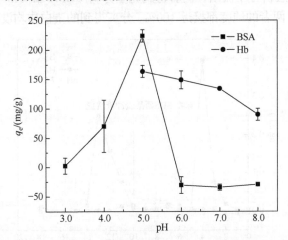

图 4.37　pH 对 Zr-R-CFA 吸附 BSA 和 Hb 的影响[103]

当 pH 为 7.5 时，Zr-R-CFA 几乎不吸附 BSA，而 Hb 依然有较大的吸附量，此时 Zr-R-CFA 对 Hb 具有很好的吸附选择性。pH 均为 7.5、浓度均为 0.5mg/mL 的 BSA 溶液和 Hb 溶液流经 Zr-R-CFA 吸附柱(Zr-R-CFA 用量为 4g，柱高为 26cm，

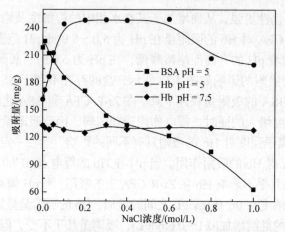

图 4.38　　NaCl 浓度对 Zr-R-CFA 吸附 BSA 和 Hb 的影响[103]

柱直径为 1.5cm)，BSA 直接从吸附柱中流出，而 Hb 则被吸附柱吸附，约在进液 115mL 时达到吸附穿透点后才从吸附柱中流出。所以，两种蛋白质具备在 Zr-R-CFA 柱上分离的条件，可视两者的分离因子无穷大。图 4.39 为浓度均为 5mg/mL 的 BSA 和 Hb 混合溶液(上样 5mL)在 Zr-R-CFA 层析柱(Zr-R-CFA 用量为 4g，柱高为 26cm，柱直径为 1.5cm)上的层析分离图，体系的 pH 为 7.5。BSA 不在层析柱内保留，直接流出，而 Hb 吸附在层析柱上。采用咪唑-SDS 磷酸缓冲液洗脱时，保留在层析柱中的 Hb 快速从层析柱中流出，两者得到完全分离。BSA 和 Hb 的回收率分别为 73.2%和 81.9%，两者的纯度都接近 100%。分离得到的蛋白质均没有发生变性[103]。

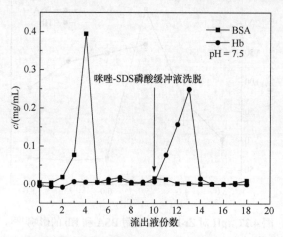

图 4.39　　BSA 和 Hb 混合溶液在 Zr-R-CFA 层析柱上的分离谱图[103]

参 考 文 献

[1] World Health Organization. Guidelines for drinking water quality[R]. Genva: WHO, 1993.

[2] Namasivayam C, Sangeetha D. Equilibrium and kinetic studies of adsorption of phosphate onto ZnCl₂ activated coir pith carbon[J]. Journal of Colloid and Interface Science, 2004, 280 (2): 359-365.

[3] Nguyen T V, Vigneswaran S, Ngo H H, et al. Specific treatment technologies for removing arsenic from water[J]. Engineering in Life Sciences, 2006, 6 (1): 86-90.

[4] Liao X P, Tang W, Zhou R Q, et al. Adsorption of metal anions of vanadium(V) and chromium(VI) on Zr(VI)-impregnated collagen fiber[J]. Adsorption, 2008, 14(1): 55-64.

[5] 唐伟. 基于皮胶原纤维的吸附材料对重金属离子吸附特性研究[D]. 成都: 四川大学, 2006.

[6] Liao X P, Shi B. Adsorption of fluoride on zirconium(IV)-impregnated collagen fiber[J]. Environmental Science and Technology, 2005, 39(12): 4628-4632.

[7] 邓慧, 廖学品, 石碧. 胶原纤维负载金属离子对氟的吸附性能研究[J]. 四川大学学报(工程科学版), 2006, 38 (3): 76-80.

[8] 邓慧, 廖学品, 石碧. 胶原纤维负载铈(CeCF)吸附水体中氟的研究[J]. 皮革科学与工程, 2006, 16 (6): 9-14.

[9] Liao X P, Ding Y, Wang B, et al. Adsorption behavior of phosphate on metal-ions-loaded collagen fiber[J]. Industrial and Engineering Chemistry Research, 2006, 45(11): 3896-3901.

[10] 丁云, 廖学品, 石碧. 胶原纤维固载 Fe(III) 对磷酸根的吸附特性[J]. 化工学报, 2007, 58 (5): 1225-1231.

[11] 丁云. 胶原纤维固载金属离子吸附材料对水体中磷酸根的吸附研究[D]. 成都: 四川大学, 2007.

[12] 丁云, 廖学品, 石碧. 胶原纤维固载锆 (IV) 对含氟、磷废水中磷的去除[J]. 皮革科学与工程, 2007, 17(1): 6-10.

[13] Huang X, Liao X P, Shi B. Adsorption removal of phosphate in industrial wastewater by using metal-loaded skin split waste[J]. Journal of Hazardous Materials, 2009, 166(2/3): 1261-1265.

[14] 黄彦杰. 胶原纤维固载金属离子吸附材料对砷 (As⁵⁺) 的吸附特性研究[D]. 成都: 四川大学, 2007.

[15] 黄彦杰, 廖学品, 石碧. 胶原纤维固载铁对砷 As(V) 的吸附特性[J]. 皮革科学与工程, 2007, 17 (2): 10-14.

[16] 焦利敏. 胶原纤维磷酸化和固载锆 (IV) 吸附材料的制备及其吸附特性研究[D]. 成都: 四川大学, 2009.

[17] Jiao L M, Liao X P, Shi B. Adsorptive removal of As(V) from aqueous solution by Zr(IV)-loaded skin shavings[J]. Journal of the American Leather Chemists Association, 2009, 104 (9): 308-315.

[18] Huang X, Jiao L M, Liao X P, et al. Adsorptive removal of As(III) from aqueous solution by Zr(IV)-loaded collagen fiber[J]. Industrial and Engineering Chemistry Research, 2008, 47(15): 5623-5628.

[19] 任涛. 利用含铬废革屑制备氟吸附材料[D]. 成都: 四川大学, 2009.

[20] 任涛, 廖学品, 石碧, 等. 含铬废革屑负载锆对水中氟的吸附[J]. 皮革科学与工程, 2009, 19 (3): 5-9, 14.

[21] 陈洁. 铬鞣废革屑制备吸附材料及其对水体中磷酸根的吸附性能[D]. 成都: 四川大学, 2009.

[22] 陈洁, 廖学品, 石碧. 含铬废革屑对水体中磷酸根的吸附性能研究[J]. 中国皮革, 2008, 37 (15): 11-14.

[23] 卢建杭, 黄克玲, 刘维屏. 含氟水治理研究进展[J]. 化工环保, 1999, 19(6): 341-345.

[24] Chubar N I, Kanibolotskyy V A, Strelko V V, et al. Adsorption of phosphate ions on novel inorganic ion exchangers[J]. Colloids and Surfaces A: Physicochemical and Engineering Aspects, 2005, 255(1-3): 55-63.

[25] Nguyen A H, Ngo H H, Cuo W S, et al. Adsorption of phosphate from aqueous solutions and sewage using zirconium loaded okara (ZLO): Fixed-bed column study[J]. Science of the Total Environment, 2015, 523: 40-49.

[26] Ozacar M. Adsorption of phosphate from aqueous solution onto alunite[J]. Chemosphere, 2003, 51(4): 321-327.

[27] Tanada S, Kabayama M, Kawasaki N, et al. Removal of phosphate by aluminum oxide hydroxide[J]. Journal of Colloid and Interface Science, 2003, 257(1): 135-140.

[28] Li L, Stanforth R R. Distinguishing adsorption and surface precipitation of phosphate on goethite (α-FeOOH)[J]. Journal of Colloid and Interface Science, 2000, 230(1): 12-21.

[29] Ren J, Li N, Zhao L, et al. Enhanced adsorption of phosphate by loading nanosized ferric oxyhydroxide on anion resin[J]. Frontiers of Environmental Science and Engineering, 2014, 8(4): 531-538.

[30] 邵志国, 王起超, 全玉莲. 含氟含磷废水处理工艺的设计与运行[J]. 工业水处理, 2005, 25(2): 69-71.

[31] Goldberg S, Johnston C T. Mechanisms of arsenic adsorption on amorphous oxides evaluated using macroscopic measurements, vibrational spectroscopy, and surface complexation modeling[J]. Journal of Colloid and Interface Science, 2001, 234(1): 204-216.

[32] Lenoble V, Bouras O, Deluchat V, et al. Arsenic adsorption onto pillared clays and iron oxides[J]. Journal of Colloid and Interface Science, 2002, 255 (1): 52-58.

[33] Matsunaga H, Yokoyama T, Eldridge R J, et al. Adsorption characteristics of arsenic(III) and arsenic(V) on iron(III)-loaded chelating resin having lysine-N^{α}, N^{α}-diacetic acid moiety[J]. Reactive and Functional Polymers, 1996, 29(3): 167-174.

[34] Hassan A F, Abdel-Mohsen A M, Elhadidy H. Adsorption of arsenic by activated carbon, calcium alginate and their composite beads[J]. International Journal of Biological Macromolecules, 2014, 68: 125-130.

[35] Zeng L. Arsenic adsorption from aqueous solutions on an Fe(III)-Si binary oxide adsorbent[J]. Water Quality Research Journal of Canada, 2004, 39(3): 267-275.

[36] Makris K C, Sarkar D, Datta R. Evaluating a drinking-water waste by-product as a novel sorbent for arsenic[J]. Chemosphere, 2006, 64(5): 730-741.

[37] Haque M N, Morrison G M, Perrusquia G, et al. Characteristics of arsenic adsorption to sorghum biomass[J]. Journal of Hazardous Materials, 2007, 145(1-2): 30-35.

[38] Zhang W, Singh P, Paling E, et al. Arsenic removal from contaminated water by natural iron ores[J]. Minerals Engineering, 2004, 17(4): 517-524.

[39] Ladeira A C Q, Ciminelli V S T. Adsorption and desorption of arsenic on an oxisol and its

constituents[J]. Water Research, 2004, 38(8): 2087-2094.

[40] Robinson T, Marchant R, Nigam P, et al. Remediation of dyes in textile effluent: A critical review on current treatment technologies with a proposed alternative[J]. Bioresource Technology, 2001, 77(3): 247-255.

[41] 顾迎春. 皮胶原纤维固载金属离子吸附材料的制备及其对水体中染料和有机酸的吸附[D]. 成都: 四川大学, 2007.

[42] 廖学品, 张米娜, 王茹, 等. 制革固体废弃物的吸附特性[J]. 化工学报, 2004, 55(12): 2051-2059.

[43] 张米娜, 廖学品, 石碧. 含铬废革屑对水体中染料的吸附[J]. 中国皮革, 2004, 33 (13): 10-13.

[44] 姜苏杰, 张米娜, 吴晖, 等. 含铬废革屑对水体中有机物的吸附特性[J]. 中国皮革, 2007, 36 (21): 9-12.

[45] 姜苏杰. 含铬废革屑及含铬废革屑固载锆对有机酸的吸附特性研究[D]. 成都: 四川大学, 2008.

[46] Perkins W S. Textile Coloration and Finishing[M]. Beijing: China Textile Press, 2004: 142-143.

[47] 顾迎春, 廖学品, 王玉路, 等. 皮胶原纤维固载 Zr(IV)对水体中染料的吸附[J]. 应用基础与工程科学学报, 2007, 15 (3): 414-423.

[48] Safa Y, Bhatti H. Adsorption removal of direct dyes by low cost rice husk: effect of treatment and modifications[J]. African Journal of Biotechnology, 2011, 10(16): 3128-3142.

[49] Mahmoodi N M, Masrouri O, Arabi A M. Synthesis of porous adsorbent using microwave assisted combustion method and dye removal[J]. Journal of Alloys and Compounds, 2014, 602: 210-220.

[50] Annadurai G, Juang R S, Lee D J. Use of cellulose-based wastes for adsorption of dyes from aqueous solutions[J]. Journal of Hazardous Materials, 2002, 92(3): 263-274.

[51] Li Y J, Gao B Y, Wu T, et al. Adsorption properties of aluminum magnesium mixed hydroxide for model anionic dye Reactive Brillant Red K-2BP[J]. Journal of Hazardous Materials, 2009, 164(2-3): 1098-1104.

[52] Sivaraj R, Namasivayam C, Kadirvelu K. Orange peel as an adsorbent in the removal of Acid violet 17 (acid dye) from aqueous solutions[J]. Waste Management, 2001, 21(1): 105-110.

[53] Chen B N, Hui C W, McKay G. Film-pore diffusion modeling and contact time optimization for the adsorption of dyestuffs on pith[J]. Chemical Engineering Journal, 2001, 84(2): 77-94.

[54] Ho Y S, McKay G. Sorption of dye from aqueous solution by peat[J]. Chemical Engineering Journal, 1998, 70(2): 115-124.

[55] Saygili H, Guzel F, Önal Y. Conversion of grape industrial processing waste to activated carbon sorbent and its performance in cationic and anionic dyes adsorption[J]. Journal of Cleaner Production, 2015, 93: 84-93.

[56] Dawood S, Sen T K, Phan C. Synthesis and characterisation of novel-activated carbon from waste biomass pine cone and its application in the removal of Congo Red dye from aqueous solution by adsorption[J]. Water Air and Soil Pollution, 2014, 225(1): 1818.1-1818.16.

[57] Al-Degs Y, Khraisheh M A M, Allen S J, et al. Effect of carbon surface chemistry on the removal of reactive dyes from textile effluent[J]. Water Research, 2000, 34(3): 927-935.

[58] Zhang M N, Liao X P, Shi B. Adsorption of surfactants from aqueous solution by chromium-

containing leather waste[J]. Journal of the Society of Leather Technologists and Chemists, 2006, 90 (1): 1-6.

[59] 顾迎春, 廖学品, 石碧. 皮胶原纤维固载 Zr(Ⅳ)对水体中苯羧酸的吸附特性[J]. 四川大学学报(工程科学版), 2010, 42 (3): 189-194, 200.

[60] 顾迎春, 廖学品, 郑静, 等. 胶原纤维固载 Zr(Ⅳ)对水体中苯羧酸的去除[J]. 中国现代医学杂志, 2009, 19(10): 1456-1459.

[61] 于鲁冀, 吴小宁, 梁亦欣, 等. NDA-66 树脂对邻苯二甲酸的吸附及脱附性能[J]. 化工环保, 2014, 34(1): 1-4.

[62] 王学江, 张兴全, 赵建夫, 等. 新型聚苯乙烯树脂对酚酸物质的吸附性能[J]. 同济大学学报(自然科学版), 2004, 32(9): 1183-1187.

[63] 陆爱霞. 胶原纤维固化金属离子吸附材料的制备及其对蛋白质、酶和微生物的吸附特性研究[D]. 成都: 四川大学, 2006.

[64] Porath J, Carlsson J, Olsson I, et al. Metal chelate affinity chromatography: A new approach to protein fractionation[J]. Nature, 1975, 258: 598-599.

[65] Gislason J, Iyer S, Hutchens T W, et al. Lactoferrin receptors in piglet small intestine: Lactoferrin binding properties, ontogeny, and regional distribution in the gastrointestinal tract[J]. Journal of Nutritional Biochemistry, 1993 4(9): 528-533.

[66] Fleming A. On a remarkable bacteriolytic element found in tissues and secretions[J]. Proceedings of the Royal Society of London Series B: Containing papers of a Biological Character, 1922, 93(653): 306-317.

[61] 方元超, 梅丛笑, 尹宁. 溶菌酶及其应用前景[J]. 中国食品添加剂, 1999, (4): 39-43.

[68] 陈慧英, 吴晓英, 林影. 溶菌酶分离纯化方法的研究新进展[J]. 广东药学院学报, 2003, 19(4): 356-358.

[69] 王跃军, 孙谧, 张云波, 等. 海洋低温溶菌酶的制备及酶学性质[J]. 海洋水产研究, 2000, 21(41): 54-63.

[70] 范林林, 林楠, 冯叙娇, 等. 溶菌酶及其在食品工业中的应用[J]. 食品与发酵工业, 2015, 41(3): 248-253.

[71] 何金花, 刘誉, 刘冠杰, 等. 溶菌酶在医药中的应用及其研究进展[J]. 今日药学, 2008, 18(2): 16-19.

[72] Lu A X, Liao X P, Zhou R Q, et al. Preparation of Fe(Ⅲ)-immobilized collagen fiber for lysozyme adsorption[J]. Colloids and Surfaces A: Physicochemical and Engineering Aspects, 2007, 301(1/3): 85-93.

[73] Klint D, Eriksson H. Conditions for the adsorption of proteins on ultrastable zeolite Y and its use in protein purification[J]. Protein Expression and Purification, 1997, 10(2): 247-255.

[74] Katiyar A, Ji L, Smirniotis P G, et al. Adsorption of bovine serum albumin and lysozyme on siliceous MCM-41[J]. Microporous and Mesoporous Materials, 2005, 80: 311-320.

[75] Fasman G D. Handbook of Biochemistry and Molecular Biology[M]. Boca Raton L: CRC Press, 1977.

[76] Jurgens K D, Baumann R. Ultrasonic absorption studies of protein-buffer interactions. Determination of equilibrium parameters of titratable groups[J]. European Biophysics Journal with Biophysics

Letters, 1985, 12: 217-222.

[77] Arica M Y, Yilmaz M, Yalcin E, et al. Affinity membrane chromatography: Relationship of dye-ligand type to surface polarity and their effect on lysozyme separation and purification[J]. Journal of Chromatography B: Analytical Technologies in the Biomedical and Life Sciences, 2004, 805(2): 315-323.

[78] 朱亦仁. 环境污染治理技术[M]. 北京: 中国环境科学出版社, 2002.

[79] Mills A L, Herman J S, Hornberger G M, et al. Effect of solution ionic strength and iron coatings on mineral grains on the sorption of bacterial cells to quartz sand[J]. Applied and Environmental Microbiology, 1994, 60(9): 3300-3306.

[80] Bolster C H, Mills A L, Hornberger G M, et al. Effect of surface coatings, grain size, and ionic strength on the maximum attainable coverage of bacteria on sand surfaces[J]. Journal of Contaminant Hydrology, 2001, 50: 287-305.

[81] Lukasik J, Farrah S R, Truesdail S E, et al. Adsorption of microorganisms to sand diatomaceous earth particles coated with metallic hydroxides[J]. Kona, 1996 (14): 87-91.

[82] Farrah S R, Preston D R. Concentration of viruses from water by using cellulose filters modified by *in situ* precipitation of ferric and aluminum hydroxides[J]. Applied and Environmental Microbiology, 1985, 50(6): 1502-1504.

[83] 成庆利, 滑冰. 固定化细胞研究进展[J]. 河南教育学院学报(自然科学版), 2003, 12(2): 53-54.

[84] 宋向阳, 余世袁. 生物细胞固定化技术及研究进展[J]. 化工时刊, 2000, (11): 37-39.

[85] 张磊, 张烨, 侯红萍, 等. 固定化细胞技术的研究进展[J]. 四川食品与发酵, 2006, (1): 5-7.

[86] 田沈, 王菊, 陈新芳, 等. 固定化运动发酵单胞菌乙醇发酵研究[J]. 太阳能学报, 2005, 26(2): 219-223.

[87] 罗贵民. 酶工程[M]. 北京: 化学工业出版社, 2003.

[88] Prescott L M, Harley J P, Klevin D A. Microbiology[M]. 5th ed. Beijing: Higher Education Press, 2002: 56-60.

[89] Shashikala A R, Raichur A M. Role of interfacial phenomena in determining adsorption of *Bacillus polymyxa* onto hematite and quartz[J]. Colloids and Surfaces B: Biointerfaces, 2002, 24(1): 11-20.

[90] 陆爱霞, 焦利敏, 廖学品, 等. 胶原纤维固化铁(Ⅲ)吸附材料的制备及其吸附细菌[J]. 化工学报, 2006, 57(4): 886-891.

[91] Fletcher M. Effects of culture concentration and age, time, and temperature on bacterial attachment to polystyrene[J]. Canadian Journal of Microbiology, 1977, 23(1): 1-6.

[92] Marshall K C, Stout R, Mitchell R. Mechanism of the initial events in the sorption of marine bacteria to surfaces[J]. Journal of General Microbiology, 1971, 68(3): 337-348.

[93] Van Loosdrecht M C, Lyklema J, Norde W, et al. Electrophoretic mobility and hydrophobicity as a measure to predict the initial steps of bacterial adhesion[J]. Applied and Enviromental Microbiology, 1987, 53(8): 1898-1901.

[94] Fattom A, Shilo M. Hydrophobicity as an adhesion mechanism of benthic cyanobacteria[J]. Applied and Enviromental Microbiology, 1984, 47(1): 135-143.

[95] 何利. 胶原纤维负载酵母细胞生物催化剂和负载纳米银抗菌剂的制备及性能研究[D]. 成都: 四川大学, 2011.

[96] 何利, 何强, 廖学品, 等. 胶原纤维负载金属离子固定酵母细胞及其发酵特性研究[J]. 四川大学学报(工程科学版), 2010, 42(6): 176-182.

[97] Bowen W R, Sabuni H A M, Ventham T J. Studies of the cell-wall properties of *Saccharomyces cerevisiae* during fermentation[J]. Biotechnology and Bioengineering, 1992, 40(11): 1309-1318.

[98] Kopsahelis N, Kanellaki M, Bekatorou A. Low temperature brewing using cells immobilized on brewer's spent grains[J]. Food Chemistry, 2007, 104(2): 480-488.

[99] Liang L, Zhang Y P, Zhang L, et al. Study of sugarcane pieces as yeast supports for ethanol production from sugarcane juice and molasses[J]. Journal of Industrial Microbiology and Biotechnology, 2008, 35(12): 1605-1613.

[100] Plessas S, Bekatorou A, Koutinas A A, et al. Use of *Saccharomyces cerevisiae* cells immobilized on orange peel as biocatalyst for alcoholic fermentation[J]. Bioresource Technology, 2007, 98(4): 860-865.

[101] Athanasiadis I, Boskou D, Kanellaki M, et al. Effect of carbohydrate substrate on fermentation by kefir yeast supported on delignified cellulosic materials[J]. Journal of Agricultural and Food Chemistry, 2001, 49(2): 658-663.

[102] Kopsahelis N, Agouridis N, Bekatorou A, et al. Comparative study of spent grains and delignified spent grains as yeast supports for alcohol production from molasses[J]. Bioresource Technology, 2007, 98(7): 1440-1447.

[103] 张米娜. 胶原固化锆离子吸附材料的制备及对芳羧酸和蛋白质的吸附研究[D]. 成都: 四川大学, 2008.

[104] 吴晖, 张米娜, 姜苏杰, 等. 胶原固载 Zr(IV)亲和吸附材料的制备及其对牛血清蛋白的吸附特性[J]. 生物质化学工程, 2008, 42 (1): 17-21.

第5章 胶原纤维负载金属催化材料

5.1 引　言

胶原纤维负载金属催化材料，是利用胶原纤维对 Fe(Ⅲ)、Zr(Ⅳ)、Ti(Ⅳ)、Al(Ⅲ)、Cr(Ⅲ)等具有强配位结合能力，将这些金属离子负载到胶原纤维载体/模板上制备的负载型催化材料。它们可以直接用作催化剂，或是通过在空气气氛下的高温煅烧将胶原纤维模板完全去除，得到多孔金属纤维催化材料。这些材料都保持了胶原纤维的形貌，具备胶原纤维高传质速率和低传质阻力的优点，在多种催化反应中表现出优良的催化性能。

5.2　胶原纤维负载铁离子催化材料

5.2.1　制备方法及表征

1. 制备方法

胶原纤维负载铁离子[Fe(Ⅲ)-CF]催化剂是直接将胶原纤维与铁离子通过配位反应得到的。具体制备方法如下：牛皮经清洗、碱处理、剖皮、脱碱、脱矿物质、缓冲液浸泡、脱水、减压干燥、研磨过筛等处理程序制备得到胶原纤维(CF)粉末。将 15g CF 加入 400mL 去离子水中并在 40℃条件下搅拌 24h，加入 6g NaCl 并充分搅拌，用稀硫酸溶液将 pH 调至 2.0 左右后加入一定量 $Fe_2(SO_4)_3$ 并再搅拌 4～6h；用 15% 的碳酸氢钠溶液在 2h 内将体系的 pH 缓慢提升至 3.0～4.0，升温至 40℃并再反应 4h；然后过滤并用去离子水充分洗涤，于 50℃干燥 12h，即获得 Fe(Ⅲ)-CF。按照制备过程中加入 $Fe_2(SO_4)_3$ 的质量将 Fe(Ⅲ)-CF 命名为 Fe(Ⅲ)-CF$_5$、Fe(Ⅲ)-CF$_{10}$、Fe(Ⅲ)-CF$_{15}$、Fe(Ⅲ)-CF$_{20}$，表示分别加入了 5g、10g、15g、20g $Fe_2(SO_4)_3$ 用于制备 Fe(Ⅲ)负载量不同的四种催化剂。四种催化剂上 Fe(Ⅲ)负载量和负载率分别为 91mg/g 和 97.6%、130mg/g 和 69.7%、154mg/g 和 55.1%、170mg/g 和 45.6%[1]。

胶原纤维本身对 Fe(Ⅲ)具有很强的结合负载能力。制革领域可以用铁盐作为鞣剂把生皮鞣制成为革，也说明胶原纤维与 Fe(Ⅲ)具有很好的反应能力。

在催化苯酚羟基化的过程中，负载 Fe(Ⅲ)的催化剂比负载其他金属离子的催化剂具有更高的催化活性。然而，如果将 Fe(Ⅲ)-CF 催化剂直接用于苯酚的羟基化反应，由于羟基化产物邻苯二酚对 Fe(Ⅲ)具有强烈的螯合作用，Fe(Ⅲ)会大量从载体上脱落，降低了其重复使用性。因此，在负载 Fe(Ⅲ)之前，胶原纤维需要进一步改性，使胶原纤维与 Fe(Ⅲ)之间具有更强的结合能力，防止 Fe(Ⅲ)从胶原纤维上脱落。研究者将亚氨基乙二酸(IDA)通过 Mannich(曼尼希)反应接枝到胶原纤维上，IDA 很容易和胶原侧链的氨基反应，反应原理如图 5.1 所示[2]，而且 IDA 的双羧基结构具有较强的螯合能力，接枝后，可以大大增强 Fe(Ⅲ)在胶原纤维上的稳定性。因此，胶原纤维首先接枝 IDA，然后负载 Fe(Ⅲ)，可以制备出结构稳定性较高的非均相催化剂 Fe(Ⅲ)-IDA-CF。

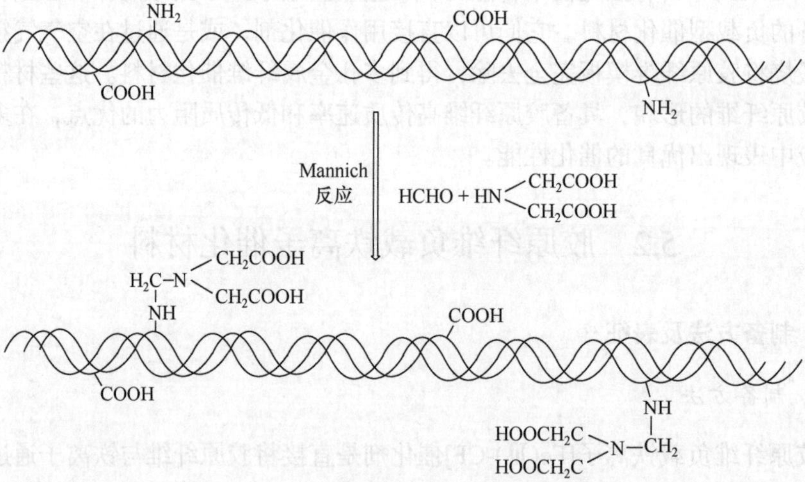

图 5.1　IDA 通过 Mannich 反应接枝到胶原纤维的示意图[2]

    Fe(Ⅲ)-IDA-CF 的具体制备方法如下：将 15g CF 浸入 400mL 去离子水中并在室温下搅拌 24h，然后同时加入 6g NaCl 和 5mL 甲醛，再升温至 40℃，加入 2.5g IDA，搅拌反应 3h。所得产物用去离子水反复洗涤并过滤，得到亚氨基乙二酸改性的胶原纤维(IDA-CF)。将 IDA-CF 在室温下浸入 400mL 去离子水中搅拌 1h，然后加入 4.0g NaCl 并用稀 H_2SO_4 溶液将 pH 调至 2.0，再搅拌 2h。之后加入 5~20g $Fe_2(SO_4)_3$ 并将温度升至 30℃，匀速搅拌反应 4h，再滴加 $NaHCO_3$ 饱和溶液至 pH 2.8，然后升温至 40℃并搅拌 4h。所得产物用去离子水反复清洗并过滤，再在 50℃恒温干燥 12h，便得到亚氨基乙二酸改性胶原纤维负载 Fe(Ⅲ)离子 [Fe(Ⅲ)-IDA-CF]催化剂[2]。

2. 表征

Fe(Ⅲ)-CF 在表观上为疏松、分散性好的纤维状固体，其色泽为淡黄褐色，且随 Fe(Ⅲ)负载量增加而略有加深。Fe(Ⅲ)-CF 仍然保持了胶原纤维的纤维状结构，纤维间未发现固体颗粒沉积，如图 5.2 所示。Fe(Ⅲ)-CF 上的 Fe(Ⅲ)是以非晶态形式存在于胶原纤维中，在光助催化降解酸性橙Ⅱ、孔雀石绿、苯酚后，Fe(Ⅲ)仍然保持非晶型形态。Fe(Ⅲ)主要是与胶原纤维中的 N 和 O 发生配位结合而被固载到胶原纤维上，即 Fe(Ⅲ)主要与胶原分子中的—NH₂ 和—COOH 发生配位反应[1]。

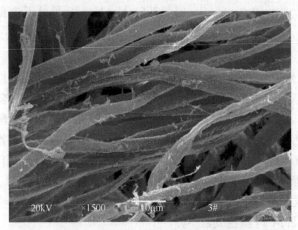

图 5.2　Fe(Ⅲ)-CF 催化剂的 SEM 图[1]

与 Fe(Ⅲ)-CF 一样，通过亚氨基乙二酸改性的 Fe(Ⅲ)-IDA-CF 也保持了胶原纤维的纤维状结构，不同的是，Fe(Ⅲ)-IDA-CF 上 Fe(Ⅲ)催化活性位点在反应中的稳定性大大提高[2]。

5.2.2　催化性能评价

1. Fe(Ⅲ)-CF 光助催化降解酸性橙Ⅱ

光催化技术是一种先进的光降解有机物技术，在环境污染控制和治理方面有着广阔的应用前景。该技术的主要原理是氧化剂通过催化剂在光照条件下产生具有强氧化性的自由基(如 $\cdot$ OH、$\cdot$ O₂⁻)，将有机物逐步氧化成低分子中间产物，最终降解为没有危害的 CO_2、H_2O 及其他的无机小分子等。Fe(Ⅲ)-CF 对酸性橙Ⅱ具有较强的吸附能力和紫外光助催化降解(H_2O_2 降解)能力。酸性橙Ⅱ的光助催化降解过程可分为吸附、引发、主矿化及平衡四个阶段。在吸附阶段，溶液中大部分酸性橙Ⅱ在很短时间内被 Fe(Ⅲ)-CF 吸附；在引发阶段，Fe(Ⅲ)与 Fe(Ⅱ)之间相互转换使双氧水分解并产生羟自由基，强反应活性的羟自由基进攻酸性橙Ⅱ，将其分子结构中的薄弱化学键破坏或打断，生成小分子的中间产物，这时候溶液颜色变浅，但 TOC(总有机碳)下降不明显；在主矿化阶段，随着 Fe(Ⅲ)与 Fe(Ⅱ)之间不停地相互转换，双氧水进一步分解并生成大量羟自由基，将小分子的中间产物进一步降解和矿化，此时溶液中残留的 TOC 明显降低；随着中间产物的深度矿化，生成了少量化学结构和性质更为稳定的小分子物质，这些小分子物质不能继续被羟自由基所分解而残留在溶液中，光催化降解反应达到平衡阶段，溶液的 TOC 几乎不变，但其颜色完全消失[1]。

酸性橙 II 是一种阴离子型偶氮染料，其分子结构中含有偶氮染料的共性结构偶氮基($-N=N-$)，另外还含有羟基($-OH$)和磺酸基($-SO_3^-$)，如图 5.3 所示。因此，酸性橙 II 能够与胶原纤维发生离子键、氢键和疏水键结合，另外 Fe(III)-CF 的正电性使其还可以基于静电吸引作用与酸性橙 II 结合，这是吸附阶段的主要驱动力。Fe(III)-CF$_5$ 对酸性橙 II 的吸附

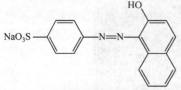

图 5.3　酸性橙 II 的分子结构式

速率非常快，使用 1.00g/L Fe(III)-CF$_5$ 吸附 0.2mmol/L 酸性橙 II 溶液，最大吸附量发生在前 10min，溶液中近 35% 的酸性橙 II 被 Fe(III)-CF$_5$ 吸附，吸附反应在 50min 后逐步趋于平衡，此时溶液中 49% 的酸性橙 II 被 Fe(III)-CF$_5$ 吸附。吸附过程伴随着氢质子的释放，溶液的 pH 在前 10min 内由 6.4 迅速降至 3.9。吸附后，溶液颜色变浅，而 Fe(III)-CF$_5$ 颜色变红[1]。

Fe(III)-CF 吸附酸性橙 II 以后，在紫外光作用下对其进行催化降解，降解反应结束后，Fe(III)-CF 重新恢复到其自身颜色。催化反应进行一定时间后，溶液的 TOC 浓度大幅度下降，底物溶液完全脱色。反应体系的初始 pH、双氧水用量、催化剂用量、Fe(III)负载量和酸性橙 II 初始浓度会影响 Fe(III)-CF 对酸性橙 II 的光助催化降解。初始 pH 对催化降解反应影响较大，这是因为它会影响催化活性位点铁离子的逸出量。如图 5.4 所示，当体系的初始 pH 为 2.0 时，使用 Fe(III)-CF$_5$ 催化降解酸性橙 II 进行到 90min 时溶液中的铁离子浓度会高达 45mg/L，提高体系的初始 pH 到 3.0，逸出到溶液中的铁离子很少，特别是当初始 pH 高于 4.0 后，溶液中的铁离子浓度仅为 0.8mg/L。Fe(III)-CF$_5$ 的较佳使用 pH 范围为 3.0～6.4[1]。

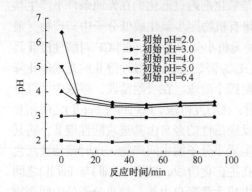

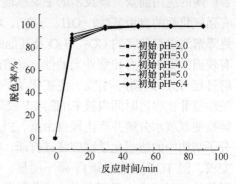

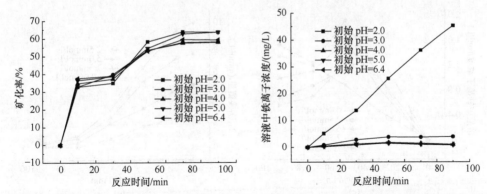

图 5.4　初始 pH 对 Fe(Ⅲ)-CF₅ 在短波紫外光作用下催化降解酸性橙Ⅱ中铁离子逸出量的影响[1]
酸性橙Ⅱ初始浓度为 0.20mmol/L；H₂O₂ 用量为 5.0mmol/L；Fe(Ⅲ)-CF₅ 用量为 1.00g/L；UVC 254nm，紫外灯功率为 10W；(25±2)℃

　　反应体系中不加入双氧水，降解反应不能进行；加入双氧水但双氧水用量不足，矿化速率很低；若双氧水用量过高，双氧水会分解为氧化能力较低的过氧羟自由基，也会降低对酸性橙Ⅱ的矿化率。当反应体系不加入双氧水时，表现的脱色率和矿化率仅仅是由 Fe(Ⅲ)-CF 对酸性橙Ⅱ的吸附作用所致，并未发生真正意义上的脱色和矿化，即降解反应并未发生。一旦加入双氧水，酸性橙Ⅱ的脱色及矿化反应即可进行。如图 5.5 所示，当双氧水用量为 0～5.0mmol/L 时，随着双氧水用量的增加，酸性橙Ⅱ在 90min 内的矿化率呈现上升趋势。这是由于增加双氧水用量会加速羟自由基的生成并促进酸性橙Ⅱ的脱色和矿化。随着双氧水用量从 5.0mmol/L 开始继续增加，羟自由基不仅能降解底物及其中间产物，而且会与双氧水反应生成活性较低的过氧羟自由基(·OOH)，所以当双氧水用量增加到 7.5mmol/L 时，酸性橙Ⅱ在 90min 内的矿化率低于双氧水用量为 5.0mmol/L 的矿化率。当没有双氧水存在时，体系中有一定量的铁离子逸出，这是由于在短波紫

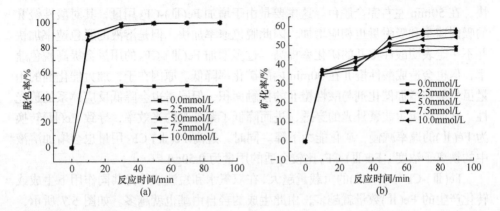

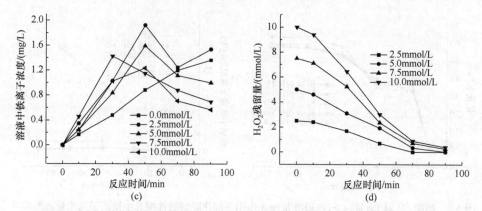

图 5.5 双氧水用量对 Fe(Ⅲ)-CF₅ 在短波紫外光作用下催化降解酸性橙Ⅱ的影响[1]

(a) 对脱色速率的影响；(b) 对矿化速率的影响；(c) 对铁离子逸出的影响；(d) 对双氧水分解速率的影响，酸性橙Ⅱ初始浓度为 0.20mmol/L；反应初始 pH 为 6.4；Fe(Ⅲ)-CF₅用量为 1.00g/L；UVC 254nm，紫外灯功率为 10W；(25±2)℃

外光(λ=254nm)的作用下，Fe(Ⅲ)-CF 上的少量 Fe(Ⅲ) 在光激化的作用下可转换为 Fe(Ⅱ)，由于体系中无双氧水存在，生成的 Fe(Ⅱ) 不能被双氧水氧化为 Fe(Ⅲ) 而重新与胶原纤维结合。当双氧水用量为 2.5mmol/L 时，虽然可使脱色率和矿化率达到较高的水平，但溶液中的铁离子浓度也会较高，这是因为全部的双氧水都已用于产生羟自由基，没有足够的双氧水用于将 Fe(Ⅱ) 氧化为 Fe(Ⅲ) 而使其再与胶原纤维结合。综合分析酸性橙Ⅱ的脱色率和矿化率，以及 Fe(Ⅲ) 的逸出浓度，最佳双氧水用量应为 5.0mmol/L[1]。

合适的催化剂用量会促进催化降解反应的进行，但过高的催化剂用量反而会对催化降解反应产生抑制作用。如图 5.6 所示，短波紫外光能够独自分解双氧水并生成羟自由基，不加入 Fe(Ⅲ)-CF₅时也能在 90min 内使酸性橙Ⅱ溶液彻底脱色，但矿化率只有 19.0% 左右。随着 Fe(Ⅲ)-CF₅用量的增加，反应体系的脱色速率加快，在 50min 左右完全脱色。这主要是由于增加 Fe(Ⅲ)-CF₅用量，其对酸性橙Ⅱ的吸附速率和吸附量也相应增加，因此脱色速率加快。但是溶液的脱色速率加快并不一定表明酸性橙Ⅱ的矿化率提高。过多增加 Fe(Ⅲ)-CF₅的用量会提高脱色速率，但也会造成酸性橙Ⅱ在 90min 内的矿化率降低。原因在于，加大催化剂的用量虽然能够增加催化剂与酸性橙Ⅱ的接触面积，但同时也会降低反应体系的透光性，从而影响短波紫外光的穿透，进而降低了紫外光的光效率，导致 Fe(Ⅲ) 转换为 Fe(Ⅱ) 的速率减慢，矿化能力下降。同时，过高 Fe(Ⅲ)-CF₅用量也会增加溶液中的铁离子浓度。Fe(Ⅲ)-CF₅比较合适的用量为 0.50g/L[1]。

Fe(Ⅲ)-CF 中 Fe(Ⅲ) 的负载量越大，在双氧水和短波紫外光共同作用下生成或转化产生的 Fe(Ⅱ) 数量就越多，由此生成的羟自由基也就越多。如图 5.7 所示，Fe(Ⅲ)-CF 对酸性橙Ⅱ的矿化能力随 Fe(Ⅲ) 负载量的增加而提高，即四种不同

Fe(Ⅲ)负载量的 Fe(Ⅲ)-CF₅、Fe(Ⅲ)-CF₁₀、Fe(Ⅲ)-CF₁₅、Fe(Ⅲ)-CF₂₀[对 15g CF，分别用 5g、10g、15g、20g Fe₂(SO₄)₃ 负载]中，使用 Fe(Ⅲ)-CF₂₀ 作为催化剂时，酸性橙Ⅱ的矿化率最高[1]。

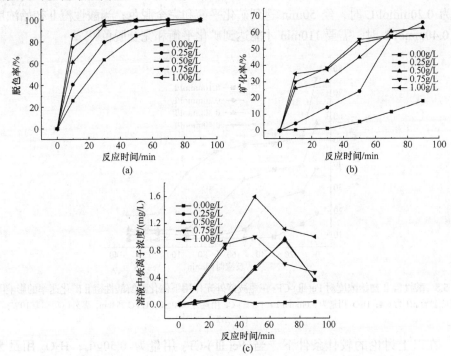

图 5.6　Fe(Ⅲ)-CF₅ 用量对其在短波紫外光作用下催化降解酸性橙Ⅱ的影响[1]

(a) 对脱色速率的影响；(b) 对矿化速率的影响；(c) 对铁离子逸出的影响，酸性橙Ⅱ初始浓度为 0.20mmol/L；
反应初始 pH 为 6.4；H₂O₂ 用量为 5.0mmol/L；UVC 254nm，紫外灯功率为 10W；(25±2)℃

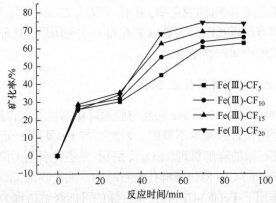

图 5.7　Fe(Ⅲ)负载量对 Fe(Ⅲ)-CF 在短波紫外光作用下催化降解酸性橙Ⅱ矿化速率的影响[1]

酸性橙Ⅱ初始浓度为 0.20mmol/L；反应初始 pH 为 6.4；H₂O₂ 用量为 5.0mmol/L；Fe(Ⅲ)-CF 用量为 0.50g/L；
UVC 254nm，紫外灯功率为 10W；(25±2)℃

　　酸性橙 II 的初始浓度越高，其达到矿化平衡的时间越长、脱色越慢，且在反应达到平衡时溶液中残留的 TOC 浓度也越高。如图 5.8 所示，当酸性橙 II 初始浓度为 0.10mmol/L 时，在 30min 即达到矿化平衡和完全脱色；当酸性橙 II 初始浓度为 0.20mmol/L 时，经 50min 达到矿化平衡和完全脱色；当酸性橙 II 初始浓度为 0.40mmol/L 时，需要 110min 才能达到矿化平衡和完全脱色[1]。

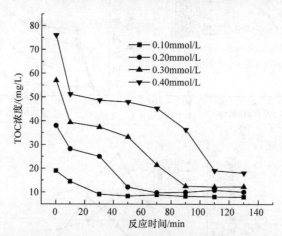

图 5.8　酸性橙 II 初始浓度对 Fe(III)-CF5 在短波紫外光作用下催化降解酸性橙 II 矿化速率的影响[1]

反应初始 pH 为 6.4；H_2O_2 用量为 5.0mmol/L；Fe(III)-CF 用量为 0.50g/L；UVC 254nm，紫外灯功率为 10W；

(25±2)℃

　　在以上讨论的较佳条件下，当 Fe(III)-CF5 用量为 0.50g/L，H_2O_2 用量为 5.0mmol/L 时，Fe(III)-CF5 能在反应进行到 50min 时使 1L 初始浓度为 0.20mmol/L 的酸性橙 II 溶液完全脱色，反应 90min 后的矿化率为 73.8%。而且，Fe(III)-CF5 具有良好的稳定性和重复使用性，三次重复使用后其对酸性橙 II 溶液的脱色率无明显下降，最终均可达到 100%的脱色率，矿化率仅从 73.8% 下降到 64.0%，重复使用时反应的引发期有所延长[1]。Fe(III)-CF 在每一次使用后，其部分活性位点可能与降解过程中生成的中间产物结合。

2. Fe(III)-CF 光助催化降解孔雀石绿

　　孔雀石绿的结构如图 5.9 所示，它能与胶原纤维活性基团作用的官能团很少，所以 Fe(III)-CF 对孔雀石绿基本不吸附。因此，与 Fe(III)-CF 光助降解酸性橙 II 的机理不同，孔雀石绿的降解机理(H_2O_2 降解)不再是先吸附后降解的过程了。如表 5.1 所示，对 Fe(III)-CF5 催化降解孔雀石绿的中间产物的 GC-MS 分析结果表明，长波紫外光作用下 Fe(III)-CF 对孔雀石绿的可能降解历程为弱键开裂、芳香族开环、脂肪酸矿化的逐级降解过程，如图 5.10 所示[1]。

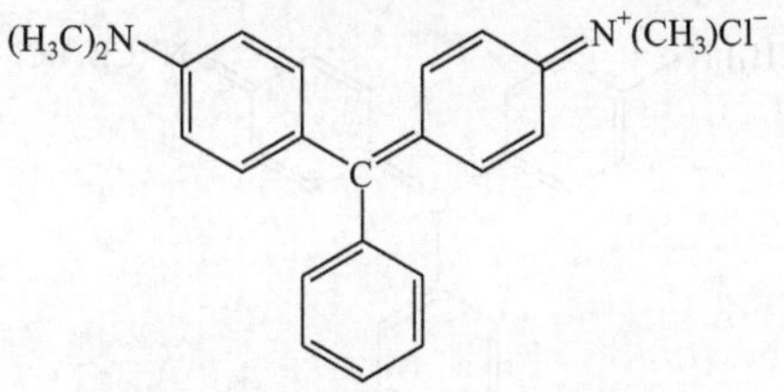

图 5.9　孔雀石绿的分子结构式

表 5.1　Fe(Ⅲ)-CF₅催化孔雀石绿降解过程产生的中间体(GC-MS 测试)[1]

降解时间/min	主要中间产物
10	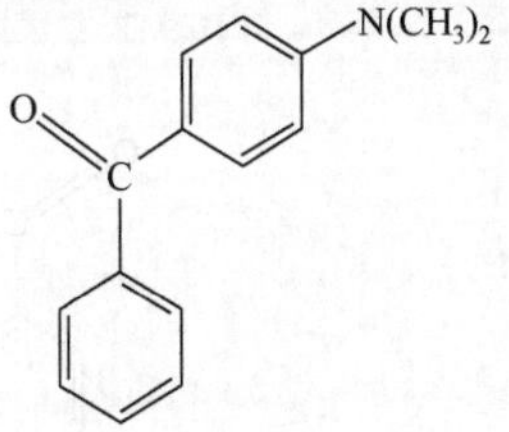 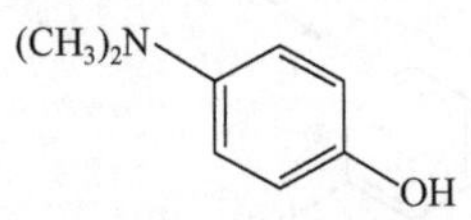
30	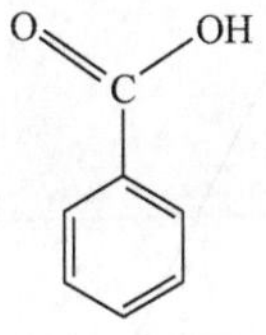
60	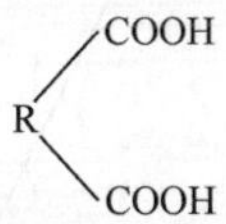

　　Fe(Ⅲ)-CF 在长波紫外光和可见光作用下都能催化降解溶液中的孔雀石绿,只是在长波紫外光下催化降解的效率更高一些。长波紫外光(UVA 360nm,紫外灯功率为 10W)下,对于初始浓度为 0.10mmol/L、初始 pH 为 3.0 的孔雀石绿溶液,双氧水用量为 5.0mmol/L,使用 1g/L Fe(Ⅲ)-CF₅作为催化剂时,在反应进行到 30min 时即完全脱色,降解 120min 后的矿化率为 55.0%,逸出的铁离子浓度为 1.0mg/L。而可见光作用下,需要在降解反应进行到 50min 时溶液完全脱色,降解 130min 后的矿化率为 59.0%,逸出的铁离子浓度为 1.3mg/L。孔雀石绿溶液完全脱色并不意味着其已经完全降解为 CO_2 和 H_2O,例如,当溶液初始 pH 提高到 5.0,降解反应进行到 60min,孔雀石绿溶液已经完全脱色时,但溶液中的 TOC 残留率却高达92.0%[1],原因是脱色现象只能表明孔雀石绿中的发色基团被羟自由基打断或破坏,使得溶液呈现无色状态,但孔雀石绿并未全部降解为 CO_2 和 H_2O。

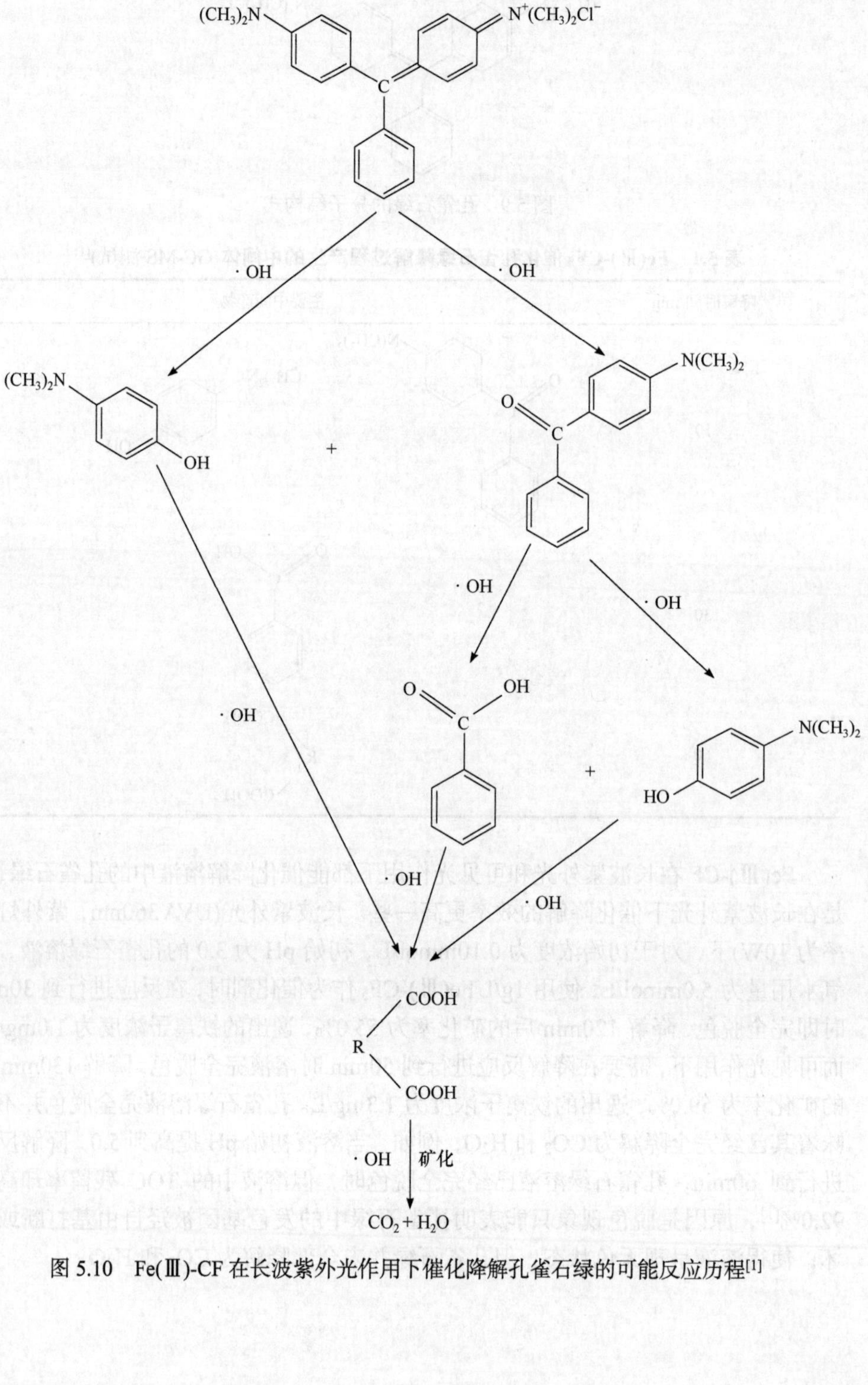

图 5.10 Fe(Ⅲ)-CF 在长波紫外光作用下催化降解孔雀石绿的可能反应历程[1]

初始 pH、双氧水用量、Fe(Ⅲ)-CF 用量、孔雀石绿的初始浓度会影响 Fe(Ⅲ)-CF 对孔雀石绿的降解过程。随着溶液初始 pH 升高，孔雀石绿溶液的脱色速率和矿化速率明显下降。这是因为 Fe(Ⅲ)-CF 不能吸附溶液中的孔雀石绿，催化降解反应是通过孔雀石绿、双氧水、Fe(Ⅲ)-CF 在溶液中发生接触后进行，较高 pH 会抑制羟自由基(·OH)的生成，并且由 Fe(Ⅲ)转化而来的 Fe(Ⅱ)在高 pH 条件下容易生成 Fe(OH)$_2$ 沉淀而失去催化活性，从而导致 Fe(Ⅲ)-CF 对孔雀石绿的脱色和矿化能力下降。另外，pH 还会影响 Fe(Ⅲ)-CF 上 Fe(Ⅲ)的逸出情况。当体系的初始 pH 为 2.0 时，Fe(Ⅲ)-CF$_5$ 催化降解孔雀石绿的反应进行到 120min 时溶液中的铁离子浓度会高达 48.8mg/L，升高体系的初始 pH 到高于 3.0 时，逸出到溶液中的铁离子很少。综合分析 Fe(Ⅲ)-CF 在不同初始 pH 条件下光助催化降解孔雀石绿的脱色速率、矿化速率和逸出的铁离子浓度，pH 3.0 是长波紫外光和可见光作用下 Fe(Ⅲ)-CF 催化降解孔雀石绿的最佳初始 pH[1]。

双氧水用量对 Fe(Ⅲ)-CF 在长波紫外光作用下和可见光作用下催化降解孔雀石绿溶液脱色速率和矿化速率的影响有所不同。长波紫外光本身对孔雀石绿有一定的光解作用，同时 Fe(Ⅲ)在紫外光照射下转化为 Fe(Ⅱ)的过程中会生成少量羟自由基，共同作用导致溶液中少量孔雀石绿分解，所以无双氧水加入时，反应 120min 后孔雀石绿溶液仍会有轻微脱色，生成中间产物。但生成的羟自由基还不足以进一步使中间产物分解生成小分子物质，所以这种分解并不是完全降解，此时溶液的矿化率无明显变化。可见光对孔雀石绿没有光解作用，当无双氧水加入时，孔雀石绿在反应 130min 后几乎不会脱色。当加入双氧水后，在长波紫外光和可见光作用下，孔雀石绿溶液的脱色速率和矿化率都升高。但当双氧水用量高于 10mmol/L 时，脱色速率和矿化率会降低。在一定用量范围内提高双氧水加入量能促进羟自由基(·OH)的生成并加速对孔雀石绿的脱色和矿化，但过量的双氧水将与羟自由基反应生成较低活性的过氧羟自由基(·OOH)，导致双氧水无效分解，使得孔雀石绿溶液的脱色速率和矿化率随着双氧水用量的增加反而降低。另外，长波紫外光和可见光都会激化 Fe(Ⅲ)转换为 Fe(Ⅱ)，体系中没有加入双氧水时，Fe(Ⅱ)不能被氧化为 Fe(Ⅲ)而重新与胶原纤维结合，因而生成的 Fe(Ⅱ)不断逸出并造成溶液中铁离子浓度升高。当双氧水用量为 2.5~10.0mmol/L 时，反应后期会有过量的双氧水将反应过程中逸出的 Fe(Ⅱ)氧化为 Fe(Ⅲ)而重新与胶原纤维结合，所以从 Fe(Ⅲ)-CF 逸出到溶液中的铁离子浓度均维持在较低水平。综合分析孔雀石绿的脱色速率、矿化速率和溶液中 Fe(Ⅲ)的逸出浓度，双氧水的用量为 5.0mmol/L 比较合适[1]。

Fe(Ⅲ)-CF 用量会显著影响溶液的脱色速率和矿化率。这是由于一定范围内提高 Fe(Ⅲ)-CF 的加入量，可以增大 Fe(Ⅲ)-CF 与双氧水和孔雀石绿接触的表面积，Fe(Ⅲ)与 Fe(Ⅱ)相互转换过程中反应生成的羟自由基就越多，从而可以加快溶液的脱色速率并提高其反应后的矿化率；当继续增加 Fe(Ⅲ)-CF 用量时，虽然接触面积增大会生成更多的羟自由基，但过多的固相催化剂会阻碍光在溶液中的穿透能力，降低光效率，从而影响到 Fe(Ⅲ)转化为 Fe(Ⅱ)，进而减缓羟自由基的生成并导致脱色速率减慢和矿化率降低。Fe(Ⅲ)-CF$_5$ 比较合适的用量为 1.00g/L[1]。

孔雀石绿的初始浓度对其催化降解过程中的脱色速率和矿化率也有显著的影响。这是由于孔雀石绿的初始浓度越高，其在催化降解过程中生成的小分子中间产物的量会越大，而其中难以降解的有机物也越多，因此会减慢其脱色和矿化的速度[1]。

Fe(Ⅲ)-CF$_5$ 在长波紫外光和可见光下对孔雀石绿均具有稳定的催化性能，可重复使用。重复使用三次后，其矿化能力略有下降，但脱色性能无明显变化[1]。

3. Fe(Ⅲ)-CF 光助催化降解苯酚

Fe(Ⅲ)-CF 对苯酚几乎不吸附，苯酚的催化降解过程也并非先吸附、后降解的历程。苯酚光催化降解机理为：降解过程中会产生醌式结构的中间产物，所以降解过程中还存在醌式结构的自催化过程，自催化过程与紫外光作用共同促进了苯酚光助催化降解过程中 Fe(Ⅲ)向 Fe(Ⅱ)的转化，同时苯酚在降解过程中释放出 H$^+$。紫外光在 Fe(Ⅲ)-CF 催化降解(H$_2$O$_2$ 降解)苯酚的过程中扮演非常重要的角色。暗反应条件下(未加任何光源)苯酚会发生降解和部分矿化，矿化率仅为 30%，原因在于 Fe(Ⅲ)会与双氧水在暗环境下发生反应生成 Fe(Ⅱ)，Fe(Ⅱ)与双氧水进一步反应生成羟自由基(·OH)，即使 Fe(Ⅲ)与双氧水的反应速率较慢，但生成的少量羟自由基作用于苯酚后生成具有醌式结构的中间产物，通过该中间产物的自催化作用会加快 Fe(Ⅲ)转化为 Fe(Ⅱ)，所以暗反应条件下降解过程的时间虽然较长，但还是有部分苯酚经催化降解后被矿化。紫外光可以促进苯酚溶液的降解，提高矿化速率及矿化率，因为紫外光能显著加快 Fe(Ⅲ)向 Fe(Ⅱ)转变的速度，并促进醌式结构的自催化循环，因此生成更多的 Fe(Ⅱ)与双氧水发生反应，进而产生更多的羟自由基作用于苯酚分子及降解过程生成的中间产物，使其降解速率加快，矿化率显著提高。相同条件下短波紫外光对苯酚的降解和矿化效果明显优于同功率的长波紫外光，这是因为短波紫外光的光效能要强于长波紫外光[1]。

溶液初始 pH、双氧水用量、Fe(Ⅲ)-CF 催化剂用量和苯酚初始浓度会影响 Fe(Ⅲ)-CF 对苯酚的降解反应。较强的酸性条件(pH = 2.0)会抑制醌式自催化过程而减缓 Fe(Ⅲ)向 Fe(Ⅱ)转换，从而导致羟自由基的生成量不足，虽然可以分解部分苯酚，但是其数量和强度还不足以深度矿化所生成的中间产物，在前 120min 内，反应过程中苯酚含量降低而矿化率无明显升高。随着反应进行和羟自由基继续生成，苯酚和前期生成的中间产物进一步分解，所以在反应进行到 120min 后的矿化率迅速升高。提高苯酚溶液的初始 pH，酸性条件对醌式自催化过程的抑制作用明显减弱，Fe(Ⅲ)向 Fe(Ⅱ)转换的障碍得以消除，羟自由基的生成速率加快，促进了苯酚的催化降解，催化活性显著提高。但若进一步提高初始 pH，Fe(Ⅱ)在高 pH 条件下易生成 Fe(OH)$_2$ 沉淀而失去催化活性，从而影响羟自由基的生成，Fe(Ⅲ)-CF 对苯酚的催化降解能力有所下降。初始 pH 对反应过程中 Fe(Ⅲ)逸出浓度也具有很大的影响。当 pH 为 2.0 时，大量 Fe(Ⅲ)逸出，随着溶液初始 pH 升高到大于 3.0，逸出到溶液中的 Fe(Ⅲ)浓度下降到很低的水平。结合不同初始 pH 下苯酚的降解、矿化和 Fe(Ⅲ)-CF 上铁离子的逸出情况，Fe(Ⅲ)-CF 在长波紫外光作用下催化降解苯酚的最佳初始 pH 为 3.0[1]。

当不加入双氧水时，长波紫外光下 Fe(Ⅲ)-CF 对苯酚的降解反应不能发生，这是因为不加入双氧水就不会有大量羟自由基生成，即使 Fe(Ⅲ)在长波紫外光的作用下转化为 Fe(Ⅱ)的过程中会生成少量羟自由基，但其对化学性质相对稳定的苯酚无明显的降解作用，这也同时说明苯酚的抗紫外光分解的能力要强于孔雀石绿。当加入双氧水，并在一定范围内增加双氧水的用量，矿化作用显著增强，增加双氧水的用量可以促进羟自由基的生成，使苯酚分子及中间产物深度降解，因此矿化率显著提高。但进一步增加双氧水用量，矿化率反而降低，这是因为加入过多双氧水会促进其与羟自由基反应，生成活性较低的过氧羟自由基(·OOH)，降低了自由基的反应活性并造成双氧水无效分解，且过氧羟自由基还会阻止醌式结构的自催化过程，因此矿化率降低。合适的双氧水用量为 5.0mmol/L[1]。

当体系中不加入 Fe(Ⅲ)-CF 时，苯酚无法被矿化，但苯酚分子会发生改变，生成了其他结构的物质。双氧水在长波紫外光的作用下能够发生部分分解并生成少量的羟自由基，苯酚在羟自由基的作用下发生降解，但由于生成的羟自由基很少，所以不能进一步降解中间产物。当体系中加入 Fe(Ⅲ)-CF 时，苯酚矿化率显著升高。但进一步提高 Fe(Ⅲ)-CF 的加入量，矿化率会下降，原因在于虽然提高 Fe(Ⅲ)-CF 用量会增大 Fe(Ⅲ)-CF 与底物和紫外光接触的表面积，并促进羟自由基的生成，但同时催化剂颗粒的阻光作用也会更为明显，因此降低了紫外光的光效率，从而影响到 Fe(Ⅲ)在光作用下转化为 Fe(Ⅱ)，进而影响到羟自由基的生成，导致矿化率有所下降。对于 Fe(Ⅲ)-CF$_5$，较为适宜的用量为 0.75～1.00g/L[1]。

苯酚溶液的初始浓度越高，降解的引发期越长，反应结束后残留的 TOC 越高，这是双氧水不足所致。当苯酚的初始浓度分别为 0.75mmol/L 和 1.00mmol/L 时，反应后期的铁离子逸出量会上升，此时已经没有足够量的双氧水将 Fe(Ⅱ)氧化为 Fe(Ⅲ)而与胶原纤维重新结合[1]。

在以上讨论的较佳条件下，使用长波紫外光(UVA360nm，功率为 10W)、1.00g/L Fe(Ⅲ)-CF$_5$ 催化剂时，初始浓度为 0.5mmol/L 的苯酚溶液反应 180min 后的矿化率为 65.5%，且 Fe(Ⅲ)-CF₅ 在紫外光协助下催化降解苯酚的过程中具有良好的催化稳定性能，可以重复使用。三次重复使用后，其在 180min 的反应时间内对苯酚的矿化率稳定保持在 58.0% 左右[1]。

4. Fe(Ⅲ)-CF 光助催化羟基化苯酚

Fe(Ⅲ)-CF 在模拟日光作用下使用双氧水作为羟基化试剂能够催化苯酚羟基化生成对苯二酚和邻苯二酚。苯酚羟基化反应的历程如图 5.11 所示，苯酚的催化羟基化反应实际上是一个催化氧化的过程，其可能的反应机理应当属于芬顿(Fenton)反应。其反应历程可以分为三阶段，第一阶段为引发期，在这一阶段，相比游离的 Fe^{3+} 而言，固定在催化剂上的 Fe^{3+} 需要更多的能量激活，同时反应物也需要通过传质到达反应活性位点，因此反应速率较低；引发期结束后进入第二阶段反应期，在这一阶段，苯酚羟基化的速率大大提高，快速生成邻苯二酚和对苯二酚，H_2O_2 也快速消耗；待 H_2O_2 消耗完后，反应进入第三阶段平衡期，在该阶段，苯酚几乎不再被羟基化，整个反应体系进入平衡状态。当苯酚的初始浓度为 50mmol/L，Fe(Ⅲ)-CF₅ 的用量为 0.50～1.00g，H_2O_2 用量为 6.25～12.5mmol 时，250mL 苯酚溶液在反应 110min 后苯酚的转化率为 52.9%～55.2%，苯二酚的生成率为 70.1%～71.1%，其中对苯二酚的选择性为 26.6%～28.3%，邻苯二酚的选择性为 42.9%～44.0%，反应结束后未检测到副产物苯醌[1]。

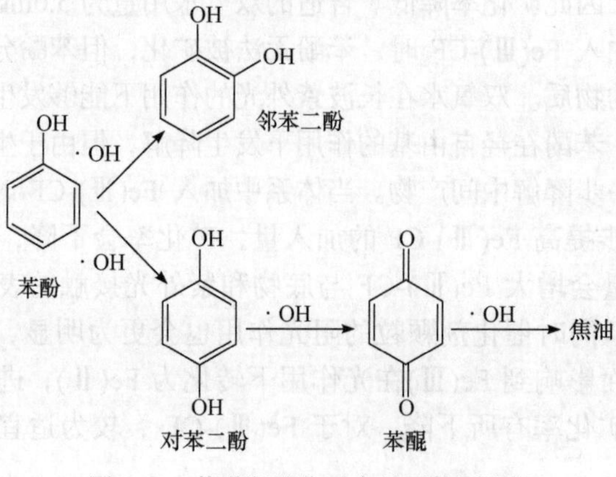

图 5.11　苯酚羟基化反应的可能历程[1]

反应体系的初始 pH、双氧水用量、Fe(Ⅲ)-CF 用量和反应温度均能影响羟基化反应的效率及产物的选择性。过高初始 pH 会抑制羟自由基的生成和苯酚的质子化，过低双氧水或 Fe(Ⅲ)-CF 用量将降低苯酚的转化率，过高双氧水或 Fe(Ⅲ)-CF 用量又将促进副反应进行；升高反应温度将提高苯酚的转化率，同时也加快副反应的进行[1]。

随着体系初始 pH 上升，溶液中的 H^+ 减少且 OH^- 逐渐增加，抑制了羟自由基的生成，因此影响到苯二酚的生成，表现为苯二酚的生成量随反应体系初始 pH 升高而降低，造成反应引发期随初始 pH 升高而延长。另一个重要原因是苯酚的质子化进程在高 pH 环境下受到抑制，从而导致羟基化反应的引发期延长。由于羟自由基的生成随体系初始 pH 升高而受到抑制，故以反应过程中副产物苯醌为深度氧化产物的副反应同样会减少，因此在反应过程中醌的最大生成量也随初始 pH 升高而降低。从苯二酚的生成量、苯酚的转化率、苯醌生成量及 Fe(Ⅲ)-CF 材料的稳定性综合分析，Fe(Ⅲ)-CF 在模拟日光作用下羟化苯酚的较佳 pH 范围为 3.0～4.0[1]。

羟自由基在羟基化过程中起着至关重要的作用，正是由于羟自由基与质子化的苯酚分子反应才能将苯酚羟基化。提高双氧水用量会促进羟自由基的生成，生成的羟自由基会促进苯酚的转化，故增加双氧水用量能提高苯酚的转化率。但羟自由基增多同时也会促进副反应的进行，生成更多副产物苯醌，且过多羟自由基会促进双氧水无效分解而降低双氧水利用率。在理想状态下，即不存在副反应，体系中的苯酚 100% 羟基化、无双氧水过量，羟基化苯酚需要加入 1 倍物质的量的双氧水，即 H_2O_2/苯酚摩尔比为 1，对于 250mL 50mmol/L 苯酚溶液而言需加入 12.50mmol 双氧水。但实际反应过程中有副反应存在，且由于羟自由基对氧化对象无选择性，所以需要合理控制双氧水的用量以达到最佳羟基化效果。在一定范围内提高双氧水用量时，对苯二酚和邻苯二酚在反应 110min 后的生成量均随双氧水用量增加而升高。继续增加双氧水用量，对苯二酚和邻苯二酚的生成量无明显增。当双氧水用量在 6.25～12.50mmol(H_2O_2/苯酚摩尔比为 1∶2～1∶1)时，110min 羟基化反应结束后基本无醌生成；当双氧水用量继续增大至 18.75mmol(H_2O_2/苯酚摩尔比为 3∶2)后，醌在 110min 羟基化反应后的量增至 0.5mmol/L。因此，适宜的双氧水用量为 6.25～12.50mmol[1]。

随着 Fe(Ⅲ)-CF 用量增加，催化剂与苯酚和双氧水接触的表面积增大，可以促进双氧水分解并提高羟自由基的生成量，且会加快中间反应产物向苯二酚的转化，提高苯酚的转化率。当溶液中不加入 Fe(Ⅲ)-CF 时，光照会使双氧水分解生成少量的羟自由基，所以少量苯酚转化并生成微量苯二酚。当 Fe(Ⅲ)-CF 用量较少时，与苯酚中间态发生作用的铁数量少，羟自由基生成速率较慢，羟基化反应的引发期较长，苯二酚的生成速率和生成量较低；具有醌式结构的副反应产物苯醌可能为中间态传递电子，因此在反应 110min 后溶液中仍有少量苯醌残留。提高 Fe(Ⅲ)-CF 的用量，可以促进羟自由基的生成，加快羟基化反应的进行，但同时不可避免会促进副反应的进行，所以不能显著提高苯酚的有效转化率且容易造成双氧水的无效分解。对于 250mL 50mmol/L 苯酚溶液，Fe(Ⅲ)-CF$_5$ 的用量应控制在 0.50～1.00g[1]。

　　苯酚羟基化反应是一个吸热反应，反应温度越高，提供的能量越多，反应速率越快。另外，提高反应温度可以促进双氧水分解。因此，当反应温度由 30℃增加到 60℃时，羟基化反应的引发期缩短且反应速率加快。当反应温度为 30℃时，羟基化反应需 20min 的引发期并在反应进行到 70min 时达到反应平衡；当反应温度提高到 50℃时，羟基化过程中几乎没有引发期并在反应进行到 30min 左右即达到反应平衡。苯酚的转化率也随反应温度升高而增高，但升高温度不仅可以促进羟基化反应，同时也会加快副反应的进行，会影响有效产率。从苯酚的转化率、有效转化率和苯二酚的生成量综合分析，Fe(Ⅲ)-CF 在模拟日光作用下催化苯酚羟基化的适宜反应温度为 40~50℃[1]。

　　在 Fe(Ⅲ)-CF5 催化苯酚羟基化的 3 次重复使用过程中，后两次使用时苯酚的转化率和苯二酚的得率有所下降，但其对对苯二酚的选择性较为稳定，如表 5.2 所示[1]，且在反应结束后没有副产物苯醌。Fe(Ⅲ)-CF 是一种催化性能较为稳定的苯酚羟基化催化剂。

表 5.2　模拟日光作用下 Fe(Ⅲ)-CF5 重复使用对苯酚转化和苯二酚选择性的影响[1](单位：%)

反应次数	苯酚转化率	苯二酚得率	选择性	
			对苯二酚	邻苯二酚
第一次	52.9	70.6	26.6	44.0
第二次	48.1	63.3	25.6	37.7
第三次	46.7	64.2	25.0	39.2

　　注：250mL 50mmol/L 苯酚溶液，苯酚 12.5mmol，H_2O_2 12.50mmol，Fe(Ⅲ)-CF5 0.50g，40℃。

5. Fe(Ⅲ)-IDA-CF 催化羟基化苯酚

　　在没有光助作用下，Fe(Ⅲ)-IDA-CF 可以催化羟基化苯酚，只是催化转化率没有在光助条件下高。其反应历程与 Fe(Ⅲ)-CF 模拟日光下催化羟基化苯酚的反应历程一样，主产物是邻苯二酚、对苯二酚，副产物是醌。催化反应也受初始 pH、双氧水用量、温度等因素的影响，且影响规律与 Fe(Ⅲ)-CF 模拟日光下催化羟基化苯酚相似[2]。

　　然而，不同的是，由于亚氨基乙二酸的引入，Fe(Ⅲ)-IDA-CF 上的活性位点 Fe(Ⅲ)在反应中的牢固程度大大提高。非均相催化剂在重复使用过程中，其活性位点可能在反应过程中脱落或被产物覆盖而使催化活性降低。而 Fe(Ⅲ)-IDA-CF 具有很好的重复使用稳定性，它的 Fe(Ⅲ)在反应过程中脱落量非常少，几乎可以忽略，如表 5.3 所示。第二次重复使用时，苯酚的总转化率和选择性略微有所下降，邻苯二酚与对苯二酚的比值也有轻微上升。而第三次重复使用时，虽然总转化率没有显著下降，但选择性却有明显降低，邻苯二酚与对苯二酚的比值也有较大的升高。第三次使用时，Fe(Ⅲ)脱落到溶液中的浓度仅为 0.880mg/L，由此可以推断，Fe(Ⅲ)-IDA-CF 催化活性的降低不是 Fe(Ⅲ)脱落造成的。肉眼可以观察，每次使用后，催化剂的颜色都有所变暗，表明反应过程中的焦油有部分吸附在催化剂表面，而催化剂回收过程中的清洗不能使这些焦油完全去除，所以第三次使用时催化活性降低的原因是有更多的副反应发生，生成了更多的副产物焦油，焦油沉积在催化剂的活性位点上，造成催化剂中毒[2]。

表 5.3　Fe(Ⅲ)-IDA-CF 重复使用的催化活性(120min)[2]

反应次数	苯酚转化率/%	选择性/%	产物分布/%			邻苯二酚与对苯二酚的比值	溶液中 Fe(Ⅲ)浓度/(mg/L)
			邻苯二酚	对苯二酚	苯醌		
1	33.8	76.2	61.6	36.6	1.8	1.7	1.114
2	32.7	76.6	62.3	34.9	2.8	1.8	1.462
3	28.1	52.8	58.8	19.5	21.7	3.0	0.880

注：100mL 21mmol/L 苯酚溶液，苯酚 2.1mmol，H_2O_2 2.1mmol，Fe(Ⅲ)-IDA-CF 0.10g，30℃。

5.3　以胶原纤维为模板的多孔金属纤维催化材料

5.3.1　模板法制备多孔金属纤维材料概述

模板法是用来制备多孔金属材料的一种常用方法。其主要思路是采用具有一定形貌的材料作为模板，将目标材料的金属纳米颗粒前驱体通过与模板发生一定的相互作用覆盖于模板的表面或内部，在一定条件下，金属纳米颗粒或前驱体发生相互交联，形成连续相后通过高温碳化或煅烧去除模板，从而获得具有模板形貌或孔道结构的目标材料。模板法要解决的关键问题是多孔金属材料在合成和使用过程中孔道结构易垮塌、重复使用性差等问题，这是因为金属氧化物在高温碳化或煅烧过程中不可避免地由疏松的非晶相向致密的结晶相转变，这个过程伴随着无机骨架的急剧收缩，容易导致孔结构消失。另外，在高温过程中，由于模板碳化所形成的还原气氛及煅烧所形成的氧化气氛，会使无机骨架重复发生还原反应和氧化反应，这种循环作用的结果使得整个无机骨架松弛，最终造成孔结构坍塌。

胶原纤维具有四分之一交错纵向排列结构，微纳米尺度的纤维形态、相互编织的多级有序超分子结构，是采用模板法制备具有多级孔道结构金属氧化物纤维的理想模板之一。本节的多孔金属纤维材料使用的是同时具有催化活性和制革鞣性的金属离子，它可以以胶原纤维为模板，通过空气气氛下的高温处理，除去模板，得到胶原纤维状的多孔金属纤维材料[3-13]。

5.3.2　制备方法及表征

1. 多孔 TiO_2 纤维及其掺杂金属催化剂

以胶原纤维为模板，采用改良的制革钛鞣工艺，经空气气氛高温煅烧，可以制备结构稳定的多孔 TiO_2 纤维。具体制备方法如下：原料牛皮按常规制革工艺进行清洗、碱处理、剖皮、脱碱，达到除去非胶原间质的目的。然后用皮重 1.5 倍的乙酸水溶液(16g/L)脱除皮中的矿物质，重复三次。用乙酸-乙酸钠缓冲液调节裸皮的 pH 至 4.8～5.0。用无水乙醇脱水后，减压干燥至水分含量≤10%，研磨过筛得粒度为 10～20 目的胶原纤维粉末，其水分含量不超过 12%，灰分含量不超过 0.3%。将 15g 胶原纤维粉末浸泡在含 6g NaCl 的 400mL 去离子水中 2h，用稀硫酸调节 pH 到 1.7～2.0。加入 24g $Ti(SO_4)_2$，25℃反应 4h，然后用碳酸氢钠溶液在 2h 内将反应液的 pH 升高至 4.0～4.5，继续在 40℃下反应 10h，过滤、去离子水清洗，于 50℃干燥 12h，得到胶原纤维负载钛材料。将负载了钛的胶原纤维放入马弗炉中，300℃下将其完全碳化，然后将温度升高至 600℃空气气氛中煅烧 4h，再保温 4h，得到多孔 TiO_2 纤维[3]。

以胶原纤维为模板制备的 TiO_2 纤维比较完整地保留了天然胶原纤维的表面结构，如图 5.12 所示。TiO_2 纤维具有规则的介孔结构，从图 5.13 的 N_2 吸附-脱附等温曲线中看到了明显的回滞环。规则的介孔结构不仅有利于反应物的传质效应，更为光生电子和空穴的扩散和转化提供便利的途径，加速光生电子-空穴对的分离，降低电子-空穴对复合率。TiO_2 纤维孔径分布窄，孔道结构均一，平均孔径为

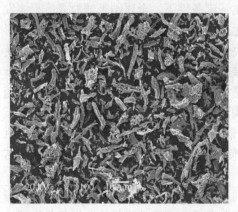
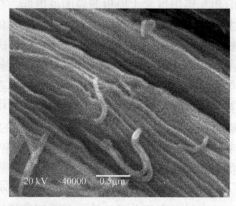

图 5.12　TiO_2 纤维的 SEM 图[3]

4.3nm 左右，比表面积为 73m²/g。TiO₂ 呈单一的锐钛矿晶相，胶原纤维增强了 TiO₂ 在煅烧过程中形成的锐钛矿相的稳定性，抑制了锐钛矿相向金红石相的转变。以胶原纤维为模板制备的 TiO₂ 纤维的锐钛矿相向金红石相转变的温度为 600～700℃，比已有文献报道的相转变温度增加了约 100℃[3]。介孔 TiO₂ 纤维的尺寸较大，粒径为 13.7nm，长度达 100μm，光催化反应后，催化剂不需要进行特别的处理，很快会自然沉降而从溶液中分离出来。如图 5.14 所示，以商品纳米 TiO₂ 粉末作为对比，光催化反应后的介孔 TiO₂ 纤维静置 10min，其水溶液变成澄清的溶液，而 Degussa P25 的水溶液在静置 30min 甚至几天后仍然为悬浮液，基本上没有出现分层现象[3]。

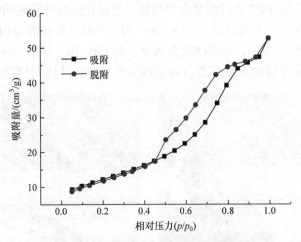

图 5.13 TiO₂ 纤维的 N₂ 吸附-脱附等温曲线[3]

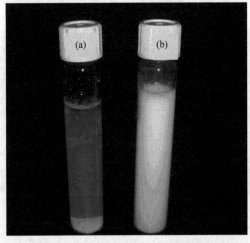

图 5.14 介孔 TiO₂ 纤维(a)和 P25(b)光催化反应后反应液的分层情况(静置 10min)[3]

过渡金属离子掺杂会改变光生电子-空穴对的整体行为，从而改变 TiO_2 的光电性能，这种改变也会在氧化反应中有所表现。多孔 TiO_2 纤维中掺杂过渡金属离子的方法和制备多孔 TiO_2 纤维基本类似，但在加入 $Ti(SO_4)_2$ 的同时，分别会加入一定量的 $V_2(SO_4)_5$、$Cr_2(SO_4)_3$、$MnSO_4$、$Fe_2(SO_4)_3$、$CoSO_4$、$NiSO_4$、$CuSO_4$、$ZnSO_4$。过渡金属离子掺杂的多孔 TiO_2 纤维的粒径均在 14.4~19.2nm 范围内，与未掺杂的多孔 TiO_2 纤维接近。掺杂过渡金属离子会促进 TiO_2 锐钛矿相转化为金红石相，增加晶粒尺寸，改变晶胞参数、轴比和单胞体积。Fe^{3+}、Cu^{2+}、Cr^{3+}、V^{5+} 和 Co^{2+} 掺杂介孔 TiO_2 纤维的荧光强度减弱，光生电子-空穴对的复合率降低，光量子化效率提高，光催化活性可能增强，而 Mn^{2+}、Zn^{2+} 和 Ni^{2+} 掺杂介孔 TiO_2 纤维的荧光强度增强，光生电子-空穴对的复合率增强，光催化活性可能减弱[3]。

　　Fe^{3+} 掺杂的 TiO_2 纤维($Fe_{0.01}/TiO_2$，Fe^{3+} 和 Ti^{4+} 的摩尔比为 0.01)有较详细的表征结果。如图 5.15 所示，与未掺杂金属离子的多孔 TiO_2 纤维一样，$Fe_{0.01}/TiO_2$ 较好地保持了胶原纤维的天然形态。$Fe_{0.01}/TiO_2$ 具有介孔结构，孔径分布较介孔 TiO_2

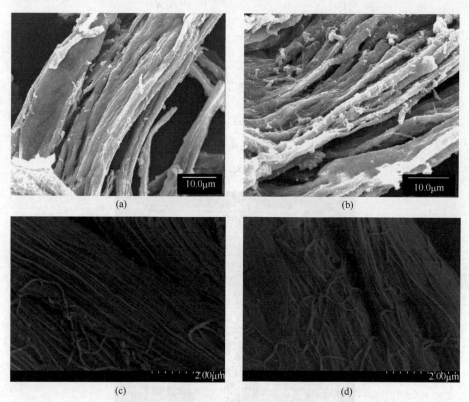

图 5.15　介孔 TiO_2 和 $Fe_{0.01}/TiO_2$ 纤维的 SEM 图[(a)和(b)](× 2000)和 FESEM
(场发射扫描电镜)图[(c)和(d)](× 20000)[3]

纤维更大，有利于反应物和底物的传质。通过掺杂适量的 Fe^{3+}，可使介孔 TiO_2 纤维 UV-Vis(紫外-可见)吸收光谱的吸收边红移，禁带宽度降低，增加其可见光的响应。掺杂的 Fe^{3+} 半径与 Ti^{4+} 半径接近，所以 Fe^{3+} 较易进入 TiO_2 晶格，代替 Ti^{4+} 的位置，形成 Fe-O-Ti 结构[3,4]。

稀土金属具有丰富的能级、特殊的 4f 电子跃迁特性和光学性质，不仅能够以离子掺杂或半导体复合的形式有效提升传统 TiO_2 光催化剂的活性，而且可以构造出多种新型的光催化剂体系。同时，稀土金属可以吸收紫外光区、可见光区、红外光区的各种波长的电磁波辐射，可有效地利用太阳能。此外，稀土金属离子半径比 Ti^{4+} 半径大，掺杂稀土金属离子会引起 TiO_2 的晶格膨胀，导致表面缺陷，成为光生电子和空穴的捕获中心。因此，掺杂稀土金属离子可改善 TiO_2 光催化活性。多孔 TiO_2 纤维中掺杂稀土金属离子的方法和制备多孔 TiO_2 纤维基本类似，但在加入 $Ti(SO_4)_2$ 的同时，分别会加入一定量的 $La_2(SO_4)_3$、$Ce(SO_4)_2$、$Pr_2(SO_4)_3$ 和 $Nd_2(SO_4)_3$。La^{3+}、Ce^{4+}、Pr^{3+} 和 Nd^{3+} 掺杂的 TiO_2 纤维都具有介孔结构。稀土金属离子降低了光生电子-空穴对的复合率，提高了量子效率，并且还减小了介孔 TiO_2 纤维的晶粒尺寸，改变晶胞参数、轴比，增加单胞体积和晶格扭曲程度，这些改变对于介孔 TiO_2 纤维光催化活性的提高是有利的。另外，掺杂 La^{3+}、Ce^{4+}、Pr^{3+} 和 Nd^{3+} 可使介孔 TiO_2 纤维 UV-Vis 吸收光谱的吸收边红移，禁带宽度变小，对可见光有更好的响应[3]。

La^{3+} 掺杂的 TiO_2 纤维($La_{0.02}/TiO_2$，La^{3+} 和 Ti^{4+} 的摩尔比为 0.02)和 Ce^{4+} 掺杂的 TiO_2 纤维($Ce_{0.03}/TiO_2$，Ce^{4+} 和 Ti^{4+} 的摩尔比为 0.03)均较好地保持了胶原纤维的天然形态。La^{3+} 和 Ce^{4+} 的掺杂会使介孔 TiO_2 纤维晶体尺寸减小，抑制锐钛矿相向金红石相转变，增强晶格的扭曲程度，引起晶格参数、轴比和单胞体积的增加，有利于增强光催化活性。XPS(X 射线光电子能谱)分析中 O 1s 和 Ti 2p 结合能均发生了位移，可能原因是 Ti 和 O 的化学环境发生了变化，即原来的 Ti-O-Ti 结构变成了 Ti-O-La 结构[3,5-7]。

取 0.1g Ce^{4+} 掺杂的多孔 TiO_2 纤维($Ce_{0.03}/TiO_2$)放入 10mL 1mol/L 硫酸溶液中，25℃下吸附 14h；过滤，放入 100℃烘箱干燥 2h；然后在 300℃下通空气焙烧 4h，可以得到 SO_4^{2-}-$Ce_{0.03}/TiO_2$ 固体酸催化剂。SO_4^{2-}-$Ce_{0.03}/TiO_2$ 固体酸较好地保持了胶原纤维形态，其骨架由高度结晶的锐钛矿相纳米 TiO_2 多晶组装而成。SO_4^{2-} 与 Ce^{4+} 的协同作用有效地抑制了 TiO_2 晶粒的生长和锐钛矿相向金红石相的转变，从而较好地提高了其催化活性。SO_4^{2-}-$Ce_{0.03}/TiO_2$ 固体酸具有均一的介孔结构，孔径为 15nm，孔径分布窄。NH_3-TPD(程序升温脱附)分析结果表明，SO_4^{2-}-$Ce_{0.03}/TiO_2$ 固体酸呈现出超强酸性[6,8]。

贵金属 Pd 催化剂对多种类型的反应(如加氢、氧化、偶联和 Heck 反应等)均显示出良好的催化活性。在多孔 TiO_2 纤维负载 Pd 纳米催化剂(Pd-TiO_2)的制备过程中，Pd^{2+}不易直接与胶原纤维负载 $Ti^{4+}(Ti\text{-}CF)$反应，需要用对金属离子具有较强配位作用的单宁作为桥梁分子来进行接枝，继而将 Pd^{2+}负载在 Ti-CF 上。Pd-TiO_2的制备过程如下：取 5.0g Ti-CF 于 250mL 三颈瓶中，加入 100mL 去离子水浸泡 4h 后，加入 3.0g 杨梅单宁，在 25℃下搅拌反应 2h，过滤后加入 50mL 浓度为 2.0%(质量分数)的戊二醛溶液，用 0.1mol/L H_2SO_4 溶液调节 pH 在 6.0~6.5 之间，在 30℃下搅拌反应 6h。过滤并用去离子水充分洗涤，在 35℃下真空干燥 12h，即得到胶原纤维负载钛固化杨梅单宁(BT-Ti-CF)。将 1.0g BT-Ti-CF 置于 10mL 1.0g/L $PdCl_2$ 溶液中，用稀盐酸或稀氢氧化钠溶液将 pH 调至 2.5，在 30℃水浴条件下吸附 12h。过滤并用去离子水充分洗涤，在 35℃下真空干燥 12h。随后进行程序升温处理，以去除胶原纤维模板和起桥梁作用的单宁。升温程序如下：空气气氛，升温速率 5℃/min，升温至 100℃并保持 2h，接着升温至 300℃并保持 2h，随后升温至 600℃保持 7h。自然冷却即获得未经还原活化的介孔 TiO_2 纤维负载 Pd^{2+}催化剂前驱体。该催化剂前驱体在 2MPa H_2 压力、200℃下还原 2h，即得到 Pd-TiO_2。Pd-TiO_2 纤维具有介孔结构，仍保留着胶原纤维十分规整的纤维形貌。Pd-TiO_2 纤维中 Pd 纳米颗粒粒径的均一性、分散程度及粒径大小都优于商业 Pd-P25 和 Pd-C，这归功于胶原纤维的模板限域作用和杨梅单宁的锚定分散作用。Pd-TiO_2 纤维孔径分布均一，平均孔径为 8.36nm。杨梅单宁不仅可作为稳定剂抑制 Pd 组分在制备过程中的迁移，使近一半的 Pd 与杨梅单宁酚羟基上的 O 以 Pd→O 的形式固定在 Pd-TiO_2 的介孔孔道中，而且也可作为造孔剂，明显增加 Pd-TiO_2 的比表面积，Pd-TiO_2 比表面积($106.07m^2/g$)比其载体本身 TiO_2 的比表面积($43.98m^2/g$)大得多[6]。

2. 多孔 ZrO_2 纤维及其固体酸催化剂

多孔 ZrO_2 纤维可以通过 Zr(Ⅳ)与胶原纤维反应，再去除胶原纤维模板制得。具体有两种制备方法：一种与多孔 TiO_2 纤维的制备方法类似，将 15g 胶原纤维粉末浸泡在含 6g NaCl 的 400mL 去离子水中 2h，用甲酸和稀硫酸调节 pH 到 1.8~2.0。加入 30g $Zr(SO_4)_2$，25℃反应 4h，用碳酸氢钠溶液在 2h 内将反应液的 pH 升高至 4.0~4.5，继续在 45℃下反应 12h，过滤、去离子水清洗，于 45℃干燥 12h，得到胶原纤维负载锆离子材料。将负载了锆的胶原纤维放入马弗炉中，在空气气氛中以 5℃/min 将温度升高至 600℃煅烧 4h，得到多孔 ZrO_2 纤维[9,10]。另一种方法是采用戊二醛先预处理胶原纤维粉末，再用稀硫酸调节 pH 至 2.0~2.5 后，加入 30g $Zr(SO_4)_2$ 与胶原纤维在 25℃反应 4h，用碳酸氢钠溶液在 4h 内将反应液的 pH 升高至 4.0~4.5，继续在 40℃下反应 10h，过滤、去离子水清洗，真空干燥，得到胶原纤维负载锆离子材料。将负载了锆的胶原纤维放入马弗炉中，先在 100℃空气气氛中保持 2h，再在空气气氛中以 4℃/min 将温度升高至 800℃煅烧 6h，得到多孔 ZrO$_2$ 纤维[11]。

　　按照第一种方法(NaCl 前处理)制备得到的多孔 ZrO$_2$ 纤维较完整地保留了天然胶原纤维的形貌结构，如图 5.16 所示。多孔 ZrO$_2$ 纤维具有介孔结构，孔径分布较窄，孔道结构均一，平均孔径为 16.2nm，主要分布在 5～20nm 之间。加入的 Zr(Ⅳ)比例过大或过小，ZrO$_2$ 纤维都无法获得较好的介孔结构，甚至没有微孔结构。介孔 ZrO$_2$ 纤维的比表面积为 37.4m^2/g，孔容为 0.059cm^3/g。纤维上的 ZrO$_2$ 为亚稳态的四方晶相，晶粒尺寸为 8.4nm。如果将煅烧温度由 600℃升到 700℃，会出现单斜晶相的 ZrO$_2$，晶粒尺寸也由 8.4nm 升高到 10.1nm，不利于保持较高的催化活性[9]。

图 5.16　NaCl 前处理的 ZrO$_2$ 纤维的 SEM 图[9]

　　按照第二种方法(戊二醛前处理)制备得到的介孔 ZrO$_2$ 纤维也保留了天然胶原纤维的形貌结构，但不同的是，因为戊二醛与 Zr(Ⅳ)的协同作用，该 ZrO$_2$ 纤维在更加微观的图像上还显现出了拓扑胶原纤维的玉米棒状的结构，如图 5.17 所示。其比表面积为 36m^2/g，平均孔径为 15nm，主要分布在 5～30nm 之间。纤维上的 ZrO$_2$ 为四方晶相和单斜晶相，但如果煅烧温度降低到 600℃，则只有四方晶相的存在[11]。

　　将介孔 ZrO$_2$ 纤维浸入 1mol/L 硫酸溶液中，并保持一定时长，再取出烘干，然后转入管式炉中在 300℃下恒温煅烧 4h，可以得到 SO$_4^{2-}$/ZrO$_2$ 固体酸。SO$_4^{2-}$/ZrO$_2$ 固体酸依然保持了模板材料胶原纤维的结构，十分规整，如图 5.18 所示，纤维束直径为 0.1～0.6μm。同时，根据密度泛函理论的 M06 方法探讨 SO$_4^{2-}$/ZrO$_2$ 的成酸机理可以发现，H$_2$SO$_4$ 与 ZrO$_2$ 形成络合物，其中 ZrO$_2$ 中的 Zr 与 H$_2$SO$_4$ 中的 O 形成的配位键导致了 O—S 键和 O—Zr 键削弱，同时 H$_2$SO$_4$ 上的一个 S 原子转移到 ZrO_2 中 O 上，即浸酸吸附 SO_4^{2-} 后形成了 Zr—O—S 键，SO_4^{2-}/ZrO_2 表现出强酸性，形成了固体超强酸催化剂[9,10]。

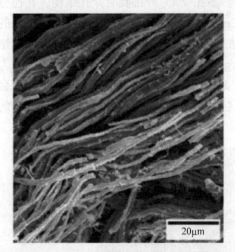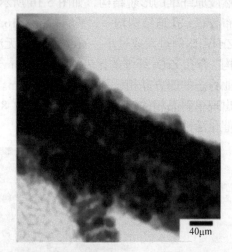

图 5.17　戊二醛前处理的 ZrO_2 纤维的 FESEM 图[11]

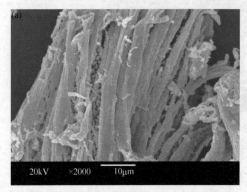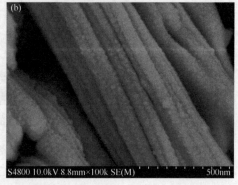

图 5.18　SO_4^{2-}/ZrO_2 的 SEM(a)和 FESEM(b)图[9]

　　往固体酸中掺杂稀土离子会显著增大固体酸载体的比表面积，从而提高固体酸的催化性能。分别掺杂 La^{3+} 和 Ce^{4+} 的 $SO_4^{2-}/La/ZrO_2$ 固体酸和 $SO_4^{2-}/Ce/ZrO_2$ 固体酸制备方法只是在胶原纤维粉末负载 Zr^{4+} 时加入 La^{3+} 和 Ce^{4+}，其余步骤与 SO_4^{2-}/ZrO_2 固体酸的制备方法一样。La/ZrO_2 和 Ce/ZrO_2 也保持了有序的胶原纤维束形貌，具有规整的纤维结构和介孔结构，La/ZrO_2 的平均孔径为 10.9nm，比表面积和孔容分别为 $63.62m^2/g$ 和 $0.1308cm^3/g$，Ce/ZrO_2 的平均孔径为 15.25nm，比表面积和孔容分别为 $51.79m^2/g$ 和 $0.2188cm^3/g$。没有掺杂稀土离子的 ZrO_2 的平均孔径为 16.2nm，比表面积为 $37.4m^2/g$，孔容为 $0.059cm^3/g$。从数据上看，掺杂稀土离子确实会提高固体酸载体的比表面积，改善介孔结构。另外，掺杂稀土离子还可以

抑制 ZrO_2 晶粒的生长，有助于更好地保持催化活性。掺杂 La^{3+} 和 Ce^{4+} 的 ZrO_2 的晶粒尺寸由未添加稀土离子的 7.2nm 分别减小到了 6.3nm 和 6.2nm，且 ZrO_2 保持了易与 SO_4^{2-} 螯合的四方晶相[9]。

同样地，掺杂 Ni^{2+} 的 SO_4^{2-}/Ni/ZrO_2 固体酸制备方法只是在胶原纤维粉末负载 Zr^{4+} 时加入 Ni^{2+}，其余步骤与 SO_4^{2-}/ZrO_2 固体酸的制备方法一样。Ni/ZrO_2 也保持了胶原纤维有序的胶原纤维束形貌，具有较规整的纤维结构。Ni/ZrO_2 也具有介孔结构，其平均孔径为 9.88nm，比表面积和孔容分别为 $60.51m^2/g$ 和 $0.1335cm^3/g$。所以，掺杂 Ni^{2+} 也会提高固体酸载体的比表面积，改善介孔结构[9]。另外，往固体酸中掺杂电负性较大的金属离子会改善金属氧化物与 SO_4^{2-} 形成的配位结构，从而进一步提高固体酸的酸性和催化活性。

3. 多孔 TiO_2-Al_2O_3 复合纤维及其固体酸催化剂

也可以用胶原纤维为模板制备多孔 TiO_2-Al_2O_3 复合纤维。其方法是：将 10g 胶原纤维粉末加入 300mL 去离子水中，用 H_2SO_4 和 HCOOH 的混合酸液[H_2SO_4/HCOOH = 1∶1(体积比)]调节 pH 至 1.8～2.0，25℃下搅拌 2h。加入 Ti/Al 摩尔比为 1∶1 的 Ti^{4+}、Al^{3+} 复合前驱体溶液(总金属量：Ti^{4+} + Al^{3+} = 60mmol)(之前可以加入 3g 柠檬酸钠蒙囿 30min)，25℃下反应 4h。缓慢滴加饱和 $NaHCO_3$ 溶液，在 4h 内将 pH 升高至 3.8～4.0，升温至 40℃搅拌反应 4h。反应结束后过滤、洗涤，60℃下真空干燥 12h，得到负载了 Ti^{4+} 和 Al^{3+} 的胶原纤维。对负载了 Ti^{4+} 和 Al^{3+} 的胶原纤维进行程序升温处理，以去除胶原纤维模板，具体升温程序如下：空气气氛，升温速率为 5℃/min，升温至 100℃并保持 2h；接着升温至 300℃并保持 2h；随后升温至 550℃并保持 7h。然后自然冷却至室温，即可获得多孔 TiO_2-Al_2O_3 复合金属氧化物纤维[12,13]。

胶原纤维与 Ti^{4+}、Al^{3+} 结合力存在差异，一方面，源于其结合机理的不同：Al^{3+} 主要与胶原纤维的—COOH 结合，而 Ti^{4+} 可与—COOH、—$CONH_2$、—CONH—等多种活性基团结合，因此 Ti^{4+} 的负载量更高；另一方面，Ti^{4+} 的 Z^2/r(离子势)值为 23.53，Al^{3+} 的 Z^2/r 值为 17.65，Z^2/r 越大配位结合越稳定，因此 Ti^{4+} 与胶原结合牢固，而 Al^{3+} 与胶原结合牢固程度次之，易被水洗去除。Ti^{4+} 的负载量为 1.56～1.66mmol/g，Al^{3+} 的负载量为 0.34～0.50mmol/g。负载金属离子后的胶原纤维较为分散，胶原纤维束的直径为 1～5μm，部分纤维束被打开，裸露出单根分散的纤维，大部分纤维的直径在 50～150nm 范围内，如图 5.19(a)所示。胶原纤维经程序升温处理得到的复合氧化物 TiO_2-Al_2O_3 纤维具有与胶原类似的纤维结构，但排列略显紧密，如图 5.19(b)所示。在热处理过程中，胶原纤维发生热收缩，氧化物聚集，使纤维排列更紧密。就总体上看，复合氧化物 TiO_2-Al_2O_3 较好地拓扑了胶原纤维的结构。TiO$_2$-Al$_2$O$_3$复合氧化物纤维存在介孔结构，其比表面积为131m^2/g，平均孔径为7.42nm，纯TiO$_2$纤维的比表面积为49m^2/g，平均孔径为10.6nm，分布也不均匀。Al$_2$O$_3$的引入能提高氧化物热稳定性，有效避免晶粒烧结，因此在热处理过程中能较好地保留由胶原纤维脱除形成的孔道结构，使得孔径分布范围窄、平均孔径小、比表面积大。纯TiO$_2$纤维同时存在锐钛矿相和金红石相两种晶相，其中锐钛矿相TiO$_2$是活性矿相，而金红石相TiO$_2$活性较低，在TiO$_2$中一般需要抑制金红石相的出现。多孔TiO$_2$-Al$_2$O$_3$复合氧化物纤维中金红石相的X射线衍射(XRD)峰明显减弱，锐钛矿相成为主要晶相。Al$_2$O$_3$的复合有效抑制了TiO$_2$从锐钛矿相向金红石相的转变，这是由于在TiO$_2$的复合金属氧化物中，若异种金属的熔点高于TiO$_2$，可以抑制TiO$_2$的相转变。Al$_2$O$_3$的熔点(2050℃)高于TiO$_2$的熔点(1840℃)，因而抑制了金红石相TiO$_2$的生成。而Al$_2$O$_3$则一直呈非晶型状态分散在TiO$_2$之间。另外，Al$_2$O$_3$能抑制TiO$_2$晶粒的长大，这是由于Al$_2$O$_3$与TiO$_2$颗粒之间的复合和键联作用，抑制了TiO$_2$晶粒间原子的扩散运输，从而抑制了TiO$_2$晶粒的生长[12,13]。

(a)   (b)

图5.19　负载金属离子的胶原纤维(a)和复合氧化物TiO$_2$-Al$_2$O$_3$纤维(b)的SEM图[12]

以多孔TiO$_2$-Al$_2$O$_3$复合氧化物纤维为载体，浸渍负载SO$_4^{2-}$，再通过热活化处理就可以制备多孔纤维状SO$_4^{2-}$/TiO$_2$-Al$_2$O$_3$固体酸催化剂。其方法是：用10mL 1.5mol/L硫酸溶液浸渍0.5g TiO$_2$-Al$_2$O$_3$复合氧化物纤维，于25℃吸附14h后，过滤并放入100℃烘箱2h；材料烘干后置于管式炉活化，炉内升温程序为5℃/min，升温至300℃后，在设定温度下活化4h；自然冷却即得到SO$_4^{2-}$/TiO$_2$-Al$_2$O$_3$固体酸[12]。

SO$_4^{2-}$/TiO$_2$-Al$_2$O$_3$固体酸呈现规整清晰的纤维形貌：固体酸由直径为3～5μm的纤维束构成，每根纤维束由若干粗细不一的细纤维聚集而成，如图5.20所示。这种结构与胶原纤维的结构类似，但与TiO$_2$-Al$_2$O$_3$载体不同的是，SO$_4^{2-}$/TiO$_2$-Al$_2$O$_3$纤维的分散度下降，细小纤维间的间隙变得模糊。固体酸纤维的这种结构变化可能是由于浸酸时间较长、酸浓度较高，硫酸溶液侵蚀载体表面，加之长时间的高温活化，载体氧化物发生了部分迁移和团聚。但总体上看，TiO_2-Al_2O_3 氧化物载体在经过浸酸、高温活化处理后，仍然得到了形态较为完整的纤维状 SO_4^{2-}/TiO_2-Al_2O_3 固体酸，而利于传质的纤维状形态将十分利于固体酸在催化反应中的应用。同 TiO_2-Al_2O_3 复合纤维一样，SO_4^{2-}/TiO_2-Al_2O_3 固体酸也存在介孔结构。多孔 TiO_2-Al_2O_3 复合纤维(比表面积 $131m^2/g$，平均孔径 7.4nm)经过浸酸后得到的 SO_4^{2-}/TiO_2-Al_2O_3 固体酸比表面积显著下降，为 $15m^2/g$，平均孔径降低为6.1nm。导致这种结果的原因可能是：载体吸附的 SO_4^{2-} 可以进入 SO_4^{2-}/TiO_2-Al_2O_3 固体酸孔道内，部分较大的孔径因内部吸附 SO_4^{2-} 而使孔径减小，而过小的孔道则出现孔道堵塞，此外长时间浸酸和高温活化对载体也造成一定破坏，细小的纤维结构出现断裂，部分稳定性不高的孔道塌陷，最后导致固体酸比表面积降低、平均孔径减小。虽然 SO_4^{2-}/TiO_2-Al_2O_3 固体酸的比表面积不大，但仍然保持了介孔纤维结构。如果固体酸具有酸性高、密度大的表面酸性活性点分布，那么借助纤维结构的表面吸附优势，催化剂依然能够表现出良好的催化活性。SO_4^{2-}/TiO_2-Al_2O_3 固体酸酸中心的酸量相较未复合 Al_2O_3 的 SO_4^{2-}/TiO_2 有了明显增加。TiO_2 与 Al_2O_3 的复合有利于增加固体酸酸量，特别是中强酸、强酸酸量的增加。含量较低的 Al_2O_3 对超强酸强度无明显影响，但能显著增加超强酸酸量；当 Al_2O_3 含量过高时，则不利于超强酸中心的形成。掺杂 Al_2O_3 对固体酸酸性有显著影响，通过调节 Al_2O_3 的含量可以实现对固体酸酸强度、酸量的调控[12]。

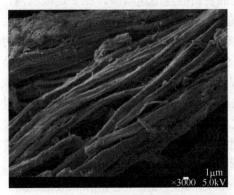 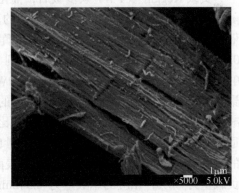

图 5.20　多孔纤维状 SO_4^{2-}/TiO_2-Al_2O_3 固体酸的 SEM 图[12]

以多孔 TiO_2-Al_2O_3 复合氧化物纤维为载体，分别以 Keggin 结构的磷钨酸($H_3PW_{12}O_{40}\cdot13H_2O$，以下简称 PW_{12})和 Dawson 结构的磷钨酸($H_6P_2W_{18}O_{62}\cdot13H_2O$，以下简称 P_2W_{18})为活性组分，通过传统的浸渍法，可制备多孔纤维状 PW_{12}/TiO_2-Al_2O_3、

$P_2W_{18}/TiO_2-Al_2O_3$ 固体杂多酸。具体制备方法如下：以 1g 多孔 $TiO_2-Al_2O_3$ 复合氧化物纤维作载体，将其浸渍在 40mL 不同浓度(质量分数)的 P_2W_{18} 和 PW_{12} 杂多酸水溶液中(负载杂多阴离子的质量占 $TiO_2-Al_2O_3$ 复合氧化物质量的 $10\%\sim60\%$)，常温静置 10h 后，过滤除去多余水溶液，将所得固体在 100℃干燥 2h 后，置于管式炉中活化，炉内升温程序为 5℃/min，升温至 300℃活化 4h，自然冷却后即可得到多孔纤维状 $PW_{12}/TiO_2-Al_2O_3$ 和 $P_2W_{18}/TiO_2-Al_2O_3$ 固体杂多酸[13]。

多孔纤维状 $PW_{12}/TiO_2-Al_2O_3$、$P_2W_{18}/TiO_2-Al_2O_3$ 固体杂多酸仍然分别保持了 Keggin 结构和 Dawson 结构。$PW_{12}/TiO_2-Al_2O_3$ 和 $P_2W_{18}/TiO_2-Al_2O_3$ 固体杂多酸都呈现出明显的纤维形貌，纤维束形态清晰可见。与 $TiO_2-Al_2O_3$ 复合氧化物纤维载体相比，$PW_{12}/TiO_2-Al_2O_3$ 和 $P_2W_{18}/TiO_2-Al_2O_3$ 固体杂多酸的纤维形貌有所减弱，纤维束也变得较为松散，这是因为在浸酸过程中，部分杂多阴离子进入 $TiO_2-Al_2O_3$ 氧化物载体的孔道内部，堵塞和腐蚀氧化物孔道。$PW_{12}/TiO_2-Al_2O_3$ 和 $P_2W_{18}/TiO_2-Al_2O_3$ 固体杂多酸具有良好的介孔结构，在催化反应过程中，可降低反应体系的传质阻力，加快反应的进行。多孔 $TiO_2-Al_2O_3$ 复合纤维载体的平均孔径较小，为 6.7nm，孔径分布范围窄，而纤维状 $PW_{12}/TiO_2-Al_2O_3$ 和 $P_2W_{18}/TiO_2-Al_2O_3$ 固体杂多酸的平均孔径变大，分别为 7.8nm 和 8.0nm，且孔径分布范围变宽。这是因为载体负载杂多阴离子后导致部分小孔消失，而浸酸溶液对氧化物纤维载体存在一定的腐蚀作用，会使其孔径变大。$PW_{12}/TiO_2-Al_2O_3$ 和 $P_2W_{18}/TiO_2-Al_2O_3$ 固体杂多酸的比表面积分别为 $56.8m^2/g$ 和 $53.7m^2/g$。杂多酸均匀分散在 $TiO_2-Al_2O_3$ 氧化物载体表面，没有发生聚集，这样将有利于催化剂表面酸性中心的形成[13]。

负载 Keggin 型 PW_{12} 杂多酸后，催化剂表面酸量迅速增多，在一定范围内，随着 PW_{12} 负载量的增多，固体酸表面的总酸量增多。当 PW_{12} 负载量为 30% 时，催化剂总酸量为 0.595mmol/g；PW_{12} 负载量为 40% 时，总酸量达到最高，为 0.609mmol/g；继续增大 PW_{12} 负载量到 50%，固体杂多酸表面酸量反而减少至 0.364mmol/g。这是因为负载的杂多酸 PW_{12} 过多时，杂多酸会在载体表面板结或聚集形成杂多酸簇，反而不利于酸中心的形成，从而使固体杂多酸表面的总酸量减少。结合杂多酸负载量对固体杂多酸比表面积、酸量的影响及制备成本，比较适合的 PW_{12} 负载量为 40%，此时总酸量也最大。随着 Dawson 型的 P_2W_{18} 负载量的增多，$P_2W_{18}/TiO_2-Al_2O_3$ 固体杂多酸表面的酸量也先增多后减少，较佳的 P_2W_{18} 负载量为 30%，相应的总酸量为 0.542mmol/g，此时强酸中心量和总酸量最高。Keggin 型 $PW_{12}/TiO_2-Al_2O_3$ 固体杂多酸表面的酸量高于 Dawson 型 $P_2W_{18}/TiO_2-Al_2O_3$ 固体杂多酸，酸强度也更高[13]。

4. 多孔 TiO_2-ZrO_2 复合纤维及其固体酸催化剂

多孔 TiO_2-ZrO_2 复合氧化物纤维与 $TiO_2-Al_2O_3$ 复合氧化物纤维的制备方法相

同。前驱体中 Ti/Zr 摩尔比也为 1:1。胶原纤维对 Zr^{4+} 的负载量为 0.33mmol/g，而对 Ti^{4+} 的负载量为 0.22mmol/g。图 5.21 为 TiO_2-ZrO_2 复合氧化物纤维的形貌图。TiO_2-ZrO_2 纤维长短有序，多根 50~100nm 的微小细纤维组成了直径为 1~5μm 的纤维束，呈现出与 TiO_2-Al_2O_3 相似的纤维结构，但结构更加致密。总体上，TiO_2-ZrO_2 复合氧化物较好地保存了胶原的纤维结构。TiO_2-ZrO_2 复合氧化物纤维的比表面积为 77.51m^2/g，平均孔径为 23.67nm。TiO_2 和 ZrO_2 的相互作用，可以相互有效抑制晶粒的生长，使复合氧化物的比表面积增大，因此 TiO_2-ZrO_2 复合氧化物纤维的比表面积比纯 TiO_2 纤维的比表面积(48.57m^2/g)和纯 ZrO_2 纤维的比表面积(48.67m^2/g)大。纯 TiO_2 纤维同时出现金红石和锐钛矿两种晶相，掺杂 ZrO_2 后，金红石相 TiO_2 消失，锐钛矿相 TiO_2 的 XRD 衍射峰变宽、强度减弱，且出现了明显的 $TiZrO_4$ 晶相的特征峰，说明 ZrO_2 与 TiO_2 之间发生了复合和键联作用，形成 Ti—O—Zr 键[12]。

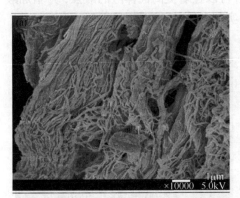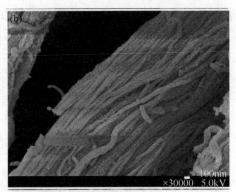

图 5.21 多孔 TiO_2-ZrO_2 复合氧化物纤维的 SEM 图[12]

以多孔 TiO_2-ZrO_2 复合氧化物纤维为载体，浸渍负载 SO_4^{2-}，再通过热活化处理就可以制备多孔纤维状 SO_4^{2-}/TiO_2-ZrO_2 固体酸催化剂。用 10mL 1.0mol/L 硫酸溶液浸渍 0.5g TiO_2-ZrO_2 复合氧化物纤维，于 25℃吸附 14h 后，过滤并放入 100℃烘箱 2h；材料烘干后置于管式炉活化，炉内升温程序为 5℃/min，升温至 300℃后，在该温度下活化 4h；自然冷却即得到 SO_4^{2-}/TiO_2-ZrO_2 固体酸[12]。

SO_4^{2-}/TiO_2-ZrO_2 固体酸纤维束的直径约为 2μm，由多根细小纤维组成。纤维的形貌及排列情况和多孔 TiO_2-ZrO_2 复合氧化物纤维有一定的差别，纤维的直径变大，但排列趋于疏松。在浸酸操作中，较为细小的纤维结构遭到破坏，出现酸侵蚀留下的孔隙；另外，在热活化过程中，部分纤维结构被破坏，金属氧化物出现小范围的团聚，并附着于邻近的纤维上，从而增大了纤维束的直径。如图 5.22 所示，SO_4^{2-}/TiO_2-ZrO_2 固体酸呈现出有序的纤维状结构，这种长程有序的纤维状结构具有较低的传质阻力。$SO_4^{2-}/TiO_2\text{-}ZrO_2$ 固体酸比表面积为 $44.10m^2/g$，较未浸酸的 $TiO_2\text{-}ZrO_2$ 比表面积($77.51m^2/g$)有一定的减小，这与 $TiO_2\text{-}Al_2O_3$ 在负载 SO_4^{2-} 后的变化相似，原因可见 $SO_4^{2-}/TiO_2\text{-}Al_2O_3$ 的分析("3. 多孔 $TiO_2\text{-}Al_2O_3$ 复合纤维及其固体酸催化剂")。$TiO_2\text{-}ZrO_2$ 的孔径分布集中于 $5\sim10nm$ 范围内，而 $SO_4^{2-}/TiO_2\text{-}ZrO_2$ 固体酸的孔径分布较宽，除介孔结构外，还出现了微孔特征。因为载体浸酸后，负载的 SO_4^{2-} 堵塞了部分孔道，使孔径减小，并出现微孔结构，但另一部分孔径较大的介孔结构则继续存在。尽管制备的催化剂的比表面积不大，但是其较大的孔径和纤维状结构为其较好的催化性能提供了保障。单一的 SO_4^{2-}/TiO_2 固体酸及 SO_4^{2-}/ZrO_2 固体酸酸量较低、酸性偏弱，TiO_2 与 ZrO_2 复合后制备的 $SO_4^{2-}/TiO_2\text{-}ZrO_2$ 固体酸具有非常显著的超强酸性，酸性随 ZrO_2 含量的增加而增大[12]。总体上看，TiO_2 与 ZrO_2 复合可以显著提高固体酸的酸强，并增加酸量，通过调节 TiO_2 与 ZrO_2 的含量则可以实现对固体酸酸性的调控。

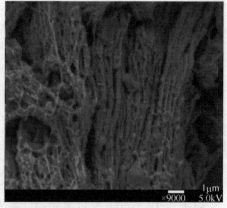

图 5.22　多孔纤维状 $SO_4^{2-}/TiO_2\text{-}ZrO_2$ 固体酸的 SEM 图[12]

5. 多孔 $ZrO_2\text{-}Cr_2O_3$ 复合纤维及其固体酸催化剂

制革过程中削匀、修边等操作产生大量的含铬废皮渣，其主要成分是含铬胶原纤维。可以用这类含铬废皮渣制备多孔 $ZrO_2\text{-}Cr_2O_3$ 复合纤维。将 10g 含铬胶原纤维加入 300mL 去离子水中，用 H_2SO_4 和 HCOOH 的混合酸液[H_2SO_4/HCOOH＝1∶1(体积比)]调节 pH 至 $1.8\sim2.0$，25℃搅拌反应 2h；加入不同量的硫酸锆，25℃搅拌反应 4h；缓慢滴加饱和 $NaHCO_3$ 溶液，在 4h 内将 pH 升高至 $3.8\sim4.0$，升温至 40℃搅拌反应 6h。反应结束后过滤、洗涤，60℃下真空干燥 12h。对充分干燥的胶原纤维进行程序升温热处理，以去除胶原纤维模板。升温程序如下：空气气氛，升温速率 5℃/min；室温升温至 100℃并保持 2h；升温至 300℃下保持 2h；随后升温至 550℃并保持 7h；自然冷却即获得多孔 ZrO_2-Cr_2O_3 复合氧化物纤维。根据所加入 Zr^{4+}量的不同(0mmol/g、20mmol/g、40mmol/g、60mmol/g)，将所制备的氧化物标记为 Cr_2O_3、ZrO_2-Cr_2O_3-1、ZrO_2-Cr_2O_3-2、ZrO_2-Cr_2O_3-3。用 4mL 1.0mol/L 硫酸溶液浸渍 0.1g Zr_2O_3-Cr_2O_3 复合氧化物纤维；25℃下吸附 14h 后过滤，放入 100℃烘箱干燥 2h，然后在 300℃下通空气焙烧 4h，即得到固体酸催化剂。根据氧化物载体的不同，将制备的 SO_4^{2-}/ZrO_2-Cr_2O_3 固体酸分别记为 SO_4^{2-}/Cr_2O_3、SO_4^{2-}/ZrO_2-Cr_2O_3-1、SO_4^{2-}/ZrO_2-Cr_2O_3-2、SO_4^{2-}/ZrO_2-Cr_2O_3-3[12]。

表 5.4 为含铬胶原纤维对 Cr^{3+} 和 Zr^{4+}的负载量。废铬屑中 Cr 的含量为 0.54mmol/g，经过锆复鞣后，根据 Zr^{4+}量的不同，对应 Cr^{3+}的含量分别下降至 0.35mmol/g、0.33mmol/g、0.30mmol/g。废铬屑中 Cr^{3+}的损失可能来自前期的清洁操作及浸酸、锆复鞣过程中 Cr^{3+}的损失。以上三种材料中，胶原纤维对 Zr^{4+}的负载量分别为 0.69mmol/g、1.06mmol/g、1.47mmol/g，对应的 Zr/Cr 摩尔比为 1.97、3.22 和 4.90，金属总负载量最高为 1.77mmol/g[12]。

表 5.4　胶原纤维中 Cr^{3+}的含量及对 Zr^{4+}的负载量[12]

复合前驱体中 Zr^{4+}的添加量/(mmol/g)	Cr^{3+}含量/(mmol/g)	Zr^{4+}负载量/(mmol/g)	总负载量/(mmol/g)	负载后 Zr/Cr 摩尔比
0	0.54	—	0.54	—
20	0.35	0.69	1.04	1.97
40	0.33	1.06	1.39	3.22
60	0.30	1.47	1.77	4.90

废铬屑中 Cr 含量不高，热处理过程中难以形成均匀排列的 Cr_2O_3，稳定性较差，待胶原纤维模板被去除后，Cr_2O_3 即出现断裂和塌陷，如图 5.23 所示，由废铬屑直接制得的 SO_4^{2-}/Cr_2O_3 固体酸结构杂乱，由长短不一、大小不同的类纤维状碎片组成。Zr^{4+}引入能提高载体氧化物的稳定性，有效避免孔道塌陷，使材料呈现

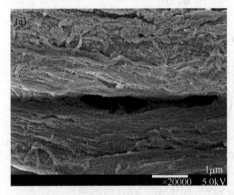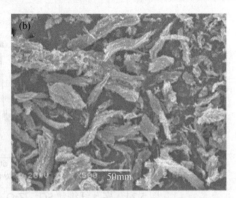

图 5.23　纤维状 SO_4^{2-}/ZrO_2-Cr_2O_3-1 固体酸(a)和 SO_4^{2-}/Cr_2O_3 固体酸(b)的 SEM 图[12]

有序的纤维结构，SO_4^{2-}/ZrO$_2$-Cr$_2$O$_3$-1 固体酸呈纤维束状结构，每根粗纤维(60~70nm)由多根细纤维(10~20nm)紧密聚集而成[12]。

废铬屑纤维在煅烧过程较好地起到了模板作用，从而使 ZrO$_2$-Cr$_2$O$_3$-1 复合氧化物纤维载体保持了良好的介孔结构，平均孔径为 14.05nm，比表面积为 84.36m^2/g[12]。

多孔 ZrO$_2$-Cr$_2$O$_3$ 复合氧化物纤维经过硫酸浸渍活化后得到 SO_4^{2-}/ZrO$_2$-Cr$_2$O$_3$ 固体酸，相比载体材料，制备得到的固体酸比表面积和孔径都有所下降，如表 5.5 所示。SO_4^{2-}/ZrO$_2$-Cr$_2$O$_3$-1 固体酸比表面积下降为 33.76m^2/g，随着 ZrO$_2$ 含量的增加，所得 SO_4^{2-}/ZrO$_2$-Cr$_2$O$_3$-2 固体酸比表面积下降为 14.47m^2/g，而对于 ZrO$_2$ 复合量最高的 SO_4^{2-}/ZrO$_2$-Cr$_2$O$_3$-3 固体酸，其比表面积低至 7.31m^2/g，这可能是由于废铬屑胶原纤维负载过多 Zr^{4+}，氧化物在煅烧过程中出现团聚[12]。胶原纤维只有负载一定含量的 ZrO$_2$ 才能获得结构较好的固体酸催化剂。

表 5.5　SO_4^{2-}/ZrO$_2$-Cr$_2$O$_3$-1、SO_4^{2-}/ZrO$_2$-Cr$_2$O$_3$-2、SO_4^{2-}/ZrO$_2$-Cr$_2$O$_3$-3 的比表面积和孔径[12]

项目	SO_4^{2-}/ZrO$_2$-Cr$_2$O$_3$-1	SO_4^{2-}/ZrO$_2$-Cr$_2$O$_3$-2	SO_4^{2-}/ZrO$_2$-Cr$_2$O$_3$-3
比表面积/(m^2/g)	33.76	14.47	7.31
孔径/nm	10.65	11.58	9.41

SO_4^{2-}/ZrO$_2$-Cr$_2$O$_3$-1 固体酸中，ZrO$_2$ 以热力学介稳的四方晶相存在，Cr$_2$O$_3$ 主要以聚集态微晶分散于 ZrO$_2$ 晶体中。SO_4^{2-}/ZrO$_2$-Cr$_2$O$_3$-1 固体酸的 XRD 谱图(图 5.24)中 Cr$_2$O$_3$ 和 ZrO$_2$ 衍射峰清晰、峰强较高，说明氧化物结晶良好、晶粒较细。

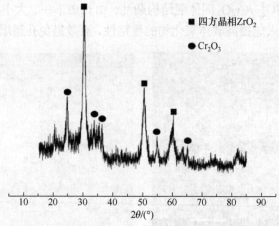

图 5.24　多孔纤维状 SO_4^{2-}/ZrO$_2$-Cr$_2$O$_3$-1 固体酸的 XRD 谱图[12]

催化剂经过长时间的热处理(程序升温煅烧：550℃，7h；酸活化：300℃，4h)后，仍然保持了规整的晶体结构，表明 ZrO_2-Cr_2O_3 复合氧化物纤维具备较高的热稳定性，这为 SO_4^{2-}/ZrO_2-Cr_2O_3 固体酸较高的催化活性打下了基础[12]。

ZrO_2 与 Cr_2O_3 的复合可以显著增加催化剂的酸量，并提高其酸强度。如固体酸的 NH_3-TPD 分析图(图 5.25)所示，随着 ZrO_2 的含量增加，550～600℃处的肩峰移至 620～650℃区间内，说明强酸中心的强度增加；但 700～750℃处脱附峰的位置及峰宽均无明显变化，说明 ZrO_2 含量的进一步增加对超强酸中心的影响不大[12]。

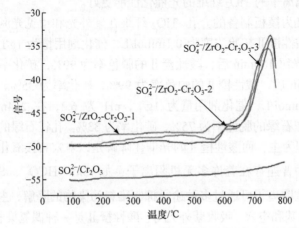

图 5.25　多孔纤维状 SO_4^{2-}/ZrO_2-Cr_2O_3 固体酸的 NH_3-TPD 分析图[12]

5.3.3　催化性能评价

1. 多孔 TiO_2 基纤维的光催化性能

TiO_2 具有光诱导氧化能力强、化学性质稳定性高、对人体无害、成本较低等特点，成为光催化研究领域中最有应用前景的光催化剂。TiO_2 是一种 n 型半导体材料，能带结构由一个充满电子的低能价带和一个空的高能导带构成。价带和导带之间为不连续区域，称为禁带或带隙。锐钛矿相 TiO_2 的带隙能为 3.2eV，相当于 387nm 光子的能量。当锐钛矿相 TiO_2 受到波长小于 387nm 的紫外光照射时，电子可以从价带激发到导带，同时在价带产生相应的空穴，即生成光生电子-空穴对，光生电子-空穴对在产生的同时还存在复合，复合时以光或热的形式散发能量。光生空穴具有极强的得电子能力，即氧化能力，可以直接将吸附的分子氧化，也可以先将吸附在 TiO_2 表面的 OH^- 和 H_2O 氧化成氧化能力较强的羟自由基($\cdot OH$)，而 $\cdot OH$ 再进一步将吸附的分子氧化。TiO_2 表面吸附的分子氧会吸收光生电子生成多种氧离子表面态(如 O^{2-}、O^- 及 O_2^-)，其中超氧离子(O_2^-)作为活性物种，可以质子化或与 H_2O 发生反应生成 H_2O_2，H_2O_2 再生成 $\cdot OH$。综上所述，吸附 O_2 主要用来转移光生电子，而光生空穴主要用来直接氧化有机物或产生·OH，如果空穴-电子分离反应能够顺利进行，光催化反应就会持续下去。若发生电子与空穴的复合，则降低了活性中间体形成的概率，不利于光催化反应。过渡金属离子或稀土金属离子掺杂可以有效改善 TiO_2 的光电化学特性。与传统的 TiO_2 光催化剂相比，具有介孔结构(孔径为 2～50nm)的 TiO_2 在反应传质、载流子和光子的扩散与传递等方面具有明显优势，可显著提高 TiO_2 的光催化性能。所以，以胶原纤维为模板制备的介孔 TiO_2 基纤维就是一种很好的光催化剂，其中掺杂了某些过渡金属离子或稀土金属离子的 TiO_2 纤维的光催化性能更好。

以胶原纤维为模板制备的介孔 TiO_2 纤维在紫外光和可见光激发下可以催化降解染料。当酸性橙 II 初始浓度为 0.1mmol/L，催化剂用量为 1g/L，pH 为 6.2，在 254nm 紫外光照 180min 后，酸性橙 II 的脱色率为 99%，矿化率为 43%；在可见光照射 240min 后，酸性橙 II 的脱色率为 99%，矿化率为 35%。当孔雀石绿初始浓度为 0.05mmol/L，催化剂用量为 1g/L，pH 为 6.2，在 254nm 紫外光照射 180min 后，孔雀石绿的脱色率为 75%，矿化率为 33%。孔雀石绿的光催化降解是以羟自由基机理为主，而酸性橙 II 的光催化降解是以空穴直接氧化机理为主[3]。

印染废水中普遍存在着许多无机阴离子，如 Cl^-、HCO_3^-、SO_4^{2-}、NO_3^- 和 $H_2PO_4^-$ 等。这些阴离子可通过多种途径抑制染料污染物的降解，主要包括竞争吸附、捕获羟自由基和空穴、吸收紫外光等。酸性橙 II 是一种偶氮染料，如图 5.3 所示，其分子结构中不仅含有偶氮染料的共性结构偶氮基(—N=N—)，还含有酸性基团磺酸基(—SO_3^-)和羟基(—OH)，易溶于水，在水溶液中电离成染料阴离子，带负电，其溶液的 pH 约为 6.2。而 TiO_2 的等电点为 6.8～6.95。当溶液 pH < 6.8 时，TiO_2 表面带正电荷。所以当酸性橙 II 溶液 pH 为 6.2 时，介孔 TiO_2 纤维表面带正电荷，有利于酸性橙 II 在催化剂表面的吸附。但与此同时，溶液中的某些无机阴离子也会吸附在介孔 TiO_2 纤维的表面，导致竞争吸附。Cl^-、HCO_3^- 和 $H_2PO_4^-$ 会大幅度地降低介孔 TiO_2 纤维的催化活性，而 SO_4^{2-} 和 NO_3^- 的影响不大[3]。除了竞争吸附，无机阴离子对催化活性的影响程度更是取决于其捕获自由基的能力，捕获自由基的能力越强，生成的自由基氧化能力越弱，越容易对染料的催化降解产生抑制作用。

溶解性的金属离子普遍存在于自然水体和工业废水中，这些金属阳离子的存在将影响 TiO_2 光催化反应的活性。金属阳离子对光催化反应的影响在很大程度上取决于金属离子的类型和浓度。金属离子对 TiO_2 光催化活性的促进作用一般通过两种途径：一是金属离子捕获 TiO_2 的导带电子，降低 TiO_2 光生电子-空穴对的复合率，增加光催化反应的效率；二是某些金属离子，如 Fe^{2+}，在酸性条件下发生类似 Fenton 类型的反应，产生羟自由基。而金属离子对 TiO_2 光催化活性的抑制作用一般通过三种途径：一是金属离子捕获光生空穴或羟自由基；二是金属离子吸收光或是反射光；三是金属离子沉积在 TiO_2 的表面造成催化剂中毒。Cu^{2+} 的存在消耗了光生电子和空穴，减少了自由基的产生量，从而抑制 TiO_2 纤维对酸性橙Ⅱ的降解。Fe^{3+} 能捕获光生电子，Fe^{2+} 能捕获光生空穴，均促进了光生载流子的分离，同时 Fe^{2+} 参与 Fenton 反应进一步增加了体系中羟自由基的生成，从而增强光催化活性。而 Na^+、K^+、Ca^{2+} 的存在不会影响介孔 TiO_2 纤维的光催化活性[3]。

　　介孔 TiO_2 纤维具有较好的重复使用性，经过 5 次重复使用后，其表面的纤维外形、晶体结构基本保持不变，酸性橙Ⅱ的脱色率和矿化率均未出现明显的下降，如图 5.26 所示，而略有下降的脱色率和矿化率主要是由于酸性橙Ⅱ或中间产物吸附于介孔 TiO_2 纤维的活性位点上，导致催化剂表面活性位点的数量降低，从而影响催化剂活性[3]。

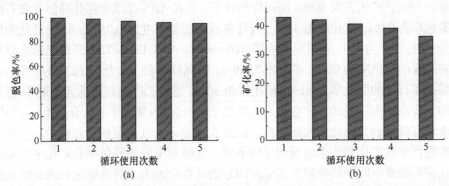

图 5.26　重复使用介孔 TiO_2 纤维光催化降解酸性橙Ⅱ的脱色率(a)和矿化率(b)[3]
酸性橙Ⅱ初始浓度为 0.1mmol/L，pH = 6.2，反应 180min，催化剂用量为 1g/L，254nm 光照

　　罗丹明 B(RhB)，又称玫瑰红 B 或碱性玫瑰精，俗称花粉红，是一种具有鲜桃红色的人工合成染料。当罗丹明 B 初始浓度为 0.05mmol/L，催化剂用量为 1g/L，pH 为 6.0，以胶原纤维为模板制备的介孔 TiO_2 纤维在可见光光照 80min 时对 RhB 的光催化降解的脱色率和矿化率分别为 40% 和 24%，高于市售 TiO_2 纳米颗粒 Degussa P25 的脱色率(36%)和矿化率(22%)[6]。TiO_2 的介孔孔道和纤维形貌对提高其光催化性能起到了重要作用。规整的纤维形貌和介孔结构，能显著地加快载流子、光子和反应物的扩散和传输，从而大大提高其光催化效率。

　　以胶原纤维为模板制备的掺杂适量 Fe^{3+} 的介孔 $Fe_{0.01}/TiO_2$ 纤维(Fe^{3+}/Ti^{4+} 的摩尔比为 0.01)对酸性橙Ⅱ的光催化降解活性要高于纯的 TiO_2 纤维。当酸性橙Ⅱ的初始浓度为 0.15mmol/L，催化剂用量为 1g/L，pH 为 6.2，在可见光光照 240min 后，$Fe_{0.01}/TiO_2$ 纤维光催化降解酸性橙Ⅱ的脱色率在 99% 以上，矿化率在 45% 以上，而同样条件下，介孔 TiO_2 纤维光催化降解酸性橙Ⅱ的脱色率为 83%，矿化率为 33%[3]。Fe^{3+}掺杂会在 TiO_2 晶格中引入缺陷位置且改变结晶度，从而影响光生电子-空穴对的复合率。若缺陷位置成为光生电子或空穴的捕获陷阱，则催化剂的催化活性增大；反之，若缺陷位置成为光生电子-空穴对的复合中心，将加快电子-空穴对的复合，催化剂的催化活性减小。适量 Fe^{3+}有较多的空 d 轨道，不仅可以作为 TiO_2 光生空穴和电子转移的媒介，而且可以浅层捕获光生电子，使光生电子与空穴的复合率下降，从而使 TiO_2 的催化活性增强。但过量的 Fe^{3+}使得捕获光生电子和空穴的陷阱过多，陷阱间的平均距离减小，又大大增加成为复合中心的可能性，从而降低 TiO_2 的催化活性。

以胶原纤维为模板制备的掺杂适量 La^{3+}的介孔 $La_{0.02}/TiO_2$ 纤维(La^{3+}和 Ti^{4+}的摩尔比为 0.02)在可见光和紫外光下对孔雀石绿的催化降解活性要高于纯的 TiO_2 纤维。例如，当孔雀石绿初始浓度为 0.05mmol/L，催化剂用量为 1g/L，pH 为 6.0，在 254nm 紫外光光照 180min 后，介孔 $La_{0.02}/TiO_2$ 纤维光催化降解孔雀石绿的脱色率为 99%，矿化率为 40%；而同样条件下，介孔 TiO_2 纤维光催化降解孔雀石绿的脱色率为 75%，矿化率为 33%。当孔雀石绿初始浓度为 0.05mmol/L，催化剂用量为 1g/L，pH 为 6.0，在可见光光照 240min 后，介孔 $La_{0.02}/TiO_2$ 纤维光催化降解孔雀石绿的脱色率为 99%，矿化率为 49%；而同样条件下，介孔 TiO_2 纤维光催化降解孔雀石绿的脱色率为 81%，矿化率为 30%。适量 La^{3+}可以降低光生电子-空穴对的复合率，但过量的 La^{3+}会充当光生电子-空穴对的复合中心。介孔 $La_{0.02}/TiO_2$ 纤维具有良好的光催化活性稳定性，如图 5.27 所示，在重复使用过程中，孔雀石绿的脱色率和矿化率均未出现明显的下降。而略有下降的脱色率和矿化率主要由于孔雀石绿或中间产物吸附于 $La_{0.02}/TiO_2$ 的活性位点上，导致催化剂表面活性位点的数量降低，从而影响催化剂活性[3]。

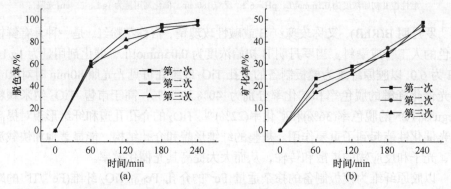

图 5.27 重复使用介孔 $La_{0.02}/TiO_2$ 纤维光催化降解孔雀石绿的脱色率(a)和矿化率(b)[3]
孔雀石绿初始浓度为 0.05mmol/L，pH = 6.0，催化剂用量为 1g/L，可见光光照

以胶原纤维为模板制备的 Ce^{4+}掺杂的 Ce/TiO_2 纤维对罗丹明 B 的光催化降解率整体显著高于纯的 TiO_2 纤维和市售 TiO_2 纳米颗粒 Degussa P25。当罗丹明 B 初

始浓度为 0.05mmol/L，催化剂用量为 1g/L，pH 为 6.0，Ce/TiO$_2$ 纤维对罗丹明 B 在可见光光照 80min 内脱色率和矿化率分别为 99% 和 78%，而纯的 TiO$_2$ 纤维的脱色率和矿化率分别为 40% 和 24%，市售 TiO$_2$ 纳米颗粒 Degussa P25 的脱色率和矿化率分别为 36% 和 22%。按 Ce/TiO$_2$ 纤维中 Ce^{4+}/Ti^{4+} 摩尔比值，其催化活性的大小顺序遵循：0.03＞0.02＞0.01＞0.04＞0.05＞0[6]。这是由于掺杂适量 Ce^{4+} 对界面电子转移和抑制电子-空穴对复合起到了重要作用。但是，当掺 Ce^{4+} 量超过一定的阈值时，过多的 Ce^{4+} 反而成为电子-空穴的复合位点，增加了 TiO$_2$ 禁带宽度，导致可见光响应减弱，从而使光催化活性降低。另外，随着 Ce^{4+} 含量的增加，分布在纳米 TiO$_2$ 晶粒周围的 Ce^{4+} 形成的空间电荷层厚度增加，导致光吸收效率降低，从而降低光催化活性。

2. SO$_4^{2-}$/M$_x$O$_y$ 型固体酸的催化性能

固体酸就是具有 B 酸或 L 酸中心的固体物质，能够吸附碱性物质或者能使碱性指示剂变色。B 酸是指 Bronsted 酸，其活性中心能够给出质子；L 酸即为 Lewis 酸，其活性中心能够接受电子。B 酸和 L 酸中心一般并存于固体酸中，并使固体酸表现出不同的催化活性。SO$_4^{2-}$/M$_x$O$_y$ 型固体酸是一种典型的固体酸，它是以某些金属氧化物为载体，以硫酸根离子（SO$_4^{2-}$）为酸活性中心的固体酸催化剂。其成酸机理为：SO$_4^{2-}$ 在金属氧化物载体的表面配位吸附，硫以+6 价配位于氧化物，由于 S=O 的诱导效应，M—O 键上电子云发生强烈偏移，促使相应的金属离子增加得电子能力，强化 L 酸中心，使催化剂呈现超强酸性，而 B 酸中心则是由 M$_x$O$_y$ 表面羟基表现出来，L 酸和 B 酸中心可以通过水合和脱水相互转化。两种酸中心的形成模型如图 5.28 所示[14]。固体酸的催化活性来源于酸中心，酸中心使固体酸具备了将表面的吸附碱转化为共轭酸的能力，这种能力又被称为固体酸的酸强度。酸强度以哈米特(Hammett)

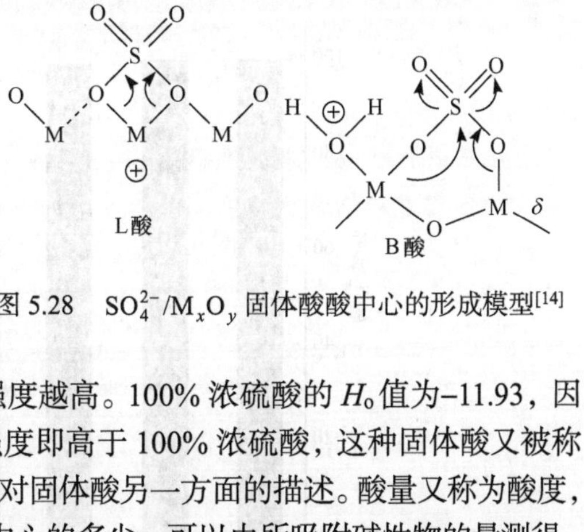

图 5.28　SO$_4^{2-}$/M$_x$O$_y$ 固体酸酸中心的形成模型[14]

酸度函数值 H_o 表示，H_o 值越低，酸强度越高。100% 浓硫酸的 H_o 值为 −11.93，因此当固体酸 H_o 值小于 −11.93 时，酸强度即高于 100% 浓硫酸，这种固体酸又被称为固体超强酸。除了酸强度外，酸量是对固体酸另一方面的描述。酸量又称为酸度，代表单位面积或质量的固体酸所含酸中心的多少，可以由所吸附碱性物的量测得。

与液体酸相比，SO$_4^{2-}$/M$_x$O$_y$ 催化剂分离简便、无腐蚀性、对环境危害小、可以重复利用，同时该类固体酸催化剂对异构化、烷基化、脱水及酯化等反应具有较高的催化活性，是具有工业应用价值的环境友好型催化剂。酯化反应是固体超强酸催化反应中研究最多的一类反应。传统的酯化反应大多数采用液体酸如硫酸、盐酸、硝酸或氢氟酸作为催化剂，其带来的环境问题已经为大家所共识，因此固体酸成为传统液体酸酯化反应的绿色催化剂替代品。固体酸催化剂的催化性能来源于载体表面上存在的具有催化活性的酸性部位，即酸中心，而酸中心的产生与催化剂的结构密切相关。因此，固体酸催化剂的结构，如比表面积、孔结构、形貌、化学组成等，是固体酸催化剂酸中心和酸强度的决定因素。目前主要通过提高比表面积、构造介孔结构及添加过渡金属离子或稀土离子来改善其催化性能。以胶原纤维为模板制备的介孔 SO_4^{2-}/M_xO_y 型固体酸催化剂具有强酸/超强酸中心，其酯化催化活性很高[6,9,10,12]。

以胶原纤维为模板制备的介孔 SO_4^{2-}/ZrO_2 固体酸催化剂可以催化乙酸和正丁醇发生酯化反应。当催化剂用量为底物乙酸质量的 5%，酸醇比为 1 : 1.2，反应温度为 90℃，反应时间为 60min 时，反应基本达到平衡，反应转化率达 99%。对比其他研究制备的 SO_4^{2-}/ZrO_2 固体酸，其反应时间大大缩短。这是由于以胶原纤维为模板制备的 SO_4^{2-}/ZrO_2 固体酸为纤维状，可以减小传质阻力，迅速让反应物扩散到催化剂的表面。该酯化反应为吸热反应，反应温度升高有利于提高反应速率，反应向生成酯的方向进行，所以转化率随着温度的升高而增大。增加催化剂的用量，乙酸的转化率也增加，当催化剂用量很少时，体系中可以提供酯化反应所需的固体酸活性中心数目不够，不足以为反应提供足够的活性中心。以胶原纤维为模板制备的介孔 SO_4^{2-}/ZrO_2 固体酸催化剂具有较好的重复使用性，如图 5.29 所示，重复使用 3 次后，转化率基本保持不变，从第 4 次开始才略微有所下降，重

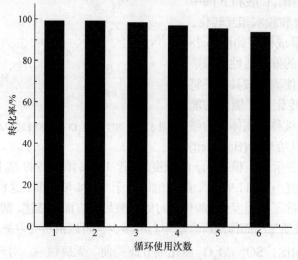

图 5.29 SO_4^{2-}/ZrO_2 的重复使用性[9]

复使用 6 次后，其转化率仍然有 93.5%，这是因为材料的纤维形貌及四方晶相的晶体结构基本保持不变。SO_4^{2-}/ZrO_2 固体酸催化剂可以经简单过滤烘干后反复使用[9]。

　　相较以胶原纤维为模板制备的介孔 SO_4^{2-}/ZrO_2 固体酸催化剂，以胶原纤维为模板制备的掺杂 Ni^{2+} 的介孔 $SO_4^{2-}/Ni/ZrO_2$ 固体酸催化剂对乙酸和正丁醇酯化反应的催化活性更强。Ni^{2+} 的加入，增大了固体酸的比表面积，提供了较多的催化活性中心。最直观的表现是催化剂的所需量大幅度减少，介孔 SO_4^{2-}/ZrO_2 固体酸催化剂的理想用量是底物乙酸质量的 5%，而 $SO_4^{2-}/Ni/ZrO_2$ 固体酸催化剂的理想用量仅为底物乙酸质量的 2%。在较佳的条件下，酯化反应的转化率为 98%。介孔 $SO_4^{2-}/Ni/ZrO_2$ 固体酸催化剂重复使用时，前两次催化效率基本不变，第 3 次催化效率下降，但后 4 次的重复使用催化活性基本保持不变。重复使用 6 次后，其转化率仍然有 85.3%。重复使用不会导致 $SO_4^{2-}/Ni/ZrO_2$ 固体酸的纤维形貌、硫含量、晶体结构产生很大的变化。这表明 $SO_4^{2-}/Ni/ZrO_2$ 固体酸具有一定的催化稳定性[9]。

　　相较以胶原纤维为模板制备的介孔 SO_4^{2-}/ZrO_2 固体酸催化剂，以胶原纤维为模板制备的掺杂 La^{3+} 的介孔 $SO_4^{2-}/La/ZrO_2$ 固体酸催化剂对乙酸和正丁醇酯化反应的催化活性也更强。La^{3+} 的加入，增大了固体酸的比表面积，稳定和保持了固体酸的介孔结构和晶相结构。催化剂理想用量大幅减少，而 $SO_4^{2-}/La/ZrO_2$ 固体酸催化剂的理想用量仅为底物乙酸质量的 2%。在较佳的条件下，酯化反应的转化率为 98%[9]。

　　以胶原纤维为模板制备的掺杂 Ce^{4+} 的 $SO_4^{2-}/Ce/TiO_2$ 固体酸在催化乙酸-正丁醇的酯化反应中的催化效果也优于 SO_4^{2-}/TiO_2 固体酸。当催化剂用量为底物乙酸质量的 2%，酸醇比为 1:3，反应温度为 90℃，反应时间为 45min 时，$SO_4^{2-}/Ce/TiO_2$ 固体酸的催化酯化率为 97.06%，明显高于 SO_4^{2-}/TiO_2 固体酸(71.32%)。这是因为在 TiO_2 中引入适量 Ce^{4+} 可以抑制 TiO_2 的相变和晶粒生长，使载体比表面积增加，热稳定性提高，孔道结构更完整，而且还可以提高催化剂酸中心的酸强度，显著增加酸密度，从而提高催化活性。然而，过量的 Ce^{4+} 可能会覆盖酸性位点，使 B 酸的酸性位点含量降低，从而降低其酯化催化效率。$SO_4^{2-}/Ce/TiO_2$ 固体酸催化剂循环使用 6 次后，催化活性没有明显降低，酯化率仍在 90% 以上，具有较好的催化稳定性。$SO_4^{2-}/Ce/TiO_2$ 固体酸在催化不同酯化反应时均表现出较高的活性，例如，当催化剂用量为底物质量的 2%，酸醇比为 1:3，反应温度为 90℃，反应时间为 45min 时，催化乙酸乙酯、乙酸丙酯、乙酸己酯和己酸乙酯的合成反应，酯化率分别为 99.9%、98.27%、94.29%和 86.3%[6]。

　　以两种金属复合纤维制备的介孔 $SO_4^{2-}/TiO_2-Al_2O_3$ 固体酸和 SO_4^{2-}/TiO_2-ZrO_2 固体酸具有超强酸中心，相比单一的介孔金属纤维所制备的固体酸具有更强的催化活性，催化乙酸和正丁醇酯化反应所需的理想用量分别仅为底物乙酸质量的 1.6%

和 2.0%。在 TiO_2 中引入 Al_2O_3 和 ZrO_2 不仅可以抑制 TiO_2 的相变和晶粒生长，使载体比表面积增加，热稳定性提高，孔道结构更完整，而且还可以显著增加酸强度和酸密度，从而提高催化活性。当酸醇比为 1∶2.5，反应温度为 110℃时，使用 1.6% 底物质量的 $SO_4^{2-}/TiO_2\text{-}Al_2O_3$ 固体酸为催化剂，反应 60min 后酯化率达到 97.7%，而使用 SO_4^{2-}/TiO_2 固体酸为催化剂，反应 60min 后酯化率为 81.5%。当酸醇比为 1∶4，反应温度为 100℃，使用 2% 底物质量的 $SO_4^{2-}/TiO_2\text{-}ZrO_2$ 固体酸为催化剂，反应 60min 后酯化率达到 98.1%。两种固体酸均可循环使用 5 次，$SO_4^{2-}/TiO_2\text{-}Al_2O_3$ 固体酸在前两次循环使用中保持了较好的稳定性，酯化率无明显下降，其中循环使用第 2 次酯化率为 95.34%，自第 3 次循环使用开始，酯化率出现缓慢下降，但循环使用第 5 次酯化率仍然高于 85%。$SO_4^{2-}/TiO_2\text{-}ZrO_2$ 固体酸在前 3 次循环催化反应中，酯化率仅出现轻微的下降，第 3 次的酯化率为 89.4%，在第 4 次、第 5 次循环实验中，酯化率出现了稍明显的下滑，至第 5 次循环反应，酯化率仍然保持在 80% 左右[12]。固体酸在循环使用时，活性下降的原因可能有：重复使用过程中，高价态的 S 被还原为低价态，超强酸强度下降；反应过程中出现积碳，覆盖了表面酸性中心；水洗作用导致部分 S 脱除；催化剂失水或者脱水，破坏了 L 酸、B 酸的协同作用，导致酸性下降；催化剂在滤洗过程中发生不可避免的损失等。由于以胶原纤维为模板制备的 $SO_4^{2-}/TiO_2\text{-}Al_2O_3$ 和 $SO_4^{2-}/TiO_2\text{-}ZrO_2$ 固体酸呈纤维状，且具有介孔结构，对 S 的吸附更为稳定，耐水冲击和积碳的性能更优，因此可以在一定程度上避免表面酸中心损失和酸量下降。此外，不同于沉淀法制备的呈粉体状、难沉降、容易损失的固体酸，多孔纤维状的 $SO_4^{2-}/TiO_2\text{-}Al_2O_3$ 和 $SO_4^{2-}/TiO_2\text{-}ZrO_2$ 固体酸便于沉降和过滤，重复使用时损失较小，因此保持了较好的循环使用性。

以制革铬鞣废革屑制备的 $SO_4^{2-}/ZrO_2\text{-}Cr_2O_3$ 固体酸也具有超强酸中心及有序的纤维结构和介孔结构。$SO_4^{2-}/ZrO_2\text{-}Cr_2O_3$ 固体酸用于乙酸、正丁醇酯化反应(催化剂用量为底物乙酸质量的 1.6%，酸醇比为 1∶2.5，100℃，反应时间 60min)时，酯化率为 96.4%。未复合 ZrO_2 的 SO_4^{2-}/Cr_2O_3 固体酸催化反应的酯化率仅为 24.9%，这与 SO_4^{2-}/Cr_2O_3 较低的比表面积、较弱的酸性相一致，所以仅以含铬胶原纤维为模板，不添加其他金属离子不能够获得性能优良的固体酸催化剂。$SO_4^{2-}/ZrO_2\text{-}Cr_2O_3$ 固体酸在催化不同酯化反应时均表现出较高的活性，例如，当催化剂用量为底物质量的 2%，酸醇比为 1∶2.5，反应温度为 100℃，反应时间为 30min 时，催化乙酸乙酯、乙酸丙酯、乙酸丁酯、乙酸己酯和己酸乙酯的合成反应时，酯化率分别为 95.9%、90.2%、93.5%、94.3% 和 86.3%。催化乙酸乙酯、乙酸丙酯、乙酸丁酯、乙酸己酯合成的酯化率差异较小，这可能是因为在酸醇比为 1∶2.5、催化剂活性较高的情况下，底物产率主要取决于酸分子的空间构型，而为数居多的醇分子的空间构型对转化率的影响不大；此外，由于催化剂孔道结构较大，不会对小分子底物醇产生明显的择形效应,上述反应体系所使用的底物酸分子都是乙酸,不同的醇分子都比较小,所以它们的酯化率差异不大。当酯化用酸为己酸,酯化用醇为乙醇时,酯化率下降为 86.3%,己酸的空间结构对酯化率有相对更明显的影响。SO_4^{2-}/ZrO_2-Cr_2O_3 固体酸循环使用 4 次后活性无显著下降,表现出良好的重复使用性能[12]。

3. PW/M_xO_y 杂多酸的催化性能

杂多酸是一类由中心原子(如 P、Si、Fe、Co 等)和配位原子(如 Mo、W、V、Nb、Ta 等)按一定的结构通过氧原子配位桥联组成的一类含氧多核配合物,兼具酸性和氧化还原性,现已成为催化领域一类很有前景的多功能新型催化剂。杂多酸是由杂多阴离子、平衡氢阳离子和结晶水组成,其中杂多阴离子称为杂多酸的一级结构,它是由若干个配位原子(用 M 表示)与氧原子组成的八面体(MO_6)按一定结构和序列聚集在中心原子(用 X 表示)与氧原子所组成的四面体(XO_4)或八面体(XO_6)周围而构成。根据中心体的配位数和作为配位体的八面体单元(MO_6)的聚集状态不同,杂多阴离子呈现出不同的结构,而杂多酸按照其杂多阴离子结构的不同,又可分为以下几种结构:Keggin、Dawson、Silverton、Anderson 和 Waugh等,最具代表意义的是 Keggin 型和 Dawson 型。

Keggin 型杂多酸中,杂多阴离子是由十二个 MO_6 八面体围绕一个中心 XO_4四面体所构成,如图 5.30(a)所示[15],整个阴离子类似于一个直径为 1nm 的球体。在杂多阴离子中存在不同类型的四类氧,包括四个与中心原子 X 和配位原子 M相连的氧离子 O_c,十二个以共价键形式与配位原子连接的氧原子 O_e,十二个以共点形式连接 M_3O_{13}(三个 MO_6 八面体共角组成的金属簇)单元内连接 M 与 M 的氧原子 O_d,以及十二个以桥氧(共边)形式连接 M_3O_{13} 单元内的氧原子 O_b。根据分子轨道理论,可计算得到这四类氧原子上电子云密度的高低顺序为:$O_c > O_b = O_d > O_e$,其中,桥氧原子 O_b 和 O_d 上的电子密度高于端氧原子 O_e,更容易被质子化,因此桥氧原子 O_b 和 O_d 成为杂多阴离子中主要的质子化点,是杂多酸的酸性中心,

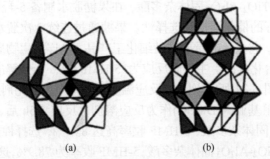

(a)　　　　　　　　　(b)

图 5.30　Keggin 型(a)和 Dawson 型(b)杂多酸的结构示意图[15]

也可以成为氧化还原反应中反应底物的吸附点。而 O_c 上不具备非键电子，立体空间阻碍大，一般不参与化学反应。作为几种多酸结构中结构最稳定的一种，Keggin 型结构的杂多酸广泛应用于酸性催化和氧化催化等有机合成反应中。

Dawson 型杂多酸中，杂多阴离子也是由 6 配位的 MO_6 八面体围绕中心 XO_4 四面体聚集而成。不同于 Keggin 型的球体结构，Dawson 型杂多阴离子类似于一个柱体，如图 5.30(b)所示[15]。Keggin 型杂多阴离子中所有配原子的位置是等价的，而 Dawson 结构中的金属配原子则有"极位"和"赤道位"之分，位于阴离子骨架上下两端的两个 M_3O_{13} 三金属簇称为"极位"，而剩下的十二个 MO_6 八面体在阴离子中间分成两层(每层由六个 MO_6 八面体连接成环)，两环之间通过氧原子相连，称为"赤道位"。Dawson 型杂多酸分子内也含有四种不同类型的氧，即八个与三金属簇和中心原子共顶点的氧 O_a，十八个连接不同金属簇的桥氧 O_b，十八个 M_3O_{13} 三金属簇单元内的桥氧 O_c，以及十八个 MO_6 八面体非共用的端氧 O_t。Dawson 型杂多酸稳定性仅次于 Keggin 结构，具有极强的氧化还原性和较强的酸性，在许多催化反应中也表现出优异的催化活性。

杂多酸的强质子酸性来源于：①杂多酸中的质子；②金属离子配位水的酸式解离；③金属离子还原所形成的质子；④制备时杂多酸所含的部分水。在溶液中，杂多酸的酸性比普通的酸如 HCl、H_2SO_4 等还要强，其酸强度与杂多阴离子的负电荷呈线性关系，即中心原子氧化态越高，则对应的杂多酸酸强度越大。杂多酸不仅具有较强的酸性，还有很强的氧化还原性。通过光化学或电化学的方法，杂多酸不仅可以氧化其他物质，还可以使自身处于还原状态，且这种还原状态可逆和易再生。杂多酸可以在不破坏阴离子自身结构的前提下不连续地获得 6 个或更多的电子，而杂多酸的氧化还原性正是得益于这种独特的多电子体结构。负载型杂多酸的酸催化反应类型主要包括酯化、酯交换、烷基化、酰基化、聚合、缩合反应等，氧化催化反应类型主要包括烃类的氧化、醇和酚的氧化、醛和酮的氧化、酸的氧化及胺的氧化等。

以胶原纤维为模板合成多孔纤维状 Keggin 型 PW_{12}/TiO_2-Al_2O_3 固体杂多酸和 Dawson 型 P_2W_{18}/TiO_2-Al_2O_3 固体杂多酸，在果糖脱水制备 5-羟甲基糠醛(5-HMF)的反应中具有很好的催化活性和选择性。果糖通过连续 3 次脱水可制备 5-HMF，如图 5.31 所示[16]，它是一类重要的精细化工产品，是连接生物质转化和大规模化工过程的重要平台化学品。主要副反应为 5-HMF 进一步分解成乙酰丙酸和甲酸等小分子酸，如图 5.32 所示[16]。当反应温度为 130℃，催化剂用量为 6%，果糖浓度为 10%，二甲基亚砜(DMSO)作为反应溶剂，反应 2.5h 后，使用 Dawson 型 P_2W_{18}/TiO_2-Al_2O_3 固体杂多酸，5-HMF 收率高达 84.7%，选择性达到 90.3%；使用 Keggin 型 PW_{12}/TiO_2-Al_2O_3 固体杂多酸，5-HMF 收率为 78.9%，选择性达到 85.5%。采用以单金属氧化物 TiO_2 为载体制备的 P_2W_{18}/TiO_2 和 PW_{12}/TiO_2 固体杂多酸为催化剂时，5-HMF 的收率分别仅为 57.2% 和 52.6%，选择性分别为 88.1%和 83.1%[13]。采用复合氧化物 TiO_2-Al_2O_3 为载体制备固体杂多酸具有更高的比表面积和更强的表面酸性，因而作为催化剂，5-HMF 的收率和选择性都增大。另外，采用 Dawson 结构的 P_2W_{18}/TiO_2-Al_2O_3 固体杂多酸时，5-HMF 收率和选择性都更高，造成这种差别的原因可能有以下两方面：Keggin 型 PW_{12}/TiO_2-Al_2O_3 固体杂多酸的表面酸量高于 Dawson 型 P_2W_{18}/TiO_2-Al_2O_3 固体杂多酸，但过多的表面酸量在促进反应正向进行的同时，也会增加副反应的发生，导致选择性降低，从而使 5-HMF 收率也降低；另外，因为 Dawson 型 P_2W_{18}/TiO_2-Al_2O_3 固体杂多酸的氧化催化能力强于 Keggin 型 PW_{12}/TiO_2-Al_2O_3 固体杂多酸，所以以 Dawson 型纤维状 P_2W_{18}/TiO_2-Al_2O_3 固体杂多酸作催化剂时更有利于 5-HMF 的生成。

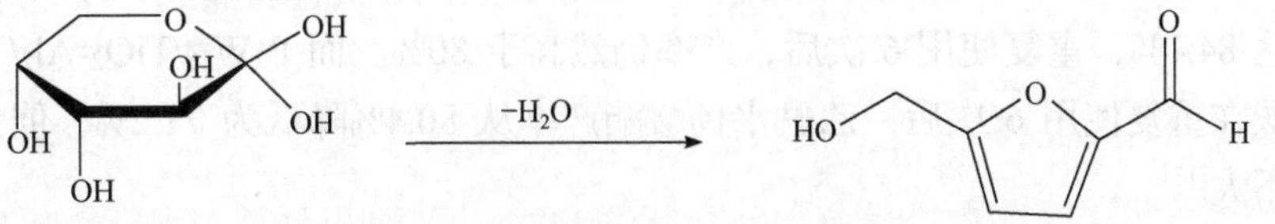

图 5.31　果糖脱水生成 5-HMF 的反应[16]

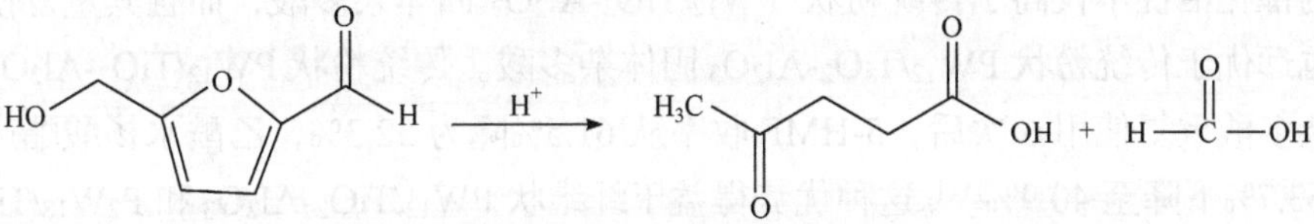

图 5.32　果糖脱水的副反应[16]

乙酰水杨酸酯(阿司匹林)是医药史上三大经典药物之一，至今仍是世界上应用最广泛的解热、镇痛和抗炎药，也是作为比较和评价其他药物的标准制剂。乙酰水杨酸酯常用水杨酸和乙酸酐酯化得到，其反应式如图 5.33 所示[17]，可能的副产物有水杨酰水杨酸酯和乙酰水杨酰水杨酸酯。Keggin 型纤维状 PW_{12}/TiO_2-Al_2O_3 固体杂多酸在催化合成乙酰水杨酸酯反应中，表现出比 Dawson 型 P_2W_{18}/TiO_2-Al_2O_3 固体杂多酸更优异的催化活性和选择性，这是因为 Keggin 型纤维状 PW_{12}/TiO_2-Al_2O_3 固体杂多酸的酸性更强，有利于酯化反应的进行。在水杨酸与乙酸酐摩尔比为 1∶2.5，反应温度为 70℃，催化剂用量为 5%，反应 50min 后，使用 Keggin 型纤

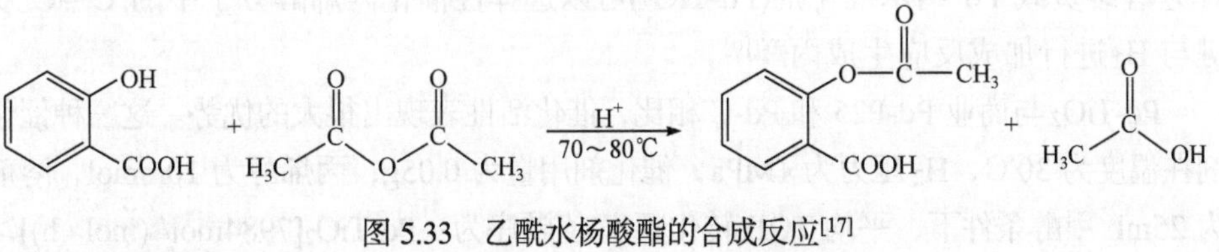

图 5.33　乙酰水杨酸酯的合成反应[17]

维状 $PW_{12}/TiO_2-Al_2O_3$ 固体杂多酸作为催化剂时，乙酰水杨酸酯产率高达 88.4%，使用 Dawson 型 $P_2W_{18}/TiO_2-Al_2O_3$ 固体杂多酸作为催化剂时，乙酰水杨酸酯产率为 80.4%[13]。

多孔纤维状 Keggin 型 $PW_{12}/TiO_2-Al_2O_3$ 固体杂多酸和 Dawson 型 $P_2W_{18}/TiO_2-Al_2O_3$ 固体杂多酸催化剂在以上两个反应中都有很好的重复使用性。在果糖脱水生成 5-HMF 反应中，重复使用 $P_2W_{18}/TiO_2-Al_2O_3$ 固体杂多酸 3 次后，5-HMF 收率从 84.7%降低为 81.3%，重复使用 6 次后，5-HMF 收率仍高达 78.2%。而重复使用 $PW_{12}/TiO_2-Al_2O_3$ 固体杂多酸 3 次之后，5-HMF 收率由 78.9%降低为 77.4%，重复使用 6 次后，5-HMF 收率无明显变化(74.1%)。在合成乙酰水杨酸酯反应中，$PW_{12}/TiO_2-Al_2O_3$ 固体杂多酸使用 1 次后，收率为 88.4%，重复使用 4 次后，产率仍高达 84.1%，重复使用 6 次后，产率仍然高于 80%。而 $P_2W_{18}/TiO_2-Al_2O_3$ 固体杂多酸在重复使用 6 次后，乙酰水杨酸酯产率从 80.4%降低为 71.2%，催化活性变化不大[13]。

在相同的反应条件下，纤维状 $PW_{12}/TiO_2-Al_2O_3$ 和 $P_2W_{18}/TiO_2-Al_2O_3$ 固体杂多酸的催化活性不仅高于传统粉状 $PW_{12}/TiO_2-Al_2O_3$ 固体杂多酸，而且其重复使用性也远优于传统粉状 $PW_{12}/TiO_2-Al_2O_3$ 固体杂多酸。传统粉状 $PW_{12}/TiO_2-Al_2O_3$ 固体杂多酸重复使用 6 次后，5-HMF 收率从 61.5%降为 32.3%，乙酰水杨酸酯产率从 63.7%下降至 40.9%[13]。这种优势得益于纤维状 $PW_{12}/TiO_2-Al_2O_3$ 和 $P_2W_{18}/TiO_2-Al_2O_3$ 固体杂多酸独特的介孔结构，该介孔结构使氧化物载体具有较强的吸附性，可有效减少催化剂表面活性组分的损失，同时，良好的介孔结构使得催化剂易于与反应体系分离，在一定程度上避免了因过多的反应底物堵塞或覆盖在催化剂表面而导致的催化剂失活。

4. 介孔 TiO_2 纤维负载 Pd 纳米催化剂的催化性能

Pd 纳米催化剂具有很强的加氢反应催化活性。丙烯醇是一种典型的不饱和烃类化合物，丙烯醇的加氢反应目标产物是丙醇，然而丙烯醇分子中的 C═C 双键在加氢过程中可能生成异构化的副产物正丙醛。以胶原纤维为模板制备的介孔 TiO_2 纤维负载 Pd 纳米催化剂(Pd-TiO_2)可以选择性催化丙烯醇分子中的 C═C 双键与 H_2 进行加成反应生成丙醇[6]。

Pd-TiO_2 与商业 Pd-P25 和 Pd-C 相比，催化活性表现出很大的优势。这三种催化剂在温度为 30℃，H_2 压力为 1MPa，催化剂用量为 0.05g，丙烯醇为 10mmol，溶剂为 25mL 甲醇条件下，平均 TOF(转化频率)值顺序为：Pd-TiO_2[7984mol/ (mol · h)]＞Pd-C[2832mol/(mol · h)]＞Pd-P25[658.32mol/(mol · h)]。Pd-TiO_2 在重复使用 7 次

后，其催化活性降低至 1596mol/(mol·h)，但降低后的催化活性仍显著高于商品
Pd-P25 和 Pd-C 的催化活性，如图 5.34 所示，因此 Pd-TiO₂ 在一定程度上是可以
重复使用的[6]。Pd-TiO₂ 引入杨梅单宁作为稳定剂和分散剂，与 Pd²⁺ 形成五元螯合
环结构，可以有效抑制催化剂在煅烧和还原过程中活性成分的迁移和团聚，使其
具有优良的催化活性。同时，大部分 Pd 颗粒也能被锚定在 Pd-TiO₂ 的介孔孔道
中，从而得到分散性好、粒径较小的钯纳米颗粒。纳米颗粒粒径越小，高活性的
表面原子越多，其活性就越高；分散性越好，各活性点之间的相互作用越小，迁
移和团聚作用对活性的影响越小，其稳定性就越好。另外，Pd-TiO₂ 的纤维结构也
有助于反应物分子由外界经催化剂表面向反应活性点的扩散，也有利于提高其催
化活性。Pd-P25 催化剂较大的粒径使其在第一次使用时就表现出较低的催化活
性，TOF 值仅为 658.32mol/(mol·h)。商业 Pd-C 第一次使用时平均 TOF 值达到
2832mol/(mol·h)，但第二次使用时骤降到 784mol/(mol·h)，下降率高达 72.3%。
重复使用 7 次后，商业 Pd-C 的平均 TOF 值仅有 155.2mol/(mol·h)。商业 Pd-C 平
均 TOF 值急剧下降的原因是其 Pd 负载量较高(10%)，加之没有被锚定和分散，因
此金属颗粒易在载体表面团聚，致使粒径变大；在使用过程中不断团聚增大的 Pd
颗粒易从载体表面脱落，进入液相，随着重复使用次数的增加，商业 Pd-C 的贵金
属不断流失，造成催化活性不断下降[6]。

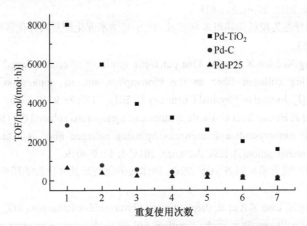

图 5.34　Pd-TiO₂、商业 Pd-P25 和 Pd-C 的重复使用性[6]

　　Pd-TiO₂ 对不同底物分子的 C＝C 双键都有良好的催化加氢性能，如表 5.6 所
示，Pd-TiO₂ 催化剂在 30℃、1MPa H₂ 压力条件下都能催化 2-甲基-3-丁烯-2-醇、
环己烯、苯乙烯加氢[6]。

表 5.6　　Pd-TiO$_2$ 对不同底物的催化活性[6]

催化剂	反应底物	反应时间/min	转化率/%	平均 TOF 值 /[mol/(mol·h)]
	2-甲基-3-丁烯-2-醇	15	94.1	7528
Pd-TiO$_2$	环己烯	40	99.2	1188
	苯乙烯	12	99.1	9900

注：反应条件：温度 30℃；H$_2$ 压力 1MPa；催化剂用量 0.05g；2-甲基-3-丁烯-2-醇 10mmol；环己烯 4mmol；苯乙烯 10mmol；溶剂 25mL 甲醇。

参 考 文 献

[1] 刘晓虎. 胶原纤维负载 Fe(Ⅲ)催化剂的制备及其光助降解有机污染物的催化特性[D]. 成都: 四川大学, 2009.

[2] 唐睿. 以胶原为载体的非均相催化剂的制备及催化特性的研究[D]. 成都: 四川大学, 2009.

[3] 蔡莉. 胶原纤维为模板制备介孔 TiO$_2$、Fe/TiO$_2$ 和 La/TiO$_2$ 纤维及其光催化活性研究[D]. 成都: 四川大学, 2011.

[4] Cai L, Liao X P, Shi B. Using collagen fiber as a template to synthesize TiO$_2$ and Fe$_x$/TiO$_2$ nanofibers and their catalytic behaviors on the visible light-assisted degradation of orange Ⅱ [J]. Industry Engineer Chemical Research, 2010, 49(7): 3194-3199.

[5] 蔡莉, 吴昊, 廖学品, 等. 胶原纤维为模版制备 TiO$_2$ 及 La/TiO$_2$ 纳米纤维及光催化活性研究[J]. 无机化学学报, 2011, 27(4): 611-618.

[6] 肖高. 皮胶原纤维为模板构建纤维状多孔 TiO$_2$ 基纳米催化剂及其催化特性研究[D]. 成都: 四川大学, 2013.

[7] Xiao G, Huang X, Liao X P, et al. One-pot facile synthesis of cerium-doped TiO$_2$ mesoporous nanofibers using collagen fiber as the biotemplate and its application in visible light photocatalysis[J]. Journal of Physical Chemistry C, 2013, 117(19): 9739-9746.

[8] Xiao G, Zhou J F, Huang X, et al. Facile synthesis of mesoporous sulfated Ce/TiO$_2$ nanofiber solid superacid with nanocrystalline frameworks by using collagen fiber as a biotemplate and its application in esterification[J]. RSC Advance, 2014, 4: 4010-4019.

[9] 廖洋. 以胶原纤维为模板制备 SO$_4^{2-}$/ZrO$_2$ 固体酸催化剂及其催化性能研究[D]. 成都: 四川大学, 2012.

[10] Liao Y, Huang X, Liao X P, et al. Preparation of fibrous sulfated zirconia (SO$_4^{2-}$/ZrO$_2$) solid acid catalyst using collagen fiber as the template and its application in esterification[J]. Journal of Molecular Catalysis A: Chemical, 2011, 347(1-2): 46-51.

[11] Deng D H, Liao X P, Liu X, et al. Synthesis of hierarchical mesoporous zirconia fiber by using collagen fiber as a template[J]. Journal of Material Research, 2008, 23 (12): 3262-3268.

[12] 陈琛. 以胶原纤维为模板合成多孔纤维状 SO$_4^{2-}$/M$_x$O$_y$ 型固体酸及其催化性能的研究[D]. 成都: 四川大学, 2013.

[13] 成咏澜. 以胶原纤维为模板合成多孔纤维状 PW/TiO$_2$-Al$_2$O$_3$ 固体杂多酸及其催化性能研究[D]. 成都: 四川大学, 2015.

[14] Ward D A, Ko E I. Sol-gel synthesis of zirconia supports: important properties for generating *n*-butane isomerization activity upon sulfate promotion[J]. Journal of Catalysis, 1995, 157(2): 321-333.

[15] 王德胜, 闫亮, 王晓来. 杂多酸催化剂研究进展[J]. 分子催化, 2012, 26(4): 366-375.

[16] Carlini C, Patrono P, Galletti A M R, et al. Heterogeneous catalysts based on vanadyl phosphate for fructose dehydration to 5-hydroxymethyl-2-furaldehyde[J]. Applied Catalysis A: General, 2004, 275(1/2): 111-118.

[17] 万福贤, 姜林, 尹洪宗, 等. 冬青油的提取与乙酰水杨酸的合成[J]. 实验室科学, 2015, 18(6): 36-38.

[15] Wang O, Teng J] Synthesis of aromatic sulfonic acid precursors for separation of
uranium from mixtures with upper surface monitoring// Journal of analysis, 1995, 15 (2):
321-333
[15]
图 6 Heng method to 3-hydroxymethyl-2-dimethyl[tel][J]. Applied Catalysis A: General,
2004, 273 (2):103-113
[17] 等等，等等. 等等等等等 等等等等等等等等等等 等等等等等等 等等等[J].
198 C: 20-28

第 6 章　胶原纤维/单宁/金属三元复合催化材料

6.1　引　言

如第 3 章所述，胶原纤维固化单宁材料对多种重金属离子具有优良的吸附作用，而本章正是利用胶原纤维固化单宁材料对金属离子优良的亲和能力，将原本直接与胶原纤维结合能力较弱(制革上称为没有鞣性)，但具有催化活性的金属离子[如贵金属离子 Pt(Ⅱ)、Pd(Ⅱ)、Au(Ⅲ)等]，通过单宁的桥键作用和还原作用，更好地固定到胶原纤维载体上，制备得到胶原纤维接枝单宁负载金属纳米催化剂。这类催化剂具有粒度细、均匀性好、反应活性佳、活性部位不易脱落、反应条件温和、可循环使用等诸多优点。

此外，以胶原纤维固化单宁材料作为稳定剂和模板剂，将与胶原纤维结合能力较弱的金属催化剂前驱体负载到模板上，通过真空气氛的热处理碳化模板后，可以制得多孔金属-碳复合纤维，其催化活性高于相应的商业级粉体状催化剂。

6.2　胶原纤维接枝单宁负载金属纳米催化材料

6.2.1　制备方法及表征

1. 制备方法

原料牛皮按常规制革工艺进行清洗、碱处理、剖皮、脱碱，达到除去非胶原间质的目的。然后用 16g/L 的乙酸水溶液脱除皮中的矿物质，重复三次，再用乙酸-乙酸钠缓冲液调节裸皮的 pH 至 4.8～5.0。用无水乙醇脱水后，减压干燥至水分含量不超过 10%，研磨过筛得粒度为 10～20 目的胶原纤维粉末，其水分含量不超过 12%，灰分含量不超过 0.3%，pH 在 5.0～5.5 范围内。取 5.0g 胶原纤维粉末，加入 100mL 去离子水，充分浸泡以后，加入一定量的单宁/多酚(如 EGCG、杨梅单宁、黑荆树单宁等)，并在 25℃下充分搅拌反应 2h。然后加入 50mL 戊二醛溶液[含量 2.0%(质量分数)]，用稀硫酸将溶液 pH 调节至 6.5 左右，并在 45℃下搅拌反应 6～8h。反应结束后过滤，用蒸馏水充分洗涤，然后在 35℃下真空干燥12h，经研磨后即得到胶原纤维接枝单宁载体材料。EGCG 的接枝度为 9.68%～45.26%，单宁的接枝度为 42%左右[1-12]。

　　按照一定比例，将胶原纤维接枝单宁载体材料加入 K_2PtCl_6、$PdCl_2$、$HAuCl_4$、$CoCl_2$ 等金属离子溶液中，用浓度为 0.1mol/L 的 NaOH 或 H_2SO_4 将溶液 pH 调节至适合载体材料与金属离子反应的 pH 范围，并在 30℃ 下充分搅拌反应 4～24h。若需要制备双金属催化剂，则在此时加入另外一种金属离子溶液，并用 0.1mol/L 的 NaOH 或 H_2SO_4 调节溶液 pH，再继续反应 4～24h。反应结束后，将材料过滤并用蒸馏水充分洗涤。除了负载 Au(Ⅲ) 的材料，其他材料经洗涤后，加入一定浓度的 $NaBH_4$ 溶液进行还原，还原 4～6h 后将材料过滤，用蒸馏水充分洗涤，然后用乙醇和丙酮反复脱水，经自然干燥并破碎得到了胶原纤维接枝单宁负载金属纳米催化剂(tannin-grafted collagen fiber for metal-nanoparticle catalyst，M-T-CF)[1-12]。

　　在戊二醛的作用下，单宁通过与胶原分子的—NH_2 反应(曼尼希反应)，以共价键的形式接枝到胶原纤维的表面。胶原纤维接枝单宁后，单宁分子中的邻位酚羟基可与 Pt^{4+}、Pd^{2+}、Au^{3+} 等金属离子发生络合反应，形成稳定的五元螯合环，从而将金属离子稳定地锚定在胶原纤维的表面。除了 Au^{3+} 可以在与单宁分子发生络合反应的同时被还原为 Au^0，其余金属离子可以用化学还原试剂 $NaBH_4$ 还原得到金属纳米颗粒。如图 6.1 所示为胶原纤维接枝茶多酚 EGCG 负载 Pt 纳米颗粒(NP)的制备过程，如图 6.2 所示为胶原纤维接枝杨梅单宁负载 Au 和 Pd 双金属纳米颗粒的制备过程。$NaBH_4$ 含有大量的负价氢，常作为一种高效的还原试剂应用于制备金属纳米材料等领域。$NaBH_4$ 还原 Pt^{4+} 为 Pt^0、Pd^{2+} 为 Pd^0 的反应式如下：

$$BH_4^- + Pt^{4+} + 2H_2O \longrightarrow BO_2^- + Pt^0 + 4H^+ + 2H_2\uparrow$$

$$BH_4^- + Pd^{2+} + 2H_2O \longrightarrow BO_2^- + Pd^0 + 4H^+ + 2H_2\uparrow$$

　　还原生成的金属纳米颗粒主要分散在胶原纤维的外表面，其颗粒表面可与多单宁分子的酚羟基及胶原分子的官能基团进一步结合，从而防止金属纳米颗粒的团聚增大，增强金属纳米颗粒的稳定性。

2. 表征

　　以胶原纤维接枝 EGCG 负载 Pt 纳米催化剂(Pt-EGCG-CF)的表征为例，对胶原纤维接枝单宁负载金属纳米催化剂的表征进行详细介绍。

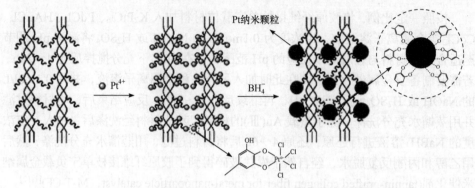

图 6.1 胶原纤维接枝 EGCG 负载 Pt 纳米颗粒制备示意图[1,6]

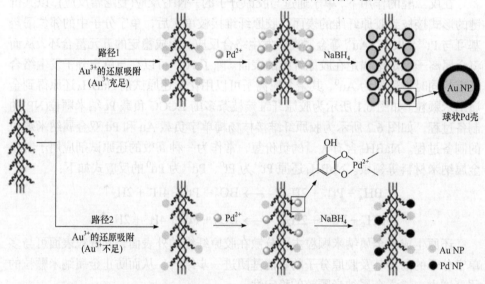

图 6.2 胶原纤维接枝杨梅单宁负载 Au 和 Pd 双金属纳米颗粒制备示意图[6]

图 6.3 为胶原纤维(CF)、胶原纤维接枝 EGCG (EGCG-CF)、胶原纤维接枝 EGCG 负载 Pt⁴⁺ [Pt(Ⅳ)-EGCG-CF]、胶原纤维接枝 EGCG 负载 Pt 纳米颗粒(Pt-EGCG-CF)的紫外可见漫反射光谱(UV-Vis DRS)图和照片图。纯的胶原纤维的外观颜色为白色，它的 UV-Vis DRS 谱图在可见光区(400～700nm)几乎没有吸收，而只有在紫外区 210nm 和 280nm 有两个吸收峰，210nm 处为胶原多肽链骨架的吸收峰，280nm 处为胶原分子侧链苯环的吸收峰。当胶原纤维接枝 EGCG(EGCG-CF)后，其在 210nm 和 280nm 处的吸收峰都出现了偏移且吸收强度也相应增强了，在整个紫外区(200～400nm)和可见光区都有较高的吸收值。而从 EGCG-CF 的外观看，颜色上也发生了较大的变化，由原来的白色变为浅黄色。当 EGCG-CF 与 PtCl₆²⁻ 反应后，颜色由浅黄色变为浅褐色，这是 EGCG-CF 上已经吸

附 Pt^{4+}的体现。Pt(Ⅳ)-EGCG-CF 的 UV-Vis DRS 谱图也发生了明显变化，材料在整个紫外和可见光区域的吸收同时增强了。用 NaBH$_4$ 还原 Pt^{4+}，材料的颜色由浅褐色变为了深褐色，此时胶原纤维中的 Pt^{4+}已经被还原为 Pt^0。在 Pt-EGCG-CF 的 UV-Vis DRS 谱图中可以清晰地看见，400~700nm 可见光区域内 Pt-EGCG-CF 的吸收强度明显高于 Pt(Ⅳ)-EGCG-CF[1]。

图 6.3　CF、EGCG-CF、Pt(Ⅳ)-EGCG-CF、Pt-EGCG-CF 的 UV-Vis DRS 谱图和照片图[1]

如图 6.4 Pt-EGCG-CF 的扫描电镜(SEM)图所示，Pt-EGCG-CF 具有十分规整的纤维结构，其直径为 1~4μm，长度为 0.5~1mm[1]。在接枝 EGCG 及负载 Pt 纳米颗粒之后，胶原纤维自身的纤维结构仍然得以保留。更重要的是，胶原纤维作为一种独特的纤维型载体基质，对于负载在其表面的 Pt 纳米颗粒的催化活性可以起到促进作用。相对于粉末和片体型催化剂，拥有几何弹性结构的纤维型催化剂具有更小的传质阻力及更低的压力降，同时在催化反应中可以为反应分子提供更开放的反应通道以促进反应的进行。

通过测定 CF、EGCG-CF、Pt(Ⅳ)-EGCG-CF、Pt-EGCG-CF 四种样品的 X 射线光电子能谱(XPS)，定性地考察了 EGCG 在胶原纤维上的接枝反应及 Pt^{4+}还原

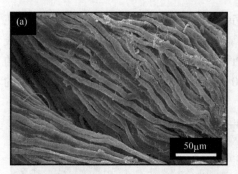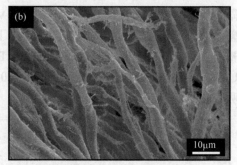

图 6.4　Pt-EGCG-CF 的 SEM 图[1]

前后与胶原纤维接枝 EGCG 载体材料的结合机理。图 6.5 为四种样品的 C 1s、O 1s 和 N 1s 的 XPS 谱图的高斯拟合图，表 6.1 列出了它们具体的电子结合能数值。相较于 CF，EGCG-CF 的羟基氧信号明显增强，N 原子的电子云密度减少，呈缺电子状态。根据制革化学的原理，EGCG 分子中的羟基可以与胶原多肽分子中的 N 形成氢键(C—OH····N—C=O)，从而导致 N 原子上的电子向 EGCG 羟基上转移，使其结合能增加，可以证明 EGCG 被成功地接枝到了胶原纤维表面。当 EGCG-CF 负载 Pt^{4+} 后，羟基氧的信号强度明显降低，结合能升高，羟基氧上的电子云密度进一步降低，而羰基氧的电子结合能却几乎没有发生变化，说明 Pt^{4+} 与 EGCG-CF 的反应主要是与 EGCG 的酚羟基结合，而没有与胶原分子结合。根据示意图 6.1 可知，当 $PtCl_6^{2-}$ 与 EGCG-CF 反应时，Pt^{4+} 可与 EGCG 分子的酚羟基形成一个稳定的五元螯合环，从而实现在胶原纤维上的固载。当 Pt^{4+} 被 $NaBH_4$ 还原为 Pt^0 后，一部分羟基氧的结合能升高，一部分 N 的电子结合能也升高，说明还原生成的 Pt^0 纳米颗粒仍然能与 EGCG 和胶原纤维结合[1]。根据文献报道，金属纳米颗粒的表面原子仍然含有高度不饱和的电子空轨道，可接受外来电子[7]。因此当 Pt 纳米颗粒生成时，表面的不饱和原子仍然能接受 EGCG-CF 中氧原子和氮原子提供的孤对电子，并通过共价结合的方式与 Pt 纳米颗粒结合，从而达到将其稳定在胶原纤维表面的目的。

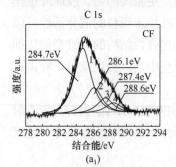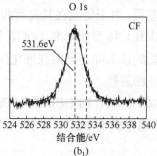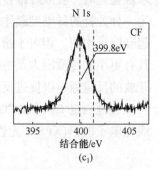

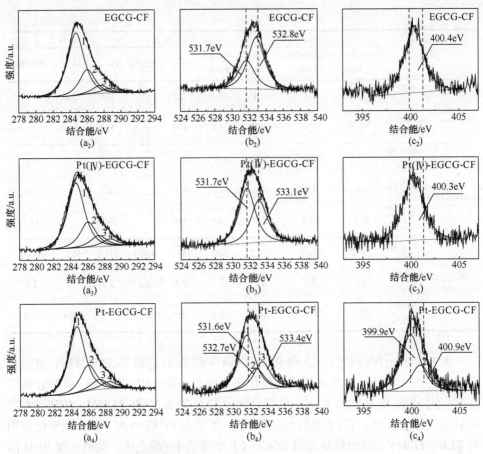

图 6.5　CF[(a₁)(b₁)(c₁)]、EGCG-CF[(a₂)(b₂)(c₂)]、Pt(Ⅳ)-EGCG-CF[(a₃)(b₃)(c₃)]和 Pt-EGCG-CF[(a₄)(b₄)(c₄)]的 C 1s、O 1s 和 N 1s XPS 谱图[1]

表 6.1　CF、EGCG-CF、Pt(Ⅳ)-EGCG-CF、Pt-EGCG-CF 的 C 1s、N 1s 和 O 1s 的 XPS 数据[1]

样品		C 1s				N 1s		O 1s		
		C—C/C—H	Cα/C—O/C—N	N—C=O	O—C=O	N—C	配位键	O=C	O—C	配位键
CF	结合能/eV	284.7	286.1	287.4	288.6	399.8		531.6		
	半峰宽/eV	2.2	2.1	2.0	2.0	2.2		2.2		
	相对面积/%	59.3	21	11.9	7.8	100		100		
EGCG-CF	结合能/eV	284.7	286.2	287.5	288.8	400.4		531.7	532.8	

续表

样品		C 1s				N 1s		O 1s		
		C—C/C—H	C$_\alpha$/C—O/C—N	N—C=O	O—C=O	N—C	配位键	O=C	O—C	配位键
EGCG-CF	半峰宽/eV	2.2	2.1	2.1	2.1	2.2		2.2	2.2	
	相对面积/%	62.7	25.8	6.8	4.6	100		35.1	64.9	
Pt(Ⅳ)-EGCG-CF	结合能/eV	284.7	286.1	287.4	288.7	400.3		531.7		533.1
	半峰宽/eV	2.2	2.2	2.1	2.2	2.1		2.2		2.1
	相对面积/%	61.4	22.4	9.9	6.3	100		56.8		43.2
Pt-EGCG-CF	结合能/eV	284.7	286.0	287.3	288.5	399.9	400.9	531.6	532.7	533.4
	半峰宽/eV	2.2	2.2	2.1	2.2	2.2	2.1	2.2	2.1	2.2
	相对面积/%	61.2	23.5	8.9	6.4	79.8	20.2	54.5	18.3	27.2

图 6.6 对 Pt(Ⅳ)-EGCG-CF 和 Pt-EGCG-CF 的 Pt 4f 进行了 XPS 分析，进一步确定了表面活性组分 Pt 在还原后的氧化还原状态。通过 BH$_4^-$还原后，强度较高的 Pt 4f 信号峰的 Pt 4f$_{7/2}$ 和 Pt 4f$_{5/2}$ 的结合能分别为 71.2eV 和 74.6eV，相比 Pt^{4+}的 Pt 4f 电子结合能值，它们的结合能降低了。零价态 Pt^0 的 Pt 4f$_{7/2}$结合能变化范围为 71.0～71.3eV，该组信号表明 EGCG-CF 中零价 Pt^0 的生成。而另一组 Pt 4f 信号峰的结合能值分别为 72.5eV 和 75.8eV。PtO 的 Pt 4f$_{7/2}$ 的电子结合能为 72.5eV，该组信号峰表明催化剂中存在氧化态的 Pt^{2+}[1]。氧化态 Pt^{2+}的出现可能是由于在还

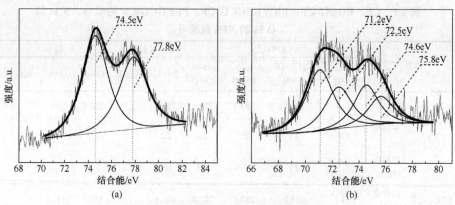

图 6.6 Pt-EGCG-CF 的 Pt 4f XPS 谱图[1]

(a) 还原前；(b) 还原后

原过程中空气中的分子氧对生成的 Pt^0 进行氧化，从而形成 Pt 的氧化物并存在于 Pt 纳米颗粒的表面，如 PtO 或 $Pt(OH)_2$。所以，Pt-EGCG-CF 催化剂中的 Pt 原子主要是以 Pt^0 的形式存在，同时含有少量 Pt 的氧化物。

　　对 Pt-EGCG-CF 催化剂进行 X 射线衍射(XRD)表征，衍射谱图结果如图 6.7 所示。为做对比，将没有负载 Pt 纳米颗粒的 EGCG-CF 的 XRD 表征结果一并列入。胶原纤维是一种非晶态结构的天然高分子材料，因此从图中可以看到两种材料在 25°左右均出现了很宽的馒头峰，这是胶原纤维的特征非晶态峰。胶原纤维经过接枝 EGCG 后，其 XRD 图谱中并没有发现任何的晶体衍射信号，这表明胶原纤维本质的非晶态结构并没有改变。而当 EGCG-CF 中生成 Pt^0 纳米颗粒之后，在 $2\theta = 45.9°$ 处均出现了一明显的衍射峰，其对应的是面心立方(fcc)结构的金属 Pt 的(111)面的特征衍射峰[1]。

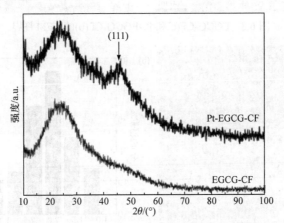

图 6.7　EGCG-CF 和 Pt-EGCG-CF 的 XRD 图[1]

　　图 6.8 为 EGCG-CF 和 Pt-EGCG-CF 的透射电镜(TEM)图，可以明显地观察到载体材料呈现出较规整的明暗相间的结构，这是胶原分子按照 1/4 错列排布所形成的独有构型 D 周期带。胶原纤维在接枝 EGCG 分子后，其独有的多肽链分子结构并没有被破坏。然而，当 Pt 纳米颗粒生成后，可以明显地看到很多黑色的小圆点出现在胶原纤维的表面，这是还原反应所形成的 Pt 纳米颗粒。这些 Pt 纳米颗粒沿着胶原分子纵向分布，几乎没有大的团聚现象出现，Pt 纳米颗粒的尺度小且很均匀地分散在胶原分子的外表面[1]。

　　如图 6.9(a)和(b)所示，采用了高分辨的透射电镜(HRTEM)可以确定这些黑色的圆点是 Pt 纳米晶，并分析它们的粒径大小和尺寸分布。对图中 70~80 颗纳米颗粒的粒径进行统计，可以看出，Pt 纳米颗粒拥有较小的粒径及较窄的尺寸分布，其平均粒径 $d = 2.1nm$，尺寸分布 $\sigma = 0.7nm$。再进一步增大放大倍数，可以明显地观察到纳米颗粒的晶格条纹，如图 6.9(c)中箭头所示，该晶格条纹对应的正是面

心立方结构的 Pt 晶体的(111)晶格面。采用能量色散 X 射线光谱仪(EDX)对该纳米

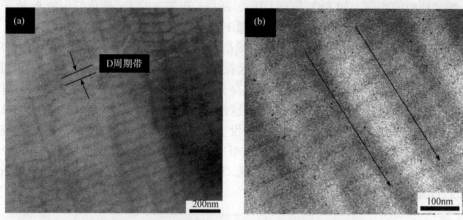

图 6.8　EGCG-CF(a)和 Pt-EGCG-CF(b)的 TEM 图[1]

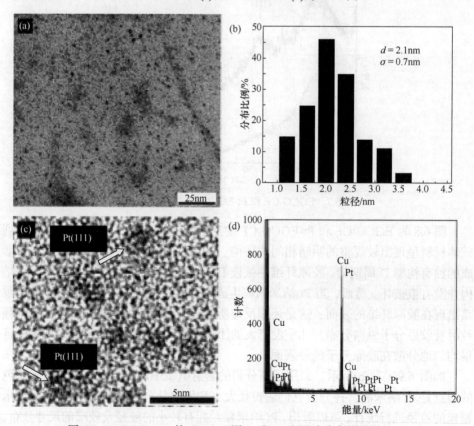

图 6.9　Pt-EGCG-CF 的 HRTEM 图[(a)和(c)]和尺寸分布柱形图(b)；
(d)Pt-EGCG-CF 的 EDX 谱图[1]

颗粒元素成分进一步分析,如图 6.9(d)所示,结果显示该颗粒中主要含 Pt 元素,表明这些出现在催化剂上的纳米颗粒是由纯的 Pt 原子构成的,而 EDX 谱图中出现的 Cu 元素则来自装载样品进行 TEM 观察的铜网[1]。

通过对胶原纤维接枝 EGCG 负载 Pd 纳米催化剂(Pd-EGCG-CF)表征可知,Pd-EGCG-CF 呈黑色,具有非常规整的纤维结构。Pd 的负载量随着胶原纤维上 EGCG 接枝度的增大而增大。在 NaBH$_4$ 作用下,Pd^{2+}被全部还原为 Pd^0,还原形成的 Pd^0 纳米颗粒的表面 Pd 原子仍然与部分 EGCG 的羟基氧原子和胶原分子的氮原子相结合,从而稳定地固载在 EGCG 接枝胶原纤维的外表面。Pd 纳米颗粒沿着胶原分子纵向分布,几乎没有大的团聚现象出现。催化剂上的纳米颗粒是由纯的 Pd 原子构成,Pd 纳米颗粒拥有较小的粒径及较窄的尺寸分布,其平均粒径 d = 3.8nm,尺寸分布 σ = 0.7nm。可以在透射电镜上观察到纳米颗粒的晶格条纹,相邻两个晶面的间距 d = 0.227nm,对应 Pd(111)晶格面[1]。

通过对胶原纤维接枝 EGCG 负载 Au 纳米催化剂(Au-EGCG-CF)表征可知,Au-EGCG-CF 呈酒红色,具有非常规整的纤维结构。Au 的负载量随着胶原纤维上 EGCG 接枝度的增大而增大。Au^{3+}是先被吸附到载体 EGCG-CF 上之后,再在载体表面被 EGCG 的酚羟基还原为 Au^0。随着 EGCG 接枝度的增大,Au 纳米颗粒的粒径减小,尺寸分布变窄,当 Au 纳米颗粒尺度最小时,其平均粒径 d = (5.2±1.6)nm。通过 XRD 观察到 Au 有四个衍射峰,说明 Au-EGCG-CF 具有相当高的结晶度。Au 原子与 EGCG 分子的氧原子之间存在 Au→O 的电荷转移,EGCG 分子具有较高的稳定 Au 纳米颗粒的能力。所以,Au 纳米颗粒负载在 EGCG-CF 表面具有较高的分散度,几乎不发生团聚现象。催化剂上的纳米颗粒是由纯的 Au 原子构成[1]。

胶原纤维接枝黑荆树单宁负载 Pd 纳米催化剂(Pd-BWT-CF)中,BWT(黑荆树单宁)分子的酚羟基对于 Pd 具有很好的稳定作用,Pd 纳米颗粒被非常牢固地固定在 BWT-CF 上,而 BWT 结构中刚性的苯环骨架可以有效阻止 Pd 纳米颗粒发生聚集,从而有效防止 Pd 纳米颗粒在反应过程中发生团聚和流失。Pd-BWT-CF 呈有序的纤维状,Pd 纳米颗粒均匀地分散在 BWT-CF 载体上。经统计和计算 Pd 纳米颗粒的平均粒径为 4.0nm,分散度为 28%,催化剂中有着大量活性的 Pd 原子。对催化剂中 Pd 3d 的 XPS 谱图分析表明,两组峰分别属于 Pd 和 Pd(Ⅱ),所以催化剂上的纳米颗粒是 Pd 纳米颗粒和 Pd(0)-Pd(Ⅱ)混合纳米颗粒[8]。

为了发挥多个金属的协同效应,研究者尝试制备了胶原纤维接枝单宁负载双金属纳米催化剂,如胶原纤维接枝 EGCG 负载 Pd 和 Ni 双金属纳米催化剂(Pd/Ni-EGCG-CF)、胶原纤维接枝 EGCG 负载 Pt 和 Ni 双金属纳米催化剂(Pt/Ni-EGCG-CF)。Pd/Ni-EGCG-CF 催化剂具有规整的纤维形态,Pd 和 Ni 都是与 EGCG 的邻位酚羟基结合而锚定在 EGCG-CF 载体上,这种锚定作用可以防止金属纳米颗粒的团聚。Pd 纳米颗粒以 Pd⁰ 的形式存在，而 Ni 是以 Ni⁰ 及其氧化态 NiO 形式共同存在。通过 HRTEM 和 EDX 分析发现，Pd/Ni-EGCG-CF 催化剂的纳米颗粒为 Pd-Ni 合金，Pd-Ni 纳米颗粒的平均粒径 $d = 2.2$nm，尺寸分布 $\sigma = 0.5$nm，具有高度的分散性。Pt/Ni-EGCG-CF 催化剂也具有规整的纤维形态，载体上 Pt 纳米颗粒以 Pt⁰ 和 PtO 的形式存在，而 Ni 是以 Ni⁰ 及 NiO 的形式存在。通过 HRTEM 和 EDX 分析发现，Pt/Ni-EGCG-CF 催化剂的纳米颗粒为 Pt-Ni 合金，Pt-Ni 纳米颗粒的平均粒径 $d = 2.8$nm，尺寸分布 $\sigma = 0.8$nm，具有高度的分散性。EGCG 上邻位酚羟基的分散和固定作用有效阻止了金属纳米颗粒的团聚。纳米颗粒的分散性越好，暴露的活性位点越多，对催化活性的提高越有利[10]。

对于胶原纤维接枝杨梅单宁负载 Au 和 Pd 双金属纳米催化剂(Au_x/Pd_y-BT-CF，x/y 为 Au 和 Pd 的摩尔比)，如果首先锚定在 BT-CF 上的 Au^{3+} 不能消耗完所有的杨梅单宁的酚羟基，后吸附的 Pd^{2+} 则通过与杨梅单宁酚羟基的螯合作用吸附到载体 BT-CF 上，而不是吸附到纳米 Au 粒子的表面，此时双金属纳米颗粒不具有核壳结构，如 Au_1/Pd_1-BT-CF。Au_1/Pd_1/CF-BT 的粒径分布很不均匀，粒径主要位于 9.75nm 和 23.25nm 附近。反之，如果 Au^{3+} 足够多，可以消耗完杨梅单宁的酚羟基，那么之后溶液中的 Pd^{2+} 可以吸附到 Au^0 表面，在 $NaBH_4$ 还原作用下 Au 壳的外层形成 Pd 壳，如 Au_9/Pd_1-BT-CF($Au_9@Pd_1$/CF-BT) 和 Au_9/Pd_3-BT-CF($Au_9@Pd_3$/CF-BT)。Au_9/Pd_1/BT-CF 的平均粒径 $d = 10.63$nm，尺寸分布 $\sigma = 1.9$nm；Au_9/Pd_3/BT-CF 的平均粒径 $d = 11.20$nm，尺寸分布 $\sigma = 2.7$nm。Au_x/Pd_y-BT-CF 保持了胶原纤维的纤维状结构，其金属纳米颗粒与杨梅单宁之间存在电子授-受关系，这是金属纳米颗粒可以稳定在 BT-CF 载体上不发生团聚的原因[6]。

由胶原纤维接枝杨梅单宁制备的双金属纳米催化剂还有 Pd_x/Co_y-BT-CF 和 Pt_x/Co_y-BT-CF，金属纳米颗粒均负载在 BT-CF 载体上，不具有核壳结构[6]。

6.2.2　催化性能评价

1. 不饱和化合物催化加氢性能

催化加氢反应是一类十分重要的有机催化反应，一般生成产物和水，普通的加氢反应副产物很少，因此产品收率高、质量好。它不仅在工业生产及科学实验中有着广泛的应用，同时又是催化领域研究最深入的反应体系之一，是很多催化理论的模型反应。催化加氢主要包括两类：一类是不饱和化合物的加氢还原；另一类是饱和化合物的加氢氢解。不饱和化合物催化加氢不仅在石油炼制、精细化工上得到广泛应用，同时，在制药行业也是一类十分重要的有机反应。例如，在工业上将植物油催化氢化，使其分子饱和，熔点升高，成为固态脂肪。又如，石油加工制得的粗汽油中含有少量烯烃，因易氧化聚合影响汽油的质量，若进行加氢处理，即可提高汽油的质量。在该催化加氢反应体系中，氢分子首先被吸附在催化剂表面生成活泼的氢原子，继而与同样被催化剂削弱的 C=C 等不饱和键进行加成反应。因此可以说催化剂在该反应体系中扮演着最为关键的角色。

1) 胶原纤维接枝 EGCG 负载 Pt 纳米催化剂的性能

胶原纤维接枝 EGCG 负载 Pt 纳米催化剂(Pt-EGCG-CF)对不饱和烃的加氢反应具有很好的催化能力，它对 C=C 双键的加氢选择性几乎可以达到 100%，对几种含有不同取代基的烯烃化合物、环烯烃化合物及不饱和醛(丙烯醇、丙烯醛、丙烯腈、丙烯酸、甲基丙烯酸、丙烯酸甲酯、甲基丙烯酸甲酯、苯乙烯、环己烯、巴豆醛等)的 C=C 双键都能顺利地进行加氢反应，如表 6.2 所示，转化率和选择性均能达到 99%以上[1]。

表 6.2 Pt-EGCG-CF 对多种烯烃化合物及环烯烃化合物的催化加氢反应[1]

序号	底物	加氢产物	转化率/%	选择性/%	反应时间/min
1	HO⌒= (丙烯醇)	HO⌒	>99.5	>99.5	40
2	O=⌒= (丙烯醛)	O=⌒	>99.5	>99.5	70
3	N≡⌒= (丙烯腈)	N≡⌒	>99	>99.5	360
4	丙烯酸	丙酸	>99.5	>99.5	130
5	甲基丙烯酸	异丁酸	>99	>99.5	270
6	丙烯酸甲酯	丙酸甲酯	>99	>99.5	170
7	甲基丙烯酸甲酯	异丁酸甲酯	>99	>99.5	420
8	苯乙烯	乙苯	>99.5	>99.5	100
9	环己烯	环己烷	>99	>99.5	320
10	巴豆醛	丁醛	>99	>99.5	220

注：反应条件：Pt 用量 3.0×10^{-3} mmol，底物 10mmol，甲醇 30mL，H_2 0.8MPa，30℃。

底物分子的取代基团对 Pt-EGCG-CF 的催化活性影响显著。对于含吸电子基团的底物分子，如丙烯酸、丙烯酸甲酯和苯乙烯(表 6.2 中第 4 行、第 6 行、第 8

行), Pt-EGCG-CF 展现出较高的催化活性。而对于含供电子基团的反应物分子, 如环己烯(表 6.2 中第 9 行), 它的催化活性相对较低, 加氢反应时间较长。吸电子基团可以降低 C═C 双键上的电子云密度, 使得 C═C 双键活化, 此时吸附在 Pt 纳米颗粒表面时 C═C 键更容易解离并能与解离的 H—H 进行反应。此外, 位阻效应也是影响 Pt-EGCG-CF 催化活性的一个重要因素。相比直链的丙烯酸或丙烯酸甲酯分子(表 6.2 中第 4 行、第 6 行), 带有甲基侧链的丙烯酸或丙烯酸甲酯分子(表 6.2 中第 5 行、第 7 行)的构型相对复杂, C═C 双键不易向 Pt 纳米颗粒表面活性位点靠拢, 阻碍了加氢反应的进行。同时, 由于催化活性物质 Pt 纳米颗粒是负载在胶原分子上, 而 Pt 纳米颗粒的表面有部分是被 EGCG 的酚羟基的氧原子及胶原分子的 N 原子所包裹。因此, 相较于直链的小分子反应底物, 带有侧链的反应底物在向 Pt 活性位点靠拢的过程中, 更容易受到 EGCG 分子及胶原分子产生的位阻效应影响, 降低其反应活性[1]。

Pt-EGCG-CF 对同时带有 C═C 和 C═O 或 C≡N 不饱和键的反应底物具有很高的 C═C 双键加氢选择性, 如丙烯醛、丙烯腈、丙烯酸、甲基丙烯酸、丙烯酸甲酯、甲基丙烯酸甲酯和巴豆醛(表 6.2 中第 2 行、第 3 行、第 4 行、第 5 行、第 6 行、第 7 行、第 10 行)。反应结束时, 有 99.5% 以上的 C═C 双键加氢产物生成, 而 C═O 和 C≡N 并没有被进一步还原[1]。这说明 EGCG-CF 载体与活性物 Pt 之间良好的协同效应使得 Pt-EGCG-CF 具有高 C═C 双键加氢活性及选择性。

丙烯醇是一种典型的不饱和烃类化合物, 其加氢反应常作为标准催化反应模型来考察催化剂的催化活性及选择性。该催化反应的途径如图 6.10 所示[1], 丙烯醇在催化剂的作用下, 分子中的 C═C 双键与 H_2 进行加成反应生成正丙醇, 正丙醇是该反应的加氢目标产物。然而丙烯醇分子中的 C═C 双键在加氢过程中容易发生转移, 生成异构化的副产物正丙醛[13]。所以, 合适的催化剂必须有能力促进正反应的进行, 抑制副反应的发生。在 Pt-EGCG-CF 催化作用下, 反应条件为 Pt 的用量 3.0×10^{-3}mmol, 丙烯醇 20mmol, 甲醇 30mL, H_2 0.8MPa, 温度 30℃, 丙烯醇在 110min 内的转化率大于 99.5%, 目标产物正丙醇的选择性大于 99%, TOF 值达到 3618mol/(mol·h)[1], Pt-EGCG-CF 的 TOF 值几乎是文献报道的以聚苯乙烯纳米球负载的 Pt 纳米颗粒催化剂的 10 倍[TOF = 312mol/(mol·h)][14]。对 Pt-EGCG-CF 催化的丙烯醇加氢反应动力学研究表明, 该反应的表观活化能值为 21.02kJ/mol[1], 低于文献报道的聚乙烯乙酰胺(PNIVA)和聚乙烯异丁酰胺(PNVIBA)稳定的 Pt 纳米颗粒催化丙烯醇液相加氢反应的活化能(22.8kJ/mol 和 25.0kJ/mol)[15]。众所周知, Pt/γ-Al_2O_3 常作为一种高效的催化剂应用于众多的工业催化反应体系中。Pt/γ-Al_2O_3 高效的催化活性主要与 Al_2O_3 独特的物理化学特性有关, 如规整的孔道结构、较窄的孔径分布、较大的比表面积等, 这些特性都使得以 Al_2O_3 为载体的催化剂具有极高的催化反应活性。Pt-EGCG-CF 的催化活性十分接近传统催化剂 Pt/γ-Al$_2$O$_3$，在丙烯醇液相催化加氢的模型反应中，相同条件下 Pt/γ-Al$_2$O$_3$ 的 TOF 值为 3980mol/(mol·h)，Pt-EGCG-CF 的 TOF 值为 3618mol/(mol·h)[1]。

　　Pt-EGCG-CF 作为一种天然高分子聚合物负载的金属催化剂，其结构中几乎没有孔，比表面积也很小，但是胶原纤维规整的纤维结构及表面均匀分散的小尺寸 Pt 纳米颗粒是 Pt-EGCG-CF 显现出较高催化活性的主要原因。一方面，纤维结构有助于反应物分子由外界经催化剂表面向反应活性点的扩散。另一方面，由于纳米颗粒表面效应的影响，分布均匀且尺寸较小的 Pt 纳米颗粒具有更多的表面原子，配位不饱和度显著增加，因而具有更高的吸附反应物分子的能力，促进催化反应的进行。因而 Pt-EGCG-CF 可作为一种高效的催化剂用于加氢反应体系。

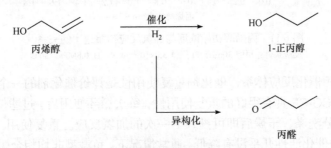

图 6.10　丙烯醇催化加氢的反应历程[1,13]

　　在 Pt-EGCG-CF 催化丙烯醇加氢的反应中，反应温度、催化剂用量和底物丙烯醇浓度均对该催化加氢反应有一定的影响。升高温度有利于催化剂活性位点对反应底物分子的吸附，所以丙烯醇的转化率随温度的升高而增大。催化剂中活性成分 Pt 用量直接影响催化反应的快慢，丙烯醇的转化率随着 Pt-EGCG-CF 催化剂用量的增大而提高，当催化剂中 Pt 的用量为 $1.5×10^{-3}$mmol 时，加氢反应 20min后，丙烯醇的转化率只有 35.2%，而当 Pt 的用量增加为 $3.0×10^{-3}$mmol 时，20min内丙烯醇转化率可提高至 70.6%，进一步增加 Pt 的用量至 $6.0×10^{-3}$mmol 时，20min内丙烯醇的转化率几乎可达 100%。底物丙烯醇浓度对催化反应的影响相对比较复杂，当丙烯醇的浓度低于 0.1667mol/L 时，加氢反应的速率随着丙烯醇浓度的增加而逐渐变大，而当浓度高于 0.1667mol/L 时，反应速率又随着底物浓度的增加缓慢减小，如图 6.11 所示[1]。反应物 H$_2$ 和丙烯醇是相互竞争地吸附在同一 Pt活性位点上，两者存在竞争吸附关系，当丙烯醇浓度足够高时，反应速率将降低。但是，偶极相互作用或者空间位阻效应使得丙烯醇并不能完全覆盖催化剂活性位点的表面，仍然有足够的 Pt 活性位点供小分子的 H$_2$ 吸附，也就是说当丙烯醇浓度足够高时，反应速率也不会降为零。

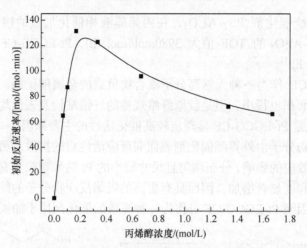

图 6.11　丙烯醇初始浓度与加氢反应初始速率的关系[1]

反应条件：甲醇 30mL，Pt 用量 3.0×10⁻³mmol，H₂ 0.8MPa，30℃

对于多相催化反应体系，催化剂重复使用性是评价催化剂的一个十分重要的指标。Pt-EGCG-CF 具有很好的重复使用性，每次循环使用后，过滤催化剂，并用甲醇溶剂充分洗涤、干燥后即可投入下一次的加氢反应。重复使用 5 次后，Pt-EGCG-CF 的催化活性几乎没有降低。通常情况下，负载型非均相金属催化剂在催化反应重复使用过程中，常由于负载的金属催化活性物的脱落而造成催化活性的不断降低。Pt-EGCG-CF 在重复使用过程中，Pt 活性物没有在反应过程中发生脱落，这可以从几个方面得到验证。一是当 Pt-EGCG-CF 从反应体系中移除后，加氢反应立即停止了，丙烯醇的浓度不再变化，表明没有 Pt 脱落到溶剂相中；另外，在第 5 次重复使用结束后，将 Pt-EGCG-CF 从反应体系中滤除并消解得到 Pt 离子溶液，再使用 ICP-AES 进行元素分析，相比 Pt-EGCG-CF 在重复使用前 Pt 的负载量(2.66%)，其 Pt 的负载量几乎没有明显的变化(2.61%)，损失率仅为 1.9%[1]。

金属纳米颗粒的稳定性是另一个直接影响负载型纳米催化剂重复使用性能的重要参数。一般认为，在没有任何保护剂的情况下，小尺度的纳米颗粒由于其较高的比表面能而处于极不稳定的状态，在重复使用过程中，较小的纳米颗粒为了降低其表面能，往往聚集融合成较大的颗粒，从而造成因纳米颗粒团聚及活性位点减少而出现的催化活性降低。这种现象称为奥斯特瓦尔德熟化过程(Ostwald ripening process)。对重复使用后的 Pt-EGCG-CF 进行透射电镜观察，如图 6.12 所示[1]，相较于重复使用前催化剂中 Pt 的纳米颗粒的尺度和分布[图 6.12(a)和(b)]，重复 5 次后 Pt 纳米颗粒的粒径有所增大($d = 2.7$nm)，但尺寸分布变得更窄了($\sigma = 0.5$nm)，颗粒尺度的分布更为集中[图 6.12(c)和(d)][1]。这可能是由更小纳米颗粒的融合造成的。但是从 HRTEM 中并没有发现更大尺度的纳米颗粒，也没有出现颗粒明显聚集的现象，所以 Pt 纳米颗粒仍然是很稳定的。原因在于 EGCG-CF 作为一种保护剂,分子中的酚羟基氧原子和氨基氮原子可以牢固地附着在 Pt 纳米颗粒表面,降低 Pt 纳米颗粒的比表面能,很大程度上抑制了奥斯特瓦尔德熟化趋势,使 Pt 纳米颗粒具有很高的稳定性。

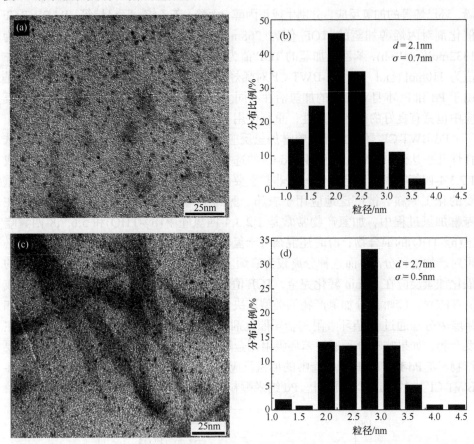

图 6.12　Pt-EGCG-CF 重复使用前[(a)和(b)]和使用后[(c)和(d)]的 TEM 图和尺寸分布图[1]

由于氧化反应的发生,常规条件下保存的负载型金属纳米颗粒的催化活性会随着存储时间的延长而逐渐降低。因而,如何保持金属纳米颗粒的催化活性是纳米催化剂生产、运输及实际应用中需要重点解决的问题之一。Pt-EGCG-CF 在空气中暴露一个月后,其催化活性几乎没有变化,具有良好的存储稳定性[1]。事实上,多酚物质由于其本身具有捕捉氧自由基和终结氧化反应过程的能力,常作为一种高效的抗氧化剂应用到食品工业和生物医学等领域。EGCG 作为一种典型的多酚化合物,其分子中的联苯三酚结构具备高效地捕捉氧自由基的能力,可有效地防止 Pt 纳米颗粒的氧化,从而起到保护的作用。

2) 胶原纤维接枝黑荆树单宁负载 Pd 纳米催化剂的性能

胶原纤维接枝黑荆树单宁负载 Pd 纳米催化剂(Pd-BWT-CF)对于烯烃也具有一定的催化加氢活性和良好的 C=C 双键选择性，能够催化丙烯醇、丙烯酸、苯乙烯、环己烯等的加氢反应，分别生成正丙醇、丙酸、苯乙烷、环己烷等。Pd-BWT-CF催化剂对丙烯醇加氢的 TOF 值为 768mol/(mol·h)，丙烯酸加氢的 TOF 值为1332mol/(mol·h)，苯乙烯加氢的 TOF 值为 1874mol/(mol·h)，环己烯加氢的 TOF值为 310mol/(mol·h)。Pd-BWT-CF 对烯烃的加氢活性不如 Pt-EGCG-CF，可能是由于 Pd 和 Pt 本身对烯烃的加氢活性不同。Pd-BWT-CF 催化剂在催化烯烃加氢反应中也具有良好的循环使用性，重复使用 5 次活性没有降低[8]。

Pd-BWT-CF 还可以催化喹啉加氢反应，并选择性生成 1,2,3,4-四氢喹啉，选择性几乎达到 100%，而商业 Pd-C 的选择性只有 84%。Pd-BWT-CF 对于生成1,2,3,4-四氢喹啉的高选择性具有非常重要的意义，因为 1,2,3,4-四氢喹啉是非常重要的化工原料，被广泛地应用于农药、医药中间体和染料等的制备。但是，在喹啉加氢过程中，加氢产物常常是 1,2,3,4-四氢喹啉(py-THQ)和 5,6,7,8-四氢喹啉(bz-THQ)的混合物，有时还混杂有十氢喹啉(DHQ)，要获得纯的 py-THQ 就必须对产物进行分离，而这种分离较为麻烦。如图 6.13 所示，Pd-BWT-CF 对喹啉的催化加氢反应在 60min 转化完全，TOF 值为 165.3mol/(mol·h)，加氢后全部生成py-THQ[8]。喹啉部分加氢产物的类型取决于喹啉分子在催化剂上的吸附方式。如果喹啉分子通过 N 杂环吸附到金属催化剂上，那么 py-THQ 就会是喹啉加氢的主要产物，如果喹啉分子通过苯环吸附到金属催化剂上，那么 bz-THQ 将会是主要产物。在 Pd-BWT-CF 催化喹啉的加氢反应中，喹啉分子是通过 N 杂环吸附到 Pd-BWT-CF 中的 Pd 纳米颗粒上。Pd 纳米颗粒被黑荆树单宁的酚羟基有效地稳定住，

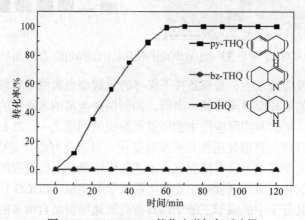

图 6.13　Pd-BWT-CF 催化喹啉加氢反应[8]

反应条件：3.0mL H_2O，2.0MPa H_2 压力，0.032g Pd-BWT-CF($6.0×10^{-3}$mmol Pd)，1mmol 喹啉

Pd 纳米颗粒附近的酚羟基浓度非常高，喹啉分子中的 N 杂环可以与这些酚羟基形成多重氢键，从而将 N 杂环拉到 Pd 纳米颗粒周围。喹啉分子通过 N 杂环吸附到 Pd 纳米颗粒上，再与活性氢发生反应，从而生成 py-THQ，如图 6.14 所示。商业 Pd-C 对于 py-THQ 的选择性相对较低，是因为 Pd-C 上没有羟基，无法促进 N 杂环在 Pd 纳米颗粒上的吸附，因而加氢所得产物为 py-THQ 和 bz-THQ 的混合物。

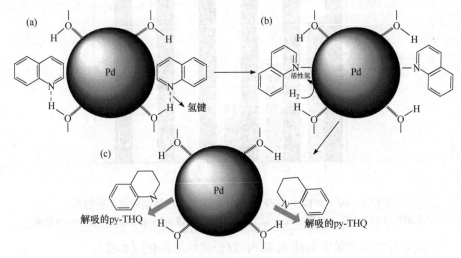

图 6.14　Pd-BWT-CF 催化喹啉加氢机理[8]

　　较高的温度有利于催化剂和底物分子的活化，所以在考察温度范围内(20～60℃)，Pd-BWT-CF 的 TOF 值随着反应温度的升高而增大。H_2 的压力会影响到溶剂中溶解的 H_2 的多少，高的压力有利于 H_2 溶于溶剂中，这就相当于增加了体系中的活性原子氢，因此，喹啉更容易被加成，从而提高了 Pd-BWT-CF 的 TOF 值。当 H_2 压力从 1.0MPa 增加至 2.0MPa 时，Pd-BWT-CF 催化活性明显变大。而继续增加 H_2 压力到 3.0MPa 和 4.0MPa 时，催化剂的活性没有明显增加，因为溶剂中溶解的 H_2 浓度已经达到饱和。但是，不同的溶剂对 H_2 的溶解能力不一样，所以溶剂的种类对 Pd-BWT-CF 催化喹啉加氢也有一定影响，在 H_2O 中表现出的活性最高，TOF 值达到了 165.3mol/(mol · h)。随着溶剂极性的降低，Pd-BWT-CF 在反应中的活性也呈现降低的趋势，大致的趋势为 H_2O＞醇＞醚＞烷烃[8]。

　　Pd-BWT-CF 在催化喹啉加氢后可以重复使用至少 6 次。每次反应结束后，将催化剂过滤并用乙醇充分洗涤干燥后可进行下一次催化反应。图 6.15 为 Pd-BWT-CF 与商业 Pd-C 的循环使用情况。商业 Pd-C 催化剂在循环使用 3 次后就完全失去了活性，其重复使用性较差。重复使用性主要受以下两个原因的影响：一是催化活性成分从载体上脱落；二是催化过程中纳米颗粒的团聚使金属颗粒变大。实验结果表明,使用 Pd-BWT-CF 为催化剂的溶剂中只发现了痕量的 Pd 元素,所以在反应过程中只有非常少量的 Pd 从 BWT-CF 上脱落下来。经过 6 次循环使用的 Pd-BWT-CF 催化剂中的 Pd 纳米颗粒,粒径依然很小且呈现均匀的分布[8]。这就解释了为什么 Pd-BWT-CF 催化剂有着良好的重复使用性。

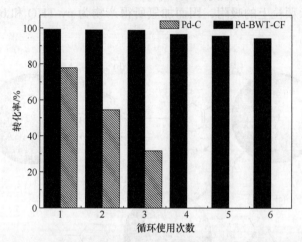

图 6.15 Pd-BWT-CF 与商业 Pd-C 催化喹啉加氢循环使用性能[8]

反应条件:3.0mL H_2O,2.0MPa H_2,60℃,0.032g Pd-BWT-CF(6.0×10^{-3}mmol Pd),1mmol 喹啉

3) 胶原纤维接枝单宁负载 Pt 和 Ni 双金属纳米催化剂的性能

胶原纤维接枝 EGCG 负载 Pt 和 Ni 双金属纳米催化剂(Pt/Ni-EGCG-CF)对于烯烃具有很好的催化加氢性能,其加氢活性优于胶原纤维接枝 EGCG 负载 Pt 单金属纳米催化剂(Pt-EGCG-CF)(本节中"1)胶原纤维接枝 EG CG 负载 Pt 纳米催化剂的性能")。如表 6.3 所示,Pt/Ni-EGCG-CF 对大多数烯烃的催化加氢反应时间都比 Pt-EGCG-CF 短(与表 6.2 比较),这是双金属协同作用的优势。

表 6.3 Pt/Ni-EGCG-CF 对不同烯烃的加氢反应催化性能[10]

$$R_1-HC=C\begin{smallmatrix}R_2\\R_3\end{smallmatrix} \xrightarrow[308K, 1.0MPa]{Pt/Ni\text{-}EGCG\text{-}CF} R_1-H_2C-CH\begin{smallmatrix}R_2\\R_3\end{smallmatrix}$$

底物	R_1	R_2	R_3	反应时间/min	转化率/%
丙烯醇	—H	—H	$-CH_2OH$	50	99
丙烯酸	—H	—H	—COOH	60	100
丙烯醛	—H	—H	—CHO	70	100
苯乙烯	—H	—H	$-C_6H_5$	65	100
环己烯	—	—	—	180	98

注:反应条件:底物 10mmol,甲醇 20mL,催化剂 15mg,35℃,1.0MPa H_2。

Pt/Ni-EGCG-CF 催化剂的重复使用性不如 Pt-EGCG-CF 好。反应结束后，将催化剂滤出，用甲醇洗涤 3 次后直接用于下一次反应，重复使用前 2 次，Pt/Ni-EGCG-CF 催化丙烯醇的转化率都能达到 98% 以上，但从第 3 次开始稍有所下降[10]，金属粒子在使用过程中可能流失或发生团聚。

以黑荆树单宁接枝胶原纤维为载体制备的 Pt/Ni-BWT-CF 催化剂，其制备方法同 Pt/Ni-EGCG-CF 一样，单宁接枝度及 Pt、Ni 负载量相同，Pt/Ni-BWT-CF 在重复使用 5 次后活性基本没有下降[10]。黑荆树单宁与 EGCG 分子结构类似，都含有大量邻位酚羟基，接枝到胶原纤维上可对非均相金属纳米催化剂产生固定作用。但黑荆树单宁的分子量更大，而且分子中酚羟基的含量更高，与胶原纤维及金属离子的结合能力更强，因此能够更牢固地固定金属纳米颗粒，防止其流失和团聚，所以在重复使用过程中，Pt/Ni-BWT-CF 催化剂的活性能够基本保持不变。另外，黑荆树单宁价格也远低于 EGCG，因此 Pt/Ni-BWT-CF 催化剂更具有应用价值。

4) 胶原纤维接枝杨梅单宁负载 Au 和 Pd 双金属纳米催化剂的性能

胶原纤维接枝杨梅单宁负载 Au 和 Pd 双金属纳米催化剂(Au_x/Pd_y-BT-CF，x/y 为 Au 和 Pd 的摩尔比)的结构与两种金属的比例有关，控制 x/y 为 9/1 或 9/3，就会形成具有核壳结构的催化剂 $Au_9@Pd_1$-BT-CF 和 $Au_9@Pd_3$-BT-CF。$Au_9@Pd_3$-BT-CF 对一些典型的烯烃化合物具有很好的加氢活性，如表 6.4 所示。丙烯醇、苯乙烯和丙烯酸的 TOF 值分别达到 2745mol/(mol·h)、3683mol/(mol·h)和 2556mol/(mol·h)，而底物 3,3-二甲基丙烯醇和 2-甲基丙烯酸中存在甲基，由于空间位阻，其加氢活性有所降低，TOF 值更小，分别为 1567mol/(mol·h)和 906mol/(mol·h)[6]。

表 6.4　$Au_9@Pd_3$-BT-CF 对底物的加氢活性[6]

底物		产物		摩尔比(底物/Pd)	TOF/[mol/(mol·h)]
丙烯醇	∕∕＼OH		∕＼＼OH	1000	2745
苯乙烯				1000	3683
丙烯酸				1000	2556
3,3-二甲基丙烯醇				1000	1567
2-甲基丙烯酸				1000	906

注：反应条件：甲醇 10mL，2.5μmol Pd，1MPa H_2，25℃。

以环己烯液相加氢为模型反应，$Au_9@Pd_3$-BT-CF 和 $Au_9@Pd_1$-BT-CF 的催化

活性高于胶原纤维接枝杨梅单宁负载 Pd 纳米催化剂(Pd-BT-CF)和负载 Au 纳米催化剂(Au-BT-CF)，以及不带核壳结构的 Au_1/Pd_1-BT-CF，体现出核壳结构双金属的催化协同效应。如图 6.16 所示，在相同的实验条件下，Au-BT-CF 催化剂对环己烯无催化加氢活性，Pd-BT-CF 催化剂对环己烯加氢具有催化活性，反应 92min 后底物完全转化，Au_1Pd_1-BT-CF 表现出稍微高于 Pd-BT-CF 的活性。而 $Au_9@Pd_3$-BT-CF 和 $Au_9@Pd_1$-BT-CF 两种催化剂完全转化底物所需时间分别缩短至 40min 和 58min[6]。

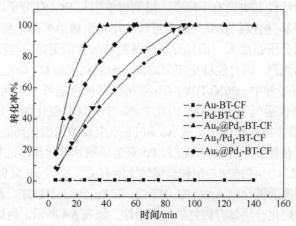

图 6.16　不同种类催化剂的催化活性比较[6]

反应条件：Pd 2.5μmol，环己烯 10mmol，甲醇 10mL，25℃，1MPa H_2

载体中 BT 的酚羟基对金属纳米颗粒具有很强的锚定作用，有效抑制了其在催化反应过程中的集聚和脱落，所以 Au_x/Pd_y-BT-CF 催化剂具有良好的重复使用性。如图 6.17 所示，$Au_9@Pd_3$-BT-CF 催化剂在环己烯催化加氢反应中，重复使用 5 次后，其活性几乎没有明显的损失，仍为第 1 次反应活性的 87.77%。而商业 Pd-C 催化剂在使用第 2 次时其活性迅速降低，仅为第 1 次反应活性的 65%。商业 Pd-C 催化剂重复使用性差的原因在于 Pd 纳米颗粒缺少载体的有效锚定作用，在第 1 次催化反应过程中发生了 Pd 纳米颗粒的脱落[6]。

5) 胶原纤维接枝杨梅单宁负载 Pd 和 Co 双金属纳米催化剂的性能

肉桂醛催化加氢的反应途径如图 6.18 所示，该反应有三种可能的产物，即 C＝C 双键加氢产物氢化肉桂醛(HCMA)、C＝O 双键加氢产物肉桂醇(CMO)和完全加氢产物苯丙醇(HCMO)[16]。HCMA 是制备 HIV 等药物的重要中间体。胶原纤维接枝杨梅单宁负载 Pd 和 Co 双金属纳米催化剂(Pd_x/Co_y-BT-CF，Pd 的用量一定，y/x 为 Co 的掺杂比，未经 $NaBH_4$ 还原)对肉桂醛 C＝C 双键加氢生成 HCMA 具有较高的选择性，选择性可达 93.58%。$Pd_1/Co_{0.12}$-BT-CF 催化肉桂醛加氢反应的表观活化能 E_a = 49.99kJ/mol[6]。

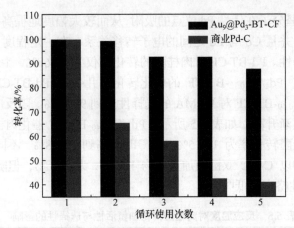

图 6.17　Au₉@Pd₃-BT-CF 和商业 Pd-C 在环己烯加氢中的重复使用性[6]

反应条件：Pd 2.5μmol，环己烯 10mmol，甲醇 10mL，25℃，1MPa H₂

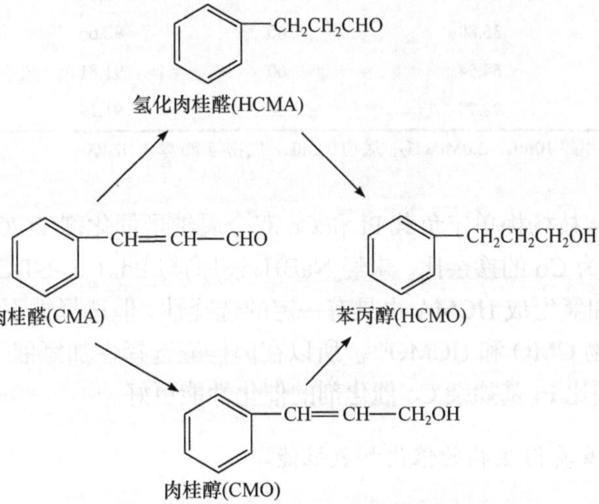

氢化肉桂醛(HCMA)
CH₂CH₂CHO

肉桂醛(CMA)
CH＝CH—CHO

苯丙醇(HCMO)
CH₂CH₂CH₂OH

肉桂醇(CMO)
CH＝CH—CH₂OH

图 6.18　肉桂醛选择性催化加氢的反应历程[6,16]

　　接枝单宁用量、Co 掺杂比和反应温度对 Pd$_x$/Co$_y$-BT-CF 催化肉桂醛加氢的活性与选择性有一定的影响。接枝单宁用量可以在一定程度上调控 Pd²⁺被单宁还原时核形成与核生长的速率差，影响 Pd 粒子的粒径尺寸，还可以调节纳米 Pd 粒子被包裹的程度，改变催化底物在活性位点的吸附能力，从而影响肉桂醛的加氢活性。当反应条件为：甲醇 10mL，底物 0.2mL，H₂压力 2MPa，温度 50℃，Pd$_x$/Co$_y$-BT-CF 催化剂的用量按照 Pd 与肉桂醛的摩尔比为 1∶400 进行催化反应，胶原纤维与杨梅单宁的质量比为 20∶1 时，反应 20min 肉桂醛转化率为 33.98%，而胶原纤维与杨梅单宁质量比为 10∶4 时，肉桂醛转化率达到 44.31%，提高了约 10 个百分点。Co 与 Pd 形成双金属后，利用纳米颗粒中 Co²⁺极化肉桂醛分子中的 C＝O

双键,促进肉桂醛分子在活性 Pd 位点的吸附,从而较大幅度地提高了肉桂醛 C＝C 双键加氢活性。并且 Co 与 Pd 之间的电子转移关系,在一定程度上提高了 C＝C 双键加氢的选择性。Pd-BT-CF 对肉桂醛的转化率仅为 28.68%,生成 HCMA 的选择性为 88.02%,$Pd_1/Co_{0.12}$-BT-CF 的催化转化率几乎是 Pd-BT-CF 的 3 倍,为 74.57%,$Pd_1/Co_{0.40}$-BT-CF 对 HCMA 的选择性达到 93.58%。随反应温度的升高,肉桂醛转化率逐渐升高,如表 6.5 所示。$Pd_1/Co_{0.40}$-BT-CF 催化肉桂醛反应 60min 后,30℃时肉桂醛转化率为 14.15%,60℃时提高到 98.78%。不同反应温度下肉桂醛加氢产物均以 C＝C 双键的加氢产物 HCMA 为主产物,但随着温度升高,HCMA 的选择性略有降低[6]。

表 6.5   反应温度对肉桂醛催化加氢活性与选择性的影响[6]

温度/℃	转化率/%	时间/min	选择性(HCMA)/%	选择性(HCMO)/%
30	14.15	60	93.94	6.06
40	35.80	60	92.66	7.34
50	54.54	60	91.81	8.19
60	98.78	60	91.19	8.81

注:反应条件:甲醇 10mL,2.0MPa H_2,底物 0.2mL,底物与 Pb 摩尔比 400。

胶原纤维接枝杨梅单宁负载 Pt 和 Co 双金属纳米催化剂(Pt_x/Co_y-BT-CF, Pt 的用量一定,y/x 为 Co 的掺杂比,未经 $NaBH_4$ 还原)与 Pd_x/Co_y-BT-CF 相似,对肉桂醛 C＝C 双键加氢生成 HCMA 也具有一定的选择性,但选择性不到 80%,并且会生成两个副产物 CMO 和 HCMO[6]。所以在肉桂醛选择性加氢催化反应中,Pd 基掺杂 Co 催化剂比 Pt 基掺杂 Co 催化剂的催化性能更好。

2. 硝基苯及其衍生物的催化加氢性能

硝基苯及其衍生物的催化加氢是工业上制备芳香胺的一种重要有机反应。芳香胺作为重要的有机化工原料、化工产品和精细化工中间体广泛应用于染料、农药、医药、橡胶助剂和异氰酸酯(MDI)的生产上。硝基苯及其衍生物催化加氢制备芳香胺主要包括气相加氢和液相加氢,其中,液相加氢反应温度和反应压力都相对温和。传统使用的硝基苯加氢催化剂主要是 Raney-Ni,它的优点是使用成本低、催化活性好,但是 Raney-Ni 对空气湿度很敏感,容易引起自燃,是一种危险化学品。多种胶原纤维接枝单宁负载金属纳米催化剂可以催化硝基苯及其衍生物制备芳香胺。

1) 胶原纤维接枝 EGCG 负载 Pd 纳米催化剂

硝基苯液相加氢的反应历程是一个连续的过程,会生成亚硝基苯及苯羟胺中间产物,苯羟胺再进一步加氢脱水生成苯胺[17],如图 6.19 所示。但是,Geldar 等则认为苯羟胺才是硝基苯加氢过程中唯一的中间产物[18]。因此，苯羟胺向苯胺转变速率的快慢是决定苯胺产率的关键步骤。苯羟胺有毒，在实际生产中苯羟胺的生成和积累会导致加氢产物的放热分解及产品纯度的下降。因此，如何抑制苯羟胺的积累及提高苯胺的加氢选择性常常是工业催化剂设计的关键。

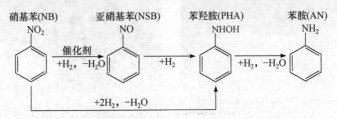

图 6.19 硝基苯催化加氢制备苯胺的反应历程[1,17]

胶原纤维接枝 EGCG 负载 Pd 纳米催化剂(Pd-EGCG-CF)对硝基苯液相加氢制备苯胺具有良好的催化活性及选择性，温和条件(反应温度 35℃，氢压 1MPa，乙醇 25mL，硝基苯 2.5mmol，负载 Pd 的量 3.0×10^{-3}mmol)下，反应 160min 后，硝基苯加氢反应的转化率可达 98.3%，苯胺选择性可达 99%。加氢产物的质谱分析显示，几乎没有检测到中间产物苯羟胺，即反应过程中没有中间产物的累积，这是 Pd-EGCG-CF 催化剂的一大优势[1]。

Pd-EGCG-CF 对硝基苯的初始加氢速率[422mol/(mol·h)]已经接近或高于商业级的多孔无机载体负载 Pd 催化剂，如 Pd-γ-Al$_2$O$_3$[473mol/(mol·h)]、Pd-SiO$_2$[289mol/(mol·h)]和 Pd-C(转化率<2.0%)。同时，在反应结束后，在 Pd-γ-Al$_2$O$_3$ 和 Pd-SiO$_2$ 催化反应的产物中都检测出了少量的中间产物苯羟胺(<5%)。商业 Pd-C 作为一种常用的工业催化剂，在该反应条件下对硝基苯加氢的活性却最低。从图 6.20 的 TEM(透射电镜)图可以看到，Pd-γ-Al$_2$O$_3$ 中 Pd 颗粒的分散情况[图 6.20(a)] 明显要好于 Pd-SiO$_2$[图 6.20(b)]，而 Pd-C 中 Pd 颗粒出现了明显的团聚[图 6.20(c)][1]。因此，尽管这三种催化剂的多孔结构使它们具有很高的比表面积，但是负载的 Pd 纳米颗粒的粒径大小及分散程度才是决定它们催化活性及选择性高低最直接的因素。虽然 Pd-EGCG-CF 催化剂几乎没有孔，表面积很小，但是胶原纤维规整的纤维结构及高度分散的小尺寸 Pd 纳米颗粒有利于反应物硝基苯分子和 H$_2$ 分子在其表面的扩散及化学吸脱附，因而具有较高的催化活性。

调整 EGCG 接枝度能影响 Pd-EGCG$_x$-CF(x 表示 EGCG 与胶原纤维载体的质量比)的催化活性。增加 EGCG 的接枝度，初始加氢速率由 333mol/(mol·h) (Pd-EGCG$_{0.1}$-CF)提高到 422mol/(mol·h)(Pd-EGCG$_{0.2}$-CF)。但再进一步增大接枝度，初始加氢速率却逐渐降低至 114mol/(mol·h)(Pd-EGCG$_{1.0}$-CF)，如图 6.21 所示。EGCG 接枝度直接影响着催化剂中 Pd 纳米颗粒的尺寸及形态，Pd 颗粒的平

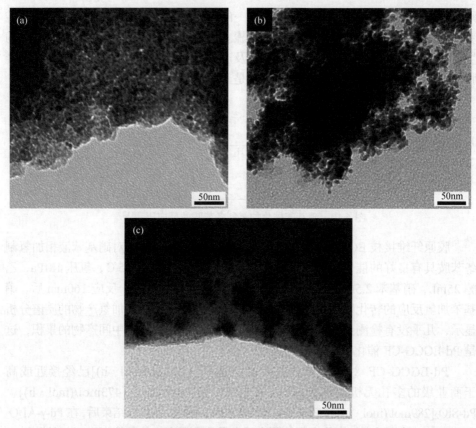

图 6.20　Pd-γ-Al₂O₃(a)、Pd-SiO₂(b)和 Pd-C(c)的 TEM 图[1]

均粒径随着 EGCG 的增加而不断减小[1]。当 Pd 的平均粒径由 4.3nm(Pd-EGCG$_{0.1}$-CF)减小到 3.8nm(Pd-EGCG$_{0.2}$-CF)时，表面效应使得催化剂中每颗 Pd 纳米颗粒表面暴露的原子数也由 1395.3 增大到 1578.9，造成大量的 Pd 原子堆积在粒子表面，形成了更多利于反应物分子吸附的缺陷位置，如边、角、弯、阶梯等，因而表现出催化活性的提高。进一步提高 EGCG 的接枝度，如 Pd-EGCG$_{0.3}$-CF、Pd-EGCG$_{0.5}$-CF 和 Pd-EGCG$_{1.0}$-CF 三种催化剂，EGCG 接枝胶原纤维对 Pd 纳米颗粒的稳定作用更强，但 EGCG 酚羟基氧原子及胶原分子的氮原子对 Pd 纳米颗粒表面的包裹程度也更大，产生的空间位阻影响更明显，使反应物硝基苯分子由外部向内部活性位点渗透，或者反应产物苯胺由内部向外部扩散的通道更为狭窄和拥堵，导致了催化反应速率的降低。在许多以有机小分子或高分子作为金属纳米颗粒稳定剂的报道中，也常常发现因稳定剂包裹过度导致的纳米金属钝化失活现象，如硫醇及其衍生物、树枝状有机分子及聚电解质等[19-21]。

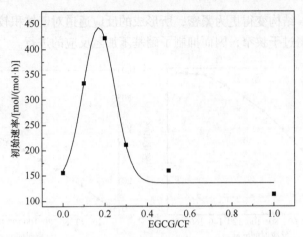

图 6.21 EGCG 接枝度对催化加氢反应速率的影响[1]
反应条件：硝基苯 2.5mmol，乙醇 25mL，Pd 3.0×10⁻³mmol，H_2 1.0MPa，温度 35℃

EGCG 作为金属纳米颗粒的稳定剂不仅可以修饰金属活性中心周围的化学环境，还可以控制通向这些活性点的反应通道，EGCG 接枝度的不同，Pd 纳米颗粒周围的环境及活性中心的通达度也就不一样。所以，调整 EGCG 接枝度还能赋予 Pd-EGCG-CF 催化剂对不同尺度反应物分子择形加氢反应的能力。如图 6.22 所示，硝基苯的分子尺度要小于含有甲基取代基的对甲基硝基苯，因此 Pd-EGCG$_{0.2}$-CF 对硝基苯的加氢转化率要高于对甲基硝基苯。等量的硝基苯和对甲基硝基苯混合后进行加氢反应，对甲基硝基苯的加氢转化率相较于没有与硝基苯混合时大幅度降低，硝基苯的加氢转化率却变化不大[1]。对于 Pd-EGCG$_{0.2}$-CF 催化剂，尽管 Pd 纳米颗粒表面被一定数量的 EGCG 分子包裹着，但是 EGCG 分子之间仍然存在一定的空隙，因而可以在 Pd 活性中心周围构建起专供反应物分子通过的特定反应通道。当分子尺度较小的硝基苯分子反应时，EGCG 分子之间的空隙距离适合硝基苯分子的通过。但是对于尺度稍大的对甲基硝基苯分子，EGCG 分子之间的空隙就显得相对较小，空间结构也变得相对紧密，因而加氢性能较低。当反应体系中同时存在硝基苯和对甲基硝基苯时，较小尺度的硝基苯分子可以优先进入催化活性中心进行反应，而大分子尺度的对甲基硝基苯大部分被挡在外面。而随着反应的进行，硝基苯被逐渐转化为苯胺并返回溶剂体系中，通道中硝基苯的数量开始下降，此时反应通道中对甲基硝基苯的数量逐渐增多，开始渗透至活性中心进行加氢反应。从图 6.22(c) 中也可以看到当反应进行到 120min 时，硝基苯的转换率已经接近 80%，而对甲基硝基苯的转化率则有一个明显的提升。如图 6.23 所示，随着催化剂中 EGCG 接枝度的增大，Pd-EGCG$_{1.0}$-CF 催化剂在混合硝基苯和对甲基硝基苯反应中，尽管硝基苯的加氢转化率出现大幅度降低，但对甲基硝基苯的加氢反应基本上被完全抑制了[1]。EGCG 接枝度过大，使得 EGCG 分子间的空隙越来越小，结构变得更为紧密，所形成的反应通道对于体积较小的硝基苯这样的分子也显得过于狭窄，因而抑制了硝基苯加氢反应的进行。

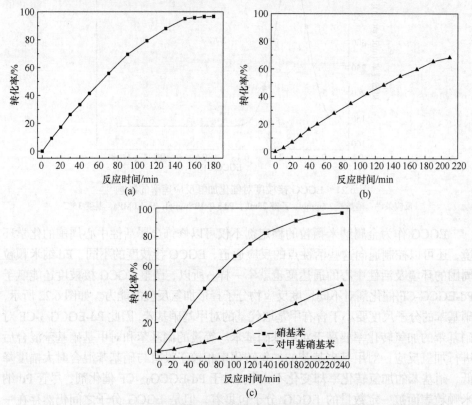

图 6.22　Pd-EGCG$_{0.2}$-CF 催化的硝基苯(a)、对甲基硝基苯(b)、硝基苯和对甲基硝基苯混合体系(c)的加氢反应结果[1]

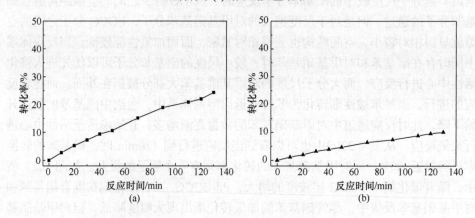

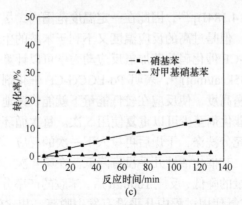

图 6.23　Pd-EGCG$_{1.0}$-CF 催化的硝基苯(a)、对甲基硝基苯(b)、硝基苯和对甲基硝基苯
混合体系(c)的加氢反应结果[1]

因此，通过调控 Pd-EGCG-CF 催化剂中 EGCG 的接枝度，可以明显地控制不同硝基芳烃化合物的加氢转化程度，这对于芳胺的工业生产具有一定的实际意义。在工业实际生产苯胺的反应体系中，反应原料往往并不是高纯度的硝基苯，而是混有其他多种不同的硝基苯衍生物，如含有对位、邻位、间位取代基的硝基苯化合物，因而加氢反应结束后常常需要再采用分离提纯等多个步骤才能得到高纯度的苯胺产品。如果使用具有分子择形功能的催化剂体系对硝基苯进行加氢反应，可以有效地减少或避免后期产品分离和纯化等多余工序。

反应搅拌速率、催化剂用量、H$_2$ 压力、底物初始浓度、反应温度等催化反应条件对催化剂活性也有一定的影响。催化反应体系是一个典型的气、液、固三相反应体系，因此在气液和液固界面之间存在外部扩散阻力，提高反应的搅拌速率是这类反应体系中消除外扩散阻力的常用手段。所以，增大搅拌速率，扩散阻力减小，加氢反应速率明显加快。当搅拌速率超过 900r/min 时，反应速率趋于恒定，表明扩散阻力的影响已完全消除，此时的反应速率是由催化活性位点上的硝基苯与 H$_2$ 分子之间的反应动力学来控制。在排除外扩散影响的前提下，非均相催化体系中反应速率随催化剂用量的增加而增大。当搅拌速率为 900r/min 时，硝基苯催化加氢的反应速率随着催化剂用量的增加而逐渐增大，两者之间存在很好的线性关系。提高 H$_2$ 压力可以增大 H$_2$ 在溶剂中的溶解度，从而可增大 H$_2$ 分子与催化剂表面碰撞反应的概率，提高反应速率。当硝基苯初始浓度在 0.04～0.2mol/L 范围内时，增大硝基苯的初始浓度对初始加氢反应速率影响不大，这是因为硝基苯在催化剂活性位点的吸附已经饱和。升高温度使反应物分子的运动加剧，反应更容易越过能垒向产物苯胺的方向进行，使硝基苯的转化率增加。在 25～65℃反应温度范围内，升高温度有助于苯胺产率的提高，但是当温度超过 55℃时，苯胺的生成有明显减缓的趋势[1]。这是由于硝基苯加氢反应是一个放热反应[$\Delta H =$

−130kcal/mol(1cal = 4.184J)][22]，因此在一定温度范围内，尽管提升温度会有助于硝基苯的加氢转化，但是过高的反应温度又不利于苯胺的生成。

由 Pd-EGCG$_{0.2}$-CF 催化硝基苯加氢反应动力学可以计算出该反应的表观活化能为 18.2kJ/mol(4.35kcal/mol)[1]，表明 Pd-EGCG-CF 催化剂可以有效地降低硝基苯加氢反应中的能垒高度，使反应在较低能量下就能快速地进行。

Pd-EGCG-CF 催化剂至少可以重复使用 5 次。每次循环使用结束后，过滤催化剂，用乙醇溶剂充分洗涤，干燥后再投入下一次的反应。Pd-EGCG-CF 催化剂在重复使用 3 次后，其催化活性几乎没有降低。在第 4 次、第 5 次重复使用时，催化剂的活性有少量的降低，反应 160min 后，苯胺的产率分别下降了 4% 和 9%。经过测定，Pd 在重复使用过程中几乎没有发生脱落，相比催化剂在重复使用前 Pd 的负载量(1.088%)，重复 5 次后 Pd 的负载量几乎没有太大的降低(1.037%)，损失率仅为 4.7%，所以催化剂中 Pd 的损失并不是第 4 次、第 5 次重复使用时催化活性降低的主要原因。而 Pd 纳米颗粒的团聚才是 Pd-EGCG-CF 催化剂重复使用性能下降的重要原因。对重复使用后的 Pd-EGCG$_{0.2}$-CF 进行 TEM 观察，其 HRTEM 和尺度分布图如图 6.24 所示，重复 5 次后 Pd 纳米颗粒的粒径由 3.8nm 增大到 4.4nm，尺寸分布也有所变宽，由 0.7nm 增大到 1.1nm，催化剂中 Pd 纳米颗粒出现一定的聚集[1]。尽管催化剂中 Pd 纳米颗粒的粒径有所增大，但是催化剂重复使用 5 次后硝基苯的转换率仍然可以达到 89%，表明催化剂仍然具有良好的重复使用稳定性。未接枝 EGCG 的 Pd-CF、商业 Pd-γ-Al$_2$O$_3$ 和 Pd-SiO$_2$ 三种催化剂在重复使用 5 次后，催化活性都大幅度降低，硝基苯的转化率分别只有 35%、30% 和 10%[1]。

EGCG 分子具有抗氧化活性，Pd-EGCG$_{0.2}$-CF 在空气中暴露两个月后，其催化活性没有降低，具有良好的存储稳定性[1]。

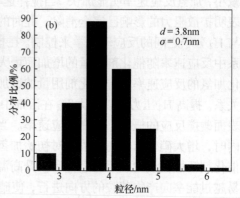

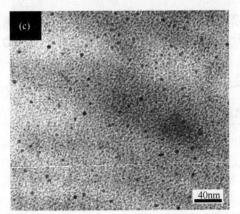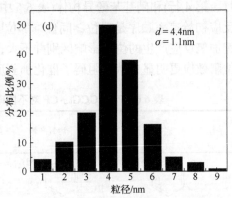

图 6.24　Pd-EGCG$_{0.2}$-CF 重复使用前[(a)和(b)]和使用后[(c)和(d)]的 TEM 图和尺寸分布图[1]

Pd-EGCG-CF 催化剂在较温和的反应条件下对多种硝基芳烃化合物均表现出较高的液相(乙醇)催化加氢反应活性。在温度 25℃、H$_2$ 压力 1.0MPa 反应条件下，所有反应底物分子的硝基均能顺利进行加氢反应，其转化率及选择性均能达到 99% 以上，如表 6.6 所示。对于含有不同取代基团的硝基苯分子的加氢反应，Pd-EGCG-CF 的催化活性明显不同。对于所有对位取代的硝基苯分子，其初始加氢反应速率的大小顺序是 p-OH＞p-NH$_2$＞p-CH$_3$＞p-Cl(表 6.6 中第 5 行、第 8 行、第 2 行、第 9 行)[1]。很明显，当对位取代基为羟基、氨基及甲基这些供电子基团时，在诱导效应作用下，取代基上的电子通过苯环向硝基基团偏移，增加了 N＝O 键上的电子云密度，从而有利于 N＝O 键在 Pd 活性位点上的吸附及反应。而对氯硝基苯，其含有的吸电子基团会降低 N＝O 键上的电子云密度，不利于 N＝O 键的充分活化及与 H$_2$ 分子之间的化学反应。同时，对硝基苯酚、对硝基苯胺及对硝基甲苯三种反应底物之间反应活性的差异也表明，反应物分子结构中对位取代基团供电子能力的强弱与加氢反应活性有直接关系，供电子能力越强，则加氢活性越高。然而，尽管氨基(—NH$_2$)是一种供电子能力较强的官能基团，但是对硝基苯胺的催化加氢活性却明显低于硝基苯的加氢反应。这一不寻常的实验现象与 Xi 等的研究报道十分类似，他们以 4-乙烯吡啶与丙烯酸共聚物(PVPA)为载体负载 Pd 并催化对硝基苯胺进行加氢反应，结果发现对硝基苯胺的—NH$_2$ 基团与催化剂载体 PVPA 的—COOH 基团之间存在一种特殊的化学结合能力，可以降低对硝基苯胺的加氢反应活性[23]。Pd-EGCG-CF 催化剂的载体胶原纤维的胶原分子中存在酸性基团，如—COOH 等，同样可能会与对硝基苯胺的—NH$_2$ 基团发生化学反应，使一部分对硝基苯胺反应物停留在催化剂的一些非活性位点上，降低了 N＝O 键加氢反应的概率，影响了其催化加氢的反应活性。此外，位阻效应也是影响催化反应加氢速率的一个重要因素。对于所有硝基甲苯异构体(表 6.6 中第 2 行、第 3

行、第 4 行)和硝基苯酚异构体(表 6.6 中第 5 行、第 6 行、第 7 行),它们的加氢反应初始速率顺序是对位≥间位＞邻位[1]。这表明间位和对位取代基对于 N＝O 键加氢反应产生的位阻影响区别并不大,然而邻位取代基由于离 N＝O 键更近,位阻效应更明显,从而阻碍了催化加氢反应的进行。

表 6.6　Pd-EGCG$_{0.2}$-CF 对不同硝基芳烃化合物的加氢反应结果[1]

序号	底物分子	加氢产物	初始加氢速率/[mol/(mol·h)]	时间/min	转化率/%
1	硝基苯 (C$_6$H$_5$NO$_2$)	苯胺 (C$_6$H$_5$NH$_2$)	422	160	98
2	对硝基甲苯 (H$_3$C—C$_6$H$_4$—NO$_2$)	对甲苯胺 (H$_3$C—C$_6$H$_4$—NH$_2$)	201	180	65
3	间硝基甲苯	间甲苯胺	197	180	62
4	邻硝基甲苯	邻甲苯胺	83	180	31
5	对硝基苯酚 (HO—C$_6$H$_4$—NO$_2$)	对氨基苯酚 (HO—C$_6$H$_4$—NH$_2$)	469	160	99
6	间硝基苯酚	间氨基苯酚	427	160	96
7	邻硝基苯酚	邻氨基苯酚	283	160	61
8	对硝基苯胺 (H$_2$N—C$_6$H$_4$—NO$_2$)	对苯二胺 (H$_2$N—C$_6$H$_4$—NH$_2$)	323	160	76
9	对硝基氯苯 (Cl—C$_6$H$_4$—NO$_2$)	对氯苯胺 (Cl—C$_6$H$_4$—NH$_2$)	96	240	48

注：反应条件：Pd 3.0×10^{-3}mmol, 底物 2.5mmol, 乙醇 25mL, H$_2$ 1.0MPa, 温度 35℃。

2) 胶原纤维接枝 EGCG 负载 Au 纳米催化剂

长期以来,贵金属 Au 一直被认为是化学惰性和无催化活性的金属。Au 原子的电子排布式为[Xe]4f^{14}5d^{10}6s^1，其完全充满的外层 5d 轨道是 Au 表现为化学惰性的主要原因。20 世纪 80 年代后期，Haruta 等第一次采用负载于过渡金属氧化物上的纳米 Au 催化剂(Au 粒径 5nm 左右) 进行 CO 氧化反应，发现即使温度在 27℃时，Au 也能表现出催化 CO 氧化的能力，打破了 Au 没有催化活性的传统观念。由此，化学家们对负载型 Au 纳米颗粒的催化特性产生了极大的兴趣。经过对 Au 催化剂的不断研究和探索，人们逐渐认识到制备出颗粒小、分散度高的 Au 纳米颗粒是负载 Au 催化剂能够在众多有机反应中，如醇、胺、葡萄糖的催化氧化，不饱和醛、烷烃、芳烃硝基化合物的催化加氢等，展现出优异催化活性及选择性的一个重要前提。

　　胶原纤维接枝 EGCG 负载 Au 纳米催化剂(Au-EGCG-CF)可以在水相中采用硼氢化钠(NaBH$_4$)还原对硝基苯酚(4-NP)为对氨基苯酚(4-AP)[1]。对氨基苯酚是一类十分重要的有机中间体，常用于制造止痛剂和退热药剂，如扑热息痛和非那西汀等，同时在显影剂、阻蚀剂、防腐润滑剂和发染剂等领域的需求量也很大。对硝基苯酚催化加氢是目前合成对氨基苯酚的主要生产工艺。另外，硝基苯酚化合物是一类工业和农业废水中最常见且毒性较高的有机污染物。目前已经有许多对这类污染物的去除方法，如吸附、微生物降解、光催化降解、催化氧化、电化学处理等。而水相中直接还原硝基苯酚化合物也可以作为去除废水中该类有机污染物的一种有效手段。

　　硼氢化钠的电子会通过金属催化剂的表面转移至对硝基苯酚上，从而生成对氨基苯酚完成还原反应，如图 6.25 所示。理论上 Au-EGCG-CF 催化剂的用量会影响催化反应的活性，催化剂用量越大，金属纳米颗粒越多，催化反应活性越强。随着 Au 用量的增加，对硝基苯酚的还原反应逐渐加快。另外，催化剂上 EGCG 的接枝度会影响 Au-EGCG$_x$-CF(x 表示 EGCG 与胶原纤维载体的质量比)上 Au 纳

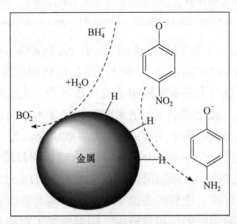

图 6.25　金属纳米颗粒催化对硝基苯酚还原反应示意图[1]

米粒子的负载数量和尺寸，从而影响催化活性。如图 6.26 所示[1]，当催化剂中 EGCG 接枝度较低时，Au-EGCG$_{0.01}$-CF 显示出相对较低的催化活性，其拟一级反应速率常数 k 为 $6.74×10^{-2}min^{-1}$。而当 EGCG 接枝度由 0.01 增加到 0.1 时，Au-EGCG$_{0.1}$-CF 催化对硝基苯酚的还原反应速率明显提高，其拟一级反应速率常数 k 值增大到 $14.16×10^{-2}min^{-1}$。随着 EGCG 接枝度增大，催化剂中 Au 纳米颗粒的粒径明显减小，使暴露在表面的 Au 原子数量急剧增多，这样有利于对硝基苯酚分子在反应活性位点的吸附，提高催化还原反应速率。然而，当 Au 纳米颗粒的平均粒径由(10.7±3.8)nm (Au-EGCG$_{0.1}$-CF)进一步减小至(5.2±1.6)nm (Au-EGCG$_{1.0}$-CF)时，催化反应速率出现了下降，其拟一级反应速率常数 k 值减小到 $3.26×10^{-2}min^{-1}$[1]，这时 Au 纳米颗粒的尺寸不再是影响催化还原反应速率的主要因素，而 EGCG-CF 载体结构的位阻效应则是降低催化反应速率的主要原因。随着 EGCG 接枝度的增大，包裹在 Au 纳米颗粒周围的分子数量逐渐增多，高密度的 EGCG 阻碍了对硝基苯酚分子向 Au 纳米颗粒表面的扩散及吸附，最终导致了催化活性的降低。

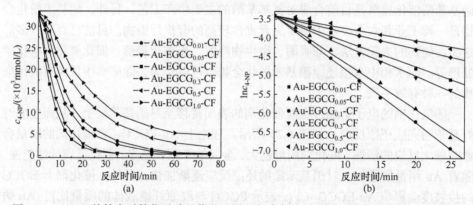

图 6.26　EGCG 接枝度对催化对硝基苯酚还原反应动力学(a)及拟一级反应速率(b)的影响[1]

反应条件: 4-NP $33.0×10^{-3}$mmol/L，NaBH$_4$ 44.0mmol/L，Au $1.0×10^{-3}$mmol/L，温度 25℃

在图 6.26(a)中还有一个现象值得我们注意。在 Au-EGCG$_{0.01}$-CF、Au-EGCG$_{0.3}$-CF、Au-EGCG$_{0.5}$-CF 和 Au-EGCG$_{1.0}$-CF 的催化还原反应初期阶段，都有一段明显的引发期出现，这一现象也与大多数文献报道的一致[24-28]。引发期主要是由传质和催化剂活化两部分形成。催化剂中 Au 纳米颗粒的尺度大小及载体 EGCG-CF 的结构组成是导致引发期出现的两个主要原因。大多数研究认为，Au 纳米颗粒催化的反应是一种粒径敏感反应，Au 颗粒的尺度大小直接影响其催化活性的高低。由于 Au-EGCG$_{0.01}$-CF 催化剂的 Au 颗粒尺度相对较大，$d = (18.6±7.4)$nm，其颗粒表面含有大量低指数、高配位、饱和的表面 Au 原子，同时颗粒表面的粗糙程度也较低，边、角、弯、台阶等缺陷位相对较少，因而削弱了对硝基苯酚分子在颗粒表面的化学吸附[1]。Panigrahi 等同样报道了随着 Au 纳米颗粒粒径的不断减小，该反应的引发期开始逐渐缩短并最终消失[24]。然而，对于 Au-EGCG$_{0.3}$-CF、Au-EGCG$_{0.5}$-CF 和 Au-EGCG$_{1.0}$-CF 三种催化剂而言，它们的 EGCG 接枝度增大，其负载的 Au 纳米颗粒减小，引发期的出现不再是由于 Au 纳米颗粒过大，而是由反应物分子在催化剂上不同的扩散过程所引起的。当 EGCG 接枝度增大到一定程度，EGCG 分子之间的相互作用逐渐增强并构造成密集的超分子笼体包裹在 Au 纳米颗粒表面。当反应物对硝基苯酚分子及还原产物对氨基苯酚分子接近或离开催化活性中心时，它们需要一定的时间穿透进或脱离出这些超分子笼体，导致引发期的出现。这种由载体材料结构特点引起的引发期常出现在以聚合物材料稳定的金属纳米颗粒催化剂的报道中[25]。

底物浓度和反应温度也会影响 Au-EGCG-CF 催化对硝基苯酚水相还原为对氨基苯酚。当对硝基苯酚初始浓度低于 33.0×10^{-3} mmol/L 时，还原反应速率随浓度的升高而增大，而当浓度高于 33.0×10^{-3} mmol/L 时，还原反应的速率又出现下降的趋势[1]。当对硝基苯酚的初始浓度较低时，其分子向催化活性中心扩散的速率较慢，在 Au 纳米颗粒表面的吸附量相对较少。而随着初始浓度的增加，对硝基苯酚分子的扩散速率也逐渐提高，Au 纳米颗粒表面吸附的对硝基苯酚浓度相对较高，因而加快了催化还原的反应速率。然而，当对硝基苯酚的初始浓度继续增大时，Au 纳米颗粒表面吸附的对硝基苯酚的浓度接近饱和，同时大量的对硝基苯酚分子和对氨基苯酚分子占据了催化剂的反应活性通道，造成反应物扩散速率的下降，从而降低了催化还原的反应速率。在 25～55℃反应温度范围内，提高温度有利于提高对硝基苯酚的还原反应速率。通过反应动力学的研究，计算出 Au-EGCG-CF 催化对硝基苯酚水相还原为对氨基苯酚的表观活化能值为 37.3kJ/mol[1]。

Au-EGCG-CF 催化剂具有优良的重复使用性。每次循环使用结束后，过滤催化剂，用蒸馏水充分洗涤，干燥后再投入下一次的还原反应。与没有接枝 EGCG 的胶原纤维固载的 Au 纳米催化剂(Au-CF)相比，Au-EGCG$_{0.1}$-CF 重复使用 20 次的结果如图 6.27 所示，其催化活性几乎没有降低，对硝基苯酚的转化率仍然保持在 98%左右[1]。这主要是因为催化剂中 Au 的负载量和尺寸在重复使用前后几乎没有明显的变化，Au 没有发生脱落，而且 Au 纳米颗粒仍然比较均匀地分散在胶原纤维上，颗粒大小没有发生变化，也没有明显的团聚现象，表现出很高的稳定性能。重复使用后 Au 4f 的电子结合能几乎没有发生明显变化，催化剂中的 Au 仍然是由零价态 Au^0 和氧化态 Au$^{\delta+}$ 组成，然而它们的峰面积却发生了变化。通过峰面积比计算出催化剂中 Au^0 的比例由重复使用前的 62%增加到了 75%，在还原反应过程中，催化剂中氧化态 Au$^{\delta+}$ 被硼氢化钠进一步还原至零价态 Au^0[1]。

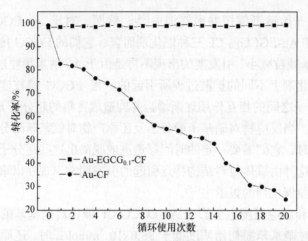

图 6.27　Au-EGCG₀.₁-CF 和 Au-CF 重复使用 20 次的催化还原反应转化率[1]

反应条件：4-NP 33.0×10^{-3} mmol/L，NaBH₄ 44.0mmol/L，Au 1.0×10^{-3} mmol/L，温度 25℃

除了对硝基苯酚，Au-EGCG-CF 对于另外两种硝基苯酚异构体，即邻硝基苯酚和间硝基苯酚，同样展现出良好的水相还原催化性能，不同的 EGCG 接枝度赋予 Au 纳米颗粒截然不同的分子催化特性。如表 6.7 所示，Au-EGCG₀.₁-CF 催化剂对三种硝基苯酚异构体的还原反应催化活性顺序为间位＞对位＞邻位；然而当使用 EGCG 接枝度更高的 Au-EGCG₁.₀-CF 催化剂时，三种异构体的还原反应活性却发生显著改变，其活性顺序变为间位＞邻位＞对位[1]。目前还没有找到最合理解释这一现象的原因。Rashid 和 Mandal 同样报道了类似的实验结果，他们发现多边形的纳米 Au 对三种硝基苯酚异构体的催化活性遵循对位＞邻位＞间位的活性顺序，然而制备出的球形纳米 Au 颗粒却表现出间位＞对位＞邻位的活性顺序[29]。可以肯定的是，Au 对三种底物分子不同的催化活性主要与纳米 Au 的形态和结构有关。

表 6.7　Au-EGCG₀.₁-CF 和 Au-EGCG₁.₀-CF 催化邻硝基苯酚、间硝基苯酚、对硝基苯酚活性的比较[1]

底物分子	还原产物	反应速率常数 $k/(10^{-2}\text{min}^{-1})$	
		Au-EGCG₀.₁-CF	Au-EGCG₁.₀-CF
(4-硝基苯酚结构式)	(4-氨基苯酚结构式)	13.24	4.85
(2-硝基苯酚结构式)	(2-氨基苯酚结构式)	11.49	10.02

续表

底物分子	还原产物	反应速率常数 $k/(10^{-2}min^{-1})$	
		Au-EGCG$_{0.1}$-CF	Au-EGCG$_{1.0}$-CF
⟨NO$_2$结构⟩	⟨NH$_2$结构⟩	16.41	13.85

注：反应条件为 Au 1.0×10^{-3}mmol，底物 99.0×10^{-3}mmol/L，NaBH$_4$ 44.0mmol/L，温度 25℃。

3) 胶原纤维接枝 EGCG 负载 Pd 和 Ni 双金属纳米催化剂

胶原纤维接枝 EGCG 负载 Pd 和 Ni 双金属纳米催化剂(Pd/Ni-EGCG-CF)在甲醇中对于硝基苯具有很好的催化还原加氢性能，其加氢活性优于胶原纤维接枝 EGCG 负载 Pd 单金属纳米催化剂(Pd-EGCG-CF)(本节中"1) 胶原纤维接枝 EGCG 负载 Pd 纳米催化剂")。如图 6.28 所示，在 Pd/Ni-EGCG-CF 催化剂上，5mmol 硝基苯在 24min 内基本转化完全，而 Pd-EGCG-CF 则需 45min，Ni-EGCG-CF 在此条件下则无催化活性，需在更高的温度和压力下才能反应。如表 6.8 所示，Pd/Ni-EGCG-CF 对硝基苯的 TOF 值为 237mol/(mol·min)，而 Pd-EGCG-CF 的 TOF 值只有 126mol/(mol·min)[10]。这是双金属合金 Pd-Ni 协同作用的优势。以 SiO$_2$ 和 γ-Al$_2$O$_3$ 为载体的催化剂 Pd/Ni-SiO$_2$ 和 Pd/Ni-γ-Al$_2$O$_3$ 的硝基苯加氢速率分别只有 73mol/(mol·min)和 102mol/(mol·min)[10]。与无机载体相比，胶原纤维载体负载的金属催化剂表现出更高的催化活性，这是由于胶原纤维的纤维状结构具有更低的传质阻力，更有利于反应底物到达活性位点，且接枝的 EGCG 多酚对金属纳米颗粒具有较强的稳定和分散能力。

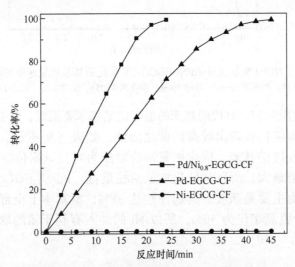

图 6.28　硝基苯液相催化加氢反应动力学曲线[10]

反应条件：硝基苯 5mmol，甲醇 20mL，催化剂 0.025g，温度 35℃，压力 1.0MPa

表 6.8　催化剂催化硝基苯加氢反应活性对比[10]

催化剂	TOF/[mol/(mol·min)]
Pd-EGCG-CF	126
Pd/Ni-EGCG-CF	237

注：反应条件：硝基苯 5mmol，甲醇 20mL，催化剂 0.025g，温度 35℃，压力 1.0MPa。

　　Ni/Pd 摩尔比对 Pd/Ni-EGCG-CF 催化硝基苯加氢反应速率的影响很大，如图 6.29 所示。当 Ni/Pd 摩尔比从 0 增大到 0.8 时，硝基苯转化 TOF 值急剧提高，显示出双金属协同效应。继续增加 Ni/Pd 摩尔比，催化剂活性开始降低，至 3.0 时，活性仍高于单金属 Pd 的催化剂活性[10]。这是由于 Ni 含量进一步增加导致纳米颗粒尺寸增加，同时过量的 Ni 可能将 Pd 包裹，使得裸露在外的活性 Pd 减少，因而催化活性降低。

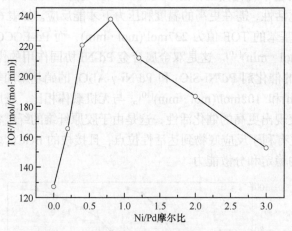

图 6.29　Ni/Pd 摩尔比对 Pd/Ni-EGCG-CF 催化硝基苯加氢速率的影响[10]

反应条件：硝基苯 5mmol，甲醇 20mL，催化剂 0.025g，温度 35℃，压力 1.0MPa

　　一般由于位阻效应，取代硝基苯的加氢比硝基苯要困难，但 Pd/Ni-EGCG-CF 对取代硝基苯加氢仍表现出较高的催化活性，如表 6.9 所示。对于甲基在不同位置的甲基取代硝基苯，催化加氢活性顺序为对位＞间位＞邻位[10]。邻位分子的空间位阻最大，所以其催化加氢活性最低。Pd/Ni-EGCG-CF 催化对氯硝基苯加氢产物主要是苯胺，其选择性达 98%，氯基本上全部脱去，但只用单金属 Pd 时，脱氯率仅为 50%，所以 Ni 的加入有利于氯的取代加氢，具有脱卤潜质[10]。

表 6.9　Pd/Ni-EGCG-CF 催化取代硝基苯加氢[10]

底物	TOF/[mol/(mol·min)]	产物	反应时间/min	转化率/%
CH₃—⟨⟩—NO₂	148	CH₃—⟨⟩—NH₂	45	99%
间硝基甲苯（CH₃，NO₂）	131	间甲基苯胺（CH₃，NH₂）	50	98%
邻硝基甲苯（CH₃，NO₂）	85	邻甲基苯胺（CH₃，NH₂）	80	98%
Cl—⟨⟩—NO₂	90	⟨⟩—NH₂	80	98%

注：反应条件：硝基苯 5mmol，甲醇 20mL，催化剂 0.025g，温度 35℃，压力 1.0MPa。

Pd/Ni-EGCG-CF 具有可重复使用性，但重复使用性不如 Pd-EGCG-CF。反应结束后，将催化剂滤出，用甲醇洗涤 3 次后直接用于下一次反应。重复使用前 3 次催化剂的 TOF 都能保持在 235mol/(mol·min)以上，但从第 4 次开始有所下降，依次降为 220mol/(mol·min)和 196mol/(mol·min)，但仍比单金属 Pd 催化剂活性高得多[10]。重复使用结束后，Pd 和 Ni 仅损失 2%，所以 Pd 和 Ni 的流失不是造成催化剂活性下降的主要原因。由于纳米颗粒表面张力极高，很容易发生团聚，EGCG 对于双金属的稳定作用不如单金属好，所以多次重复使用后 Pd-Ni 纳米颗粒会发生一定程度的团聚，导致活性下降。

4) 胶原纤维接枝杨梅单宁负载双金属纳米催化剂

胶原纤维接枝杨梅单宁负载 Pd 和 Co 双金属纳米催化剂(Pd_x/Co_y-BT-CF，Pd 的用量一定，y/x 为 Co 的掺杂比，未经 $NaBH_4$ 还原)在甲醇中也可以催化硝基苯还原生成苯胺。因为双金属的协同催化效应，Pd_x/Co_y-BT-CF 的催化活性要高于 Pd-BT-CF。在甲醇为 10mL，硝基苯和金属粒子摩尔比为 800，温度为 30℃，H_2 压力为 1.0MPa，Co-BT-CF 为催化剂时，30min 内硝基苯没有转化；Pd-BT-CF 催化剂在 30min 内使硝基苯的转化率达到 37.0%；$Pd_1/Co_{0.08}$-BT-CF 则可使转化率达到 65.5%。动力学研究得到 $Pd_1/Co_{0.08}$-BT-CF 催化硝基苯的表观活化能(E_a)为 24.83kJ/mol[6]。表 6.10 列出了文献报道的一些纳米 Pd 催化剂的表观活化能[6,30,31]。相比之下，$Pd/Co_{0.08}$-BT-CF 催化的硝基苯液相加氢反应具有相对较低的活化能值，这是因为纤维状载体，以及 Co 对 Pd 的掺杂形成 Pd/Co 双金属催化剂，可以有效地降低硝基苯加氢反应的能垒，使反应能更容易进行。

表 6.10 Pd$_1$/Co$_{0.08}$-BT-CF 和其他催化剂催化硝基苯加氢反应活化能[6,30,31]

催化剂	活化能/(kJ/mol)
Pd/γ-Al$_2$O$_3$	45.40
Pd/SiO$_2$	33.50
Pd-B	51.50
Pd-B/SiO$_2$	26.20
Pd$_1$/Co$_{0.08}$-BT-CF	24.83

在液相加氢反应体系中,提高 H$_2$ 压力可以增大 H$_2$ 在溶剂中的溶解度,从而增大 H$_2$ 分子与催化剂表面碰撞反应的概率,提高反应速率。反应 H$_2$ 气压由 1.0MPa 增大到 3.0MPa,Pd$_1$/Co$_{0.08}$-BT-CF 催化硝基苯加氢反应的速率可由 1653mol/(mol · h)提高至 2368mol/(mol · h)。升高温度使反应物分子的运动加剧,增加反应物与活性位点的接触概率,使反应更容易越过能垒向生成苯胺的方向进行,从而增加硝基苯的转化率。在 25~55℃反应温度范围内,升高温度,苯胺产率提高[6]。

由于单宁对金属纳米颗粒有效的分散与锚定作用,Pd$_x$/Co$_y$-BT-CF 具有良好的重复使用性。Pd$_1$/Co$_{0.08}$-BT-CF 催化剂第 7 次使用时其活性依然能保持第 1 次使用时催化活性的 81.48%[6]。

另外,胶原纤维接枝杨梅单宁负载 Au 和 Pd 双金属核壳结构纳米催化剂(Au$_9$@Pd$_3$-BT-CF,Au 和 Pd 的摩尔比为 9∶3)也可以在甲醇中催化硝基苯、间硝基甲苯和邻硝基甲苯进行加氢反应生成相应的芳香胺化合物。在反应温度为 40℃,1MPa H$_2$,底物与 Pd 的摩尔比为 500 的条件下,硝基苯催化加氢的 TOF 值达到 345mol/(mol · h)。由于位阻效应,间硝基甲苯和邻硝基甲苯的 TOF 值分别降至 214mol/(mol · h)和 89mol/(mol · h)[6]。Au$_9$@Pd$_3$-BT-CF 的催化活性比 Pd/Ni-EGCG-CF 的高一些。

3. α-苄基甲醇氢转移催化性能

氢转移(CTH)是非常重要的合成技术,被广泛地应用于生物转化、药物合成等领域。与传统的氢解需要加压不同的是,CTH 使用有机物作为氢源,反应在非常温和的条件下就可以进行。负载型的 Pd 催化剂常常被应用于 CTH 反应中。α-苄基甲醇(MBA)的催化氢解常常作为研究 CTH 的模型反应,其反应过程如图 6.30 所示[8]。MBA 催化氢解的目标产物为乙苯(EB),苯乙酮(AP)为反应的副产物。

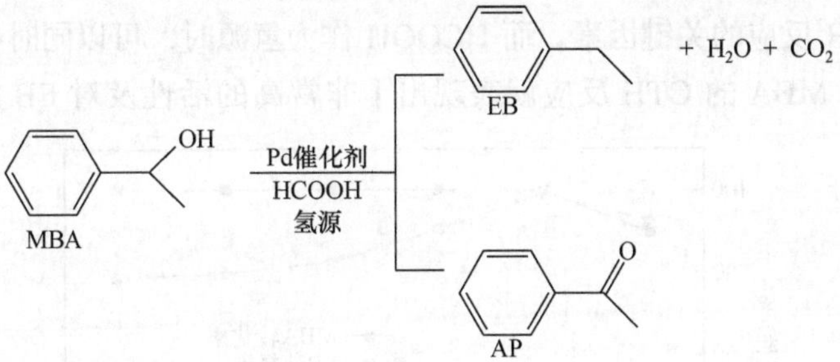

图 6.30　MBA 的催化氢解反应[8]

　　胶原纤维接枝黑荆树单宁负载 Pd 纳米催化剂(Pd-BWT-CF)在乙醇水溶液中可以催化 MBA 的氢转移反应。当 MBA 为 1.5mmol，HCOOH 为 3.0mmol，乙醇为 10.0mL，水为 2.0mL，温度为 60℃时，50.0mg Pd-BWT-CF 在 30min 对 MBA 的催化转化率和对 EB 的选择性都接近 100%，TOF 值能达到 316.6mol/(mol·h)，比传统无机载体如活性炭、SiO_2 和 Al_2O_3 负载的 Pd 纳米颗粒催化剂的活性高得多。商业 Pd-C 的 TOF 值为 60.0mol/(mol·h)，Pd-SiO_2 的 TOF 值为 10.9mol/(mol·h)，Pd-Al_2O_3 的 TOF 值为 52.3mol/(mol·h)[8]。Pd-BWT-CF 催化剂中 Pd 纳米颗粒的高分散性和载体 BWT-CF 的纤维状结构对于提高其催化活性是非常有利的，主要源于 BWT-CF 的纤维状结构有利于降低传质阻力及 BWT-CF 载体对于 Pd 纳米颗粒的高稳定和高分散作用[8]。

　　H_2O 含量、反应温度、氢源 HCOOH 量对于 Pd-BWT-CF 的催化活性及选择性具有明显的影响。通常，在 CTH 反应中常常使用 H_2O 与醇的混合溶液作为溶剂，因为 H_2O 可以促进氢源的离子化，使体系中产生更多的活性氢。如图 6.31 所示，随着 H_2O 含量的增加，MBA 的转化率呈现升高的趋势，当 H_2O 与乙醇的体积比为 0.2 时，MBA 的转化率达到最大。氢源 HCOOH 在纯乙醇中是可溶的，H_2O 的加入促进了 HCOOH 的解离。另外，溶剂中 H_2O 含量对于反应的选择性有着很大影响。当 H_2O 与乙醇的体积比在 0～0.2 范围内时，反应对 EB 的选择性随着 H_2O 含量的增多而上升。当 H_2O 与乙醇的体积比在 0.2～1.0 范围内时，反应对于 EB 的选择性随着 H_2O 含量的增多反而呈现下降趋势[8]。因此，H_2O 含量需要被控制在一个适当的范围内[8]。

　　从绿色化学的角度看，HCOOH 和甲酸盐比常用的有机物氢源(如 2-丙醇和肼)要环保得多。如表 6.11 所示，以 HCOOH 为氢源时，Pd-BWT-CF 在反应中表现出来的活性和对 EB 的选择性都最高。而以甲酸盐为氢源时表现出来的活性和对 EB 的选择性则低得多[8]。$HCOO^-$ 在 Pd 纳米颗粒上的吸附和 H^+ 对 MBA 质子化是

MBA 的 CTH 反应的关键因素。而 HCOOH 作为氢源时，可以同时提供 HCOO⁻ 和 H⁺，这样 MBA 的 CTH 反应就表现出了非常高的活性及对 EB 的选择性。

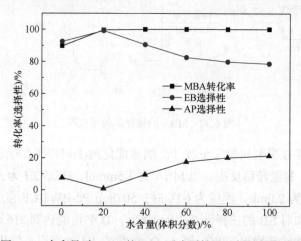

图 6.31　水含量对 MBA 的 CTH 反应活性及选择性的影响[8]

反应条件：1.5mmol MBA，3.0mmol HCOOH，50.0mg Pd-BWT-CF，10.0mL 乙醇，60℃，30min

表 6.11　氢源种类对 MBA 的 CTH 反应的影响[8]

氢源	转化率/%	TOF/[mol/(mol·h)]	选择性/%	
			EB	AP
HCOOH	99.2	316.6	99.0	1
HCOOLi	9.8	31.3	39.9	60.1
HCOONa	8.1	25.9	57.6	42.4
HCOOK	17.3	55.2	81.2	18.8
HCOONH₄	21.5	68.6	32.3	67.7

注：反应条件：1.5mmol MBA，50.0mg Pd-BWT-CF，3.0mmol 氢源，10.0mL 乙醇，2.0mL H₂O，60℃，30min。

升高温度有利于 MBA 的 CTH 反应进行，如图 6.32 所示。当反应温度从 20℃ 上升到 60℃时，MBA 的转化率从 21.1%增加到了 99.2%，对于 EB 的选择性也是随着温度的上升而稳步上升[8]。

HCOOH 为 MBA 的 CTH 反应提供的 HCOO⁻与 H⁺ 有利于提高反应的活性，因此 HCOOH 与 MBA 的摩尔比对反应的活性也存在一定的影响。如表 6.12 所示，MBA 的转化率随着 HCOOH 与 MBA 摩尔比变大而升高。当 HCOOH 与 MBA 的摩尔比为 2.0 时，MBA 的转化率达到了 99.2%，TOF 值为 316.6mol/(mol·h)，对 EB 的选择性为 99.0%。继续加大 HCOOH 与 MBA 的摩尔比，MBA 的转化率

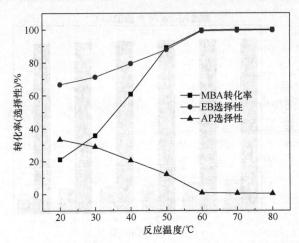

图 6.32 反应温度对 MBA 的 CTH 反应活性及选择性的影响[8]

反应条件：1.5mmol MBA，3.0mmol HCOOH，50.0mg Pd-BWT-CF，10.0mL 乙醇，2mL H$_2$O，30min

增加不多。当 HCOOH 与 MBA 摩尔比为 4.0 时，MBA 的转化率达到了 100.0%，TOF 值为 319.1mol/(mol·h)，EB 的选择性达到 99.5%[8]。

表 6.12 HCOOH 与 MBA 摩尔比对 MBA 的 CTH 反应的影响[8]

HCOOH/MBA 摩尔比	转化率/%	TOF/[mol/(mol·h)]	选择性/%	
			EB	AP
1.0	91.2	291.2	87.5	12.5
1.5	96.7	308.6	95.8	4.2
2.0	99.2	316.6	99.0	1.0
3.0	99.7	318.2	99.2	0.8
4.0	100.0	319.1	99.5	0.5

注：反应条件：1.5mmol MBA，50.0mg Pd-BWT-CF，10.0mL 乙醇，2mL H$_2$O，60℃，30min。

　　BWT-CF 作为载体能有效地稳定和分散 Pd 纳米颗粒，使 Pd-BWT-CF 在循环使用过程中不易脱落，因而在α-苄基甲醇的氢转移反应中表现出非常好的循环使用性，循环使用 6 次后活性几乎没有变化，TOF 值只是从 318.2mol/(mol·h)变到了 310.9mol/(mol·h)。相比 Pd-BWT-CF，商业 Pd-C 的循环使用性比较差，在第 1 次反应中的 TOF 值为 60.0mol/(mol·h)，而第 6 次的 TOF 值为 35.7mol/(mol·h)，只有第 1 次活性的 59.5%，如图 6.33 所示[8]。

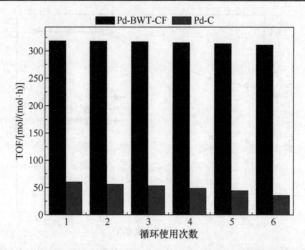

图 6.33　Pd-BWT-CF 与商业 Pd-C 在 MBA 的 CTH 反应中的循环使用性能比较[8]

反应条件：1.5mmol MBA，3.0mmol HCOOH，50.0mg 催化剂，10.0mL 乙醇，2mL H$_2$O，60℃，30min

6.3　以胶原纤维接枝单宁为模板的多孔金属-碳复合纤维催化材料

6.3.1　制备方法及表征

1. 制备方法

原料牛皮按常规制革工艺进行清洗、碱处理、剖皮、脱碱，达到除去非胶原间质的目的。然后用 16g/L 的乙酸水溶液脱除皮中的矿物质，重复三次，再用乙酸-乙酸钠缓冲液调节裸皮的 pH 至 4.8~5.0。用无水乙醇脱水后，减压干燥至水分含量不超过 10%，研磨过筛得粒度为 10~20 目的胶原纤维，其水分含量不超过 12%，灰分含量不超过 0.3%，pH 在 5.0~5.5 范围内。称取 5.0g 胶原纤维，加入 10mL 去离子水，充分浸泡以后，加入一定量的杨梅单宁，并在 25℃下充分搅拌反应 2h。然后加入 50mL 戊二醛溶液[含量 2.0%(质量分数)]，将溶液 pH 调节至 6.5 左右，并在 45℃下搅拌反应 6~8h。反应结束后过滤，并用蒸馏水充分洗涤，然后在 35℃下真空干燥 12h，经研磨后即得到胶原纤维接枝杨梅单宁材料(BT-CF)[32,33]。

按照一定比例，将 BT-CF 加入 PdCl$_2$、Ti(SO$_4$)$_2$、CoCl$_2$ 等金属离子溶液中，用浓度为 0.1mol/L 的 NaOH 或 H$_2$SO$_4$ 将溶液 pH 调节至适合载体材料与金属离子反应的范围内，并在 25~40℃下充分搅拌反应 4~24h。反应结束后，将材料过滤并用蒸馏水充分洗涤，在 45℃下干燥 12h，得到 BT-CF 负载金属离子的前驱体[32,33]。

将 BT-CF 负载金属离子的前驱体置于管式炉中，缓慢升温至恒定的温度 600℃,在氮气气氛中保持煅烧温度 4h,冷却，即得多孔金属-碳复合纤维材料[32,33]。

以 BT-CF 为模板的 Pd-C 复合纤维催化剂为例介绍制备原理。如图 6.34 所示,BT-CF 上杨梅单宁酚羟基与 Pd^{2+}配位结合，单宁对 Pd^{2+}实现高度分散与稳定。在氮气气氛中 BT-CF 碳化，Pd^{2+}被形成的碳纤维镶嵌，继续得到分散与稳定。最后在氢气气氛中 Pd^{2+}还原为 Pd^0，制得 Pd-C 复合纤维催化剂。

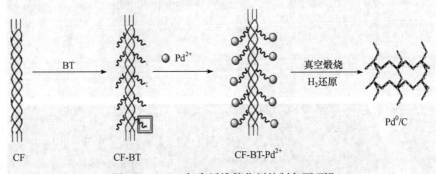

图 6.34　Pd-C 复合纤维催化剂的制备原理[6]

2. 表征

以 BT-CF 为模板制备的多孔金属-碳复合纤维拓扑了胶原纤维的形貌，在高温煅烧过程中结构没有发生坍塌。如图 6.35 所示，Pd-C 复合纤维具有规整的纤维状结构，其外径大约 4μm，长约 0.521mm[6]。如图 6.36 所示，TiO_2-CoO_x-C(x 为 Ti/Co 摩尔比)复合纤维也呈现有序的纤维形状[33]。但是，单金属 Co 负载到 BT-CF 上，经真空碳化以后，产物并不能保持纤维状，而是呈薄片状，这是由于 Co^{2+} 与胶原纤维和杨梅单宁的反应活性都比较弱，它无法充分地负载到 BT-CF 载体

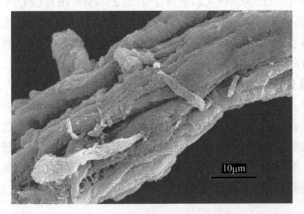
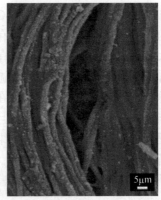

图 6.35　Pd-C 复合纤维的 SEM 图[6]

上，杨梅单宁的空间位阻效应使得 Co 粒子比较分散，纳米颗粒之间不能相邻键合组装，从而在高温碳化胶原纤维模板时，纤维骨架发生坍塌。纤维状形貌有利于促进气相催化反应的传质传热，同时也可有效解决固定反应床阻力大和气体堵塞问题。图 6.36(d)～(g)所示为 TiO_2-CoO_x-C 复合纤维的 EDX 元素分布图，可见 C、O、Ti 和 Co 均匀地分布在金属-碳复合纤维上。

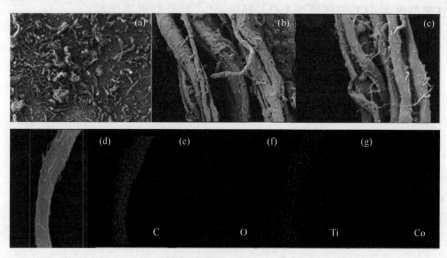

图 6.36　TiO_2-CoO_x-C 复合纤维的 SEM 图[(a)～(c)]及单根 TiO_2-CoO_x-C
复合纤维的 EDX 元素分布图[(d)～(g)][33]

　　TiO_2-CoO_x-C 复合纤维具有微孔-介孔的多级孔结构，通过调节 Ti 与 Co 的摩尔比，可控制催化剂的纤维形貌、孔道结构。图 6.37 为 TiO_2-CoO_x-C 复合纤维的全孔径分布图[33]。ΔV 为孔容增量，r 为孔径。可以看出 TiO_2-CoO_x-C 的微孔都集中在 1.7nm 附近，在介孔范围内，TiO_2-CoO_x-C(Ti/Co 摩尔比 2∶1)较 TiO_2-CoO_x-C (Ti/Co 摩尔比 1∶1)和 TiO_2-CoO_x-C(Ti/Co 摩尔比 1∶2)具有更窄的孔分布和更大的孔容。微孔与介孔的共同存在构成了 TiO_2-CoO_x-C 发达的多级孔结构，以及较大的比表面积与孔容，非常有利于 TiO_2-CoO_x-C 的催化性能提升。由表 6.13 可以看出，随着样品中 Ti 比例的减少，样品 TiO_2-CoO_x-C 的微孔逐渐增多，比表面积、总孔容、介孔率、平均孔径在一定程度降低[33]。这是由于 Ti^{4+} 易与胶原纤维表面丰富的活性基团配位结合，且作为金属氧化物纤维骨架的主要成分，在热处理过程中可以较好地复制胶原纤维模板的纤维形貌和天然的介观结构，故 Ti^{4+} 含量越高，形成的介孔结构越发达，介孔率也越大；其发达的纤维状多级孔道结构也赋予了 TiO_2-CoO_x-C 较大的比表面积。

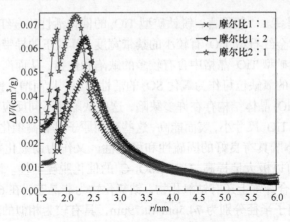

图 6.37　TiO₂-CoOₓ-C 复合纤维的全孔径分布图[33]

表 6.13　不同金属配比对 TiO₂-CoOₓ-C 比表面积、孔道结构的影响[33]

样品	BET 比表面积/(m^2/g)	介孔比表面积/(m^2/g)	总孔容/(cm^3/g)	微孔孔容/(cm^3/g)	平均孔径/nm	介孔率/%
TiO₂-CoOₓ-C (Ti/Co 摩尔比 2:1)	548.84	485.39	0.556	0.063	2.025	88.44
TiO₂-CoOₓ-C (Ti/Co 摩尔比 1:1)	343.77	194.72	0.327	0.081	1.904	56.64
TiO₂-CoOₓ-C (Ti/Co 摩尔比 1:2)	422.43	137.43	0.333	0.155	1.575	32.53

注：介孔率 = 介孔比表面积/BET 比表面积。

另外，Ti 与 Co 的比例还会影响复合纤维上金属氧化物的结晶态。对于 TiO₂-CoOₓ-C(Ti/Co 摩尔比 2:1)和 TiO₂-CoOₓ-C(Ti/Co 摩尔比 1:1)而言，TiO₂-CoOₓ-C(Ti/Co 摩尔比 1:1)在 XRD 上仅有微弱的锐钛矿特征峰，而 TiO₂-CoOₓ-C(Ti/Co 摩尔比 2:1)则有明显的锐钛型 TiO₂ 衍射峰[33]。即随着 Ti^{4+} 含量的增加，样品中锐钛矿的含量及晶化程度也逐渐增加。作为构建纤维骨架的 TiO₂ 需要一定程度的结晶性，一方面，可形成保护层使催化剂材料更耐酸，热稳定性、重复使用性更好；另一方面，部分结晶的 TiO₂ 存在着氧空位，使它对 O₂ 具有很强的解离吸附能力，吸附氧后可形成活泼的晶格氧，从而会显现出更高的催化活性，例如，对 SO₂ 表现出很高的氧化脱硫活性。同时，结晶较好的纳米 TiO₂ 催化剂也在一定程度上改变了催化剂的空隙结构，有利于气-固反应的进行，并且也起到了一种疏松分散活性组分的作用，从而使催化剂具有更好的催化活性。如果 TiO₂-CoOₓ-C 复合纤维中只含有锐钛矿相 TiO₂，将更有利于其脱硫反应等催化活性的进一步提高。一般而言，锐钛矿型 TiO_2 的催化活性比金红石型 TiO_2 要高，其原因在于：①金红石型 TiO_2 有较小的禁带宽度，其较正的导带阻碍了氧气的还原反应；②锐钛矿型 TiO_2 晶格中含有较多的缺陷和位错，从而产生较多氧空位来捕获电子，表面的氧缺位可作为氧化 SO_2 的活性中心，从而增大锐钛矿 TiO_2 的脱硫活性。纳米 TiO_2 晶体结构存在许多缺陷，这些缺陷在不同反应中都是催化剂的活性部位；纳米 TiO_2 尺寸小，表面能高，这些表面原子具有高催化活性。纳米 TiO_2 作为催化剂载体既具有良好的固硫性和稳定性，又作为助催化剂与活性组分协同作用，从而可以极大地提高 TiO_2-CoO_x-C 的催化脱硫活性。除了钛氧化物，TiO_2-CoO_x-C 复合纤维上还有钴氧化物，钴氧化物为非晶态。在 6 配位的情况下，Ti^{4+} 和 Co^{2+} 的离子半径分别为 74.5pm 和 79pm，具有较为相似的离子半径，在凝聚状态下彼此可以占据相应的晶格位置，从而形成固溶体。作为主催化剂的钴的高度分散和超出 XRD 检测下限的纳米尺度，对于 TiO_2-CoO_x-C 的脱硫催化活性极为有利[33]。

单宁对金属离子具有分散和稳定作用，所以增加单宁用量在一定程度上可以减小金属颗粒的粒径。例如，随着单宁用量的增大，Pd-C 复合纤维的 Pd 颗粒的粒径减小。图 6.38 为 Pd-C 复合纤维催化剂的 TEM 图及纳米颗粒的粒径分布柱形图。可以看出，许多细小的 Pd 纳米颗粒均匀负载于载体上，表明 Pd 纳米颗粒在碳纤维上具有高度的分散性。Pd 纳米颗粒的平均粒径 $d=2.92nm$，尺寸分布 $\sigma=0.46nm$。XPS 分析表明，Pd-C 复合纤维上原子态的 Pd 所占百分比为 57.15%[32]。

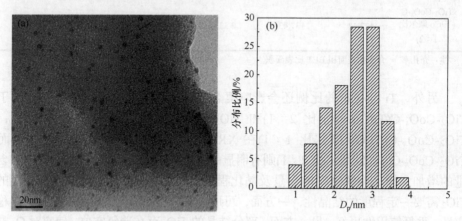

图 6.38　Pd-C 复合纤维催化剂的 TEM 图(a)和纳米颗粒的粒径分布柱形图(b)[32]

6.3.2　催化性能评价

1. Pd-C 复合纤维催化丙烯醇加氢性能

Pd-C 复合纤维可以催化丙烯醇加氢生成正丙醇。催化剂制备时，杨梅单宁

(BT)的负载量对 Pd-C 复合纤维的催化性能有较大的影响，因为 BT 的酚羟基将 Pd 纳米颗粒锚定在胶原纤维外表面，在材料的碳化过程和催化加氢过程中抑制纳米 Pd 颗粒的迁移和团聚，使形成的 Pd 纳米颗粒具有更小的粒径，因而使 Pd-C 复合纤维具有更高的催化活性。但过量的 BT 可能对 Pd 纳米颗粒形成包裹，降低催化剂活性位的通达度，从而使催化剂的活性有所下降，因此 BT 负载量应在一定范围内。三种不同 BT 负载量制备的催化剂 Pd-C(CF_5-BT_2)、Pd-C(CF_5-$BT_{2.5}$)、Pd-C(CF_5-BT_5)对丙烯醇的催化效果如表 6.14 所示。由此可见，随着 BT 负载量的增加，丙烯醇的转化率先增大后减小，当 BT 负载量为 29.9%时，催化剂活性最高，TOF 值达到 2460mol/(mol·h)[32]。

表 6.14　BT-CF 模板上 BT 负载量对 Pd-C 加氢活性的影响[32]

催化剂	BT 负载量(质量分数)/%	TOF/[mol/(mol·h)]
Pd-C(CF_5-BT_2)	24.9	1398
Pd-C(CF_5-$BT_{2.5}$)	29.9	2460
Pd-C(CF_5-BT_5)	55.2	2110

注：反应条件：乙醇 10mL，丙烯醇/Pd 摩尔比 2000，温度 35℃，1.0MPa H_2。

Pd-C 复合纤维催化剂通过性质稳定的碳纤维对纳米 Pd 颗粒进行有效的分散和稳定，在催化反应过程中可抑制纳米 Pd 颗粒的团聚和脱落，从而赋予催化剂非常优秀的重复使用性，其重复使用性显著优于市售 Pd 催化剂。如图 6.39 所示，尽管第 1 次使用时 Pd-C 复合纤维催化剂的活性仅为商业 Pd 催化剂的 1/4 左右，但其表现出更优秀的循环使用性。商业 Pd 催化剂连续使用 4 次后丙烯醇的转化率大幅度降低，不足初始 TOF 值的 30%；而制备的 Pd-C 复合纤维催化剂使用 8

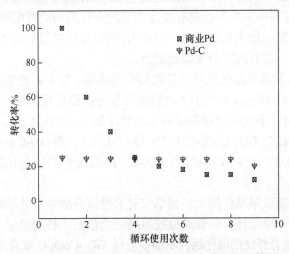

图 6.39　Pd-C 催化剂与商业 Pd 的重复使用性比较[32]

次后活性只有微小的降低，第 9 次使用时活性才出现较明显的降低，活性降低为初始活性的 88%[32]。

2. TiO₂-CoOₓ-C 复合纤维催化烟气脱硫性能

随着工业的发展和环保要求的提高，钢铁行业、有色金属冶炼、建材及化工行业的烟气净化成为重要工作。目前我国大型烟气脱硫装置基本上依赖于以石灰石为脱硫剂、副产大量二氧化碳和石膏的湿式石灰石-石膏法。该法流程复杂、脱硫剂消耗大、副产物品质差、经济价值低，带来了新的污染问题；这不仅导致脱硫成本居高不下，也不符合循环经济的理念，难以适应当前国家越来越高的环保及技术要求。因而，净化剂消耗少、运行费用低的活性炭法成为目前国内外专家公认的最有前景的方法。但传统的活性炭法脱硫技术也存在脱硫容量有限、工程放大困难、再生次数频繁等问题，这极大地阻碍了其工业推广应用。因此，寻找可再生、价廉、来源丰富的原料，开发可循环使用的脱硫催化剂，并回收利用硫资源，构建附加值高的烟气脱硫技术是实现烟气脱硫由传统污染治理模式向循环经济型模式转变的关键。

TiO₂-CoOₓ-C 复合纤维催化剂可以催化烟气脱硫反应，并且能够循环使用。在 TiO₂-CoOₓ-C 复合纤维上，金属 Co 是脱硫反应的催化活性成分，但是负载单一 Co 的 CoOₓ-C 明显不如负载双金属的 TiO₂-CoOₓ-C 复合纤维，如图 6.40 所示，CoOₓ-C 在 1200min 时的累积硫容明显不如 TiO₂-CoOₓ-C[33]。相对于单金属 Co 而言，Ti-Co 双金属之间的协同作用促进了电子交换速率，提高了体系的催化效率和抗催化剂中毒的能力，改善了活性金属成分 Co 的粒径、分散度，并形成了新的助催化位点，从而可以更加有效地催化氧化 SO₂，使硫容能持续线性增长。另外，CoOₓ-C 在碳化过程中未能形成具有发达连通的介孔结构的纤维形貌，从而不能较好地及时排出集聚在催化剂微孔内的 H₂SO₄；同时片状的形貌也不利于传质传热，而最终使其反应一段时间后丧失脱硫能力。

Ti 金属有助于维系催化剂纤维骨架和孔道结构，对 SO₂ 的吸附和传质有很好的促进作用，同时 TiO₂ 晶粒的引入对脱硫有很好的助催化作用。由图 6.40 可知，脱硫 1200min 时，催化剂的累积硫容大小顺序如下：TiO₂-CoOₓ-C(Ti/Co 摩尔比 2/1，即 Ti₂-Co₁-C)＞TiO₂-CoOₓ-C(Ti/Co 摩尔比 1/1，即 Ti₁-Co₁-C)＞TiO₂-CoOₓ-C(Ti/Co 摩尔比 1/2，即 Ti₁-Co₂-C)＞CoOₓ-C，所以随着 Ti 含量的减少，其硫容也降低[33]。

胶原纤维的模板限域作用和杨梅单宁对活性成分的锚定分散作用，大大提高了催化剂的活性和稳定性。尽管通过胶原纤维为模板、杨梅单宁为固定剂制备的单金属 CoOₓ-C 复合纤维的催化活性不如双金属 TiO₂-CoOₓ-C 复合纤维，但 CoOₓ-C 的催化活性和使用寿命都高于传统浸渍法改性的活性炭负载钴(CoOₓ-ACF)脱硫

催化剂。从图 6.41 中可以看出，CoO_x-ACF 的累积硫容在初始一段时间内高于
CoO_x-C；而在脱硫 480min 后，CoO_x-C 的硫容追上并超过了 CoO_x-ACF，并在随
后的较长时间保持领先，在 1000min 时两者都开始失去脱硫活性[31]。CoO_x-ACF
一开始脱硫性能明显占优，这可能归功于活性炭载体丰富的微孔结构和较大的
孔容对 SO_2 具有较强的物理吸附作用。CoO_x-C 在后期较长时间累积硫容高于
CoO_x-ACF，这是因为杨梅单宁对活性成分的锚定和分散作用在一定程度上提高
了催化剂的活性和持续脱硫能力。

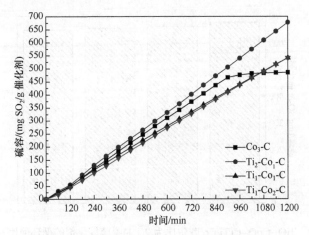

图 6.40　胶原碳纤维负载不同配比金属累积硫容比较[33]

反应条件：温度 80℃，气流量 120mL/min，催化剂 1g

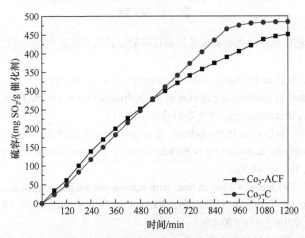

图 6.41　不同碳纤维载体负载钴脱硫催化剂的累积硫容比较[33]

反应条件：温度 80℃，气流量 120mL/min，催化剂 1g

同样也是因为胶原纤维的模板限域作用和杨梅单宁丰富的邻位酚羟基对纳米

金属粒子的分散和锚定作用，有效地抑制了催化反应过程中纳米金属粒子的团聚和脱落，从而使 TiO_2-CoO_x-C 复合纤维催化剂具备良好的循环使用性。图 6.42 所示为 TiO_2-CoO_x-C(Ti/Co 摩尔比为 2：1)使用后，经热处理再生后在相同条件下进行重复脱硫实验的情况[33]。TiO_2-CoO_x-C(Ti/Co 摩尔比为 2：1)在第 1 次使用时，脱硫时间为 1200min 时的累积硫容为 677.55mg SO_2/g 催化剂；而在第 4 次循环再生使用时，相同脱硫时间的累积硫容为 656.08mg SO_2/g 催化剂，仅减少了约 3.2%[33]。

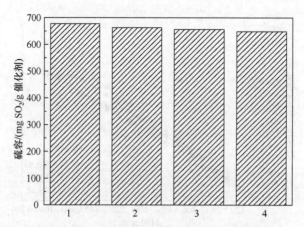

图 6.42　TiO_2-CoO_x-C(Ti/Co 摩尔比为 2：1)脱硫催化剂的循环使用性能[33]

反应条件：温度 80℃，气流量 120mL/min，催化剂 1g

参 考 文 献

[1] 吴昊. 多酚接枝胶原纤维负载金属纳米催化剂的制备及其催化特性研究[D]. 成都: 四川大学, 2010.

[2] Wu H, Tang R, He Q, et al. Highly stable Pt nanoparticle catalyst supported by polyphenol-grafted collagen fiber and its catalytic application in the hydrogenation of olefins[J]. Journal of Chemical Technology and Biotechnology, 2009, 84(11): 1702-1711.

[3] Wu H, Zhuo L M, He Q, et al. Heterogeneous hydrogenation of nitrobenzenes over recyclable Pd(0) nanoparticle catalysts stabilized by polyphenol-grafted collagen fibers[J]. Applied Catalysis A: General, 2009, 366(1): 44-56.

[4] Wu H B, Wu C, He Q, et al. Collagen fiber with surface-grafted polyphenol as a novel support for Pd(0) nanoparticles: Synthesis, characterization and catalytic application[J]. Materials Science & Engineering C, 2010, 30(5): 770-776.

[5] Wu H, Huang X, Gao M M, et al. Polyphenol-grafted collagen fiber as reductant and stabilizer for one-step synthesis of size-controlled gold nanoparticles and their catalytic application to 4-nitrophenol reduction[J]. Green Chemistry, 2011, 13(3): 651-658.

[6] 马骏. 胶原纤维接枝杨梅单宁负载纳米双金属催化剂的制备及其催化加氢特性研究[D]. 成都: 四川大学, 2013.

[7] Ma J, Huang X, Liao X P, et al. Preparation of highly active heterogeneous Au@Pd bimetallic catalyst using plant tannin-grafted collagen fiber as the matrix[J]. Journal of Molecular Catalysis A: Chemical, 2013, 366: 8-16.

[8] 毛卉. 黑荆树单宁稳定贵金属催化剂的制备及其催化性能研究[D]. 成都: 四川大学, 2012.

[9] Mao H, Liao X P, Shi B. Catalytic hydrogenation of quinoline over recyclable palladium nanoparticles supported on tannin grafted collagen fibers[J]. Journal of Molecular Catalysis A: Chemical, 2011, 341(1-2): 51-56.

[10] 卓良明. 胶原纤维接枝多酚负载 Pd、Pt 纳米催化剂的制备及其催化加氢研究[D]. 成都: 四川大学, 2010.

[11] 卓良明, 吴昊, 廖学品, 等. 胶原纤维接枝多酚负载纳米钯的制备及其对硝基苯加氢的催化特性[J]. 化学研究与应用, 2009, 21(11): 1553-1558.

[12] 卓良明, 吴昊, 廖学品, 等. 胶原纤维接枝多酚负载钯-镍双金属催化剂的制备及其催化硝基苯的加氢性能[J]. 催化学报, 2010, 31(12):1465-1472.

[13] Zharmagambetova A K, Ergozhin E E, Sheludyakov Y L, et al. 2-Propen-1-ol hydrogenation and isomerisation on polymer-palladium complexes: Effect of polymer matrix[J]. Journal of Molecular Catalysis A: Chemical, 2001, 177(1): 165-170.

[14] Chen C W, Serizawa T, Akashi M. Preparation of platinum colloids on polystyrene nanospheres and their catalytic properties in hydrogenation[J]. Chemistry of Materials, 1999, 11(5): 1381-1389.

[15] Chen C W, Takezako T, Yamamoto K, et al. Poly(N-vinylisobutyramide)-stabilized platinum nanoparticles: synthesis and temperature-responsive behavior in aqueous solution[J]. Colloids and Surfaces A, 2000, 169: 107-116.

[16] Prashara A K, Mayadevib S, Devi R N. Effect of particle size on selective hydrogenation of cinnamaldehyde by Pt encapsulated in mesoporous silica[J]. Catalysis Communications, 2012, 28: 42-46.

[17] Zhao F Y, Ikushima Y, Arai M, et al. Hydrogenation of nitrobenzene with supported platinum catalysts in supercritical carbon dioxide: Effects of pressure, solvent, and metal particle size[J]. Journal of Catalysis, 2004, 224(2): 479-483.

[18] Gelder E A, Jackson S D, Lok C M. The hydrogenation of nitrobenzene to aniline: A new mechanism[J]. Chemical Communications, 2005, (4): 522-524.

[19] Eklund S E, Cliffel D E. Synthesis and catalytic properties of soluble platinum nanoparticles protected by a thiol monolayer[J]. Langmuir, 2004, 20(14): 6012-6018.

[20] Crooks R M, Zhao M Q, Sun L, et al. Dendrimer-encapsulated metal nanoparticles: synthesis, characterization, and applications to catalysis[J]. Accounts of Chemical Research, 2001, 34(3): 181-190.

[21] Kidambi S, Bruening M L. Multilayered polyelectrolyte films containing palladium nanoparticles: synthesis, characterization, and application in selective hydrogenation[J]. Chemistry of Materials, 2005, 17(2): 301-307.

[22] Sangeetha P, Seetharamulu P, Shanthi K, et al. Studies on Mg-Al oxide hydrotalcite supported Pd catalysts for vapor phase hydrogenation of nitrobenzene[J]. Journal of Molecular Catalysis A:

Chemical, 2007, 273(1-2): 244-249.

[23] Xi X L, Liu Y L, Shi J, et al. Palladium complex of poly(4-vinylpyridine-*co*-acrylic acid) for homogeneous hydrogenation of aromatic nitro compounds[J]. Journal of Molecular Catalysis A: Chemical, 2003, 192(1-2): 1-7.

[24] Panigrahi S, Basu S, Praharaj S, et al. Synthesis and size-selective catalysis by supported gold nanoparticles: Study on heterogeneous and homogeneous catalytic process[J]. Journal of Physical Chemistry C, 2007, 111(12): 4596-4605.

[25] Saha S, Pal A, Kundu S, et al. Photochemical green synthesis of calcium-alginate-stabilized Ag and Au nanoparticles and their catalytic application to 4-nitrophenol reduction[J]. Langmuir, 2010, 26(4): 2885-2893.

[26] Gao Y Y, Ding X B, Zheng Z H, et al. Template-free method to prepare polymer nanocapsules embedded with noble metal nanoparticles[J]. Chemical Communications, 2007, (36): 3720-3722.

[27] Chang Y C, Chen D H. Catalytic reduction of 4-nitrophenol by magnetically recoverable Au nanocatalyst[J]. Journal of Hazardous Materials, 2009, 165(1-3): 664-669.

[28] Wei D W, Ye Y Z, Jia X P, et al. Chitosan as an active support for assembly of metal nanoparticles and application of the resultant bioconjugates in catalysis[J]. Carbohydrate Research, 2010, 345(1): 74-81.

[29] Rashid M H, Mandal T K. Templateless synthesis of polygonal gold nanoparticles: an unsupported and reusable catalyst with superior activity[J]. Advanced Functional Materials, 2008, (15): 2261-2271.

[30] Peureux J, Torres M, Mozzanega H, et al. Nitrobenzene liquid-phase hydrogenation in a membrane reactor[J]. Catalysis Today, 1995, 25(3-4): 409-415.

[31] 余锡宾, 王明辉, 叶林美, 等. 超细 Pd-B/SiO$_2$ 非晶态合金加氢反应的催化活性[J]. 分子催化, 1999, 13(1): 3-8.

[32] 马骏, 毛卉, 廖学品, 等. 以胶原纤维为炭源制备炭纤维负载钯催化剂及其催化加氢特性[J]. 四川师范大学学报(自然科学版), 2013, 36(1): 97-101.

[33] 肖高. 皮胶原纤维为模板构建纤维状多孔 TiO$_2$ 基纳米催化剂及其催化特性研究[D]. 成都: 四川大学, 2013.

第 7 章　胶原纤维基油水/乳液分离材料

7.1　引　言

胶原纤维具有从纳米到微米尺度的多层级纤维结构，该特殊微纳结构赋予了胶原纤维优异的液体传输性能，同时也为构建超浸润表面提供了结构基础。胶原纤维含有大量亲水基团的同时还存在疏水区，具有独特的两亲性浸润特性。此外，胶原纤维含有的丰富的官能团使其能够进行多种共价及非共价修饰，这使得进一步调控胶原纤维的表面粗糙度和表面浸润性能等性质成为可能。因此，胶原纤维独特的结构特点、浸润性能和化学反应活性为开发一系列具有特殊浸润性能的高效油水分离材料和乳液分离材料奠定了结构基础和化学基础。

基于钛酸丁酯水解可将纳米 TiO_2 沉积修饰到具有多层级结构的胶原纤维表面，进一步强化其表面粗糙度，在此基础上结合表面修饰降低其表面能，从而可赋予其优异的超疏水亲油特性，并实现对油水混合物的高效分离。胶原纤维的两亲性使其具有水下疏油性和油下亲水性，能够实现对水包油乳液和油包水乳液的高效双分离。基于胶原纤维和植物多酚之间的多点氢键作用和疏水作用可实现两亲性植物多酚对胶原纤维的非共价表面修饰，实现对胶原纤维两亲性的强化调控，提高其水下疏油性和油下亲水性，从而获得对水包油乳液和油包水乳液的高通量双分离性能；利用水合能力较强的金属离子与胶原纤维的反应，可强化其亲水性和水下疏油性，从而强化对水包油乳液中水连续相的选择透过性，以及油包水乳液中水分散相的选择性吸附和储存，实现对水包油乳液和油包水乳液的高通量双分离；利用胶原纤维丰富的反应基团，可将金属有机框架材料原位生长于胶原纤维表面作为筛分破乳位点，实现金属有机框架材料筛分作用和胶原纤维毛细管作用的协同，从而获得对乳液的高通量分离性能；通过向胶原纤维多层级结构中引入碳材料作为破乳位点，可制备竞争吸附型和两性电解质型胶原纤维基乳液分离材料，实现对不带电荷及带有不同类型电荷微乳液和纳乳液的高效分离。

7.2　胶原纤维基油水分离材料

胶原纤维(Ⅰ型成纤胶原蛋白)具有从纳米到微米再到宏观尺度的多层级超分子结构，这为构建超疏水应具备的微纳粗糙结构提供了天然优势[1-3]。胶原纤维是皮革的主要成分，因此从材料学和高分子的角度，皮革可被视为由胶原纤维所构成的自支撑蛋白质基膜材料。为此，以皮革作为膜基材并通过调控修饰皮革中胶原纤维多层级纤维的微观形貌，可进一步提高其表面粗糙度。在此基础上，采用有机硅等低表面能物质进行表面处理，以降低高粗糙度表面的表面能，可实现超疏水皮革即胶原纤维基超疏水膜材料的制备。

如图 7.1 所示，皮革粒面侧的胶原纤维编织紧密，而其肉面侧的胶原纤维编织相对松散，且皮革肉面侧多层级纤维结构显著，其表面粗糙度要显著高于粒面侧的表面粗糙度。而粗糙结构有利于超疏水表面的形成，因此可选用经剖层处理去掉粒面的二层革作为基材来构筑胶原纤维基超疏水膜材料。

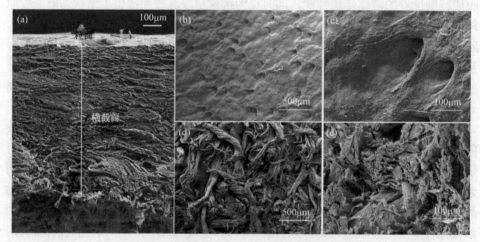

图 7.1　牛皮革的 FESEM(场发射扫描电镜)图[2]

(a) 横截面；(b)(c) 粒面；(d)(e) 肉面

超疏水胶原纤维膜的制备方法为[1]：以二层蓝湿革作为胶原纤维膜基材，经去离子水、无水乙醇依次洗涤并干燥，随后使用定量钛酸丁酯溶液[无水乙醇：甲苯 = 1∶1(体积比)]对其进行浸润处理，干燥后即制得多层级纤维表面沉积有 TiO_2 纳米颗粒的胶原纤维膜(CFM@TiO_2)。将所制备的 CFM@TiO_2 浸泡于定量乙烯基三乙氧基硅烷(VTEO)的甲苯溶液中 24h，干燥后即制得超疏水胶原纤维膜 CFM@TiO_2@VTEO。CFM@TiO_2@VTEO 膜材料的制备过程如图 7.2 所示。

如图 7.3 所示，利用钛酸丁酯水解聚合处理可在胶原纤维膜表面生长平均粒径约 25nm 的 TiO_2 纳米颗粒，从而有效提高胶原纤维膜的表面粗糙度。进一步对处理后胶原纤维膜中 Ti 元素的分布进行分析可知，Ti 元素在整个胶原纤维膜中均有分布(图 7.4)，表明 TiO_2 纳米颗粒已成功对胶原纤维膜的三维纤维网络结构进行了表面修饰，有效提高了胶原纤维膜中三维纤维网络整体的表面粗糙度。

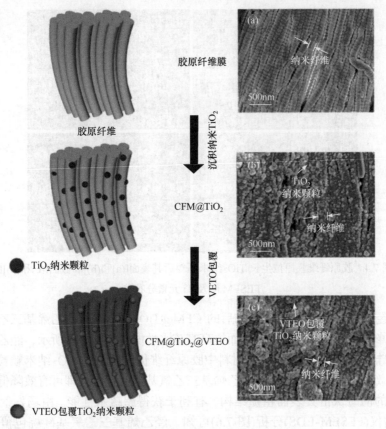

图 7.2　CFM@TiO₂@VTEO 的制备示意图[1]

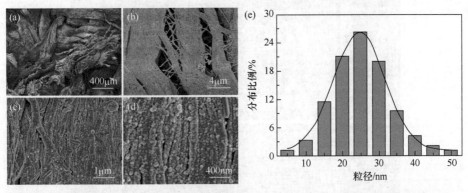

图 7.3　胶原纤维膜原位生长 TiO₂ 纳米颗粒后的 FESEM 图[(a)～(d)]和原位生长的 TiO₂

纳米颗粒的粒径分布图(e)[3]

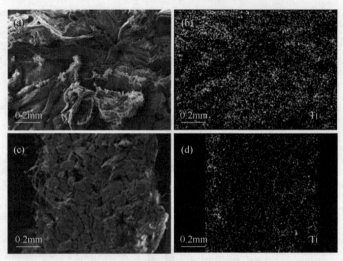

图 7.4　胶原纤维膜原位生长 TiO₂ 纳米颗粒后其表面[(a)和(b)]和截面[(c)和(d)]的
FESEM 图及 Ti 元素分布[3]

对经 TiO₂ 纳米颗粒表面修饰后的 CFM@TiO₂ 膜材料进行乙烯基三乙氧基硅烷包覆修饰以降低其表面能，从而提高其疏水性能。如图 7.5 所示，经乙烯基三乙氧基硅烷包覆后，胶原纤维膜材料中胶原纤维仍保留了经 TiO₂ 纳米颗粒修饰所形成的微纳粗糙结构，表明适量乙烯基三乙氧基硅烷包覆处理可有效降低膜材料表面能的同时保留其表面粗糙结构，有利于获得超疏水性能。由场发射扫描电镜-能谱仪(FESEM-EDS)分析(图 7.6)可知，经乙烯基三乙氧基硅烷包覆修饰所

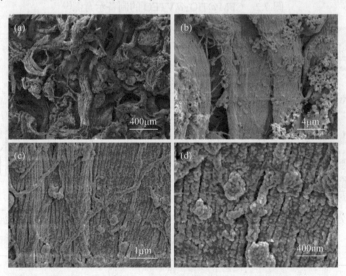

图 7.5　CFM@TiO₂@VTEO 膜材料的 FESEM 图[3]

制备 CFM@TiO$_2$@VTEO 膜材料的表面和横截面的 Ti 元素和 Si 元素的分布图与其对应的 FESEM 形貌图高度匹配，表明乙烯基三乙氧基硅烷包覆对表面修饰有 TiO$_2$ 纳米颗粒的三维多层级胶原纤维网络的整体结构未产生显著影响。

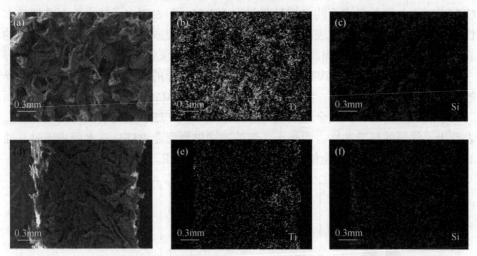

图 7.6　CFM@TiO$_2$@VTEO 膜材料表面[(a)～(c)]和横截面[(d)～(f)]的 FESEM 图
及其 Ti 元素和 Si 元素分布[1]

　　通过调控乙烯基三乙氧基硅烷(VTEO)用量和钛酸丁酯(TBT)用量可进一步调控所制备 CFM@TiO$_2$@VTEO 膜材料表面的水接触角，从而达到控制其表面疏水性能的目的。如图 7.7(a)所示，适当增加乙烯基三乙氧基硅烷用量可有效降低膜材料表面能，从而提高所制备 CFM@TiO$_2$@VTEO 膜材料的水接触角。此外，使用适量钛酸丁酯进行水解缩合可提高 CFM@TiO$_2$@VTEO 膜材料的粗糙度，从而强化疏水效果，但进一步增大钛酸丁酯的用量对所制备 CFM@TiO$_2$@VTEO 膜材料的疏水性能影响不显著，如图 7.7(b)所示。

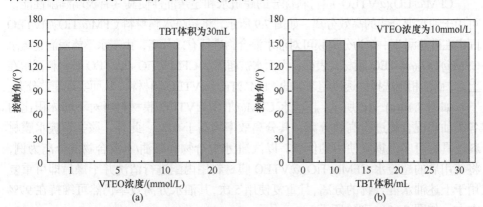

图 7.7　VTEO 浓度(a)和 TBT 体积(b)对 CFM@TiO$_2$@VTEO 膜材料水接触角的影响[3]

经测定，CFM@TiO$_2$@VTEO 膜材料表面的水接触角为 153.1°，水滴在其表面近似呈球状且能长时间稳定存在，表现出了超疏水性。胶原纤维膜不经 TiO$_2$ 纳米颗粒表面修饰而直接进行乙烯基三乙氧基硅烷包覆处理所制备对照样 CFM@VTEO 膜材料表面的水接触角仅为 141.0°，即表现出了疏水性而非超疏水性。这说明 TiO$_2$ 纳米颗粒表面修饰的确显著强化了胶原纤维膜材料中胶原纤维的表面粗糙度，在其经低表面能乙烯基三乙氧基硅烷包覆处理后具备了超疏水特性。

超疏水 CFM@TiO$_2$@VTEO 膜材料除了具有优异的疏水性能，还表现出优异的亲油性。如图 7.8 所示，将十二烷油滴滴加到 CFM@TiO$_2$@VTEO 膜材料表面时，油滴迅速铺展，其完全铺展进入 CFM@TiO$_2$@VTEO 膜材料的时间仅 12ms，表现出了优异的超亲油性。而将十二烷油滴滴加到商业 PTFE 疏水膜表面时，油滴需经过 2680ms 才能完全铺展进入商业疏水膜 PTFE。

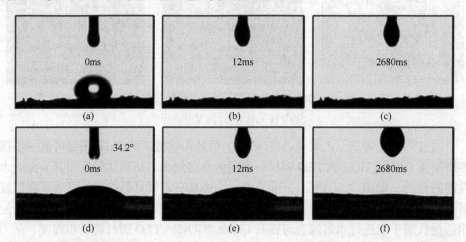

图 7.8　十二烷对超疏水膜 CFM@TiO$_2$@VTEO[(a)～(c)]和商业疏水膜 PTFE[(d)～(f)]的浸润[3]

CFM@TiO$_2$@VTEO 膜材料优异的超疏水和超亲油性使其具有极端润湿性能，可用于油水混合物的高效分离。如图 7.9 所示，将超疏水膜材料 CFM@TiO$_2$@VTEO 固定在砂芯漏斗中作为分离膜可对油水混合物进行有效分离，由于水不能浸润超疏水 CFM@TiO$_2$@VTEO 膜材料表面，因而水被超疏水 CFM@TiO$_2$@VTEO 膜材料截留在上方，而油相则选择性透过超亲油的 CFM@TiO$_2$@VTEO 膜材料，从而实现高效分离。

如图 7.10(a)～(d)所示，超疏水 CFM@TiO$_2$@VTEO 膜材料可对不同体积比的各类油水混合物进行高效分离，其分离效率均高于 97%。此外，该类超疏水膜材料还具有可多次重复使用的优点。以汽油/水混合物和柴油/水混合物的分离为例，将使用后的超疏水 CFM@TiO$_2$@VTEO 膜材料用丙酮进行清洗并干燥后即可重复用于上述油水混合物的分离，且重复使用 5 次，其油水分离效率仍然可维持在 97% 左右，如图 7.10(e)和(f)所示。

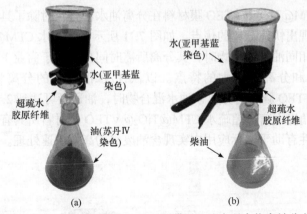

图 7.9　超疏水 CFM@TiO$_2$@VTEO 膜用于油水混合物高效分离[3]

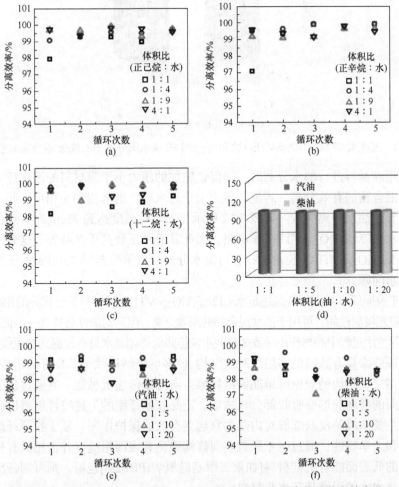

图 7.10　超疏水 CFM@TiO$_2$@VTEO 膜对不同油水混合物的分离效率[3]

　　超疏水 CFM@TiO$_2$@VTEO 膜材料在分离油水混合物时除了具有分离效率高的特点外还表现出快速分离的优点。如图 7.11 所示，超疏水 CFM@TiO$_2$@VTEO 膜材料在分离相同油水混合物时，其分离所需时间显著少于商业 PTFE 疏水膜，具有快速分离和分离通量大的特点。以汽油/水混合物的分离为例，超疏水 CFM@TiO$_2$@VTEO 膜材料分离该油水混合物时，油通量可达到 2.4L/(m$^2 \cdot$ min)。从实际应用的角度而言，超疏水 CFM@TiO$_2$@VTEO 膜材料所具有的快速分离和高通量分离特性有助于实际应用中实现含油废水的高效快速处理。

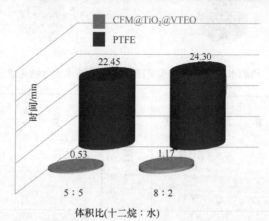

图 7.11　超疏水 CFM@TiO$_2$@VTEO 膜和商业 PTFE 疏水膜分离十二烷/水混合物的速率[3]

　　利用膜材料进行油水分离时，需保证施加的压力小于膜材料的透水压才能实现油水混合物的有效分离，若施加压力大于透水压，则水相和油相会一起透过膜材料，导致油水分离失败。如图 7.12 所示，当水柱高度达到 75cm 时，水仍未透过超疏水 CFM@TiO$_2$@VTEO 膜材料，因此其透水压要高于 7.4kPa，这表明超疏水 CFM@TiO$_2$@VTEO 膜材料在进行油水分离时可承受至少 7.4kPa 的压力而不发生透水问题。

　　基于胶原纤维膜所制备的超疏水 CFM@TiO$_2$@VTEO 膜材料具有优异的超疏水和超亲油极端浸润性能，可用于油水混合物的高效分离，但其耐磨性有待进一步提高，以克服实际使用过程中磨损作用导致的超疏水性能降低等超疏水材料常遇到的瓶颈问题。

　　胶原纤维具有独特的多层级纤维结构，该多层级结构赋予其良好的机械强度。同时，多层级结构的胶原纤维能够沿纤维方向有效传递机械能，并通过多层级纤维结构间的滑动和形变吸收部分机械能。正是胶原纤维的上述特性使得以胶原纤维作为主要组成的皮肤能够对内部器官起到有效的保护作用。基于胶原纤维的结构特点和力学特性，通过纳米颗粒表面修饰强化其表面粗糙度并选用具有良好耐磨性能的低表面能有机硅材料[如聚二甲基硅氧烷(PDMS)]包覆，则可制备出具有持久超疏水性的耐磨超疏水膜材料。

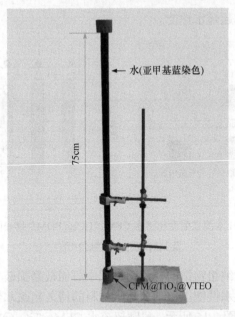

图 7.12 超疏水 CFM@TiO₂@VTEO 膜耐受水柱压力的数码照片[3]

耐磨超疏水胶原纤维膜的制备方法如下[2]：以二层蓝湿革作为胶原纤维膜基材，经去离子水、无水乙醇依次洗涤并干燥，随后使用定量钛酸丁酯无水乙醇溶液对其进行浸润处理，干燥即可制得沉积纳米 TiO₂ 粒子的胶原纤维膜(CFM@TiO₂)。将 CFM@TiO₂ 浸泡于定量 PDMS 溶液中并干燥处理后即制备得到耐磨超疏水 CFM@TiO₂@PDMS 膜。

如图 7.13 所示，水滴在耐磨超疏水 CFM@ TiO₂@PDMS 膜表面的接触角可达164.6°，水滴在其表面以近似呈球状的形式长期稳定存在，表明所制备的耐磨超疏水CFM@TiO₂@ PDMS 膜具有优异的拒水性能。

耐磨超疏水 CFM@TiO₂@PDMS 膜对不同 pH 水滴均表现出超疏水性。如图 7.14 所示，pH 在 2~12 范围内的水滴在其表面均近似呈球状，且所对应的水接触角均高于 150°，这表明耐磨超疏水 CFM@TiO₂@PDMS 膜具有良好的耐酸碱性能。此外，耐磨超疏水CFM@TiO₂@ PDMS 膜经 120℃处理 24h 或溶剂浸泡 24h 后，其水接触角维持在 150°以上，仍然具有超疏水性能。由此可见，耐磨超疏水 CFM@TiO₂@PDMS 膜具有优异的化学稳定

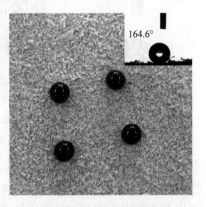

图 7.13 水滴在耐磨超疏水 CFM@TiO₂@PDMS 膜表面的数码照片和接触角[2]

性，可表现出持久的超疏水性能。

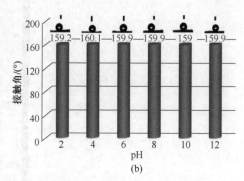

(a)

(b)

图 7.14　不同 pH 水滴在耐磨超疏水 CFM@TiO₂@PDMS 膜表面的数码照片(a)
及其对应的水接触角(b)[3]

超疏水材料的微纳粗糙结构在使用过程中可能被磨损破坏，导致其超疏水性降低，甚至失去超疏水性能。实现超疏水材料的持久超疏水性是该研究领域需要突破的关键问题。如图 7.15 所示，耐磨超疏水 CFM@TiO₂@PDMS 膜经徒手擦拭后，水滴在其表面的接触角仍然高达 160.0°，且其微观形貌未发生显著变化，其超疏水性能和微纳结构均未受显著影响。此外，将耐磨超疏水 CFM@TiO₂@PDMS 膜的超疏水表面与 PET 膜接触，将不同质量的砝码置于耐磨超疏水 CFM@TiO₂@PDMS 膜上，随后推动耐磨超疏水 CFM@TiO₂@PDMS 膜在 PET 膜上来回移动摩擦。结果表明，耐磨超疏水 CFM@TiO₂@PDMS 膜在不同的压力作用下经 PET 膜磨损后，其接触角仍然可保持在 150°以上，同样表现出了优异的耐磨超疏水性。

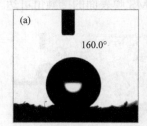

图 7.15　经徒手擦拭后的耐磨超疏水 CFM@TiO₂@PDMS 膜表面的水接触角(a)
及其 FESEM 图[(b)和(c)][3]

耐磨超疏水 CFM@TiO₂@PDMS 膜在经砂纸进行强磨损处理后，仍然保留了优异的疏水性能，其被砂纸分别磨损 20 次、60 次、100 次后，被磨损表面仍然表现出与未磨损表面相似的疏水性能，水滴在被磨损表面仍然近似呈球状，如图 7.16 所示。

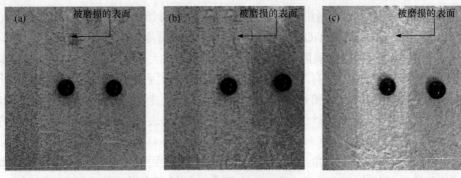

图 7.16　CFM@TiO$_2$@PDMS 膜被砂纸磨损 20 次(a)、60 次(b)和 100 次(c)后，水滴在其表面的数码照片[3]

对耐磨超疏水 CFM@TiO$_2$@PDMS 膜经砂纸磨损前后的 FESEM 图(图 7.17)进行分析可发现，膜材料在被砂纸磨损过程中其纤维束结构随着磨损次数的增加而逐渐打开，在微米尺度和纳米尺度表现出跨尺度形变特性，从而形成了结构更为松散的微纳结构，这不仅未降低膜材料的表面粗糙度，反而有利于膜材料表面

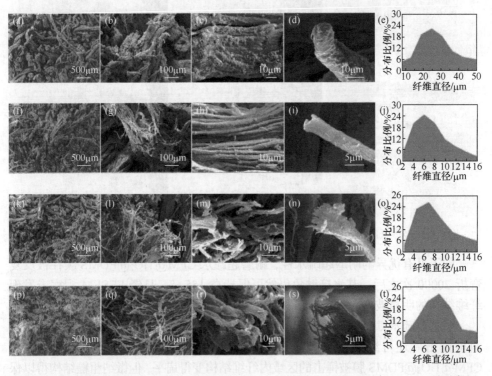

图 7.17　砂纸磨损 0 次[(a)～(d)]、20 次[(f)～(i)]、60 次[(k)～(n)]和 100 次[(p)～(s)]时耐磨超疏水 CFM@TiO$_2$@PDMS 膜的 FESEM 图及其纤维束结构的直径分布图[(e)(j)(o)(t)][2]

粗糙度的增大。原子力显微镜测试结果也证实，随着砂纸磨损次数从 0 次增至 100
次，耐磨超疏水 CFM@TiO₂@PDMS 膜的表面粗糙度也从 34nm 显著增加至
879nm，其表面粗糙度的确随着磨损次数的增加而增大。此外，膜材料中三维多
层级纤维结构均包覆修饰有 TiO₂ 纳米颗粒和 PDMS，因此经磨损而暴露的松散纤
维仍然具备低表面能和微纳粗糙结构。基于上述原因，耐磨超疏水
CFM@TiO₂@PDMS 膜被砂纸磨损处理后的表面仍然表现出与未磨损表面相当的
疏水性能。

超疏水表面的水滚动角小，水滴在其表面易滚动而清洁污渍，从而起到自清
洁作用。耐磨超疏水 CFM@TiO₂@PDMS 膜在被砂纸磨损后仍然具备自清洁功能。
如图 7.18 所示，CFM@TiO₂@PDMS 膜材料被磨损表面和未磨损表面处的单宁酸
粉末、Fe₃O₄ 纳米颗粒和 TiO₂ 纳米颗粒均可被水流冲洗带走，具有相似的自清洁
功能。

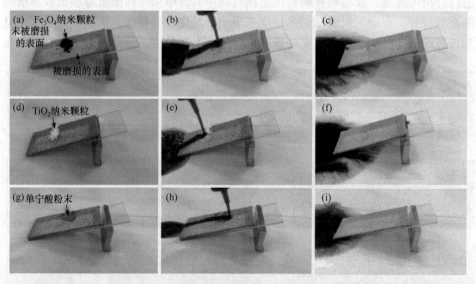

图 7.18　经砂纸磨损 100 次的耐磨超疏水 CFM@TiO₂@PDMS 膜表面的自清洁功能[3]

除了具有优异的耐磨超疏水性，耐磨超疏水 CFM@TiO₂@PDMS 膜在被反复
弯折 20000 次之后，其水接触角仍然可保持在 155.6°，且经 FESEM 观察未发现
纤维结构的明显破坏，如图 7.19 所示。

耐磨超疏水 CFM@TiO₂@PDMS 膜除了被磨损后仍可保留超疏水性能，其表
面被锤击后还可继续表现出优异的疏水性能。如图 7.20 所示，耐磨超疏水
CFM@TiO₂@PDMS 膜被锤击的区域内纤维结构变得扁平，但微纳粗糙结构得以保
留，且水滴仍然能以近似球状的状态稳定存在于被锤击区域的表面而不铺展。

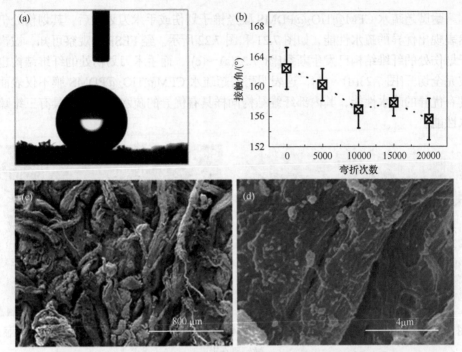

图 7.19　弯折 20000 次后耐磨超疏水 CFM@TiO₂@PDMS 膜的水接触角图片(a)及其 FESEM
图[(c)和(d)]；弯折次数对耐磨超疏水 CFM@TiO₂@PDMS 膜水接触角的影响(b)[3]

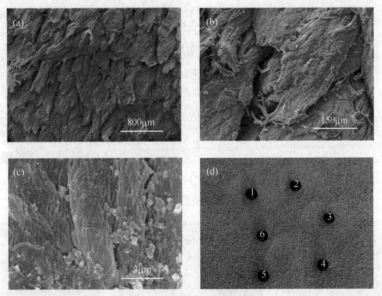

图 7.20　耐磨超疏水 CFM@TiO₂@PDMS 膜被锤击区域的 FESEM 图[(a)～(c)]；水滴在未被锤
击(标记为 6)和被锤击(标记为 1～5)区域的数码照片(d)[3]

　　耐磨超疏水 CFM@TiO₂@PDMS 膜经锥子划伤或手术刀划伤后，其划伤处仍然表现出优异的疏水性能，如图 7.21 和图 7.22 所示。经 FESEM 观察可知，被锥子划伤处的纤维结构已发生断裂[图 7.23(a)～(c)]，而手术刀划伤处的纤维结构也被完全切开[图 7.23(d)～(f)]，这表明耐磨超疏水 CFM@TiO₂@PDMS 膜不仅表面具有优异的疏水性能，其内部纤维结构同样具有优异的疏水性能，即具有三维疏水性能。

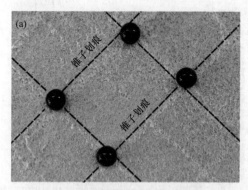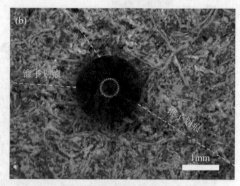

图 7.21　水滴在被锥子划伤的耐磨超疏水 CFM@TiO₂@PDMS 膜表面的数码照片(a)和体视显微镜图(b)[3]

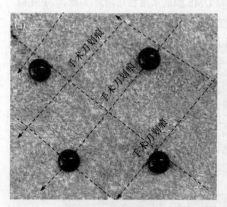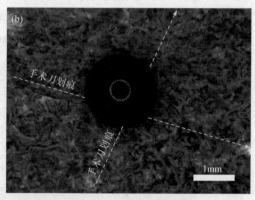

图 7.22　水滴在被手术刀划伤的耐磨超疏水 CFM@TiO₂@PDMS 膜表面的数码照片(a)和体视显微镜图(b)[3]

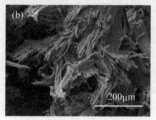

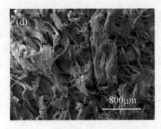

图 7.23　被锥子划伤处[(a)～(c)]和被手术刀划伤处[(d)～(f)]的耐磨超疏水
CFM@TiO$_2$@PDMS 膜的 FESEM 图[3]

耐磨超疏水 CFM@TiO$_2$@PDMS 膜具有超亲油性和超疏水性，可用于油水混合物的高效分离[图 7.24(a)]。同时，耐磨超疏水 CFM@TiO$_2$@PDMS 膜还对模拟海水表现出超疏水性，其接触角达到 162.9°，这意味着耐磨超疏水 CFM@TiO$_2$@PDMS 膜可能用于油类与海水的高效分离。以不同油类与自制海水组成的油水混合物为例，耐磨超疏水 CFM@TiO$_2$@PDMS 膜可高效分离不同油水混合物，其分离效率接近 100%，且具有可多次重复使用的优点，如图 7.24(b)所示。这表明耐磨超疏水 CFM@TiO$_2$@PDMS 膜有望用于海上油污的高效去除。

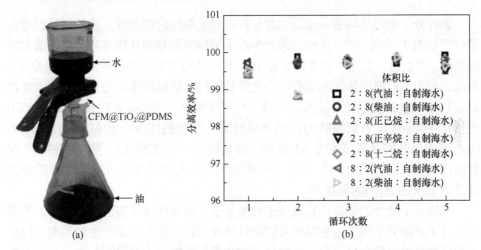

图 7.24　耐磨超疏水 CFM@TiO$_2$@PDMS 膜用于油水分离的数码照片(a)
及其对不同油水混合物的分离性能(b)[3]

7.3　胶原纤维基乳液分离材料

7.3.1　胶原纤维对乳液的基本分离性能

胶原纤维含有大量亲水性极性基团，包括氨基、羧基、羟基等，表现出亲水性。如图 7.25(a)所示，水滴可在胶原纤维表面铺展和渗透。同时，构成胶原纤维的胶原分子中存在疏水区域(疏水袋)，因此胶原纤维具备亲水性的同时还表现出一定的亲油性。如图 7.25(b)～(d)所示，石油醚、十二烷、煤油可在胶原纤维表面快速铺展和渗透。

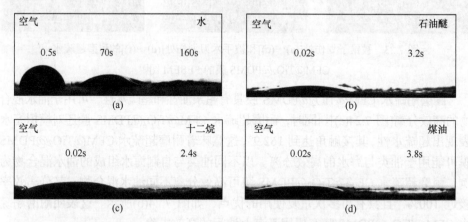

图 7.25　水滴(a)、石油醚液滴(b)、十二烷液滴(c)和煤油液滴(d)对胶原纤维的浸润行为[4]

　　通过分子动力学可进一步研究胶原纤维对水和油的两亲性。胶原纤维模型构建过程如图 7.26 所示[5]。首先，选取牛皮Ⅰ型胶原氨基酸片段序列组装形成左手螺旋的α多肽链；其次，将 2 条α_1链和 1 条α_2链构建为右手螺旋的三股螺旋体；再次，利用三股螺旋体形成具有右手超螺旋结构的微原纤维；最后，利用微原纤维进行堆积形成胶原纤维模型。该胶原纤维模型中，亲水氨基酸残基(绿色标记)包括：谷氨酸(E)、谷氨酰胺(Q)、天冬氨酸(D)、天冬酰胺(N)、丝氨酸(S)、精氨酸(R)。疏水氨基酸残基(黄色标记)包括：脯氨酸(P)、亮氨酸(L)、异亮氨酸(I)、缬氨酸(V)、苯丙氨酸(F)。图 7.27 为所构建的胶原纤维模型 x-y 方向截面图和沿纤维方向(z 轴方向)的侧视图。

　　利用分子动力学模拟计算水分子和油分子对胶原纤维模型的浸润行为。为避免水分子或油分子数量过多导致对胶原纤维浸润位点饱和占据产生的影响，模拟了相同数量的少量水分子和十二烷分子在胶原纤维模型上的浸润行为，为此首先将水分子和十二烷分子的数量均控制在 300 个。通过模拟计算发现，水分子主要浸润胶原纤维的亲水氨基酸残基区域(绿色区域)，而十二烷分子则以聚集态的形式主要浸润疏水氨基酸残基区域(黄色区域)，如图 7.28(a)所示。此外，水分子和十二烷分子沿胶原纤维模型纤维方向(z 方向)的密度分布分别与胶原纤维模型中亲水氨基酸残基和疏水氨基酸残基的密度分布具有较好的匹配性，如图 7.28(b)所示。

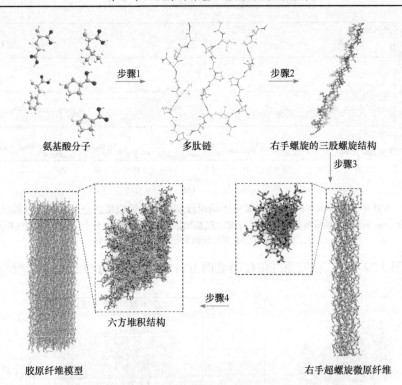

图 7.26　胶原纤维模型构建过程[5]

步骤 1：选取牛皮 I 型胶原氨基酸片段序列组装形成左手螺旋的α多肽链；步骤 2：将 2 条α$_1$链和 1 条α$_2$链构建为右手螺旋的三股螺旋体；步骤 3：将 5 个右手螺旋的三股螺旋体经右手超螺旋形成微原纤维；步骤 4：将 4 条右手超螺旋微原纤维堆积形成胶原纤维模型，该模型中的三股螺旋体呈六方堆积结构

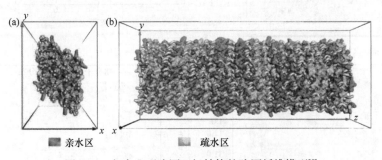

图 7.27　包含 I 型胶原四级结构的胶原纤维模型[5]

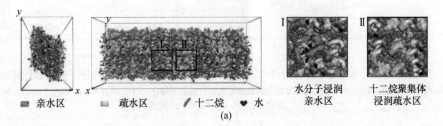

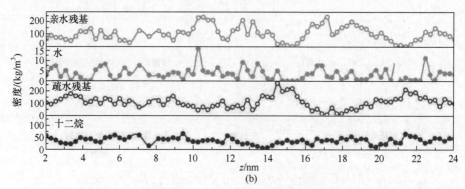

图 7.28　300 个水分子和 300 个十二烷分子同时浸润胶原纤维模型的分子动力学计算结果[4]

(a)模拟计算 20ns 时胶原纤维模型表面形貌图；(b)亲水氨基酸残基(绿色区域)、水分子、疏水氨基酸残基(黄色区域)、十二烷分子沿胶原纤维模型纤维方向的密度分布

如图 7.29 所示，在胶原纤维模型截面方向上十二烷分子主要分布于胶原纤维

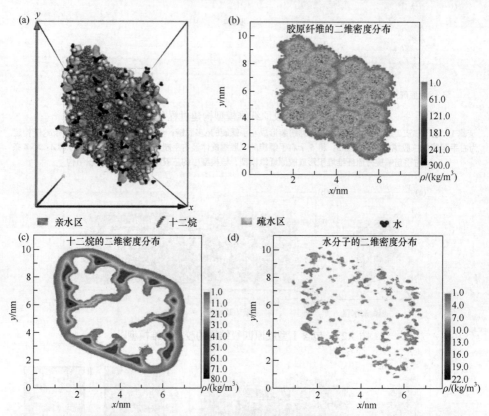

图 7.29　300 个水分子和 300 个十二烷分子同时浸润胶原纤维模型的分子动力学计算结果[4]

(a)模拟计算 20ns 时胶原纤维模型截面方向的表面形貌图；胶原纤维(b)、十二烷分子(c)、水分子(d)沿胶原纤维模型截面方向(x-y 方向)的二维密度分布

模型外部,大量十二烷分子聚集形成了包覆于胶原纤维表面的壳层结构。另外,水分子的密度分布不连续,但整体分布图形呈现出与胶原纤维密度分布相似的形状。

　　如图 7.30(a)所示,将水分子的二维密度分布图与胶原纤维的二维密度分布图进行叠加可发现,水分子的二维密度分布区域不仅与胶原纤维二维密度分布图的表面区域有重叠,而且与胶原纤维二维密度分布图的内部区域有大量重叠。如图 7.30(b)所示,将十二烷分子二维密度分布图与胶原纤维二维密度分布图进行叠加可观察到,十二烷分子主要聚集分布于胶原纤维模型外部。上述结果表明,水分子在胶原纤维上的浸润行为不同于十二烷分子,水分子可浸润渗透至胶原纤维的内部区域。

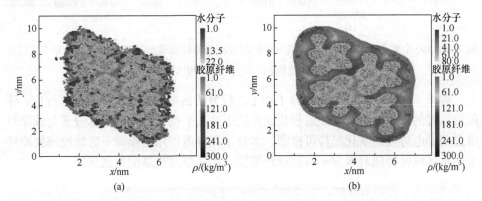

图 7.30　300 个水分子和 300 个十二烷分子同时浸润胶原纤维模型的分子动力学计算结果[4]
模拟计算 20ns 时水分子和胶原纤维的二维密度分布叠加图(a)及十二烷和胶原纤维的二维
密度分布叠加图(b)

　　分子动力学模拟结果表明,当分子数量相同的少量水分子和油分子同时浸润两亲性胶原纤维时,水分子主要选择性浸润其亲水区域,而油分子主要选择性浸润其疏水区域,且油分子主要浸润胶原纤维的表面,而水分子可浸润胶原纤维的外部和内部。由此可见,水相和油相在浸润胶原纤维时具有独特的区域浸润特点,而这一浸润特性来源于胶原纤维的两亲性。

　　进一步研究揭示了水分子和十二烷分子在区域浸润胶原纤维时的主要推动力。如图 7.31(a)所示,水分子在胶原纤维上区域浸润的主要推动力为静电作用力。水分子与胶原纤维间的静电势能急剧增大并逐渐达到平衡,其平衡时的静电势能达到约 −20000kJ/mol,而平衡时水分子与胶原纤维间的范德瓦耳斯势能仅为约 1000kJ/mol。胶原纤维为两性天然高分子,含有带电荷基团,可与极性的水分子间产生较强静电作用。同时,胶原纤维含有的大量极性基团也可产生偶极作用,可与水分子产生静电作用力。另外,十二烷分子在胶原纤维上区域浸润的主要推动力则为范德瓦耳斯力,达到平衡后的范德瓦耳斯势能高达约 −24000kJ/mol [图

7.31(b)]，而十二烷分子与胶原纤维间的静电势能接近 0kJ/mol[图 7.31(b)]，这主要是由于十二烷分子为非极性分子，其偶极矩为零。

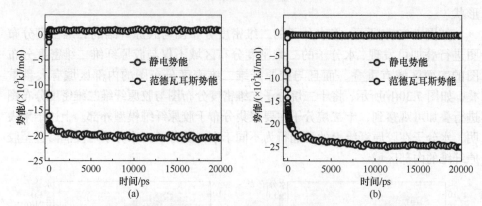

图 7.31　300 个水分子和 300 个十二烷分子同时浸润胶原纤维模型过程中水分子(a)和十二烷分子(b)与胶原纤维间范德瓦耳斯势能和静电势能的变化情况[5]

如图 7.32 所示，在上述水分子和十二烷分子区域浸润胶原纤维的过程中，伴随着氢键的形成，且其形成过程快速并逐渐达到平衡。结合前述水分子与胶原纤维之间静电势能的变化趋势可推测，水分子在静电作用力推动下区域浸润胶原纤维亲水区域时伴随着水分子与胶原纤维的亲水氨基酸残基间形成氢键。

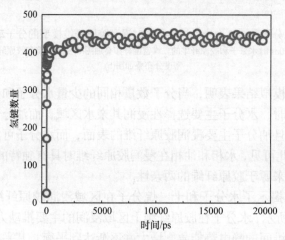

图 7.32　300 个水分子和 300 个十二烷分子同时浸润胶原纤维模型过程中水分子与胶原纤维间所形成氢键数量变化情况[5]

胶原纤维具备两亲性的同时，还表现出水下疏油性和油下亲水性。如图 7.33 所示，四氯化碳、四氯乙烯、三氯甲烷在胶原纤维表面的水下油接触角分别为 146.1°、144.7°、148.7°。将水滴滴加到被十二烷、石油醚、煤油完全浸没的胶原纤维表面，水滴可逐渐在其表面铺展，油下的水接触角也随之减小，直至水滴完全渗透胶原纤维，如图 7.34 所示。

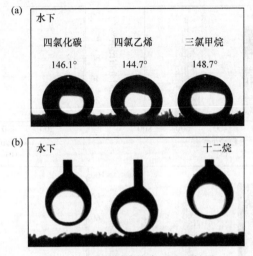

图 7.33　胶原纤维的水下疏油性[4]

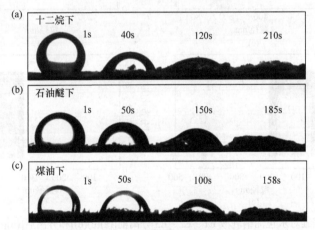

图 7.34　胶原纤维的油下亲水性[4]

　　由于两亲性胶原纤维具有水下疏油性，因而可在装柱后对水包油乳液进行柱分离。胶原纤维可让水包油乳液的水连续相选择性透过，而严格截留油相，从而实现对水包油乳液的高效率分离。如图 7.35 所示，水包油纳乳液 E1(去离子水/十二烷，500mL/5.0mL)、E2(去离子水/煤油，500mL/5.0mL)、E3(去离子水/汽油，500mL/5.0mL)分离前乳液呈浑浊状，动态光散射(DLS)测得的粒径分别为 526.7～661.4nm、593.9～679.9nm、319.8～408.5nm，经胶原纤维分离后其对应的滤液变得澄清透明，且粒径分布均靠近 x 轴坐标原点。胶原纤维分离水包油纳乳液 E1、

E2、E3 后所得滤液中的油含量极低，相应的分离效率均高于 99.99%，其分离通量分别达到 257.3L/(m² · h)、313.4L/(m² · h)、262.4L/(m² · h)，如图 7.36 所示。

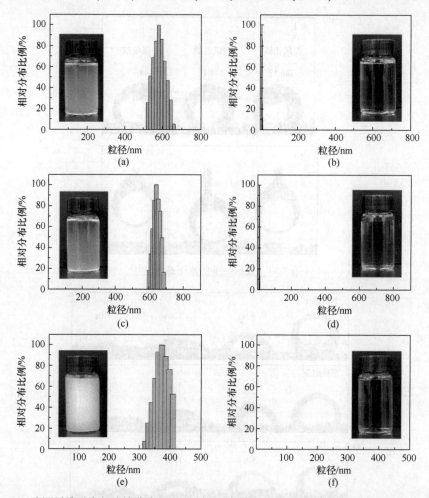

图 7.35　胶原纤维对水包油纳乳液 E1、E2、E3 分离前[(a)(c)(e)]和分离后[(b)(d)(f)]的 DLS 数据图[4]

其中插图为相应乳液被分离前后的数码照片

　　通过分子动力学模拟计算 52926 个水分子和 300 个十二烷分子对胶原纤维模型的同时浸润行为可进一步揭示胶原纤维对水包油纳乳液的分离机理。该分子动力学模拟计算中，52926 个水分子模拟水包油乳液中的水连续相，300 个十二烷分子模拟水包油乳液中的油分散相。如图 7.37 所示，水分子充满了模拟计算的整个盒子中，而十二烷分子则聚集并分布于胶原纤维表面。通过分析十二烷分子和疏水氨基酸残基沿胶原纤维模型纤维方向(z 方向)的密度分布可知，十二烷的密度分

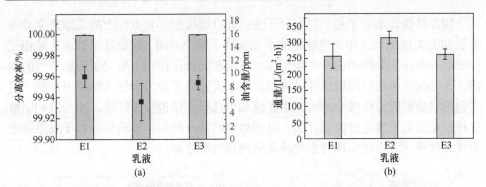

图 7.36 胶原纤维对水包油纳乳液 E1、E2、E3 的分离性能[4]

布和疏水氨基酸残基的密度分布高度匹配，这说明十二烷分子主要选择性聚集在胶原纤维的疏水区。

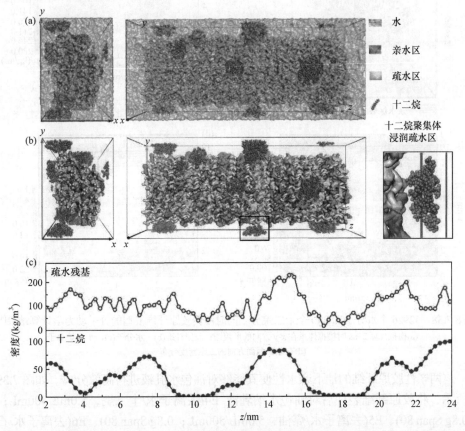

图 7.37 52926 个水分子和 300 个十二烷分子同时浸润胶原纤维模型的分子动力学计算结果[4]

(a)和(b)模拟计算 20ns 时模拟体系的形貌图；(c)疏水氨基酸残基、十二烷分子沿胶原纤维
模型纤维方向的密度分布

　　胶原纤维、水分子和十二烷分子在胶原纤维模型 *x-y* 方向上的二维密度分布情况如图 7.38 所示。作为连续相的水相充满了整个空间，胶原纤维被水连续相充分浸润，而作为分散相的十二烷则在水连续相的排斥作用下聚集于胶原纤维的表面，十二烷未渗透浸润胶原纤维内部。基于上述分子动力学计算结果可推测，当水包油乳液被胶原纤维分离时，水连续相可选择性渗透胶原纤维，油分散相则被选择性截留而不能通过胶原纤维，且被截留的油分散相主要聚集分布于胶原纤维的疏水区表面，由此实现对水包油乳液的高效率分离。

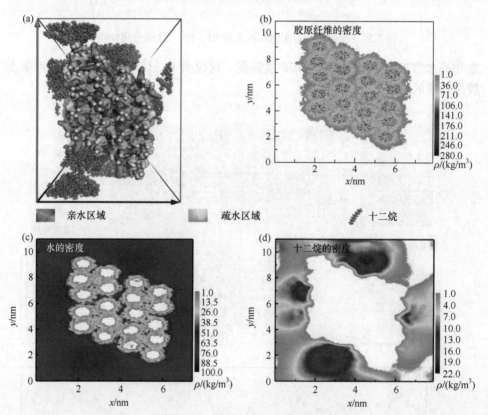

图 7.38　52926 个水分子和 300 个十二烷分子同时浸润胶原纤维模型的分子动力学计算结果[4]

(a)模拟计算 20ns 时模拟体系在 *x-y* 方向的形貌图；胶原纤维(b)、水分子(c)、十二烷分子
(d)在胶原截面方向的二维密度分布

　　两亲性胶原纤维的油下亲水性使其能够对油包水乳液进行高效分离。如图 7.39 所示，将胶原纤维装柱后对油包水纳乳液 E4(去离子水/十二烷，5.0mL/500mL；0.8g Span 80)、E5(去离子水/煤油，5.0mL/500mL；0.8g Span 80)、E6(去离子水/石油醚，5.0mL/500mL；0.8g Span 80)进行分离，可得到澄清透明滤液，滤液所对应的 DLS 数据图中未观察到乳滴粒径分布。经测定滤液中的水含量可知，胶原纤维

对油包水纳乳液 E4、E5、E6 的分离效率均高于 99.98%，其对应的分离通量分别高达 2929.9L/(m² · h)、2738.6L/(m² · h)、3337.6L/(m² · h)。

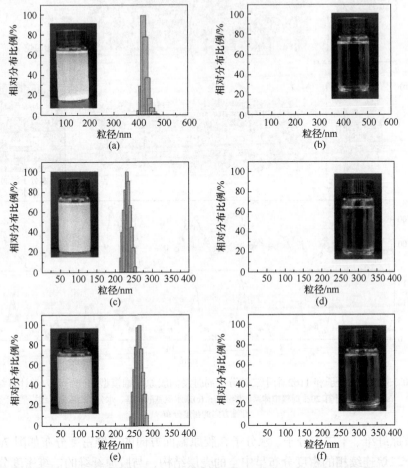

图 7.39　胶原纤维对油包水纳乳液 E4、E5、E6 分离前[(a)、(c)、(e)]和分离后[(b)、(d)、(f)]的 DLS 数据图[4]

其中插图为相应乳液被分离前后的数码照片

　　通过分子动力学模拟计算 300 个水分子和 1162 个十二烷分子同时浸润胶原纤维模型的浸润行为可进一步揭示胶原纤维对油包水乳液的分离机理，其中少量的水分子模拟水分散相，而大量的十二烷分子模拟油连续相。如图 7.40 所示，油连续相聚集包裹于胶原纤维表面，而水分散相则仍然选择性浸润胶原纤维的亲水区域(绿色)。同时，水分子沿胶原纤维模型纤维方向的密度分布也与亲水氨基酸残基沿胶原纤维模型纤维方向的密度分布有较好的匹配性。由此可见，油包水乳液在胶原纤维表面浸润时，其水分散相仍然选择性浸润其亲水区域。

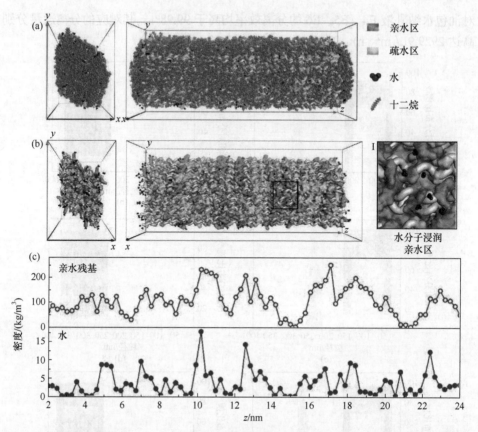

图 7.40　300 个水分子和 1162 个十二烷分子同时浸润胶原纤维模型的分子动力学计算结果[4]

(a)和(b)模拟计算 20ns 时模拟体系的形貌图；(c)亲水氨基酸残基、水分子沿胶原纤维模型
纤维方向的密度分布

　　胶原纤维、十二烷分子、水分子在胶原截面方向的二维密度分布如图 7.41 所示。十二烷连续相的密度分布呈中空的壳层结构，与胶原纤维的二维密度分布图形相比可知，十二烷主要包裹于胶原纤维的表面，有少部分十二烷浸润渗透到微原纤维之间的间隙，但未渗透进入微原纤维内部。此外，油包水乳液中水分散相离散的二维密度分布图形轮廓与胶原纤维的二维密度分布图形相似，通过叠加两个二维密度分布图形可知，水分散相同样浸润渗透到胶原纤维的内部，但油连续相主要浸润包裹于胶原纤维的表面，如图 7.42 所示。

　　分子动力学计算结果表明，当油包水乳液被胶原纤维分离时，作为分散相的水相仍然可基于静电作用力跨过油连续相所形成的阻隔层并选择性浸润胶原纤维的亲水区，从而被亲水氨基酸残基吸附存储，由此实现对水分散相的选择性吸附截留，并获得高分离效率。

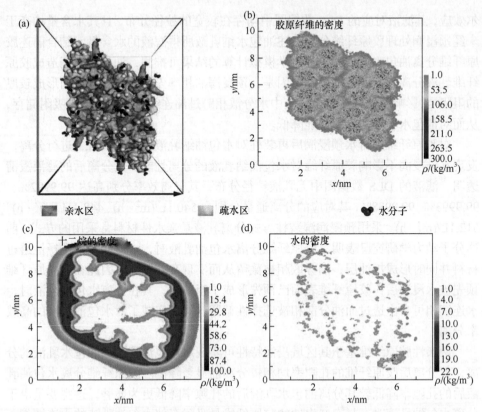

图 7.41　300 个水分子和 1162 个十二烷分子同时浸润胶原纤维模型的分子动力学计算结果[4]
(a)模拟计算 20ns 时模拟体系的形貌图；胶原纤维(b)、十二烷分子(c)、水分子(d)在胶原截面方向的二维密度分布

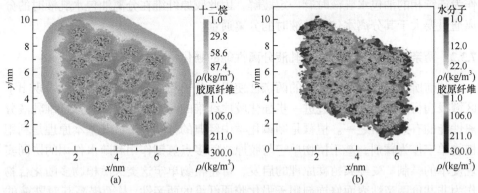

图 7.42　模拟计算 20ns 时十二烷分子和胶原纤维的二维密度分布叠加图(a)及水分子和
胶原纤维的二维密度分布叠加图(b)[4]

　　对胶原纤维进行油相预浸润后再装柱对油包水纳乳液 E4、E5、E6 进行分离，发现胶原纤维对油包水纳乳液的分离性能降低，所收集的滤液均具有明显的丁铎

尔效应，其滤液对应的 DLS 数据图中均存在较宽的粒径分布，且其水含量均高于未经预浸润处理胶原纤维分离上述油包水纳乳液所得滤液的水含量。结合前述胶原纤维分离油包水乳液分子动力学模拟计算的结果可推测，油相预浸润造成胶原纤维乳液分离性能降低的可能原因是，预浸润油相率先在胶原纤维表面形成较厚的阻隔层，影响了后续油包水乳液中水分散相跨过油连续相被亲水区域吸附储存，从而对油包水乳液的分离性能降低。

对胶原纤维进行水预浸润后再装柱对水包油纳乳液 E1、E2、E3 进行分离，发现水预浸润不影响胶原纤维对水包油纳乳液的分离性能，其分离后的滤液澄清透明，滤液的 DLS 数据图中无乳液粒径分布，其分离效率分别高达 99.9992%、99.9993%、99.9988%，其对应的分离通量分别为 540.1L/(m² · h)、448.41L/(m² · h)、512.1L/(m² · h)。采用预浸润湿装柱方式分离乳液是亲水性材料常采用的方式。前述分子动力学研究已表明，胶原纤维分离水包油乳液时，水连续相可选择性透过材料并同时形成拒油层，油分散相被截留从而实现高效分离。因此，当胶原纤维预先被水浸润后，胶原纤维表面已预先形成了拒油层，其在分离水包油乳液时，水连续相可自由透过而油分散相被选择性截留，同样实现了对水包油乳液的高效率分离。

两亲性胶原纤维基于其区域浸润特性可实现对水包油乳液和油包水乳液的分离，但分离后胶原纤维的孔隙率均相较分离前显著降低。胶原纤维分离水包油乳液后的孔隙率低较其分离油包水乳液后的孔隙率降低更为显著，这主要是由于分离水包油乳液时，具有亲水性的胶原纤维易吸附存储水包油乳液的水连续相，进而导致胶原纤维因较强的水合作用而发生相互黏结，这一黏结现象在分离以油作为连续相的油包水乳液时有一定缓解，因此胶原纤维在分离油包水乳液时的分离通量要大于其分离水包油乳液时的分离通量。

7.3.2　两亲性调控对胶原纤维乳液分离性能的强化

如前所述，胶原纤维独特的两亲性使得水分子和油分子对其浸润时表现出了区域浸润行为。因此，通过进一步强化胶原纤维的两亲性是提高胶原纤维乳液分离性能的有效策略之一。植鞣是制革化学中经典的鞣制方法，其基本原理是利用植物单宁作为鞣剂，基于植物单宁与胶原之间多点氢键作用和疏水作用的协同实现皮革的鞣制。受经典植鞣原理的启发，可将植物单宁这类天然植物多酚化合物作为非共价两亲性表面修饰剂用于强化胶原纤维的两亲性，从而提高其对乳液的分离性能，开发高性能乳液分离材料——植物单宁改性胶原纤维材料(T-CF)。多种植物单宁都可用于改性胶原纤维制备 T-CF，例如，采用杨梅单宁制备 T-CF 的方法为[4]：将定量胶原纤维浸泡于去离子水中，再加入定量杨梅单宁，并于 30℃搅拌反应 4.0h 后，经去离子水、无水乙醇洗涤，干燥后即制备得到 T-CF。

如图 7.43 所示，胶原纤维为白色，而胶原纤维经杨梅单宁非共价修饰后制备得到的 T-CF 为棕色，通过 FESEM 观察可知，杨梅单宁修饰并未显著改变胶原纤维的微观形貌，所制备的 T-CF 完整保留了胶原纤维的多层级纤维结构，包括纳米纤维、微米纤维和三维纤维网络结构。

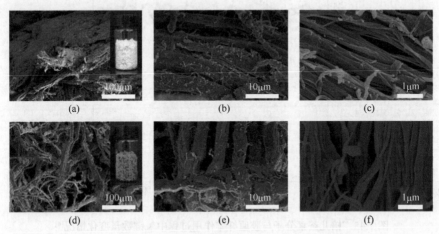

图 7.43　植物单宁改性胶原纤维材料(T-CF)的 FESEM 图[4]

基于分子动力学模拟计算可研究植物单宁与胶原纤维之间的作用机理。选用棓儿茶素分子作为植物单宁的模型分子，模拟计算胶原纤维模型与其相互作用。计算结果表明，棓儿茶素分子与胶原纤维模型之间可通过静电作用力和范德瓦耳斯力进行非共价相互作用，其对应的静电势能约为–8500kJ/mol，而范德瓦耳斯势能约为–4000kJ/mol，如图 7.44 所示。

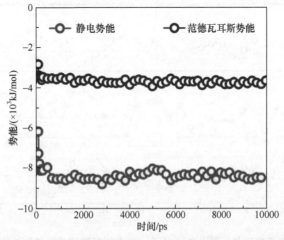

图 7.44　棓儿茶素分子与胶原纤维作用过程中静电势能和范德瓦耳斯势能变化情况[4]

　　此外,棓儿茶素分子与胶原纤维模型的相互作用伴随着氢键的形成,如图 7.45 所示。这表明植物单宁在与胶原纤维进行非共价作用时,其酚羟基与胶原纤维上的极性基团之间产生了氢键作用。

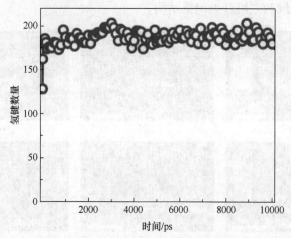

图 7.45　棓儿茶素分子与胶原纤维作用过程中氢键数量变化情况[4]

　　通过分析棓儿茶素分子沿胶原纤维的纤维方向的密度分布可知,棓儿茶素分子的密度分布与胶原纤维中疏水氨基酸残基的密度分布具有较好匹配性,与胶原纤维中亲水氨基酸残基的密度分布匹配性差(图 7.46),因此可推测棓儿茶素分子与胶原纤维间存在疏水作用。上述分子动力学计算结果表明,植物单宁对胶原纤维进行非共价修饰时,既有植物单宁的酚羟基与胶原纤维的亲水氨基酸残基发生多点氢键作用,也有植物单宁的疏水性部位与胶原纤维的疏水氨基酸残基进行疏水相互作用。

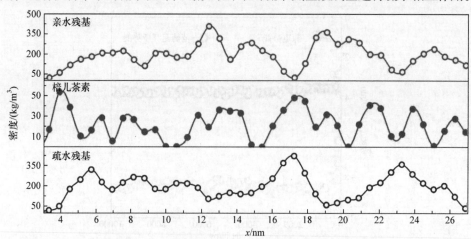

图 7.46　亲水氨基酸残基、棓儿茶素分子、疏水氨基酸残基沿胶原纤维-棓儿茶素模型
纤维方向的密度分布[4]

进一步的分子动力学模拟计算结果表明，当 500 个十二烷分子和 500 个水分子同时浸润胶原纤维模型或胶原纤维-桲儿茶素模型时，水分子和十二烷分子沿胶原纤维-桲儿茶素模型纤维方向的密度分布分别与亲水氨基酸残基和疏水氨基酸残基的密度分布匹配(图 7.47)。这说明桲儿茶素分子修饰胶原纤维后未影响水分子和十二烷分子在胶原纤维上的区域浸润性。

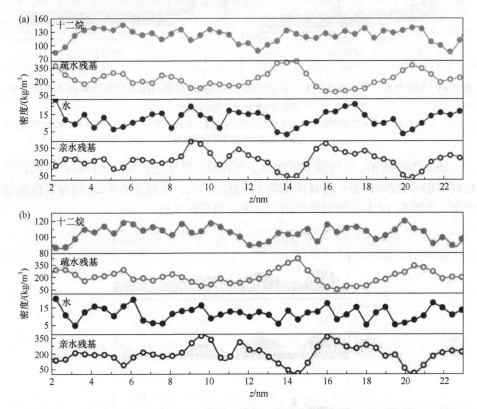

图 7.47　500 个水分子和 500 个十二烷分子同时浸润胶原纤维模型或胶原纤维-桲儿茶素模型的分子动力学计算结果[4]

模拟计算 80ns 时十二烷、疏水氨基酸残基、水分子、亲水氨基酸残基沿胶原纤维模型(a)和胶原纤维-桲儿茶素模型(b)纤维方向的密度分布

此外，分子动力学计算结果还表明：水分子与胶原纤维模型间的静电势能(约-30000kJ/mol)要小于水分子与胶原纤维-桲儿茶素模型间的静电势能(约-32000kJ/mol)，且十二烷与胶原纤维模型间的范德瓦耳斯势能(约-19000kJ/mol)也要小于十二烷与胶原纤维-桲儿茶素模型间的范德瓦耳斯势能(约-20000kJ/mol)，如图 7.48 所示。由此可推测，植物单宁通过多点氢键和疏水作用对胶原纤维进行表面修饰后，强化了胶原纤维的两亲性，并增大了水分子和油分子在胶原纤维上的区域浸润驱动力，这将有助于提高胶原纤维对乳液的分离性能。

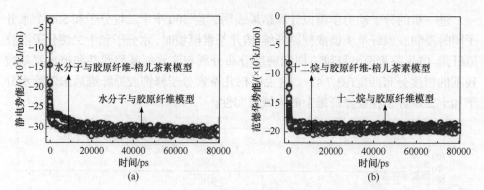

图 7.48　500 个水分子和 500 个十二烷分子同时浸润胶原纤维模型或胶原纤维-棓儿茶素模型的分子动力学计算结果[4]

(a)水分子与胶原纤维模型和胶原纤维-棓儿茶素模型间的静电势能；(b)十二烷分子与胶原纤维模型和胶原纤维-棓儿茶素模型间的范德瓦耳斯势能

　　如图 7.49 所示，通过调节植物单宁和胶原纤维反应的用量比即可有效调控水相对 T-CF 的浸润性能。随着植物单宁用量的增大，所制备的 T-CF 的亲水性逐渐增强，水滴在 T-CF 表面铺展渗透所需的时间渐次缩短。

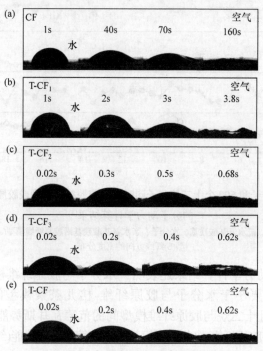

图 7.49　水滴对 T-CF 的浸润行为[4]

单宁负载量：T-CF＞T-CF₃＞T-CF₂＞T-CF₁

T-CF 在表现出显著增强的亲水性的同时,仍然保留了胶原纤维所具备的水下疏油性和油下亲水性。如图 7.50 所示,将氯仿滴加到被水完全浸没的 T-CF 表面,由于 T-CF 与水分子发生水合作用形成了拒水层,因而氯仿液滴只能以球体形式被 T-CF 排斥于表面。进一步测定可知,四氯化碳、四氯乙烯和三氯甲烷在 T-CF 表面的水下油接触角分别为 154.3°、152.4°和 152.9°,表现出水下超疏油性。同时,由于 T-CF 具有优异的水下超疏油性,其对十二烷表现出优异的水下抗污性能。如图 7.50 所示,利用外力促使十二烷液滴与 T-CF 进行接触,再使十二烷液滴远离 T-CF,未见油滴浸润其表面。

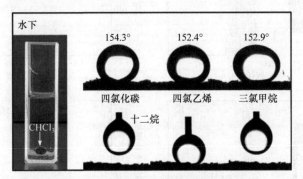

图 7.50　T-CF 的水下超疏油性[4]

T-CF 的油下亲水性如图 7.51 所示。将水滴滴到被十二烷完全浸没的 T-CF 表面后,水滴可跨过油相(如煤油、石油醚)完全浸润渗透到 T-CF 中。

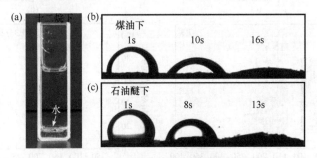

图 7.51　T-CF 的油下亲水性[4]

两亲性 T-CF 因具备水下超疏油性,因而可对水包油纳乳液进行高通量分离,让水包油乳液的水连续相选择性透过而严格截留油相,从而实现对水包油乳液的高效率分离。如图 7.52 所示,经 T-CF 分离后的滤液澄清透明,DLS 数据分析表明滤液中无乳滴存在。经测定可知,T-CF 对被分离的三种水包油纳乳液 E1(去离子水/十二烷,500mL/5.0mL;0.025g 十六烷基三甲基溴化铵)、E2(去离子水/煤油,500mL/5.0mL;0.025g 十六烷基三甲基溴化铵)、E3(去离子水/泵油,500mL/5.0mL;

0.025g 十六烷基三甲基溴化铵)的分离效率均高于 99.99%，其分离通量分别高达 2573.2L/(m² · h)、3286.6L/(m² · h)、3210.2L/(m² · h)。而未经杨梅单宁修饰的胶原纤维分离上述水包油纳乳液时，其分离效率虽然与 T-CF 相当，但其分离通量分别仅为 275.2L/(m² · h)、351.6L/(m² · h)、321L/(m² · h)。

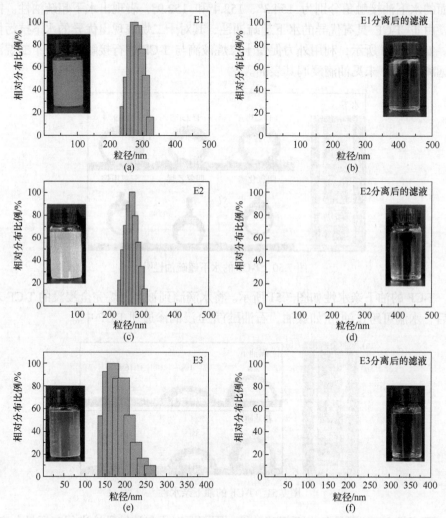

图 7.52 T-CF 对水包油纳乳液 E1、E2、E3 分离前[(a)(c)(e)]和分离后[(b)(d)(f)]的 DLS 数据图[4]

其中插图为相应乳液被分离前后的数码照片

如前所述，胶原纤维具有较强的水合能力使得其多层级纤维结构在分离水包油乳液时会发生黏结，这就导致其分离通量低，而植物单宁对胶原纤维的表面修饰不仅强化了其两亲性，而且有效抑制了胶原纤维因水合作用过强导致的纤维严重黏结和孔隙率显著降低等问题，这有利于提高材料对水包油乳液的分离通量。

如图 7.53 所示，两亲性 T-CF 基于其油下亲水性也可对油包水纳乳液 E4(去离子水/十二烷，4.0mL/500mL；0.5g 十二烷基苯磺酸钠，0.5g Span 80)、E5(去离子水/煤油，4.0mL/500mL；0.5g 十二烷基苯磺酸钠，0.5g Span 80)、E6(去离子水/石油醚，4.0mL/500mL；0.5g 十二烷基苯磺酸钠，0.5g Span 80)进行高通量分离，分离后所得滤液(油相)澄清透明，其分离效率分别为 99.99%、99.9863%、99.987%，对应的分离通量分别高达 6879L/(m² · h)、7898.1L/(m² · h)、7821.7L/(m² · h)。与

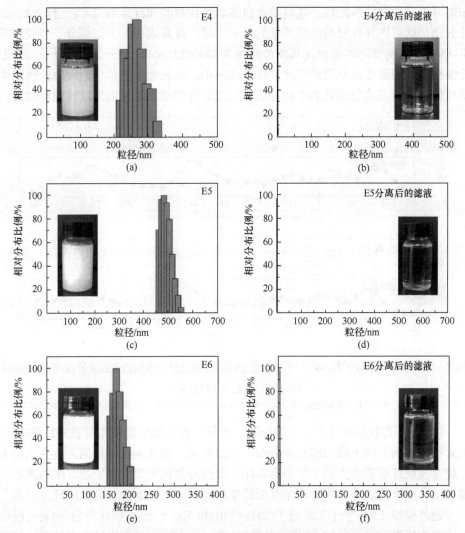

图 7.53　T-CF 对油包水纳乳液 E4、E5、E6 分离前[(a)(c)(e)]和分离后[(b)(d)(f)]
的 DLS 数据图[4]

其中插图为相应乳液被分离前后的数码照片

T-CF 相比，胶原纤维对上述油包水纳乳液的分离通量显著降低，其分离通量分别为 4917.2L/(m² · h)、4840.8L/(m² · h)、7592.4L/(m² · h)。

　　采用分子动力学模拟计算大量水分子(50000 个)和少量十二烷油分子(500 个)分别在胶原纤维模型和胶原纤维-棓儿茶素模型上的浸润行为，可研究水包油乳液中水连续相和油分散相在胶原纤维和 T-CF 上的浸润行为。如图 7.54 所示，十二烷分子和疏水氨基酸残基沿胶原纤维模型纤维方向的密度分布具有很好的匹配性，而十二烷分子和疏水氨基酸残基沿胶原纤维-棓儿茶素模型纤维方向的密度分布同样具有很好的匹配性。这说明水包油乳液在被胶原纤维和 T-CF 分离时，油分散相仍然可选择性浸润胶原纤维的疏水区域。计算表明，十二烷分子与胶原纤维-棓儿茶素模型间的范德瓦耳斯势能约为 –4400kJ/mol，大于十二烷分子与胶原纤维模型间的范德瓦耳斯势能(约 –4100kJ/mol)。这表明植物单宁对胶原纤维的两亲性修饰可增强水包油乳液中油分散相对胶原纤维疏水区域的区域浸润驱动力。

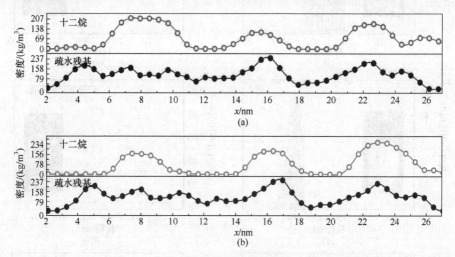

图 7.54　50000 个水分子和 500 个十二烷分子同时浸润胶原纤维模型和胶原纤维-棓儿茶素模型的分子动力学计算结果[4]

模拟计算 80ns 时，十二烷和疏水氨基酸残基分别沿胶原纤维模型(a)和胶原纤维-棓儿茶素模型(b)纤维方向的密度分布

　　图 7.55 为胶原纤维、十二烷分子、水分子在胶原纤维模型和胶原纤维-棓儿茶素模型截面方向上的二维密度分布。可以发现，棓儿茶素的修饰未改变水和十二烷在胶原纤维截面方向上的分布规律，即油分散相主要浸润胶原纤维的疏水区域表面，而水连续相不仅分布于胶原纤维表面，还可浸润渗透到胶原纤维内部。

　　通过模拟 1500 个十二烷分子(油连续相)和 500 个水分子(水分散相)同时浸润胶原纤维模型和胶原纤维-棓儿茶素模型的行为，可研究油包水乳液中油连续相和水分散相在胶原纤维和 T-CF 上的浸润行为。如图 7.56 所示，水分子的密度分布均能较好匹配胶原纤维模型和胶原纤维-棓儿茶素模型中亲水氨基酸残基的密度

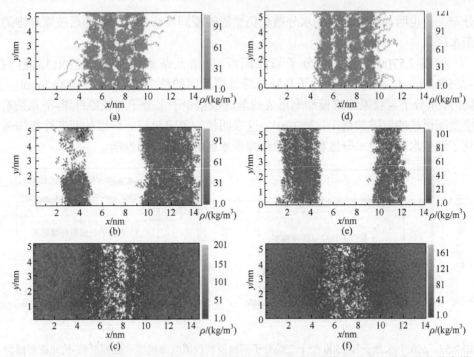

图 7.55　50000 个水分子和 500 个十二烷分子同时浸润胶原纤维模型和胶原纤维-棓儿茶素模型的分子动力学计算结果[4]

模拟计算 80ns 时，胶原纤维[(a)和(d)]、十二烷分子[(b)和(e)]和水分子[(c)和(f)]在胶原纤维模型和胶原纤维-棓儿茶素模型截面方向上的二维密度分布

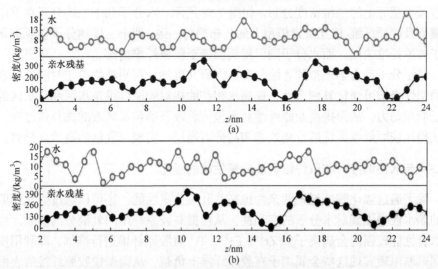

图 7.56　500 个水分子和 1500 个十二烷分子同时浸润胶原纤维模型和胶原纤维-棓儿茶素模型的分子动力学计算结果[4]

模拟计算 80ns 时，水分子和亲水氨基酸残基分别沿胶原纤维模型(a)和胶原纤维-棓儿茶素模型(b)纤维方向的密度分布

分布，这说明油包水乳液的水分散相仍然能够浸润经植物单宁修饰后胶原纤维的亲水区。

如图7.57(a)所示，水分子与胶原纤维-棓儿茶素模型间的静电势能(约−25500kJ/mol)显著高于水分子与胶原纤维模型间的静电势能(约−24000kJ/mol)。同时，水分子与胶原纤维模型间形成的氢键数量少于水分子与胶原纤维-棓儿茶素模型间形成的氢键数量[图7.57(b)]。这表明植物单宁对胶原纤维的两亲性修饰强化了油包水乳液中水分散相对胶原纤维亲水区的区域浸润性能。

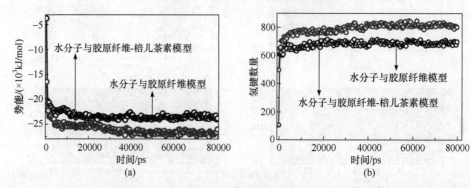

图7.57　500个水分子和1500个十二烷分子同时浸润胶原纤维模型和胶原纤维-棓儿茶素模型的分子动力学计算结果[4]

水分子与胶原纤维模型和胶原纤维-棓儿茶素模型间产生的静电势能(a)和形成的氢键数(b)

图7.58为胶原纤维、水分子、十二烷分子在胶原纤维模型和胶原纤维-棓儿茶素模型截面上的二维密度分布。如图7.58所示，水分子和十二烷分子在胶原纤维模型及胶原纤维-棓儿茶素模型上的分布趋势一致，即十二烷油分子主要聚集分布于胶原纤维表面，而水分子则可浸润渗透至胶原纤维内部。

基于分子动力学模拟和乳液分离性能研究可知，利用植物单宁对胶原纤维进行两亲性修饰可强化其两亲性，提高水相和油相对胶原纤维亲水区和疏水区的区域浸润驱动力，从而提高胶原纤维对水包油乳液及油包水乳液的选择透过性，进而获得比胶原纤维更优的分离效率和高分离通量，实现对乳液的高效双分离。

7.3.3　亲水性调控对胶原纤维乳液分离性能的强化

除了通过强化胶原纤维两亲性提高其乳液分离性能，还可以通过强化胶原纤维的亲水性增强其对水分子的亲和性，从而提高胶原纤维的乳液分离性能。可选择水合性能较强的金属离子如Zr^{4+}、Fe^{3+}、Ti^{4+}对胶原纤维进行修饰，即利用皮革金属鞣制原理实现这些金属离子在胶原纤维上负载，从而调控胶原纤维的表面浸润性能，获得具有高通量乳液分离性能的金属离子修饰胶原纤维(CF-M)复合纤维。例如，Zr^{4+}修饰胶原纤维复合材料(CF-Zr)的制备方法为[6]：首先利用原料牛皮

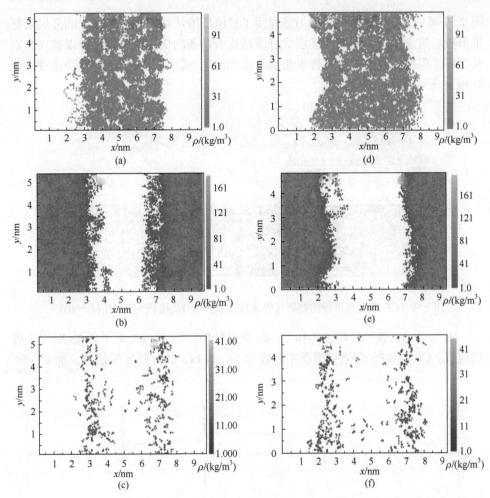

图 7.58   500 个水分子和 1500 个十二烷分子同时浸润胶原纤维模型和胶原纤维-栲儿茶素模型
的分子动力学计算结果[4]

模拟计算 80ns 时，胶原纤维[(a)和(d)]、十二烷分子[(b)和(e)]和水分子[(c)和(f)]在胶原纤维模型和胶原纤维-栲儿
茶素模型截面上的二维密度分布

制备胶原纤维，将定量胶原纤维浸泡于去离子水中，向上述体系中加入定量 Zr(SO$_4$)$_2$ 溶液，调节 pH 至 1.8～2.0，并于 30℃搅拌反应 4.0h。随后，调节体系 pH 至 4.0～4.5 并于 40℃反应 4.0h，产物经去离子水、无水乙醇洗涤，干燥后即制得 CF-Zr 复合纤维。Fe^{3+}修饰胶原纤维复合材料(CF-Fe)和 Ti^{4+}修饰胶原纤维复合材料(CF-Ti)的制备方法与 CF-Zr 的制备方法一致，其所使用的金属盐溶液分别为 Fe$_2$(SO$_4$)$_3$ 溶液和 Ti(SO$_4$)$_2$ 溶液。

　　CF-Zr 复合纤维的制备过程如图 7.59(a)～(c)所示。图 7.59(d)中插图为 CF-Zr 复合纤维的数码照片，图 7.59(d)～(f)为所制备 CF-Zr 复合纤维的 FESEM 图。由

图 7.59 可见，CF-Zr 复合纤维仍然保留了胶原纤维从纳米到微米尺度的多层级纤维形貌，这意味着胶原纤维多层级纤维结构所具备的快速传质特性得以被 CF-Zr 复合纤维保留，有利于在进行水包油乳液和油包水乳液分离时选择性快速透过连续相而获得高分离通量。

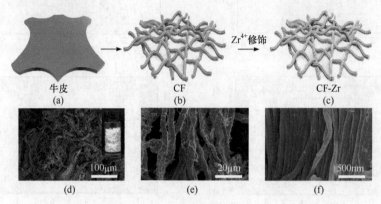

牛皮　　　　　　　　　CF　　　　　　　　　CF-Zr
(a)　　　　　　　　　(b)　　　　　　　　　(c)

(d)　　　　　　　　　(e)　　　　　　　　　(f)

图 7.59　CF-Zr 复合纤维的制备过程示意图[(a)～(c)]及其 FESEM 图[(d)～(f)][6]

图 7.60(a)为胶原纤维(CF)和 CF-Zr 复合纤维的 X 射线光电子能谱(XPS)全谱扫描图。CF 的 XPS 全谱扫描图中存在 O 1s、N 1s、C 1s 特征峰信号，而 CF-Zr

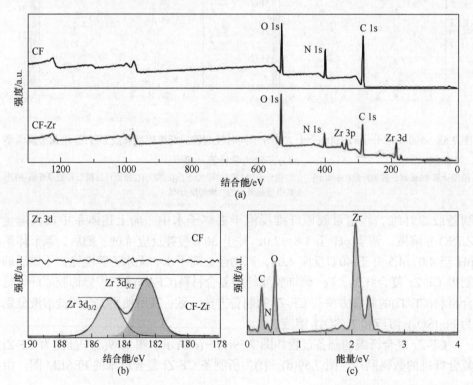

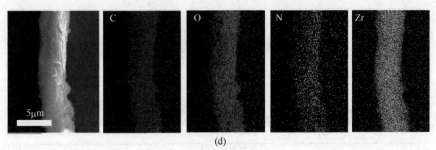

(d)

图 7.60　CF 和 CF-Zr 复合纤维的 XPS 全谱扫描图(a)和 Zr 3d XPS 谱图(b)；CF-Zr 复合纤维的
FESEM-EDS 能谱图(c)和 C 元素、O 元素、N 元素、Zr 元素分布(d)[6]

复合纤维的 XPS 全谱扫描图中除了上述特征峰信号外，还检测到了 Zr 3p 和 Zr 3d 的特征峰信号。CF-Zr 复合纤维的 Zr 3d XPS 谱图在结合能为 185.0eV 和 182.6eV 处的信号峰分别可归属于 Zr $3d_{3/2}$ 和 Zr $3d_{5/2}$[图 7.60(b)]。CF-Zr 复合纤维的 FESEM-EDS 能谱图中同样检测到 Zr 的存在[图 7.60(c)]。进一步通过对比 CF-Zr 复合纤维的 FESEM 图和其所含 C 元素、O 元素、N 元素和 Zr 元素的分布可知，CF-Zr 复合纤维中各元素分布图与其形貌图高度匹配[图 7.60(d)]，这表明 CF-Zr/复合纤维已均匀负载 Zr。

　　由图 7.61(a)可见，水滴对未经 Zr 修饰的胶原纤维进行浸润时，20s 时水滴仍未完全浸润渗透胶原纤维。而 CF-Zr 复合纤维的亲水性相比胶原纤维有了显著的增强，通过调控制备 CF-Zr 复合纤维的 Zr^{4+}用量，可使水滴在其表面完全浸润的时间缩短至 0.4s，如图 7.61(f)所示。除了具有优异的亲水性，CF-Zr 复合纤维还表现出水下疏油性。如图 7.61(g)所示，将 CF-Zr 复合纤维完全浸没于水中，再将氯仿液滴滴于 CF-Zr 复合纤维表面，氯仿液滴不能浸润 CF-Zr 复合纤维。这主要是由于 CF-Zr 复合纤维具有强亲水性，胶原纤维通过与水分子结合在其表面形成了水合层，由于水合层具有强疏油性，因而氯仿液滴只能以液滴形式存在于水下 CF-Zr 复合纤维表面。如图 7.61(g)所示，氯仿液滴在 CF-Zr 复合纤维表面的水下油接触角达到了 158.4°，说明 CF-Zr 复合纤维表面具备水下超疏油性能。CF-Zr 复合纤维因其水下超疏油性能还表现出优异的水下抗油污性。如图 7.61(h)所示，当三氯甲烷液滴与水下 CF-Zr 复合纤维进行表面接触后，氯仿液滴虽然在外力挤压下发生形变但仍然呈球状，氯仿液滴仍然不能浸润 CF-Zr 复合纤维，且当外力撤去后，氯仿液滴随即恢复至初始形态，水下 CF-Zr 复合纤维表面并未残留氯仿液滴。

　　CF-Zr 复合纤维在具有水下超疏油性质的同时还具有油下亲水性。由图 7.61(i)可知，将 CF-Zr 复合纤维完全浸没于十二烷中，随后将水滴滴于 CF-Zr 复合纤维表面，水滴将逐渐渗透进入 CF-Zr 复合纤维内部。进一步可通过测定 CF-Zr 复合纤维的油下水接触角确认其油下亲水性。如图 7.61(j)所示，CF-Zr 复合纤维的油(十二烷)下水接触角逐渐减小，在 25s 时水滴可完全浸润 CF-Zr 复合纤维。

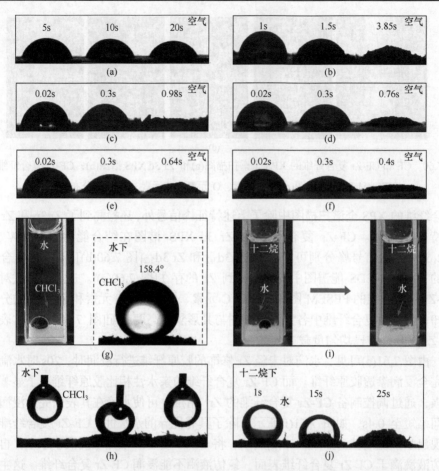

图 7.61　水滴浸润 CF(a)和不同 Zr 用量制备的 CF-Zr 复合纤维[Zr 用量：(b)0.05mol/L、(c)0.10mol/L、(d)0.15mol/L、(e)0.20mol/L、(f)0.25mol/L]时的接触角变化情况；CF-Zr 的水下疏油性[(g)和(h)]；CF-Zr 的油下亲水性[(i)和(j)][6]

　　CF-Zr 复合纤维的水下超疏油性预示着其具备分离水包油乳液的能力，即可通过选择性透过水连续相而排斥截留油分散相实现对水包油乳液的高效分离；而 CF-Zr 复合纤维的油下亲水性则意味着其对油包水乳液具备分离能力，即可通过选择性透过油连续相而吸附截留水分散相来实现对油包水乳液的高效分离。与传统筛分破乳分离材料不同，由于 CF-Zr 复合纤维依赖于对水包油乳液及油包水乳液中水相及油相浸润性能和透过性的差异来实现乳液分离，因而不受传统筛分材料存在的"跷跷板"效应限制，从而在乳液分离时可同时具备高分离效率和高分离通量的优点。

　　如图 7.62(a)和(b)所示，CF-Zr 复合纤维可用于小粒径水包油纳乳液 NE1(去离子水/十二烷，500mL/5.0mL；0.05g 十二烷基苯磺酸钠)的分离。分离前的 NE1 呈

白色乳状外观，乳滴粒径在 487～552nm 之间。经 CF-Zr 复合纤维装柱分离后，
NE1 的滤液澄清透明，且其 DLS 数据图中无乳滴粒径分布。经测定，CF-Zr 复合
纤维对 NE1 的分离效率为 99.9995%，其通量达到 3031L/(m² · h)。CF-Zr 复合纤
维也可高通量分离其他水包油纳乳液，如水包橄榄油纳乳液 NE2(去离子水/橄榄
油，500mL/5.0mL；0.05g 十二烷基苯磺酸钠)和水包泵油纳乳液 NE3(去离子水/泵

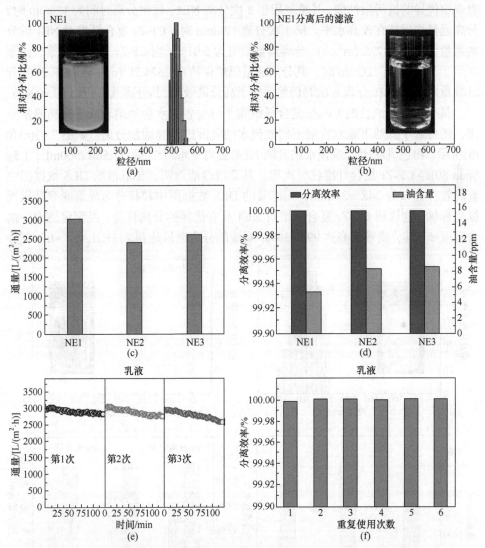

图 7.62　CF-Zr 复合纤维对水包油乳液 NE1 分离前(a)和分离后(b)的 DLS 数据图；对水包油
乳液 NE1、NE2、NE3 的分离通量(c)和分离效率(d)；对水包油乳液 NE1 重复分离的分离
通量(e)和分离效率(f)[6]

1ppm = 1 × 10⁻⁶

油，500mL/5.0mL；0.05g 十二烷基苯磺酸钠)。如图 7.62(c)和(d)所示，CF-Zr 复合纤维对 NE2 和 NE3 的分离效率分别高达 99.9992%和 99.9991%，分离通量分别为 2407.6L/(m² · h)和 2598.7L/(m² · h)。由于 CF-Zr 复合纤维具有多层级纤维结构，其分离乳液时可避免传统筛分材料分离乳液时因油相和表面活性剂堵塞孔道而导致的材料污染和分离通量迅速降低等问题。如图 7.62(e)所示，CF-Zr 复合纤维对 NE1 表现出优异的抗污染性能，其重复用于 3 次分离 NE1，每次分离时间为 120min 时，分离通量均保持在较高水平。第 1 次分离 120min 时，CF-Zr 复合纤维对 NE1 的分离通量保持在 2879L/(m² · h)，分离通量损失为 5.01%。当 CF-Zr 复合纤维第 3 次重复用于 NE1 分离 120min 时，其分离通量仍然保持在 2624.2L/(m² · h)。CF-Zr 复合纤维重复用于 NE1 分离 6 次时仍然保持了高分离效率，其分离效率达到 99.9994%。

　　具有水下疏油性的 CF-Zr 复合纤维除了可对各种水包油纳乳液进行高通量分离，还可基于其油下亲水性对不同油包水纳乳液进行高通量分离。如图 7.63(a)和(b)所示，白色乳状十二烷包水纳乳液 NE4(去离子水/十二烷，7.5mL/500mL；1.5g Span 80)经 CF-Zr 复合纤维柱分离后，其滤液澄清透明，原乳液的 DLS 数据图中乳滴粒径分布为 248～348nm，而滤液的 DLS 数据图中粒径分布显著变窄且靠近纵坐标轴，这说明 CF-Zr 复合纤维对 NE4 具有优异的分离性能。经测定滤液中油含量可知，其分离效率高达 99.9936%，对应的分离通量达到 2331.2L/(m² · h)。在分

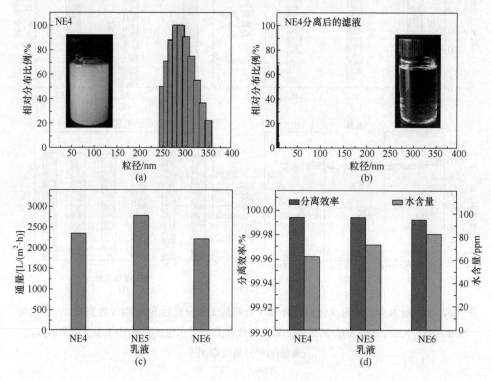

(a)　　　　　　　　　　　　　　　　　(b)

(c)　　　　　　　　　　　　　　　　　(d)

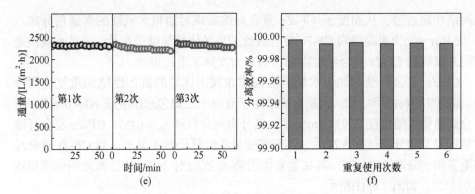

图 7.63 CF-Zr 复合纤维对油包水纳乳液 NE4 分离前(a)和分离后(b)的 DLS 数据图；对油包水纳乳液 NE4、NE5、NE6 的分离通量(c)和分离效率(d)；对油包水纳乳液 NE4 重复分离的分离通量(e)和分离效率(f)[6]

离煤油包水纳乳液 NE5(去离子水/煤油，7.5mL/500mL；1.5g Span 80)和石油醚包水纳乳液 NE6(去离子水/石油醚，7.5mL/500mL；1.5g Span 80)时，CF-Zr 复合纤维同样表现出高分离效率和高分离通量，其对 NE5 和 NE6 的分离效率分别为 99.9926%和 99.9917%[图 7.63(d)]，分离通量分别高达 2751.6L/($m^2 \cdot h$)和 2216.6L/($m^2 \cdot h$) [图 7.63(c)]。

CF-Zr 复合纤维的全纤维结构对其高通量分离性能起到至关重要的作用。图 7.64(a)～(c)为水滴浸润 CF-Zr 复合纤维的示意图。当水滴与 CF-Zr 复合纤维表面接触后，水滴可迅速在 CF-Zr 复合纤维表面铺展，同时由于 CF-Zr 复合纤维优异的亲水性和毛细管作用，水滴迅速渗透进入 CF-Zr 复合纤维内部而不是聚集停滞在纤维间隙，这可有效避免油包水乳液分离过程中分离材料的堵塞。同时，由于水相渗透进入 CF-Zr 复合纤维后会排斥油连续相浸润，进而促使其沿材料的纤

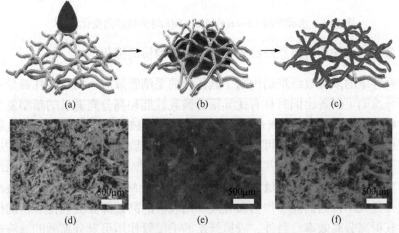

图 7.64 水滴浸润 CF-Zr 复合纤维的示意图[(a)～(c)]和体视显微镜照片[(d)～(f)][6]

维网络快速透过，从而便于 CF-Zr 复合纤维实现对油包水乳液的高通量分离。图 7.64(d)～(f)为水滴浸润 CF-Zr 复合纤维前后的体视显微镜照片，可见水滴快速铺展并浸润到 CF-Zr 复合纤维内部，这有力支撑了上述推论。

CF-Zr 复合纤维对油包水纳乳液同样表现出优异的抗污性能和重复使用性能。如图 7.63(e)所示，CF-Zr 复合纤维用于分离十二烷包水纳乳液 NE4 60min 时，其分离通量可维持在 2293L/(m² · h)，其分离通量仅降低 1.64%。CF-Zr 复合纤维重复用于上述分离过程 3 次后，其分离通量的降低仍然不显著。当 CF-Zr 复合纤维重复用于分离 NE4 时，其在重复使用第 6 次时对 NE4 的分离效率仍然高达 99.9915%，如图 7.63(f)所示。

除了可以利用水合能力较强的 Zr^{4+} 对胶原纤维进行修饰提高其亲水性能，还可利用 Fe^{3+} 和 Ti^{4+} 对胶原纤维进行表面修饰，强化其亲水性(图 7.65)。与胶原纤维相比，所制备的 Fe^{3+} 修饰胶原纤维(CF-Fe)复合纤维和 Ti^{4+} 修饰胶原纤维(CF-Ti)复合纤维同样表现出增强的油下亲水性能，水滴在上述复合纤维表面的油下浸润渗透速度显著变快。同时，CF-Fe 复合纤维和 CF-Ti 复合纤维也表现出优异的水下超疏油性。这表明 CF-Fe 复合纤维和 CF-Ti 复合纤维同样具有分离油包水乳液和水包油乳液的双分离性能。

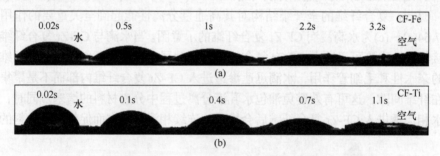

图 7.65　水滴浸润 CF-Fe(a)和 CF-Ti(b)时的接触角变化情况[4]

7.3.4　多孔筛分作用对胶原纤维乳液分离性能的协同强化

胶原纤维的多层级纤维结构赋予其优异的毛细管效应，利用多孔筛分材料修饰胶原纤维则可制备出同时具有优异筛分破乳性能和高分离通量的新型复合纤维分离材料。胶原纤维含有丰富的活性基团(如氨基、羧基等)，能够与多种金属离子进行配位反应，基于该特性可实现不同金属离子在胶原纤维上的负载，随后利用金属离子修饰胶原纤维作为基材，可实现金属有机框架(MOFs)材料在胶原纤维上的原位生长，从而制备高通量乳液分离材料。由于 MOFs 材料具有高比表面积和均一的孔径大小，因而能够作为微乳液和纳乳液的高效筛分破乳位点，确保分离乳液时获得高分离效率。另外，胶原纤维的毛细管作用可对分离后的滤液进行快速导流，从而显著提高对乳液的分离通量。因此，基于胶原纤维毛细管导流效应和 MOFs 的多孔筛分效应之间的协同，可开发一类新型的高通量乳液分离材料。

图 7.66 为超疏水 ZIF-8/胶原纤维复合材料的制备过程。具体操作为[7]：将定量胶原纤维加入到溶解有定量 Zn(NO₃)₂·6H₂O 的水溶液中，充分搅拌后过滤。将所得材料加入到定量 2-甲基咪唑水溶液中搅拌均匀后静置反应 24h，经过滤、去离子水洗涤、无水乙醇洗涤，干燥后制得中间产物。将中间产物进行粉碎研磨处理后置于聚二甲基硅氧烷(PDMS)溶液中浸泡处理，干燥后即制得超疏水 ZIF-8/胶原纤维复合材料，记为 CF@ZIF-8(x)/PDMS，其中 x 为 Zn^{2+} 前驱体浓度(mmol/L)，分别为 12、22、28、29、30、40、50、60。

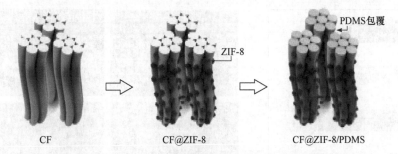

图 7.66　超疏水 ZIF-8/胶原纤维复合材料的制备示意图[7]

如图 7.67 所示，当胶原纤维表面原位合成 ZIF-8 所用 Zn^{2+} 前驱体的用量逐渐增大时，所制备的超疏水 ZIF-8/胶原纤维复合材料对油包水纳乳液 NE1(去离子水/十二烷，1.0mL/100mL；0.01g 十二烷基苯磺酸钠，0.05g Span 80)的分离性

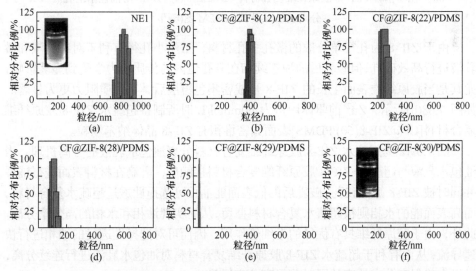

图 7.67　不同超疏水 ZIF-8/胶原纤维复合材料 CF@ZIF-8(x)/PDMS 对
油包水纳乳液 NE1 的分离性能[7]

能逐渐增强，分离 NE1 所得滤液的 DLS 数据图中粒径分布逐渐向小粒径方向移动。当 Zn^{2+} 前驱体用量为 30mmol/L 时所制备的超疏水 ZIF-8/胶原纤维复合材料 [CF@ZIF-8(30)/PDMS]分离 NE1 所得滤液的 DLS 数据图中检测不到乳滴存在。这说明随着 Zn^{2+} 前驱体用量增大，胶原纤维表面原位生长的 ZIF-8 显著增多，其筛分性能增强，因而对纳乳液 NE1 的破乳分离性能逐渐提高，当胶原纤维表面原位生长的 ZIF-8 足量时则可获得高分离效率。然而，当 Zn^{2+} 前驱体用量进一步增大时，其所制备的超疏水 ZIF-8/胶原纤维复合材料对纳乳液 NE1 的分离通量则逐渐降低 [图 7.68(a)]，这说明胶原纤维表面 ZIF-8 的过度生长会增大乳液分离时的传质阻力。

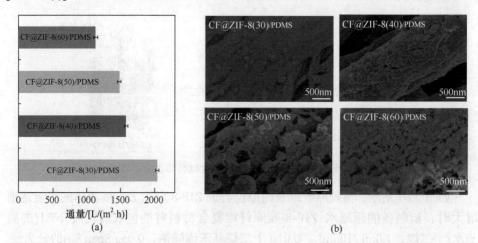

图 7.68　不同超疏水 ZIF-8/胶原纤维复合材料 CF@ZIF-8(x)/PDMS 对油包水纳乳液 NE1 的
分离通量(a)及其 FESEM 图(b)[7]

　　由于 ZIF-8 为孔径单分散的微孔多孔材料，虽然小孔径有利于对纳乳液和微乳液进行高效破乳，但破乳后的油连续相在其孔道内的传质动力学受到显著影响，尤其是当胶原纤维表面生长的 ZIF-8 形成密集包覆层后，其传质阻力更为显著。如图 7.68(b)所示，Zn^{2+} 前驱体用量为 60mmol/L 时所制备超疏水 ZIF-8/胶原纤维复合材料[CF@ZIF-8(60)/PDMS]表面紧密堆积有 ZIF-8 晶体纳米颗粒。

　　图 7.69(a)为超疏水 ZIF-8/胶原纤维复合材料分离油包水乳液的分离机理。当油包水乳液与超疏水 ZIF-8/胶原纤维复合材料接触后，乳滴在材料表面进行铺展并同时被 ZIF-8 筛分破乳，破乳后的低表面能油相可选择性透过超疏水复合材料，而高表面能的水相则被超疏水复合材料截留，从而实现油相和水相的高效率分离。此外，由于胶原纤维具有优异的毛细管作用，因而可对选择性透过的油相进行快速导流，从而有利于超疏水 ZIF-8/胶原纤维复合材料对油包水乳液进行连续分离，进而在确保高分离效率的同时获得高分离通量。

　　为验证超疏水 ZIF-8/胶原纤维复合材料在分离油包水乳液时 ZIF-8 和胶原纤维之

间存在协同效应，进一步研究了 PDMS 包覆 ZIF-8 和 PDMS 包覆胶原纤维对油包水纳乳液 NE1 的分离性能。如图 7.69(b)~(d)所示，PDMS 包覆 ZIF-8 可对 NE1 进行有效分离，分离后的滤液中不存在乳滴粒子，但其分离通量仅为 866L/(m² · h)，远低于超疏水 ZIF-8/胶原纤维复合材料 CF@ZIF-8(30)/PDMS 分离 NE1 的通量[2038L/(m² · h)]。

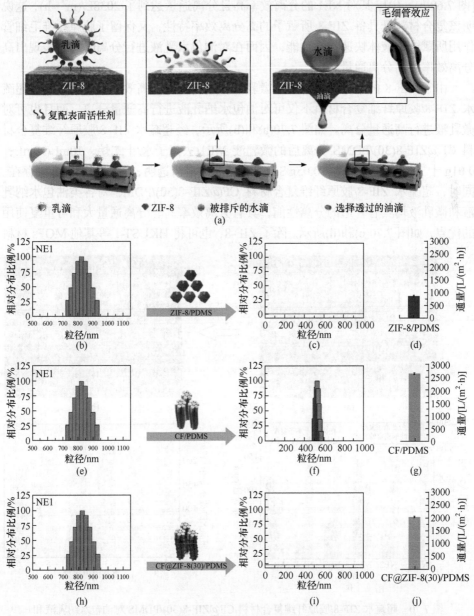

图 7.69　超疏水 ZIF-8/胶原纤维复合材料对油包水纳乳液的分离机理[7]

如图 7.69(e)～(g)所示，PDMS 包覆胶原纤维不能对 NE1 进行有效分离，其分离后所得滤液的 DLS 数据图中仍然有明显的粒径分布，但其滤液所对应的通量可达 2634L/(m²·h)，这说明 PDMS 包覆胶原纤维虽然不具备高效乳液分离性能，但的确具有优异的液体传输性能。对于超疏水 ZIF-8/胶原纤维复合材料 CF@ZIF-8(30)/PDMS [图 7.69(h)～(j)]，其对 NE1 的分离效率高且分离通量达到了 2038L/(m²·h)，这说明该复合材料既具备 ZIF-8 所赋予的高分离效率特性，又保留了胶原纤维毛细管作用所赋予的液体快速传输性能，因而在对油包水乳液进行分离时同时表现出高分离效率和高分离通量。

由于 ZIF-8 的单分散孔径可对微乳液和纳乳液进行高效筛分破乳，因而超疏水 ZIF-8/胶原纤维复合材料不仅可对油包水纳乳液进行高通量分离，而且也可对微乳液进行高通量分离。如图 7.70(a)和(b)所示，经超疏水 ZIF-8/胶原纤维复合材料 CF@ZIF-8(30)/PDMS 分离后的微乳液 ME1(去离子水/十二烷，10mL/90mL；0.01g 十二烷基苯磺酸钠，0.05g Span 80)的滤液澄清透明，且滤液中无乳滴存在。同时，超疏水 ZIF-8/胶原纤维复合材料 CF@ZIF-8(30)/PDMS 对各类油包水纳乳液和微乳液均具有普适的分离性能，具有分离效率高、分离通量大和可重复使用的优点，如图 7.70(c)和(d)所示。除了 ZIF-8，也可将 HKUST-1 等其他 MOFs 材料

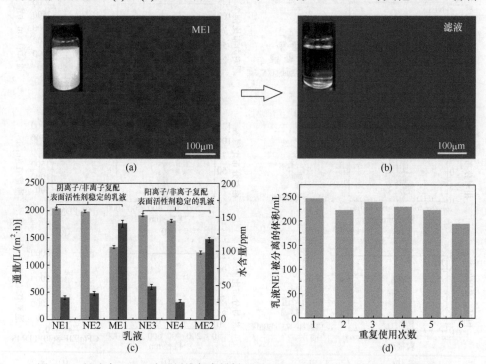

图 7.70　超疏水 ZIF-8/胶原纤维复合材料 CF@ZIF-8(30)/PDMS 对油包水纳乳液和微乳液的分离性能[7]

原位生长到胶原纤维表面作为筛分组分制备超疏水 HKUST-1/胶原纤维复合材料，该复合纤维同样可有效分离各类油包水微乳液和纳乳液，其乳液分离效率可高于 99.99%，通量可达 2540～3081L/(m² · h)。

除了利用 MOFs 对胶原纤维进行表面修饰制备复合纤维材料用于乳液高效分离，还可利用 MOFs 对皮革基材进行表面修饰，制备超疏水 MOFs/胶原纤维复合膜材料。皮革具有发达的纤维网络结构，其多层级纤维形貌和纤维网络编织结构赋予了皮革良好的机械性能和对液体的快速传输性能。图 7.71 为正十二烷、正庚烷、正辛烷、煤油等不同油相在常压下浸润透过牛皮二层蓝湿革的通量，其通量高达 3448.4～6941.7L/(m² · h)。

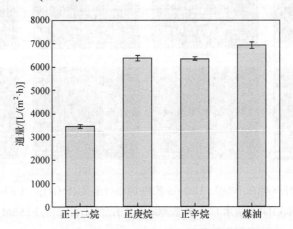

图 7.71　不同油相浸润透过牛皮二层蓝湿革的通量[8]

图 7.72 为超疏水 UiO-66/胶原纤维复合膜的制备示意图。利用超声处理将预先合成好的 UiO-66 晶种分散负载于胶原纤维膜(牛皮二层蓝湿革)中，随后再将负载了 UiO-66 晶种的胶原纤维膜进行 UiO-66 二次生长处理，从而在胶原纤维膜的多层级纤维结构表面形成大量微纳粗糙结构及筛分破乳位点。在此基础上，通过 PDMS 包覆处理降低表面能，进而制备超疏水 UiO-66/胶原纤维复合膜。通过控制 UiO-66 二次生长时间可有效调控胶原纤维膜中 UiO-66 的生长情况，实现其乳液分离性能的调控。

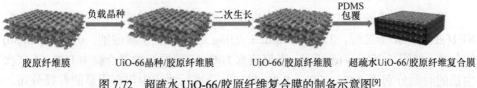

胶原纤维膜　　UiO-66晶种/胶原纤维膜　　UiO-66/胶原纤维膜　　超疏水UiO-66/胶原纤维复合膜

图 7.72　超疏水 UiO-66/胶原纤维复合膜的制备示意图[9]

图 7.73 是胶原纤维膜、UiO-66 晶种/胶原纤维膜、UiO-66/胶原纤维膜、超疏水 UiO-66/胶原纤维复合膜的 FESEM 图。由图 7.73(a)～(c)可见，二次生长策略可

实现胶原纤维膜中纤维表面 UiO-66 的有效生长。如图 7.73(d)所示，超疏水 UiO-66/胶原纤维复合膜中 PDMS 包覆层对其纤维结构和 UiO-66 进行了有效包覆。

如图 7.74(a)所示，所制备的超疏水 UiO-66/胶原纤维复合膜的水接触角为158.7°，具有强憎水性。同时，超疏水 UiO-66/胶原纤维复合膜具有优异的亲油性能，氯仿在其表面完全浸润的时间仅为 0.05s，如图 7.74(b)所示。超疏水 UiO-66/胶原纤维复合膜的疏水亲油性使其具备分离油包水乳液的基本浸润性质。

图 7.73　胶原纤维膜[(a)和(e)]、UiO-66 晶种/胶原纤维膜[(b)和(f)]、UiO-66/胶原纤维膜[(c)和(g)]和超疏水 UiO-66/胶原纤维复合膜[(d)和(h)]的 FESEM 图[9]

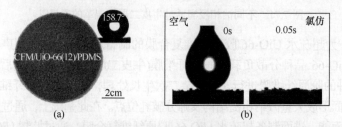

图 7.74　(a)超疏水 UiO-66/胶原纤维复合膜的数码照片和水接触角；(b)氯仿在空气中浸润超疏水 UiO-66/胶原纤维复合膜的接触角变化[8]

采用双层膜的形式将超疏水 UiO-66/胶原纤维复合膜用于油包水纳乳液NE1(去离子水/十二烷，3.0mL/300mL；0.06g 十二烷基苯磺酸钠，0.12g Span 80)的分离。如图 7.75(a)～(d)所示，当超疏水 UiO-66/胶原纤维复合膜中 UiO-66 二次生长的时间分别为 3.0h、6.0h、9.0h 时，其分离后滤液中仍有明显的粒径分布，且滤液中粒径尺寸随着 UiO-66 二次生长时间的延长而逐渐变小。当超疏水 UiO-66/胶原纤维复合膜中 UiO-66 二次生长的时间为 12h 时，滤液的 DLS 数据图中未观察到乳滴存在[图 7.75(e)]，表明该条件下所制备的双层超疏水 UiO-66/胶原纤维复合膜可对 NE1 进行高效分离。

如图 7.75(f)所示，继续延长 UiO-66 二次生长时间至 15h 和 18h 所制备的超疏水 UiO-66/胶原纤维复合膜对 NE1 进行双层膜分离时，其分离通量有所降低，表明 UiO-66 二次生长时间过长时，胶原纤维膜表面生长的 UiO-66 显著增多，堆积更紧密，导致传质阻力增大，因而其分离通量降低。FESEM 表征证实了上述推测，如图 7.76 所示。

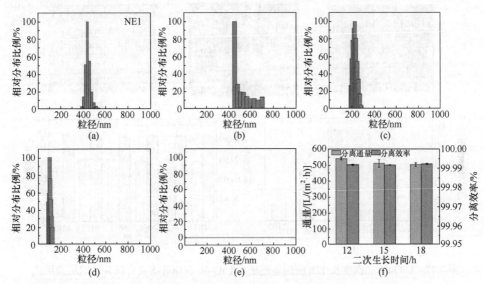

图 7.75　(a)NE1 的 DLS 数据图；UiO-66 二次生长时间分别为 3.0h(b)、6.0h(c)、9.0h(d)、12h(e)时所制备超疏水 UiO-66/胶原纤维复合膜采用双层膜形式分离油包水纳乳液 NE1 后滤液的 DLS 数据图；(f)UiO-66 二次生长时间分别为 12h、15h 和 18h 所制备超疏水 UiO-66/胶原纤维复合膜采用双层膜形式分离油包水纳乳液 NE1 的分离通量和分离效率[9]

图 7.76　UiO-66 二次生长时间为 3h(a)和 18h(b)所制备 UiO-66/胶原纤维复合膜的 FESEM 图[8]

由于超疏水 UiO-66/胶原纤维复合膜中 UiO-66 具有的优异筛分性能，双层超疏水 UiO-66/胶原纤维复合膜对多种油包水纳乳液和微乳液均可实现高效率和高通量分离，其分离效率均高于 99.99%，其分离通量可高达 973.3L/(m² · h)，如图 7.77 所示。

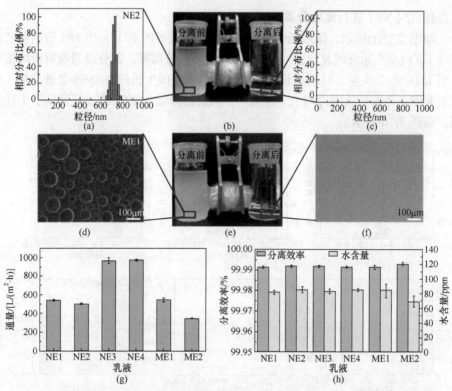

图 7.77 UiO-66 二次生长 12h 所制备超疏水 UiO-66/胶原纤维复合膜采用双层膜形式
高通量分离多种油包水纳乳液和微乳液[9]

超疏水 UiO-66/胶原纤维复合膜具有优异的耐溶剂和耐紫外老化性能。在溶剂(十二烷、正庚烷或正辛烷)中浸泡 24h 或紫外照射 24h 后其静态水接触角仍然大于 150°，表现出了持久的超疏水性，如图 7.78 所示。

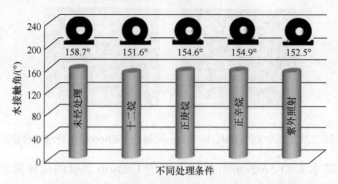

图 7.78 UiO-66 二次生长 12h 所制备超疏水 UiO-66/胶原纤维复合膜在不同条件下
处理 24h 前后的水接触角[9]

　　此外，超疏水 UiO-66/胶原纤维复合膜还具有耐用超疏水性。如图 7.79 所示，所制备的超疏水 UiO-66/胶原纤维复合膜经砂纸磨损 50 次、100 次、150 次和 200 次后的静态水接触角分别为 153.4°、151.7°、151.3° 和 150.6°，仍然表现出超疏水特性。

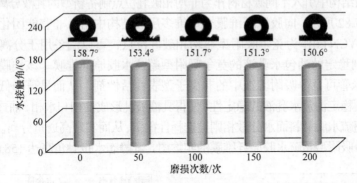

图 7.79　UiO-66 二次生长 12h 所制备超疏水 UiO-66/胶原纤维复合膜经砂纸磨损
不同次数后的水接触角[9]

　　如图 7.80(a)所示，砂纸磨损 200 次的超疏水 UiO-66/胶原纤维复合膜表面仍然具有优异的疏水性能，水滴在其表面仍然呈球状，与未磨损的膜表面疏水性能无明显差异。对于被刀划伤的 UiO-66/胶原纤维复合膜表面，水滴仍然以球状形式立于划口处[图 7.80(b)]，表明所制备超疏水膜材料的耐用性优异。更为重要的是，将各层均被砂纸磨损 200 次的双层 UiO-66/胶原纤维复合膜用于纳乳液和微乳液分离时，仍然获得了高分离效率和高分离通量(图 7.81)。这表明 UiO-66/胶原纤维复合膜具有优异的耐用性能，一定程度的磨损对其乳液分离性能影响较小。

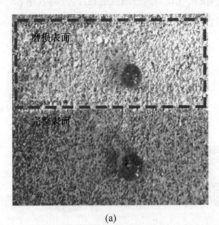

(a)

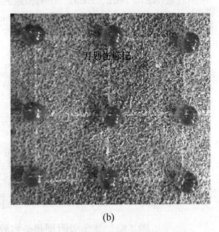

(b)

图 7.80　UiO-66 二次生长 12h 所制备超疏水 UiO-66/胶原纤维复合膜经砂纸
磨损 200 次(a)、刀划后(b)的膜表面的疏水性能[8]

7.3.5 碳基非均相破乳作用对胶原纤维乳液分离性能的调控

除了引入 MOFs 等多孔筛分材料强化胶原纤维的乳液分离性能，还可通过向胶原纤维多层级结构中引入不同碳材料作为非均相破乳位点制备新型的乳液分离材料。

如图 7.82 所示，向胶原纤维膜全纤维多层级结构中引入非官能团化的多壁碳纳米管(MWCNTs)作为竞争吸附型非均相破乳位点，可以制备用于分离非离子型表面活性剂稳定的油包水乳液的竞争吸附型超疏水胶原纤维膜。该类膜材料中的多壁碳纳米管可竞争吸附乳液中的非离子型表面活性剂，从而显著降低非离子型表面活性剂稳定油包水乳液的稳定性，使得乳液破乳形成油相和水相，油连续相可选择性通过超疏水膜材料而水分散相则被选择性截留，从而实现高通量分离。图 7.83 是所制备竞争吸附型超疏水胶原纤维膜的实物图，其静态水接触角高达 158.6°。

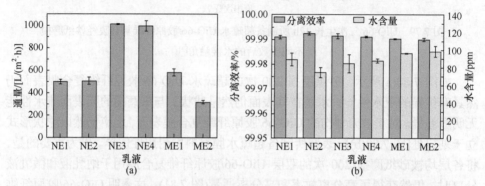

图 7.81　各层均被砂纸磨损 200 次的双层超疏水 UiO-66/胶原纤维复合膜分离油包水纳乳液(NE1、NE2、NE3、NE4)和微乳液(ME1、ME2)的分离通量(a)、分离效率和相应滤液的水含量(b)[9]

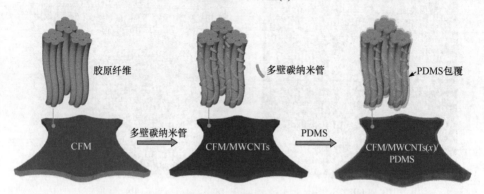

图 7.82　竞争吸附型超疏水胶原纤维膜的制备过程示意图[10]

竞争吸附型超疏水胶原纤维膜具有优异持久的自清洁功能。当竞争吸附型超疏水胶原纤维膜被砂纸磨损 30 次后，其磨损表面仍然具有超疏水自清洁功能。如

图 7.84 所示，放置在竞争吸附型超疏水胶原纤维膜磨损表面的淀粉、甲基橙染料和单宁酸粉末均被染色水冲洗带走，经冲洗后膜的磨损表面保持了清洁。

如图 7.85 所示，竞争吸附型超疏水胶原纤维膜可对非离子型表面活性剂稳定的油包水纳乳液和微乳液均实现高效分离，分离后滤液澄清透明，其分离效率均高于 99.99%，分离通量为 475～1051L/(m² · h)。

图 7.83　竞争吸附型超疏水胶原纤维膜的实物图和水接触角[10]

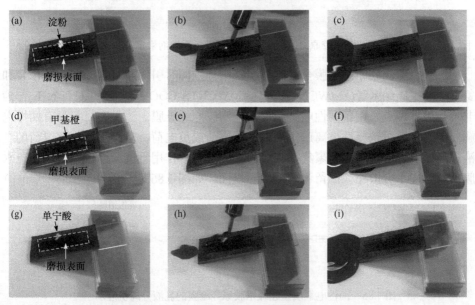

图 7.84　竞争吸附型超疏水胶原纤维膜被磨损后的自清洁性能[11]

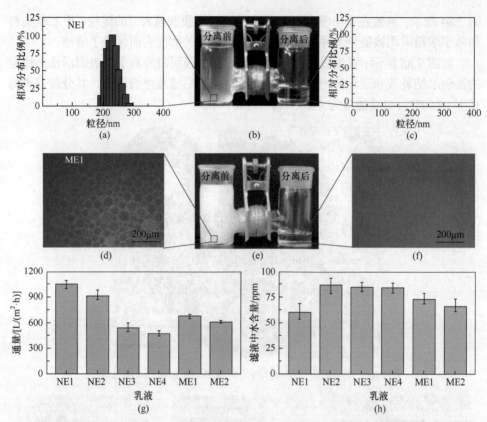

图 7.85　竞争吸附型超疏水胶原纤维膜对非离子型表面活性剂稳定油包水乳液的分离性能[11]

　　此外，可向胶原纤维膜全纤维多层级结构中同时引入羧基化多壁碳纳米管和氨基化多壁碳纳米管(FMWCNTs：包括 MWCNTS-COOH 和 MWCNTs-NH₂)作为非均相破乳位点，制备两性电解质型超疏水胶原纤维膜。该类膜材料具有两性电解质的特点，可选择性电离产生高密度正电荷或负电荷，从而对带相反电荷的乳液进行破乳，破乳后油相聚集并在胶原纤维毛细管作用下选择性快速透过超疏水膜材料，而水分散相被截留于超疏水膜表面，如图 7.86 所示。

图 7.86　两性电解质型超疏水胶原纤维膜的乳液分离机理图[12]

　　如图 7.87 所示，两性电解质型超疏水胶原纤维膜对离子型表面活性剂稳定的油包水微乳液和纳乳液可实现高效分离，其分离效率均高于 99.96%，分离通量最高可达 882L/(m² · h)。

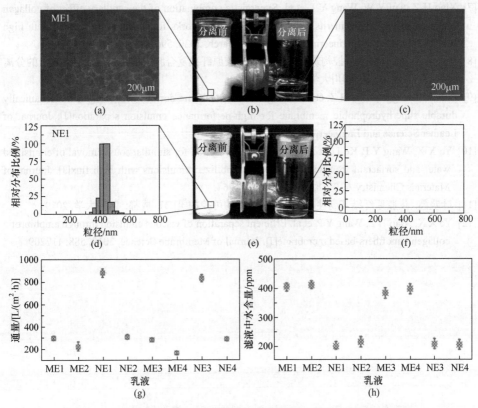

图 7.87　两性电解质型超疏水胶原纤维膜对离子型表面活性剂稳定的
油包水乳液的分离性能[12]

参 考 文 献

[1] Kong X, Zhang J M, Liao X P, et al. A facile synthesis of a highly stable superhydrophobic nanofibrous film for effective oil/water separation[J]. RSC Advances, 2016, 6(84): 82352-82358.

[2] Huang X, Kong X, Cui Y W, et al. Durable superhydrophobic materials enabled by abrasion-triggered roughness regeneration[J]. Chemical Engineering Journal, 2018, 336: 633-639.

[3] 孔纤. 基于皮胶原纤维构建超疏水材料[D]. 成都: 四川大学, 2017.

[4] 陈光艳. 基于胶原纤维构筑高性能水包油和油包水乳液双分离材料[D]. 成都: 四川大学, 2020.

[5] Chen G Y, Hao B C, Wang Y J, et al. Insights into regional wetting behaviors of amphiphilic collagen for dual separation of emulsions[J]. ACS Applied Materials & Interfaces, 2021, 13(15): 18209-18217.

[6] Chen G Y, Wang Y N, Wang Y J, et al. Collagen fibers with tuned wetting properties for dual separation of oil-in-water and water-in-oil emulsion[J]. Journal of Materials Chemistry A, 2020,

8(46): 24388-24392.

[7] Xiao H Z, Cui Y W, Wang Y J, et al. Synergistic combination of the capillary effect of collagen fibers and size-sieving merits of metal-organic frameworks for emulsion separation with high flux[J]. Industrial & Engineering Chemistry Research, 2020, 59(33): 14925-14934.

[8] 李会芳. 基于晶种法可控构筑超疏水 MOFs/胶原纤维复合膜材料及其对油包水乳液的分离性能研究[D]. 成都: 四川大学, 2021.

[9] Li H F, Zheng W, Xiao H Z, et al. Collagen fiber membrane-derived chemically and mechanically durable superhydrophobic membrane for high-performance emulsion separation[J]. Journal of Leather Science and Engineering, 2021, 3(1): 20.

[10] Ye X X, Wang Y P, Ke L, et al. Competitive adsorption for simultaneous removal of emulsified water and surfactant from mixed surfactant-stabilized emulsions with high flux[J]. Journal of Materials Chemistry A, 2018, 6(29): 14058-14064.

[11] 叶晓霞. 皮胶原纤维基高性能乳液分离材料的可控构筑[D]. 成都: 四川大学, 2019.

[12] Ye X X, Xiao H Z, Wang Y P, et al. Efficient separation of viscous emulsion through amphiprotic collagen nanofibers-based membrane[J]. Journal of Membrane Science, 2019, 588: 117209.

第8章 胶原纤维基柔性可穿戴功能材料

8.1 引　言

皮革具有优异的可穿戴性能，且密度小、可裁剪，是制备具有特殊穿戴用途的柔性可穿戴功能材料的理想基材。此外，皮革具有优异的透水汽性和卫生性，这是传统合成高分子材料难以比拟的。对于皮革生产而言，其生产过程中有专门的整饰工段，该工段利用丙烯酸树脂、聚氨酯树脂等高分子材料作为涂饰剂在皮革表面进行成膜涂饰，达到提高其使用性能并赋予皮革不同风格的目的。因而，可选用具有特殊功能的新材料用于皮革的涂饰处理或对皮革的多层级纤维结构进行表面修饰，调控其电磁特性，赋予其电磁屏蔽、压敏传感等全新穿戴功能，从而拓展皮革的应用领域。本章主要介绍了基于皮革基材所开发的胶原纤维基柔性可穿戴功能材料的相关研究进展，包括可穿戴电磁屏蔽皮革和可穿戴压敏传感皮革。

8.2　可穿戴电磁屏蔽皮革

近年来，随着电子信息技术的快速发展，电气设备和电子器件广泛应用于人类社会的众多领域。与此同时，电磁干扰作为一种新兴的污染越来越受到关注。为应对和解决电磁干扰所导致的问题，需要开发新一代轻质、高效、可穿戴的电磁屏蔽材料[1-3]。

碳材料是常用的电磁屏蔽材料[4,5]。为调控其电磁屏蔽性能，可采用内嵌金属粒子的方式有效调控其导电性、介电常数，从而实现其电磁屏蔽性能的可控调节。为此，首先选择了导电性优异的纳米铜作为内嵌组分。利用开口碳纳米管为基材，可溶性铜盐为前驱体，基于浸渍法和高温还原制备了碳纳米管内嵌铜电磁屏蔽活性材料[6,7]。图8.1为碳纳米管内嵌铜的TEM形貌图，可见碳纳米管内已成功内嵌了铜纳米颗粒。通过调控前驱体用量可调控内嵌到碳纳米管内的纳米铜载量。

在此基础上可进一步制备可穿戴电磁屏蔽皮革。其制备方法为[6,7]：首先，将定量的聚甲基丙烯酸甲酯(PMMA)喷涂到皮革表面并干燥封底。然后，将含有不同碳纳米管内嵌铜的无水乙醇分散液喷涂到封底处理后的皮革表面并进行干燥，从而构建介电损耗层。最后，将定量PMMA喷涂到由碳纳米管内嵌铜构建的介电损耗层表面完成封装，由此制备出可穿戴电磁屏蔽皮革。采用上述相同步骤，将介电损耗层材料换成碳纳米管内嵌银或银包铜纳米片，可制备出电磁屏蔽性能更高的可穿戴电磁屏蔽皮革。

图 8.1　碳纳米管内嵌铜的微观形貌[6]

图 8.2 为碳纳米管内嵌铜的 XRD 图谱，其 2θ 值在 43.601°、50.689°、74.436° 处有分别归属于 Cu(111)、Cu(200)、Cu(220)的特征衍射峰，而 2θ 值在 26.4°的衍射峰归属于碳纳米管的 C(002)面。

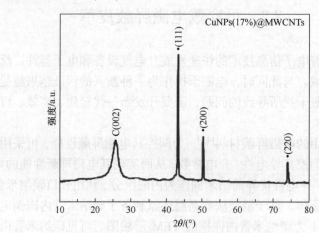

图 8.2　碳纳米管内嵌铜的 XRD 图谱[7]

在上述方法中，采用喷涂的方式在皮革表面构建了由 PMMA 和碳纳米管内嵌铜构成的三明治型涂层结构。通过控制碳纳米管内嵌铜的喷涂量可调控其涂层厚度，从而有效控制三明治型涂层结构。未经碳纳米管内嵌铜涂饰处理的皮革基材的导电性差，其导电率仅为 2.57×10^{-3} S/m。当碳纳米管内嵌铜的喷涂量(质量分数)从 0.67% 增加至 4.0% 时，所制备电磁屏蔽皮革三明治型涂层结构的导电率由 1.84S/m 显著增大至 1070.32S/m，导电性得到了显著强化。

所制备电磁屏蔽皮革的电磁屏蔽性能如图 8.3(a)所示。电磁屏蔽皮革对电磁波的屏蔽性能随碳纳米管内嵌铜喷涂量的增大而显著增强。当碳纳米管内嵌铜的喷涂量为 4.0% 时，电磁屏蔽皮革对 0.5～3.0GHz 范围内电磁波的屏蔽效率均高于 50dB，这说明电磁屏蔽皮革可对该频段范围内电磁波整体实现高效屏蔽。

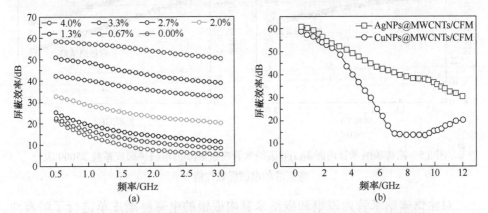

图 8.3 (a)碳纳米管内嵌铜喷涂量对 0.5～3.0GHz 范围内电磁波的屏蔽性能；
(b)喷涂碳纳米管内嵌铜和碳纳米管内嵌银的电磁屏蔽皮革对 0.5～12.0GHz 范围内
电磁波的屏蔽性能[7]

也可选用碳纳米管内嵌银作为电磁屏蔽活性材料，其微观形貌如图 8.4 所示。由于内嵌的纳米银与碳纳米管的电子相互作用更强，因而利用碳纳米管内嵌银喷涂所制备的电磁屏蔽皮革的电磁屏蔽性能整体优于用碳纳米管内嵌铜制备的电磁屏蔽皮革，尤其是在 2.0～12.0GHz 的电磁频段范围内，基于碳纳米管内嵌银所

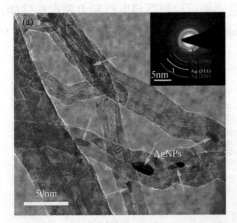
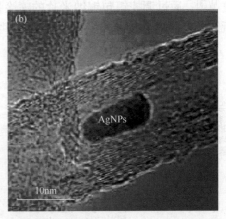

图 8.4 碳纳米管内嵌银的微观形貌[6]

制备的电磁屏蔽皮革的屏蔽性能显著更优[图 8.3(b)]。如图 8.5 所示，基于碳纳米管内嵌铜和碳纳米管内嵌银所制备电磁屏蔽皮革在弯折 25000 次后其电磁屏蔽效率均高于 20dB，仍然具有较好的电磁屏蔽性能。

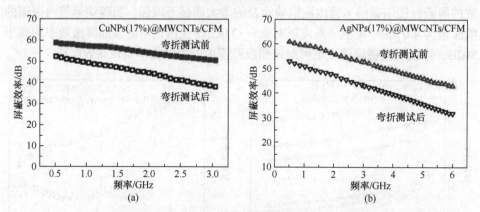

图 8.5　涂饰碳纳米管内嵌铜(a)和碳纳米管内嵌银(b)的电磁屏蔽皮革经 25000 次弯折后的电磁屏蔽性能[7]

对涂饰碳纳米管内嵌铜和碳纳米管内嵌银的电磁屏蔽皮革进行了耐候性测试。如图 8.6 所示，采用碳纳米管内嵌的方式可有效抑制金属组分的氧化从而显著抑制电磁屏蔽皮革因金属活性组分氧化导致的屏蔽性能损失，尤其是基于碳纳米管内嵌银所制备电磁屏蔽皮革在耐候性处理前后的电磁屏蔽效率降低小于 10dB。经 XRD 测定也可证实，内嵌于碳纳米管中的铜纳米颗粒和银纳米颗粒在耐候性测试后仍然为元素态，而直接负载于碳纳米管外表面的铜纳米颗粒则在耐候性测试后发生部分氧化，其电磁屏蔽性能损失更为显著。

除了碳基复合材料，还可利用银包铜纳米片作为功能涂层用于制备电磁屏蔽皮革[8]。通过调控银包铜纳米片的喷涂量同样可控制其导电性和电磁屏蔽性能。所制备电磁屏蔽皮革具有优异的弯折性和可穿戴性，对 0.01～3.0GHz 和 8.0～

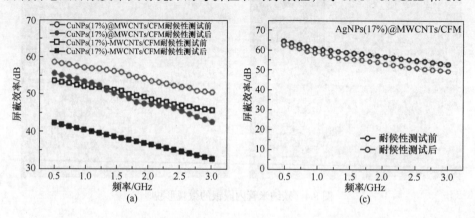

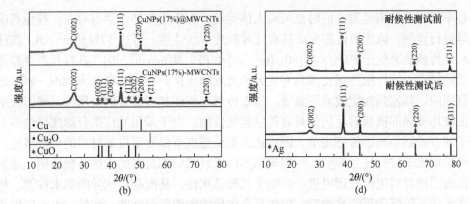

图 8.6　涂饰碳纳米管内嵌铜和碳纳米管内嵌银的电磁屏蔽皮革的耐候性[7]

12GHz 范围内电磁波具有全频段屏蔽性能，其屏蔽效率可达约 100dB，比屏蔽性能可达 120(dB · cm³)/g。

8.3　可穿戴压敏传感皮革

皮肤是人体最大的器官组织，其重要功能不仅在于保护内脏器官，而且还在于感知外部环境变化。近年来，模拟皮肤感知功能的柔性可穿戴材料蓬勃发展，柔性可穿戴材料在健康监测、机器人等领域有广阔的应用前景[9,10]。目前，柔性可穿戴材料主要利用柔性有机合成高分子材料作为基材进行制备，主要基于压敏、热敏、光敏等原理实现传感和监测功能。由于有机合成高分子的透气性较差，因此目前柔性可穿戴材料亟须解决的关键问题之一是提高透气性和长期穿戴舒适性。此外，如何在柔性基材上构建高效传感结构也是未来柔性可穿戴领域需要进一步发展的重要方向。多种功能在柔性可穿戴材料上的集成和协同也是未来新型柔性可穿戴材料的发展方向。

皮革的基本组成为胶原纤维，具有同人体皮肤相似的组成，皮革中胶原纤维所形成的多层级纤维结构使其具有丰富的孔隙率，因而皮革作为目前人们日常生活中仍然非常重要的穿戴材料表现出了优异的透水汽性、卫生性能和长期穿戴舒适性。此外，皮革独特的多层级纤维形貌为直接在皮革上原位构建传感监测结构提供了结构基础，而胶原纤维含有的多种官能团为修饰胶原纤维结构、调控其导电性和压敏监测性能提供了化学基础。因此，以皮革作为基材，通过导电高分子聚吡咯原位修饰其多层级纤维结构调控导电性质，可在保留皮革优良穿戴性能的同时赋予其优异的压敏传感性能，从而制备新型可穿戴压敏传感皮革[11]。

压敏传感皮革具有优异的压敏监测灵敏度，在 0.027～0.2kPa 的压力范围内其监测灵敏度为 0.144kPa⁻¹。利用该压敏传感皮革所制备的传感器可对人体脉搏、心率等实现健康监测，同时也可对人体运动，如手指弯曲、手肘弯曲、膝盖弯曲等进行监测。该压敏传感皮革具有优异的透水汽性能，可达 3714g/(m² · d)，其透水汽性能显著优于 PDMS 膜[80g/(m² · d)]和 PEI 膜[6g/(m² · d)]，具有长期穿戴舒适的特点。该压敏传感皮革具有优异的湿度稳定性，在相对湿度为 40%～80%的范围内，其监测性能波动不显著。压敏传感皮革还具有优异的耐用性，表面被磨损破坏或局部被裁剪后仍然具有传感监测性能。由于采用原位聚合形成导电高分子的方式制备压敏传感皮革，因而该压敏传感皮革保留了皮革材料的可裁剪性，可根据需求进行任意裁剪。利用皮革多层级纤维结构具有的天然粗糙结构，通过低表面能材料包覆处理可进一步赋予其超疏水性，从而获得优异的防水性能。超疏水压敏传感皮革经水洗后，仍然具有优异的传感监测性能。此外，由于压敏传感皮革的主要成分为胶原蛋白，因而还具有优异的可降解性。

8.3.1　可穿戴压敏传感皮革的基材

　　牛皮革具有机械强度高、柔软性好的特点，因此可作为基材制备压敏传感皮革。图 8.7 为牛皮革的粒面形貌图。由图 8.7(a)可见，牛皮革粒面含有大量毛孔结构，且其纤维结构编织紧密。图 8.8 为牛皮革的横截面形貌图。由此可见，牛皮革由粒面到肉面其胶原纤维编织逐渐变得疏松。

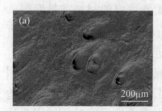 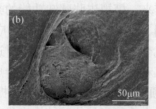 

图 8.7　牛皮革的粒面 FESEM 图[11]

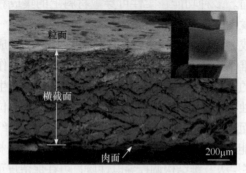

图 8.8　牛皮革横截面的 FESEM 图[11]

　　图 8.9 为牛皮革横截面胶原纤维网络结构的 FESEM 图。由此可见，牛皮革整体具有发达的胶原纤维网络结构，该网络结构包括纳米级和微米级的纤维，其纳

米纤维形貌具有典型的 D 周期结构。由于皮纤维编织紧密程度会显著影响其透水汽性能，因此为获得高透水汽性的压敏传感皮革，采用片皮机将牛皮革的粒面去掉，从而暴露其内部的纤维网络结构，有利于提高其透水汽性能。图 8.10 为牛皮革去粒面后的形貌图，其表面和肉面均具有发达的纤维网络结构。基于 FESEM 观察可知，牛皮革去粒面后所暴露表面具有同肉面类似的多层级纤维结构，胶原纤维特有的 D 周期结构也可观察到，如图 8.11 所示。由此可见，去粒面后的牛皮革具备了高透水汽性的结构特征，这使得所制备压敏传感皮革表现出高透水汽性和长期穿戴舒适性。

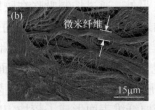

图 8.9　牛皮革横截面胶原纤维网络结构[11]

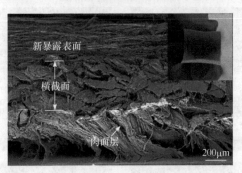

图 8.10　去粒面牛皮革横截面的 FESEM 图[11]

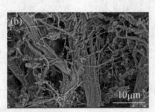

图 8.11　牛皮革去粒面后所暴露表面的 FESEM 图[11]

8.3.2　可穿戴压敏传感皮革的构筑

利用原位聚合法在去粒面牛皮革表面聚合形成导电聚吡咯的方式调控皮革基材的导电性，可以制备具有压敏传感性能的压敏传感皮革。具体方法为[11]：将过硫酸铵溶于去离子水和乙醇的混合溶液并冷却至 4℃，记为 A 液备用。将杨梅单宁溶于去离子水和乙醇的混合溶液，加入定量吡咯单体后冷却至 4℃，记为 B 液备用。将去粒面皮革基材浸渍到 B 液中 1.0h 后降温至 4℃，随后将 A 液加入 B 液引发吡咯单体在皮革表面原位聚合，在 4℃条件下反应定量时间后，将其分别浸泡于乙醇和去离子水中清洗后进行干燥。将上述所制备压敏传感皮革于正十二硫醇乙醇溶液中浸泡处理后干燥，可制备超疏水压敏传感皮革。

图 8.12 为所制备压敏传感皮革的多层级纤维形貌图。由此可见，经聚吡咯表面修饰后的皮革基材仍然保留了其从纳米到微米尺度的多层级纤维形貌，且由于聚吡咯主要在胶原纤维表面进行包覆修饰，因而经修饰后的纳米胶原纤维难以观察到其特有的 D 周期结构。另外，通过控制吡咯在胶原纤维表面原位聚合的时间可有效调控压敏传感皮革的表面电阻 R_s。随着吡咯的聚合时间增加，压敏传感皮革的 R_s 呈逐渐减小趋势，当聚合时间为 12h 时，所制备压敏传感皮革的 R_s 低至 32.65kΩ/sq。由图 8.13 可见，压敏传感皮革纤维表面的聚吡咯颗粒平均粒径为 49.4nm，经聚吡咯修饰后的胶原纤维直径由 96.3nm 显著增大至 166.8nm，这表明聚吡咯在压敏传感皮革的胶原纤维表面形成了较均匀的导电高分子包覆层。

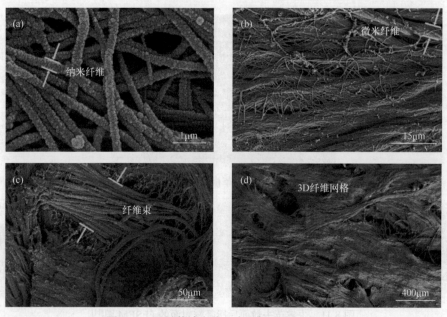

图 8.12   压敏传感皮革的多层级纤维形貌图[11]

由于采用的是原位聚合表面修饰策略，因而所制备的压敏传感皮革保留了皮革基材本身所具有的柔性和弯折性能。如图 8.14 所示，压敏传感皮革具有一定的可拉伸性，且可任意弯折和卷曲。同时，该压敏传感皮革还具有优异的可裁剪性，能够根据需求裁剪成不同形状，如图 8.15 所示。

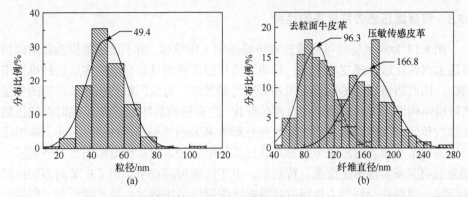

图 8.13 (a)压敏传感皮革纤维表面所包覆聚吡咯颗粒的粒径分布；(b)去粒面牛皮革和
压敏传感皮革中纤维的直径分布[11]

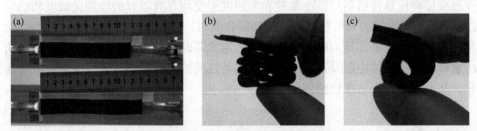

图 8.14 压敏传感皮革的拉伸性和可弯折性[11]

图 8.15 压敏传感皮革的可裁剪性[11]

将所制备的压敏传感皮革用铜箔进行黏附，随后将两块压敏传感皮革进行面对面组装，制备出如图 8.16 所示的可穿戴压敏传感器。

图 8.16 利用压敏传感皮革制备的可穿戴压敏传感器[11]

8.3.3 可穿戴压敏传感皮革的性能

图 8.17 为所制备的可穿戴压敏传感器的工作原理。由于该压敏传感器由两块高透水汽性压敏传感皮革构成，每块压敏传感皮革均具有导电的多层级纤维网络结构，因此当该压敏传感器受到外部压力刺激时，每块压敏传感皮革内部的多层级纤维结构因纤维间的接触位点发生变化，进而影响其体电阻(R_b)，同时两块压敏传感皮革间的接触面紧密程度发生变化影响其表面接触电阻(R_{sc})。因此，基于压敏传感皮革所制备的压敏传感器是通过其体电阻和表面接触电阻同时对外部压力刺激的响应来实现传感监测。特别地，由于压敏传感皮革保留了皮革的多层级纤维结构，因而在受到外力作用时其导电纤维网络结构将发生跨尺度形变，即纳米纤维结构和微米纤维结构将同时发生形变以响应外部压力刺激。这种独特的跨尺度形变使得压敏传感器对微小形变和大幅度形变均具有很好的检测灵敏度和响应性。当压力刺激施加到可穿戴压敏传感器表面时，压敏传感皮革发生跨尺度形变，且其形变大小与外部压力刺激相关，压力越大其跨尺度形变越大，进而导致两块压敏传感皮革的体电阻及两块压敏传感皮革之间的表面接触电阻均发生灵敏度变化，从而实现高灵敏度传感监测。

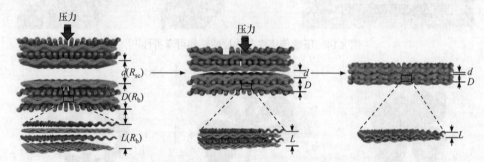

图 8.17　利用压敏传感皮革制备的可穿戴压敏传感器的工作原理[11]

一般的可穿戴压敏传感器主要基于单一的压敏结构实现传感监测。例如，在材料表面通过构造纳米结构或微米结构来实现传感监测。单一压敏结构的不足在于不能实现微小形变和大幅度形变的兼容监测。基于纳米结构的压敏传感器可对各种微小形变进行准确监测，但不适用于大幅度形变的监测；而基于微米结构的压敏传感器有利于监测大幅度形变的压力刺激，但通常对微小形变的压力刺激不敏感。因此，利用皮革独特多层级结构所具有的跨尺度形变特性，可赋予压敏传感皮革优异的监测适用性，既可监测微小形变的压力刺激也可监测大幅度形变的压力刺激。

如图 8.18(a)所示，基于压敏传感皮革制备的可穿戴压敏传感器在 0.027～2.72kPa 的压力范围内表现出了高检测灵敏度。在 0.027～0.2kPa 的低压范围内，

其检测灵敏度 S_1 高达 0.144kPa^{-1}，在高压范围内其检测灵敏度 S_2 高达 0.0148kPa^{-1}。由于具有高检测灵敏度，所制备的可穿戴压敏传感器可对羽毛(28.2mg)进行高灵敏监测。将羽毛放置到传感器表面再将其从压敏传感器表面拿走，则会产生显著的电流变化值，且其响应时间仅为 200ms[图 8.18(b)]，表现出了灵敏监测和响应速度快的优点。

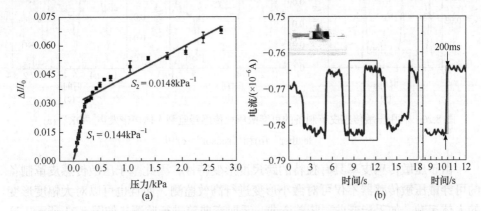

图 8.18　利用压敏传感皮革制备的可穿戴压敏传感器的检测灵敏度(a)及其对放置羽毛的监测(b)[11]

该压敏传感器还可对脉搏[图 8.19(a)]和颈静脉动搏动[图 8.19(b)]、心率[图 8.19(c)]等微小形变进行准确监测。所监测的脉搏信号具有典型的 P_1 峰、P_2 峰和 P_3 峰，颈静脉搏动信号具有典型的 A 峰、C 峰、V 峰和 X 峰，其中 A 峰与心房收缩密切相关，C 峰与心室收缩和三尖瓣向右心房膨胀密切相关，V 峰与心房静脉的填充相关，X 峰则是由心房舒张和三尖瓣向下运动引起。这预示着压敏传感皮革有望在未来用于人体健康监测。

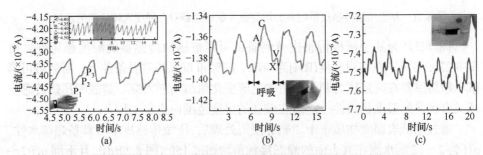

图 8.19　利用压敏传感皮革制备的可穿戴压敏传感器监测人体脉搏(a)、颈静脉搏动(b)和心率(c)[11]

此外，基于压敏传感皮革制备的可穿戴压敏传感器还可对人体喉部肌肉运动进行监测。如图 8.20 所示，当喉部发出 "OK"、"sensor" 和 "leather" 不同词汇时，其对应的电流信号变化值和峰形完全不同，且重复发出上述词汇时，其电流信号变化值和峰形具有很好的重现性，这表明基于压敏传感皮革制备的可穿戴压敏传感器可望通过进一步的发展和完善用于人机互动等领域。

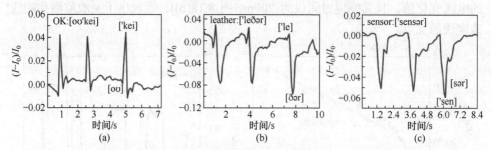

图 8.20　利用压敏传感皮革制备的可穿戴压敏传感器监测人体声带发声"OK"(a)、"leather"(b)和"sensor"(c)[11]

由于压敏传感皮革具有独特的跨尺度形变特性，因此基于压敏传感皮革制备的可穿戴压敏传感器不仅可对微小形变进行高效监测，而且也可以对大幅度形变的人体运动，如手指弯曲、膝盖弯曲、手肘弯曲等进行监测，如图 8.21 所示。这意味着压敏传感皮革在个人运动监测方面也有应用前景。

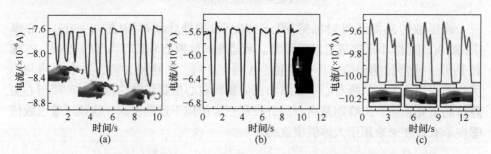

图 8.21　基于压敏传感皮革制备的可穿戴压敏传感器对大幅度人体运动的监测[11]

图 8.22 为基于压敏传感皮革制备的可穿戴压敏传感器的湿度稳定性。由图 8.22(a)可见，在相对湿度(RH)为 40%、63%和 80%的室温条件下，所制备可穿戴压敏传感器在给定压力刺激前后的电流变化值ΔI 保持稳定，这表明压敏传感皮革具有优异的湿度稳定性，能够在较宽的湿度范围内稳定工作。

通过用低表面能物质正十二硫醇浸泡处理后，压敏传感皮革可具备超疏水性，pH 为 2～12 的水滴在其表面的静态接触角均超过 150°[图 8.22(d)]，且不同 pH(2～12)的水滴可在超疏水压敏传感皮革表面呈近似球状。将超疏水压敏传感皮革反复浸没于水中 20 次后，仍然可观察到银镜现象[图 8.22(f)]，这表明在超疏水压敏传感皮革表面和水之间形成了空气层，说明超疏水压敏传感皮革具有优异的防水性能。

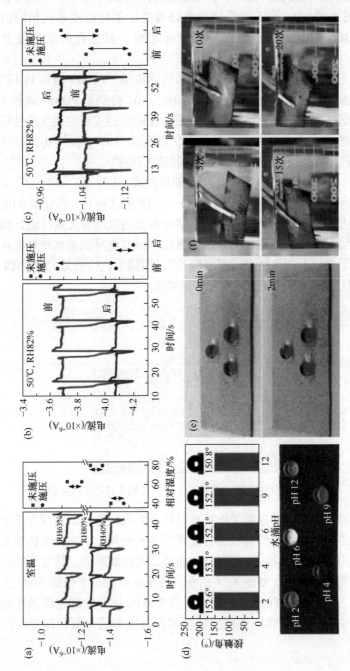

图8.22　可穿戴压敏传感器在不同相对湿度条件(40%、63%和80%)下的压敏传感性能[(a)~(c)];
超疏水压敏传感皮革基材表面的疏水性[(d)和(f)]及皮革基材表面的临时疏水性(e)[11]

　　将超疏水压敏传感皮革置于温度为 50℃、相对湿度为 82%的恒温恒湿环境中
30min 后，其压敏传感性能保持稳定。在给定压力(0.693kPa)下，其电流变化值ΔI
基本保持稳定[图 8.22(c)]，而不采用超疏水处理的压敏传感皮革在相同恒温恒
湿环境中处理 30min 后，传感性能受到显著影响，其监测灵敏度显著降低
[图 8.22(b)]。

　　进一步测定了压敏传感皮革、超疏水压敏传感皮革、PDMS 膜和 PEI 膜的透
水汽性。压敏传感皮革的透水汽性高达 $3714g/(m^2 \cdot d)$，分别是 PDMS 膜和 PEI 膜
的 46 倍和 619 倍。经超疏水修饰后所得超疏水压敏传感皮革的透水汽性较修饰
前压敏传感皮革的透水汽性有显著降低，但仍然高达 $1087g/(m^2 \cdot d)$，显著高于
PDMS 膜[$80g/(m^2 \cdot d)$]和 PEI 膜[$6.0g/(m^2 \cdot d)$]的透水汽性。

　　将 PDMS 膜、压敏传感皮革和 PEI 膜分别裁剪成"S"、"C"和"U"字母形
状，并将其用医药纱布绑定在手腕上穿戴 8.0h。由图 8.23 可见，当穿戴 8.0h 后将
字母从手臂上移去，发现"S"字母和"U"字母覆盖的区域有大量汗渍，而"C"
字母所覆盖的区域没有汗渍。这说明压敏传感皮革因其优异的透水汽性能在长期
穿戴过程中保持了良好的透气性和"可呼吸性"，而透水汽性能差的 PDMS 膜和
PEI 膜在长期穿戴过程中容易积汗，穿戴舒适性差。

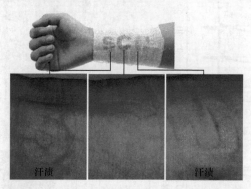

图 8.23　PDMS 膜、压敏传感皮革和 PEI 膜的长期穿戴舒适性实验[11]

　　所制备压敏传感皮革同样保留了皮革基材优良的机械性能，这使得基于压敏
传感皮革所制备的可穿戴压敏传感器具有优异的重复使用性。向压敏传感皮革往
复施加 1.3kPa 的压力 15000 次并测定其 $I\text{-}t$ 曲线，可以观察到，往复施加压力所
产生的电流强度无显著变化，如图 8.24 所示。将压敏传感皮革弯折 5000 次后再
次进行上述测试，所得 $I\text{-}t$ 曲线中往复施加压力 1.3kPa 所产生的电流强度仍然较
稳定。这说明所制备的可穿戴压敏传感器确实具有优异的重复使用稳定性和耐
用性。

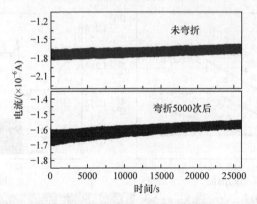

图 8.24　基于压敏传感皮革制备的可穿戴压敏传感器的重复使用稳定性和耐用性[11]

　　如图 8.25(a)和(b)所示，基于压敏传感皮革制备的可穿戴压敏传感器的表面被物理破坏或局部被裁剪后，仍然具有优异的传感监测性能。这主要得益于压敏传感皮革独特的三维纤维网络结构在被局部破坏后仍然可形成有效的电子传输通道[图 8.25(c)]，这使得压敏传感皮革仍然可利用其跨尺度形变特性确保高检测灵敏性。

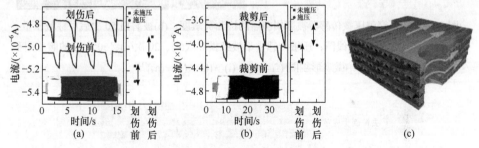

图 8.25　基于压敏传感皮革制备的可穿戴压敏传感器经物理破坏(划痕和剪裁)前后的
传感性能[(a)和(b)]，以及经物理破坏后的传感机理示意图(c)[11]

　　利用砂纸分别磨损压敏传感皮革 20 次和 50 次，将磨损次数相同的压敏传感皮革制备成压敏传感器，测定了其检测灵敏度。由图 8.26(a)可见，由 2 块磨损 20 次和 2 块磨损 50 次的压敏传感皮革所制备传感器的灵敏度分别为 0.274kPa^{-1} 和 0.229kPa^{-1}，要高于未磨损压敏传感皮革所制备传感器的灵敏度(0.144kPa^{-1})。利用磨损 50 次的压敏传感皮革所制备传感器可对放置于其表面的红豆进行灵敏监测，如图 8.26(b)所示。此外，随着磨损次数的增大，胶原的多层级纤维发生变化，其胶原纤维束因磨损而分散[图 8.26(f)~(n)]，这就提高了皮革中胶原纤维的分散性，增加了传感监测位点，从而可维持压敏传感皮革灵敏的 R_{sc} 变化特性，有效补偿了磨损导致的检测灵敏度损失，因而表现出了更高的检测灵敏度。

　　进一步研究了压敏传感皮革的可降解性。如图 8.27 所示，去粒面牛皮革可在

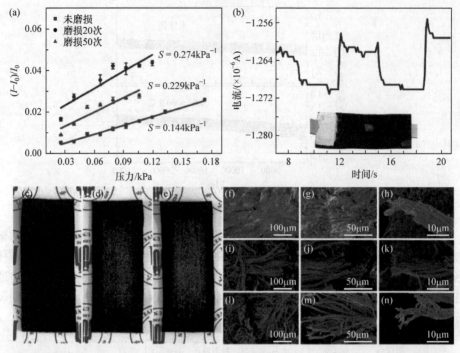

图 8.26　(a)可穿戴压敏传感器被磨损前后的检测灵敏度；(b)被磨损 50 次后可穿戴压敏
传感器检测红豆的 I-t 曲线图；压敏传感皮革被磨损 0 次(c)、20 次(d)、50 次(e)的照片图和
微观形貌图[(f)~(h)、(i)~(k)、(l)~(n)][11]

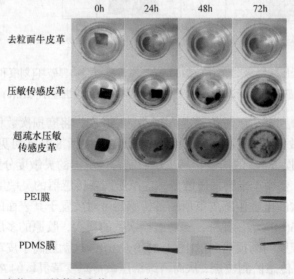

图 8.27　去粒面牛皮革、压敏传感皮革、PEI 膜和 PDMS 膜在 KOH(1.0mol/L)溶液中的降解，
超疏水压敏传感皮革在 KOH(1.0mol/L)乙醇水溶液(20%)中的降解[11]

1.0mol/L 的 KOH 溶液中有效降解，而以去粒面牛皮革为基材所制备的压敏传感皮革也可在 1.0mol/L 的 KOH 溶液中被有效降解。由于超疏水压敏传感皮革具有疏水性，因而选用了 1.0mol/L 的 KOH 乙醇水溶液(20%，体积分数)对其进行降解。由图 8.27 可见，超疏水压敏传感皮革在上述溶液中被有效降解。然而，PDMS 膜和 PEI 膜的降解性差，在 1.0mol/L 的 KOH 溶液中不能被降解。由此可见，利用皮革作为基材可制备出可降解性优异的可穿戴压敏传感器。

参 考 文 献

[1] Wu N N, Hu Q, Wei R B, et al. Review on the electromagnetic interference shielding properties of carbon based materials and their novel composites: recent progress, challenges and prospects[J]. Carbon, 2021, 176: 88-105.

[2] Pu J H, Zha X J, Tang L S, et al. Human skin-inspired electronic sensor skin with electromagnetic interference shielding for the sensation and protection of wearable electronics[J]. ACS Applied Materials & Interfaces, 2018, 10(47): 40880-40889.

[3] Cao W T, Chen F F, Zhu Y J, et al. Binary strengthening and toughening of MXene/cellulose nanofiber composite paper with nacre-inspired structure and superior electromagnetic interference shielding properties[J]. ACS Nano, 2018, 12(5): 4583-4593.

[4] Gupta S, Tai N H. Carbon materials and their composites for electromagnetic interference shielding effectiveness in X-band[J]. Carbon, 2019, 152: 159-187.

[5] Lee D W, Park J, Kim B J, et al. Enhancement of electromagnetic interference shielding effectiveness with alignment of spinnable multiwalled carbon nanotubes[J]. Carbon, 2019, 142: 528-534.

[6] Liu C, Ye X X, Wang X L, et al. Collagen fiber membrane as an absorptive substrate to coat with carbon nanotubes-encapsulated metal nanoparticles for lightweight, wearable, and absorption-dominated shielding membrane[J]. Industrial & Engineering Chemistry Research, 2017, 56(30): 8553-8562.

[7] 刘畅. 胶原纤维基吸收型电磁屏蔽材料的制备及性能研究[D]. 成都: 四川大学, 2019.

[8] Liu C, Huang X, Zhou J F, et al. Lightweight and high-performance electromagnetic radiation shielding composites based on a surface coating of Cu@Ag nanoflakes on a leather matrix[J]. Journal of Materials Chemistry C, 2016, 5: 914-920.

[9] Yang J C, Mun J, Kwon S Y, et al. Electronic skin: Recent progress and future prospects for skin-attachable devices for health monitoring, robotics, and prosthetics[J]. Advanced Materials, 2019, 31(4-8): 1904765.

[10] Gao W, Ota H, Kiriya D, et al. Flexible electronics toward wearable sensing[J]. Accounts of Chemical Research, 2019, 52(3): 523-533.

[11] Ke L, Wang Y P, Ye X X, et al. Collagen-based breathable, humidity-ultrastable and degradable on-skin device[J]. Journal of Materials Chemistry C, 2019, 7(9): 2548-2556.

第9章 其他胶原纤维衍生材料

9.1 引　言

对本书第 2～8 章中描述的胶原基功能材料的制备方法做某些改变，还可以制备出更多的胶原纤维衍生材料，如以胶原纤维为模板的多孔碳纤维、以胶原纤维接枝单宁为模板的多孔金属纤维、以胶原纤维为模板的多孔金属-碳复合纤维、以胶原纤维为模板的介孔 NZP 族磷酸材料、胶原纤维固载金属-固定化酶生物催化剂、胶原纤维固载金属-固定化酵母生物催化剂、胶原纤维固化单宁负载纳米银抗菌材料等。

9.2　以胶原纤维为模板的多孔碳纤维材料

以胶原纤维为模板的多孔碳纤维主要有两种制备方法。第一种方法是直接使用制革中具有较强鞣性的金属离子[如 Fe(Ⅲ)和 Zr(Ⅳ)]作为交联稳定剂，固定胶原纤维的形状，再通过真空气氛下的高温处理，碳化胶原纤维模板，最后通过酸处理去除金属氧化物，得到拓扑了胶原纤维形状的多孔碳纤维材料。另一种方法是以接枝了单宁的胶原纤维为模板，用对胶原纤维和单宁都有较好配位结合作用的金属离子[如 Al(Ⅲ)]作为交联稳定剂固定胶原纤维的形状，再通过真空气氛下的高温处理碳化胶原纤维模板，以及酸处理去除金属氧化物得到不同结构的多孔碳纤维。

1. 以 Fe(Ⅲ)和 Zr(Ⅳ)为稳定剂的多孔碳纤维

以胶原纤维为模板、Fe(Ⅲ)和 Zr(Ⅳ)为稳定剂的多孔碳纤维主要通过以下四个步骤完成：首先，戊二醛与胶原纤维通过共价键作用，使胶原纤维初步定型；其次，加入 Zr(Ⅳ)或 Fe(Ⅲ)，使它们与胶原纤维的—COOH 和—NH$_2$ 等活性基团发生配位反应，从而进一步固定胶原纤维的结构，同时提高胶原纤维的热稳定性；再次，通过在真空环境下的热处理，碳化胶原纤维模板，得到金属氧化物/碳复合纤维；最后，通过稀 HNO$_3$ 或 H$_2$SO$_4$-(NH$_4$)$_2$SO$_4$ 缓冲液处理，去除金属氧化物，得到多孔碳纤维[1]。

多孔碳纤维保持了天然胶原纤维高度有序的形貌，如图 9.1 所示，其纤维束的外径为 1～4μm，长度为 0.5～1mm，微小纤维的平均直径约为 60nm。多孔碳纤维的孔径大多数为 1～10nm，如图 9.2 所示。多孔碳纤维在 N_2 吸附-脱附测定中可以明显看到回滞环，这证明了多孔碳纤维具有介孔结构。金属氧化物对于真空高温处理下碳纤维介孔结构的形成具有促进作用，并且它的介孔率、比表面积、孔容、孔径在最后一步去除金属氧化物时都得到进一步提高，如表 9.1 所示[1]。

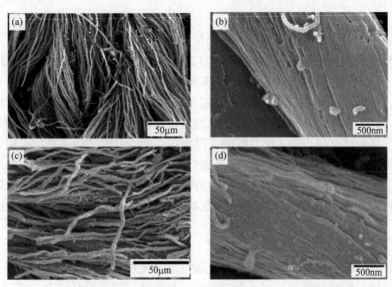

图 9.1　以胶原纤维为模板、Zr(Ⅳ)稳定得到的多孔碳纤维[(a)和(b)]和以胶原纤维为模板、Fe(Ⅲ)稳定得到的多孔碳纤维[(c)和(d)]的 SEM 图[1]

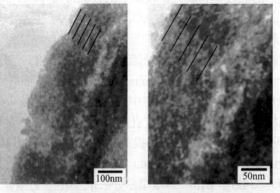

图 9.2　以胶原纤维为模板、Zr(Ⅳ)稳定得到的多孔碳纤维的 TEM 图[1]

黑线代表多孔碳纤维中孔的直线定位方向

表 9.1　金属氧化物/碳复合纤维、碳纤维的结构参数[1]

样品	BET 比表面积/(m²/g)	介孔比表面积/(m²/g)	孔容/(cm³/g)	孔径/nm	介孔率/%
ZrO₂-碳复合纤维	177	25	0.09	2.08	14
碳纤维(脱除 ZrO₂)	1212	972	0.68	2.25	80
Fe₂O₃-碳复合纤维	269	161	0.19	2.83	60
碳纤维(脱除 Fe₂O₃)	529	335	0.61	4.61	63

注：介孔率 =介孔比表面积/ BET 比表面积。

孔径可以通过调节金属离子的加入量和戊二醛前处理进行控制。例如，$Zr(IV)$ 与胶原纤维的质量比从 1：1 提高到 2：1，多孔碳纤维的 BET 比表面积从 215m²/g 提高到 1212m²/g，孔容从 0.082cm³/g 提高到 0.681cm³/g，孔径从 1.51nm 提高到 2.25nm，介孔率从 5% 提高到 80%。经过戊二醛前处理过的多孔碳纤维的 BET 比表面积、孔容、孔径及介孔率都高于未经过戊二醛前处理的碳纤维，这是因为在真空下的高温碳化过程中，戊二醛的支撑作用会使碳纤维变得疏松，有利于 ZrO_2 晶体的生长，从而使 ZrO_2 去除后多孔碳纤维具有更好的介孔结构。经过 XPS 分析，多孔碳纤维的主要元素有 C[(85 ± 5)%(摩尔分数)]、O[(8 ± 2)%(摩尔分数)]、N[(4 ± 1)%(摩尔分数)]，Zr 含量低于 0.4%(摩尔分数)，没有 Fe 被检测出来[1]。

2. 以 $Al(III)$ 为稳定剂的多孔碳纤维

以胶原纤维接枝单宁为模板的多孔碳纤维主要通过以下三个步骤制备：首先，黑荆树单宁与胶原纤维通过多点氢键反应，单宁接枝到胶原纤维上；然后，加入 $Al(III)$ 与单宁的邻位酚羟基发生螯合反应，从而起到固定胶原纤维结构的作用，通过在真空环境下的热处理，碳化接枝单宁的胶原纤维模板，得到金属氧化物/碳复合纤维；最后，通过稀 HNO_3 或 H_2SO_4-$(NH_4)_2SO_4$ 缓冲液处理，去除金属氧化物，得到多孔碳纤维[1]。

这种多孔碳纤维保持了天然胶原纤维高度有序的形貌，如图 9.3 所示，其纤维束的外径为 1~4μm，长度为 0.5~1mm，组成纤维束的细纤维的平均直径约为 60nm。多孔碳纤维在 N_2 吸附-脱附测定中可以明显看到回滞环，这证明了多孔碳纤维具有介孔结构。而且它的介孔率、孔容、孔径在最后一步去除金属氧化物时都得到进一步提高，介孔率由 15% 提高到 34%，孔容由 0.28cm³/g 提高到 0.36cm³/g，孔径由 2.45nm 提高到 2.65nm。经过 XPS 分析，多孔碳纤维的主要元素有 C[(85 ± 5)%(摩尔分数)]、O[(8 ± 2)%(摩尔分数)]、N[(4 ± 1)%(摩尔分数)]，没有 Al 被检测出来[1]，说明 Al_2O_3 在最后一步制备过程中被成功脱除。

图 9.3　以胶原纤维接枝单宁为模板、Al(Ⅲ)处理得到的多孔碳纤维的 SEM 图[1]

9.3　以胶原纤维接枝单宁为模板的多孔金属纤维材料

本节所述的多孔金属纤维与第 5 章 5.3 节的多孔金属纤维的制备方法类似，主要区别在于第 5 章 5.3 节采用了制革上具有较强鞣性的金属离子作为交联稳定剂，使胶原纤维的形貌特征在后续的热处理阶段得以较好地保留；而本节采用的是对胶原纤维鞣性相对较弱的金属离子，需要借助单宁对胶原纤维的多点氢键作用和对金属离子优良的配位作用，将金属离子稳定地负载到胶原纤维上，从而保证在高温空气氛围下去除有机模板时，得到更好地保留了胶原纤维形貌的多孔金属纤维。这种材料可望用于吸附、催化等领域。

制备步骤如下：黑荆树单宁首先与胶原纤维通过多点氢键发生反应，单宁接枝到胶原纤维上，再加入 Al(Ⅲ)与单宁的邻位酚羟基通过螯合作用固定到胶原纤维上，最后通过在空气气氛下 800℃高温焙烧，去除接枝单宁的胶原纤维模板(C 含量低于 1%)，得到多孔 Al_2O_3 纤维[2]。

这种多孔 Al_2O_3 纤维保持了天然胶原纤维高度有序的形貌，其纤维束的外径为 1～4μm，长度为 0.5～1mm，组成纤维束的细纤维的平均直径约为 60nm，如图 9.4 和图 9.5 所示[2]。多孔 Al_2O_3 纤维的孔径分布比较窄，范围为 2～20nm，在 N_2 吸附-脱附测定中可以明显看到回滞环，这证明了多孔铝纤维具有介孔结构。另

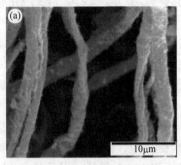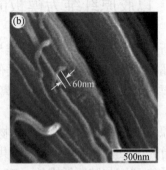

图 9.4　多孔 Al_2O_3 纤维的 SEM 图[2]

外，Barrett-Joyner-Halenda (BJH)比表面积比 Brunauer-Emmett-Teller (BET)比表面积大，说明多孔 Al_2O_3 纤维并不存在微孔结构，如表 9.2 所示[2]。

图 9.5　多孔 Al_2O_3 纤维的 TEM 图[2]

表 9.2　多孔 Al_2O_3 纤维的结构参数[2]

多孔 Al_2O_3 纤维	BET 比表面积/(m²/g)	BJH 比表面积/(m²/g)	BJH 孔容/(cm³/g)	孔径/nm
$Al^{10}CF^{10}$	226	255	0.328	5.1
$Al^{20}CF^{10}$	198	225	0.440	7.8
$Al^{30}CF^{10}$	198	242	0.479	7.9

注：Al^XCF^Y 中的 X 和 Y 分别表示制备时加入的 $Al_2(SO_4)_3 \cdot 18H_2O$ 和胶原纤维的质量(g)。

焙烧温度对多孔铝纤维的孔结构有很大影响。当焙烧温度从 600℃升到 800℃，孔容从 0.357cm³/g 升高到 0.479cm³/g。600℃时，微孔率为 12%，介孔率为 88%，700℃和 800℃时，微孔消失，只有介孔结构存在[2]。

9.4　以胶原纤维为模板的多孔金属-碳复合纤维材料

本节所述的多孔金属-碳复合纤维与第 6 章 6.3 节以胶原纤维接枝单宁为模板的多孔金属-碳复合纤维的制备方法类似，不同之处在于，本节采用了对胶原纤维具有很好鞣制(配位交联)作用的金属离子，不需要借助单宁增大对金属离子的负载能力。

以胶原纤维为模板的多孔锆氧化物-碳复合纤维(ZrO₂-C)主要通过以下三个步骤制备：首先戊二醛与胶原纤维通过共价键反应，使胶原纤维初步定型；然后，加入锆离子[Zr(Ⅳ)]与胶原纤维的—COOH 和—NH₂ 等活性基团进行配位反应，负载 Zr(Ⅳ)的同时，进一步固定胶原纤维的结构；通过在真空环境下的热处理，碳化胶原纤维模板，得到多孔 ZrO₂-C 复合纤维，如图 9.6 所示[3]。

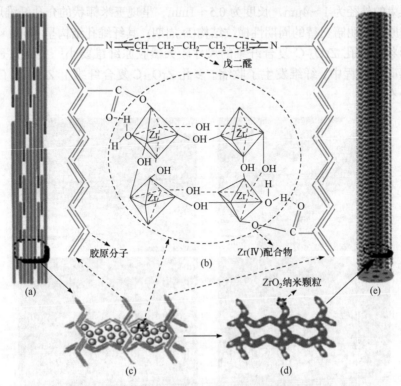

图 9.6　介孔 ZrO₂-C 复合纤维的制备[3]

(a)胶原纤维示意图(标记部分为胶原纤维间隙和重叠区域)；(b)胶原纤维分别与戊二醛和 Zr(Ⅳ)的反应；
(c)Zr(Ⅳ)的多核中心(以四聚合物为例)；(d)胶原纤维间隙和重叠区域的 ZrO₂ 纳米颗粒；
(e)碳化后的多孔 ZrO₂-C 复合纤维

　　具体制备方法为：以牛皮为原料，按常规方法经清洗、碱处理、剖皮、脱碱、脱水、研磨等主要过程制备胶原纤维粉末(CF)。在 400mL 去离子水中加入 15.0g CF，用 1mol/L 的甲酸溶液将其 pH 调至 3.0～3.5。加入 20mL 戊二醛，在 25℃下搅拌反应 4h。之后，在 2h 内缓慢加入一定量 NaHCO₃ 溶液(15%，质量分数)，将反应液 pH 调节至 7.0～7.5，反应在 40℃继续进行 10h。然后用 1mol/L 硫酸调节 pH 至 2.0～2.5，加入 30.0g 硫酸锆[(Zr(SO₄)₂，ZrO₂ 含量为 30%)]，在 25℃下搅拌反应 4h。然后，在 4h 内缓慢加入 NaHCO₃ 溶液(15%，质量分数)，将反应液 pH 升高到 4.0～4.5，升温至 40℃，再反应 10h。反应结束后用去离子水充分洗涤，在 75℃下真空干燥 4h，得到胶原纤维负载 Zr(Ⅳ)(Zr-CF)。将 Zr-CF 放入真空管式炉内按照以下升温程序碳化胶原纤维：首先在 100℃的空气中热处理 2h，然后在真空下以 4℃/min 的加热速率加热到 800℃，并在 800℃保持 6h，得到多孔 ZrO₂-C 复合纤维[3]。

多孔 ZrO_2-C 复合纤维保持了天然胶原纤维高度有序的形貌，如图 9.7 所示，其纤维束的外径为 1～4μm，长度为 0.5～1mm，呈现玉米棒状的介孔纤维形貌，存在胶原纤维明暗交替的周期性横纹结构(D 周期)，其纤维孔结构呈 41nm×25nm 的矩形状。多孔 ZrO_2-C 复合纤维的尺寸较天然胶原纤维要小一些，这是因为在高温碳化过程中，纤维发生了收缩。多孔 ZrO_2-C 复合纤维上 ZrO_2 和 C 都呈均匀分布[3]。

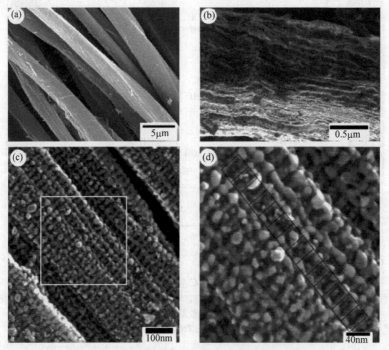

图 9.7　多孔 ZrO_2-C 复合纤维的微观形貌[3]

(a)SEM 图，观察到规整的纤维结构；(b)FESEM 图，观察到玉米棒状的纤维形貌；(c)、(d)FESEM 图，观察到矩形介孔形貌(41nm×25nm)

按照同样方法制备的多孔 Al_2O_3-C 复合纤维和多孔 Fe_2O_3-C 复合纤维没有多孔 ZrO_2-C 复合纤维的玉米棒状形貌，但也保持了纤维状的结构[3]。

9.5　以胶原纤维为模板的介孔 NZP 族磷酸盐材料

NZP 族磷酸盐材料是以磷酸锆钠[$NaZr_2(PO_4)_3$]的空间结构为基础骨架，通过离子取代而衍生出来的一系列重要无机物。其母体为 $NaZr_2(PO_4)_3$，简称 NZP。1968 年，Hagman 和 Kierkegaard 等[4]研究并确认了 NZP 的空间结构是 PO_4 四面体和 ZrO_6 八面体通过共顶点连接构成牢固的三维骨架和三维相通的间隙空间，属于六角晶系，Na⁺占据其中的间隙位置，空间结构示意如图 9.8 所示[5]。其中，Na^+可以被大量不同的阳离子取代，产生一系列等结构的衍生物，统称为 NZP 族化合物。许多研究者已将 NZP 族化合物作为母体，用于制备性能优良的离子导电材料、低热膨胀陶瓷材料、核废料固定材料、催化剂载体材料和分离用陶瓷膜等[6,7]。

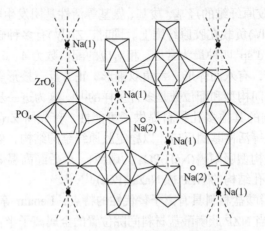

图 9.8　$NaZr_2(PO_4)_3$ 的结构示意图[5]

NZP 族磷酸盐材料具有 3 个重要特性，即快离子导电性、低热膨胀特性和结构中丰富的离子取代性[6]。NZP 族化合物具有良好的离子置换特性，19 世纪 70 年代，主要是将这类材料作为快离子导体加以研究，其中的 Na^+、Zr^{4+}、P^{5+}等离子均可被其他恰当的离子取代而不改变其特征空间结构[4,5]。通过适当的离子取代，NZP 族化合物的导电性能可以和$Na\beta''-Al_2O_3$相媲美，并且此化合物呈骨架结构，能在三维空间方向导电，克服了层状结构的$\beta-Al_2O_3$和$\beta''-Al_2O_3$导电仅发生在二维方向的缺点[6]。在研究 NZP 族化合物导电性能的过程中，Boilot 和 Salanie 等发现了 NZP 族化合物的热膨胀从正值变化到接近于零[8]。随后，科学家研究了 NZP 族化合物的低热膨胀性能，通过研究其晶体结构，探索了其低热膨胀的机理，并利用该类化合物的离子取代性，制备出具有零膨胀特性的 NZP 族磷酸盐陶瓷材料。此后，便转向对其热膨胀系数的设计方面的研究[9]。基于 NZP 族磷酸盐材料具有低热膨胀特性和热膨胀系数的可裁剪性等特点，研究人员通过对其化学组成的选择和调整，可以得到具有零膨胀特性的材料。零膨胀材料通常具有较好的耐热冲击性，因而具有更高的应用价值，其在结构材料、汽车发动机元件及航空航天方面都有广阔的应用前景。在结构材料方面，与钛酸铝陶瓷等材料相比，NZP 族磷酸盐材料同时具有低膨胀、高强度和使用温度高等综合性能，并且通过组成成分设计可使其膨胀系数在一定范围内可调，因此，它很有希望成为一类具有优良耐热冲击性能的新型结构陶瓷材料。

　　NZP 族磷酸盐材料还具有其他功能特性，如光学性能和电学性能等，还可以从设计多功能复合材料的角度入手，将 NZP 族磷酸盐材料的特性与其他功能材料的光效应结合，从而获得精密光学材料。可以预见，随着 NZP 族磷酸盐材料低成本合成技术的发展和其物化性能研究的不断深入，NZP 族磷酸盐材料的应用领域将不断扩大。

　　Zr(IV)可以与胶原纤维的羟基、羧基、氨基等活性基团发生配位结合，通过配位作用便可将 Zr(IV)负载在胶原纤维上。同时，Zr(IV)有多种轨道杂化方式，以 sp^3、d^2sp^3、d^3sp^3、d^4sp^3 四种最为常见，相对应的配位数为 4、6、7、8，从而其空间构型也多种多样，有八面体形、六角双锥形、正方反三棱形等，所以 Zr(IV)配合物在溶液中的空间构型和配位数是多种多样的[10]，这为进一步用胶原纤维为模板制备以锆为基础的其他多孔材料提供了可能性。首先将 Zr(IV)与胶原纤维的 —NH_2、—COOH 等活性基团反应，以稳定胶原纤维的结构，然后利用 Zr(IV)多样的配位数和空间构型吸附磷(NaH_2PO_4 为磷源)，最后经高温煅烧除去胶原纤维模板，制备具有介孔结构的 NZP 族 $NaZr_2(PO_4)_3$[11,12]。

　　由于 NZP 族磷酸盐材料具有离子替代性的特点，Lenain 等[13]对 NZP 族磷酸盐材料研究发现，当 NZP 族磷酸盐材料间隙位置的金属离子半径增大，NZP 晶体的 a 轴长度将减小，c 轴长度将增加，从而使其呈现出不同的结构特点，进而表现出特殊的物化性能。在碱金属中，K^+ 半径为 1.33nm，Na^+ 半径为 0.97nm，在 $NaZr_2(PO_4)_3$ 中如果 Na^+ 被 K^+ 取代后，材料表现出新的结构特点和物化性能，如低热稳定性等。所以，与制备介孔结构的 $NaZr_2(PO_4)_3$ 一样，只是磷源由 NaH_2PO_4 换为 KH_2PO_4，可以制备具有介孔结构的 NZP 族 $KZr_2(PO_4)_3$[11,14]。

　　具体制备方法为：以牛皮为原料，按常规方法经清洗、碱处理、剖皮、脱碱、脱水、研磨等主要过程制备胶原纤维(CF)粉末。在 400mL 去离子水中加入 10.0g 氯化钠，用硫酸和甲酸的混合液(体积比 10∶1)将其 pH 调至 2.0。加入 CF 15.0g，在室温下搅拌 2h。然后加入 0.100mol 的硫酸锆[$Zr(SO_4)_2$，ZrO_2 含量为 30%]，在室温下搅拌反应 4h。缓慢加入浓度为 15% 的碳酸氢钠溶液，在 2～3h 内将溶液 pH 升高到 4.0～4.2。然后升温至 45℃，再反应 4h。反应结束后用去离子水充分洗涤，再在 45℃下真空干燥 12h，得到胶原纤维负载 Zr(IV)(Zr-CF)。Zr-CF 上 Zr(IV) 固载量为 6.667mmol/g。称量 6g Zr-CF 放入 100mL 磷浓度为 20g/L 的磷酸盐溶液中(NaH_2PO_4、KH_2PO_4 作为磷源)，在 30℃下吸附 24h。反应结束后用去离子水充分洗涤，在 45℃下真空干燥 8h，得到 Zr-CF 负载磷的前驱体(Zr-CF-P)，其中 Zr/P 摩尔比为 0.62。将前驱体(Zr-CF-P)在 800℃下煅烧，采用 5℃/min 程序升温，并分别在 200℃、400℃、600℃、800℃保温 2h，最后得到介孔 $NaZr_2(PO_4)_3$ 和 $KZr_2(PO_4)_3$[11]。

　　以 NaH_2PO_4 和 KH_2PO_4 作为磷源，Zr/P 摩尔比为 0.62，煅烧温度为 800℃时，

分别可以获得具有稳定晶体结构的 $NaZr_2(PO_4)_3$ 和 $KZr_2(PO_4)_3$，无其他形式磷酸盐(如偏磷酸盐和焦磷酸盐)存在。所制备的 $NaZr_2(PO_4)_3$ 和 $KZr_2(PO_4)_3$ 较好地复制保留了胶原纤维的形状，具有狭缝状的介孔结构。Na^+ 和 K^+ 具有较高的热稳定性，在高温煅烧时能进入 PO_4 四面体和 ZrO_6 八面体共顶点形成的间隙空间，稳定其空间结构，从而制备出具有稳定晶体结构的 $NaZr_2(PO_4)_3$ 和 $KZr_2(PO_4)_3$。它们符合NZP 晶体结构的特征，$NaZr_2(PO_4)_3$ 平均晶粒大小为 28.4nm，孔径分布集中在 3.5nm左右，$KZr_2(PO_4)_3$ 平均晶粒大小为 33nm，孔径分布集中在 7nm。图 9.9 为制备的介孔 $NaZr_2(PO_4)_3$ 的透射电镜图，图 9.10 为制备的介孔 $KZr_2(PO_4)_3$ 的场发射扫描电镜图和场发射透射电镜图[11]。

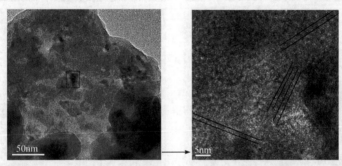

图 9.9　制备的 NZP[介孔 $NaZr_2(PO_4)_3$]的透射电镜图[11]

由于 K^+ 和 Na^+ 半径不同，因而所制备 NZP 族磷酸盐材料的结构会出现差异。制备的 $KZr_2(PO_4)_3$ 的平均晶粒尺寸大于制备的 $NaZr_2(PO_4)_3$ 的；$KZr_2(PO_4)_3$ 的最可几孔径分布也比 $NaZr_2(PO_4)_3$ 的大一些。可以预计，结构特点的不同将会产生一些特殊的物化性质[9]。此外，利用胶原纤维为模板，通过引入不同的金属阳离子，可望获得一系列的介孔型 NZP 族磷酸盐材料。

恰当的磷源、合适的 Zr/P 摩尔比和煅烧温度是合成 NZP 族磷酸锆盐的关键因素。已经证实，NH_4^+ 具有高温不稳定性，在高温下易挥发从而引起结构塌陷，由 $NH_4H_2PO_4$、$(NH_4)_2HPO_4$ 作为磷源所制备的磷酸锆盐不是具有稳定晶体结构的NZP 族磷酸锆盐[11]。

另外，恰当的 Zr/P 摩尔比是获得具有稳定晶体结构的磷酸锆盐的主要因素之一。图 9.11 为不同 Zr/P 摩尔比下制备的 Zr-CF-P(NaH_2PO_4 作为磷源)经煅烧后得到的磷酸锆盐的 XRD 图谱。图 9.11 中 D 的 Zr/P 摩尔比为 12.4，与标准卡片(JCPDS)比对，其呈现出 ZrO_2 的晶态结构，并没有形成 NZP 型磷酸锆盐，主要原因是 Zr/P 摩尔比太大时，较少的磷源不足以形成 NZP 型磷酸锆盐。图 9.11 中 C和 B 的 Zr/P 摩尔比分别为 4.13 和 2.48，此比例下得到的磷酸锆盐的 XRD 图谱都表现为漫散射包，为非晶态结构(固溶体)，也未形成 NZP 型磷酸锆盐。图 9.11 中

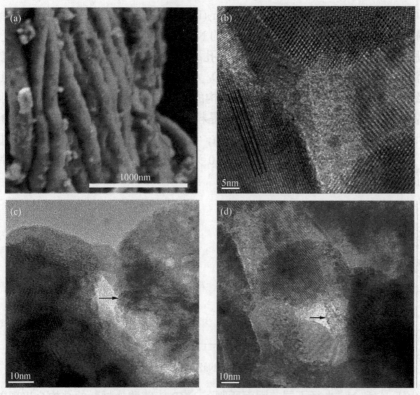

图 9.10　制备的介孔 NZP[KZr₂(PO₄)₃]的场发射扫描电镜图(a)和
场发射透射电镜图[(b)～(d)][11]

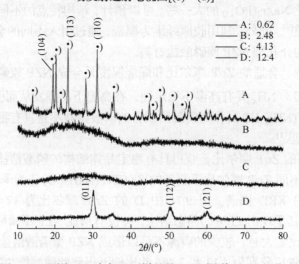

图 9.11　不同 Zr/P 摩尔比下样品的 XRD 图谱(800℃煅烧)[11]

A 的 Zr/P 摩尔比为 0.62，所得磷酸锆盐的 XRD 图谱表现为晶体特征，图谱中分别位于 19.5°(104)、23.4°(113) 和 31.1°(110) 的最强衍射峰是 NZP(JCPDS 卡片号 33-1312) 的特征峰，且为纯 NZP 晶形。当 Zr/P 摩尔比为 0.62 时，其与 NZP 中理论 Zr/P 摩尔比(0.67)非常接近，由于钠和磷的量足够大，PO_4 四面体和 ZrO_6 八面体在高温煅烧过程中共顶点形成稳定的三维网状结构，而钠离子占据三维连接的空隙，起到了稳定和支撑作用，从而能够获得 NZP 结构[11]。

煅烧温度也是合成 NZP 族磷酸锆盐的关键影响因素，产物的结晶度大小与煅烧温度有关。在一定温度范围内，升高温度有利于晶体的形成和结晶度的增大。当煅烧温度为 600℃时，产物的存在形式为非晶态；当煅烧温度为 700℃时，产物形成了晶体结构，但结晶度较小；当煅烧温度为 800℃时，晶形变得完整。因此，制备 NZP 的合适煅烧温度为 800℃[11]。

9.6　胶原纤维固载金属-固定化酶生物催化剂

近年来，生物催化在精细化工、大宗化学品、能源材料等领域中的应用越来越广泛。酶作为生物催化剂对生物催化与转化过程的成败起着决定性的作用。与其他催化剂相比，生物催化剂具有转化条件温和、选择性高的优点，但是由于酶的化学本质，生物催化剂又具有稳定性和重复使用性差、活性表现极易受外界环境影响等不足，严重制约了其在实际生产中的应用。为了解决生物催化剂在应用中出现的问题，固定化生物催化剂技术应运而生。伴随着固定化酶材料、技术和理论的迅速发展和完善，固定化酶技术在生物催化领域扮演着越来越重要的角色。其中，载体的选择更是对固定化过程的成败起着关键性的作用。固定化酶载体层出不穷，多种多样，且不同的载体材料表现出不同的固载特性，到目前为止，没有哪一种载体可用于固定所有种类的酶，需要不断探索新的固定化酶载体。胶原纤维固载金属离子对蛋白质和酶具有较好的吸附作用，而且优良的亲水性使其在水溶液中易于与酶结合并能保护酶的分子构象，因而胶原纤维固载金属离子材料非常适合作为酶的固定化载体。

研究者们将 Zr(Ⅳ) 和 Fe(Ⅲ) 引入胶原纤维上，制备得到了对酶亲和力较高、稳定性及机械性能较好的胶原纤维固载锆离子(Zr-CF)和胶原纤维固载铁离子(Fe-CF)载体，具体的制备方法如下。

将 2g 胶原纤维加入 120~150mL 去离子水中，用 H_2SO_4 和 CH_3COOH 混合液调节 pH 至 1.8~2.0，充分搅拌后加入一定量的 $Zr(SO_4)_2$ 和 $Fe_2(SO_4)_3$，并在 25~30℃下反应 4h，然后用 $NaHCO_3$ 溶液在 2~3h 内将反应液 pH 升高至 4.0~4.5，再于 45℃下继续反应 4~5h，反应结束后，将反应物洗涤、脱水、干燥后即得到 Zr-CF 和 Fe-CF 材料。制备得到的酶固定化载体 Zr-CF 和 Fe-CF 与胶原纤维固载金属离子吸附剂 Zr-CFA 和 Fe-CFA 的物理性质一样，两者的外观形貌如图 9.12 所示，Zr-CF 呈乳白色，而 Fe-CF 呈红褐色，这是将 Zr(Ⅳ)与 Fe(Ⅲ)引入胶原纤维上的结果。同时，两种材料的颜色均一且呈均匀的颗粒状态，这为它们作为载体提供了十分有利的条件[15]。

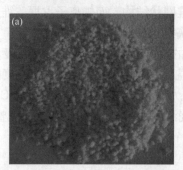

图 9.12　胶原纤维固载金属离子载体材料的外观形貌[15]

(a)Zr-CF；(b)Fe-CF

采用吸附固定法将过氧化氢酶(CAT)固定在 Zr-CF 上，当 Zr-CF 中 Zr(Ⅳ)的固载量为 3mmol/g 时，可以得到酶固载量与酶活力均较高的固定化酶。Zr-CF 主要通过 Zr(Ⅳ)与酶表面组氨酸的咪唑基、半胱氨酸的巯基和色氨酸的吲哚基配位结合，实现对酶的固定，另外还包括静电引力等其他吸附作用。若 Zr(Ⅳ)的固载量过低，固定化酶上 CAT 的含量也较低，但若 Zr(Ⅳ)的固载量过高，固定化酶的活性会降低。当 Zr(Ⅳ)的固载量过高时，载体的纤维状结构减少，团聚现象十分明显，载体自身的构象受到很大程度的破坏。同时，随着 Zr(Ⅳ)固载量的增加，载体上固定的酶也会增加，过多的酶被固定会导致酶的大量堆积和聚集，进而影响 CAT 固定后的构象，使得酶的表观活性降低[16]。当 CAT 初始浓度为 0.3mg/mL 时，4g/L 用量的 Zr-CF[Zr(Ⅳ)固载量为 3mmol/g]对 CAT 的固载量为 45.4mg/g，酶活保持 41%。CAT 经固定化后，二级结构没有受到破坏，酶构象的保持使酶在固定化后仍能发挥较好的活性。Zr-CF 固定 CAT 以后，仍能保持明显的纤维结构，因此可赋予固定化酶良好的传质性能，这也是固定化 CAT 能保持较高催化活性的原因之一。但由于载体与酶之间发生了多点结合，所以固定化酶的纤维结构更加紧实，并有一定的聚集，如图 9.13 所示。

温度对 Zr-CF 吸附固定 CAT 有一定的影响，升高温度更有利于吸附固定的进行，但固定温度不宜过高，过高的温度会使酶失活。pH 和离子强度对吸附固定的影响较大。CAT 固载量在 pH 为 6.0~7.5 时相对较大，当溶液 pH 为 6.5 时(0.1mol/L 的磷酸盐缓冲液中)，CAT 固载量最大，达到 38.5mg/g。同时，在 pH 约为 6.7 的去离子水中，CAT 固载量可达到 45.4mg/g。Zr-CF 的等电点为 9.31~9.76，CAT 的等电点为 5.4 左右[17]，当载体与 CAT 带相反电荷时(pH 为 6.0~7.5)，得到的固

图 9.13　Zr-CF 固定 CAT 以前(a)和以后(b)的扫描电镜图[15]

定化酶的酶含量较高。同时，当溶液中有大量离子存在时，会影响载体及酶表面的电荷分布，因而对 CAT 的吸附过程产生一定的影响，载体在去离子水中的酶固载量高于在缓冲液中的酶固载量。以上 pH 和离子强度对吸附的影响是由于在 Zr-CF 吸附固定 CAT 的过程中，除了配位吸附作用以外，还存在静电吸引作用。Zr-CF 对 CAT 的吸附速率非常快，在 30min 时就可以达到吸附平衡[15]。

　　酶经过载体固定化后，酶的活性及对温度、pH、抑制剂的敏感性都有不同于自由酶的表现。CAT 经固定化后最适温度和 pH 没有变化，对 pH 和温度的敏感度降低，在高温及低 pH 状态下，固定化酶活性的降低程度明显小于自由酶。另外，固定化酶较自由酶具有更高的热稳定性，在 75℃下储存 5h 后，自由酶已经失活，而固定化酶仍可以保持原有活力的 30%。固定化酶连续使用 27 次后，活力仍保持在 50%以上，室温下的储存期可达到 30 天。同时，固定化酶在有机溶液中的稳定性也得到提高，自由酶在乙醇和丙酮等有机溶液中静置后，酶活力损失在 20%～50%之间，且随着有机溶液浓度的增加，酶活损失程度增大。而固定化酶在有机溶液中放置后，酶活的损失并不大，虽然随着有机溶液浓度的升高，酶活损失程度略有增加，但总的酶活损失都小于 10%。CAT 的固定稳定性较高，可以满足连续操作的需要。在实际催化反应中经常会发现，在过高的底物溶液中催化反应速率并不高，这主要是由底物对酶促反应的抑制作用造成的。但是固定化 CAT 酶对底物浓度的敏感性降低，能在高底物浓度下保持较大的催化反应速率[15]。

　　Zr-CF[Zr(Ⅳ)]固载量为 3mmol/g 对乙醇脱氢酶(ADH)也具有良好的吸附固定作用。ADH 的最佳固定工艺为：酶液浓度为 0.5mg/mL，Zr-CF 用量为 4g/L，溶液 pH 为 7.5，吸附时间为 35min。该条件下 ADH 的固定量为 48.9mg/g。ADH 经固定化后，最适 pH 没有变化，最适温度较自由酶升高 10℃，其对 pH 和温度的敏感度降低，可以在较广泛的温度和 pH 范围内发挥高的催化活性。同时，固定化酶至完全失活可连续使用 58 次，室温下的储存期可达到 23 天，高温下的热失活速率也明显降低，具有良好的热稳定性。此外，吸附固定过程中酶结构和构象都保存完好，ADH 经固定化后仍具有良好的底物特异性。固定化 ADH 酶对底物浓度的敏感性降低，能在高底物浓度下保持较大的反应速率[15]。

为了使酶更加稳定地固定在胶原纤维固载金属离子载体上，还可以加入少量戊二醛进行交联处理，由此可以制备胶原纤维固定化猪胰脂肪酶、固定化纤维素酶、固定化糖化酶、固定化辣根过氧化物酶、固定化葡萄糖氧化酶等[15,18]，它们均保持了酶较好的催化活性，同时比自由酶具有更好的稳定性和重复使用性。

9.7　胶原纤维固载金属-固定化酵母生物催化剂

基于胶原纤维固载锆离子吸附剂(Zr-CFA)能够较好地吸附酵母细胞，而且酵母细胞还能在吸附剂上出芽繁殖，所以胶原纤维固载锆离子材料(Zr-CF)可以作为固定化酵母细胞的载体[19,20]。这是因为 Zr-CF 对固定化细胞的生长繁殖没有负面影响，而且它制备简单，对细胞的固定条件温和，也可望用于固定其他微生物细胞。

Zr-CF 吸附固定的酵母细胞仍保持了一定的生物催化能力，可以催化还原丙酮醇为 1,2-丙二醇。Zr-CF 固定化酵母细胞(酵母细胞固定量为 10^9CFU/g)可以在一定时间内将 44.4% 的丙酮醇还原为 1,2-丙二醇，但在相同的细胞浓度 (10^9CFU/mL)及环境条件下，固定化酵母细胞的催化活性不如游离细胞强，游离酵母细胞可以还原 50.8% 的丙酮醇为 1,2-丙二醇。然而，在细胞浓度较低的情况(小于 10^9CFU/mL)下，游离酵母细胞的催化活性与固定化酵母细胞相比不再有任何优势，当细胞浓度小于 10^8CFU/mL 时，游离细胞催化丙酮醇的转化率甚至低于固定化细胞。这可能是由于在较低细胞浓度时，固定化酵母细胞的局部细胞浓度高于游离细胞，使得催化活性相对较强，同时固定化酵母细胞的胶原纤维具有较高的传质速率，有利于细胞与底物的接触和产物的释放，因此当细胞浓度较低时，固定化酵母细胞比游离酵母细胞具有更高的催化活性[21,22]。由于 Zr-CF 载体对酵母细胞有一定的保护作用，固定化酵母细胞的温度耐受能力和 pH 耐受能力都优于游离细胞，并且固定化细胞的最适温度较游离细胞高 5℃。众所周知，化学反应在更高的温度下进行时具有更快的反应速率。Zr-CF 固定化酵母细胞催化丙酮醇还原为 1,2-丙二醇的适宜催化条件为：温度为 30℃、pH 为 7.0、丙酮醇浓度为 0.075mmol/L、乙醇浓度为 0.3mmol/L、细胞浓度为 10^9CFU/mL。固定化酵母细胞在麦芽汁培养基中活化 24h 后可重复用于催化丙酮醇还原，但重复使用次数有限。如图 9.14 所示，重复使用到第 5 次时，固定化酵母细胞催化丙酮醇还原的转化率急速下降，重复使用第 6 次时，固定化酵母细胞催化丙酮醇还原的转化率已低于 10%。这可能是由于载体上的一些吸附位点被失活细胞或培养基中的某些非营养物质占据，复活后的固定化酵母细胞的催化活性逐渐降低。重复使用多次后，固定化细胞载体上的活性细胞减少严重，致使固定细胞的催化能力无法恢复[19]。

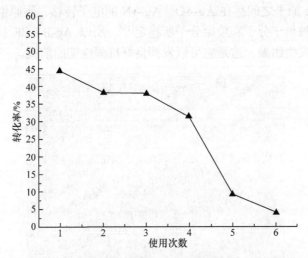

图 9.14　固定化酵母细胞催化丙酮醇还原的重复使用性[19]

9.8　胶原纤维接枝单宁负载纳米银抗菌材料

自古以来，人们就基于银(Ag)的抗菌性能将其用于治疗感染、加速伤口愈合、净化水等，但 Ag(Ⅰ)离子在水溶液中的不稳定性限制了它的应用范围。利用胶原纤维接枝单宁对金属离子的吸附特性，可以将 Ag(Ⅰ)负载到胶原纤维载体上，并且单宁的还原性还可以将 Ag(Ⅰ)还原为单质 Ag 纳米颗粒(3～17nm)，由此制备得到胶原纤维接枝单宁负载纳米银抗菌剂。具体制备方法如下：以牛皮为原料，按常规制革工序清洗、碱处理、剖层、脱碱、脱水、干燥、研磨、过筛得到胶原纤维粉末(CF)。称取 5.0g CF，加入 100mL 蒸馏水浸泡 2h 后，加入 0.25～5.0g 杨梅单宁(BT)，于 25℃下搅拌反应 6h，再加入 50mL 2.0%(体积分数)戊二醛水溶液，在 30℃下搅拌反应 6h。反应完成后过滤，并用去离子水将材料充分洗涤，在 35℃下真空干燥 12h 后，即得到胶原纤维接枝单宁(BT-CF)载体材料。在 100mL 浓度为 1.85×10^{-3}mol/L、pH 为 5.5 的 AgNO$_3$ 水溶液中加入 1.0g BT-CF 载体材料，在室温下充分搅拌反应 6h。反应结束后过滤，用去离子水充分洗涤，然后在 35℃下真空干燥 12h 后粉碎，得到深黄褐色的胶原纤维接枝杨梅单宁负载纳米 Ag(Ag-BT-CF)抗菌剂。杨梅单宁将 Ag(Ⅰ)还原为 Ag 单质，其粒径(3～17nm)在纳米范围内[19]。

　　胶原纤维在接枝杨梅单宁及负载 Ag 纳米颗粒以后，其自身的纤维结构仍然得以保存，如图 9.15 所示。Ag-BT-CF 抗菌剂表面没有 Ag 颗粒的团聚，Ag 纳米颗粒均匀分散在胶原纤维表面。单宁分子中的氧原子和胶原分子中的氮原子与 Ag 纳米颗粒的 Ag 原子之间存在 Ag→O、Ag→N 的电子转移，还原生成的 Ag 纳米颗粒仍然可以被单宁分子和胶原分子所稳定[19]。所以 Ag-BT-CF 抗菌剂上的 Ag 纳米颗粒不会发生团聚，这是它可以发挥良好抗菌性能的前提。

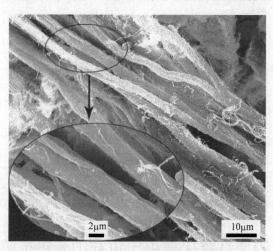

图 9.15　Ag-BT-CF 抗菌剂的 SEM 图[19]

　　Ag-BT-CF 抗菌剂的形成示意图如图 9.16 所示。胶原纤维接枝杨梅单宁后将 Ag⁺吸附于载体上，杨梅单宁分子结构中的酚羟基逐渐将 Ag⁺还原为 Ag 单质，进而形成 Ag 纳米颗粒，最后，杨梅单宁分子中部分酚羟基被氧化为苯醌结构，其与未被氧化的酚羟基、胶原分子中的氨基等通过电子传递固定形成的 Ag 纳米颗粒[19]。

　　单宁同时发挥着吸附 Ag⁺和固定 Ag 纳米颗粒的作用，所以杨梅单宁(BT)的用量及接枝量对 Ag-BT-CF 抗菌剂上的 Ag 纳米颗粒性质有很重要的影响。随着 BT 接枝量的增大，抗菌剂中 Ag 纳米颗粒的平均粒径减小。如图 9.17(a)所示，当 BT 用量为 0.25g 时，接枝度为 0.05g/g CF，Ag 纳米颗粒尺寸较大，分布较宽，平均粒径为 16.60nm，这是由于 BT 接枝量较少时，载体不能有效控制 Ag 纳米颗粒的生长及分布。当 BT 用量由 0.25g 增大到 5g 时，接枝量也相应由 0.05g/g CF 增大到 0.42g/g CF，Ag 纳米颗粒尺寸随之减小，尺寸分布逐渐变窄，其平均粒径减小至 3.25nm，如图 9.17 所示[19]。

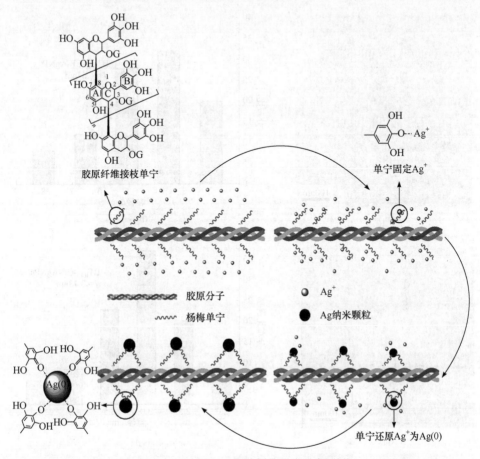

胶原纤维接枝单宁

单宁固定Ag⁺

| 胶原分子 |
| 杨梅单宁 |
| Ag⁺ |
| Ag纳米颗粒 |

单宁还原Ag⁺为Ag(0)

图 9.16　Ag-BT-CF 抗菌剂的形成示意图[19]

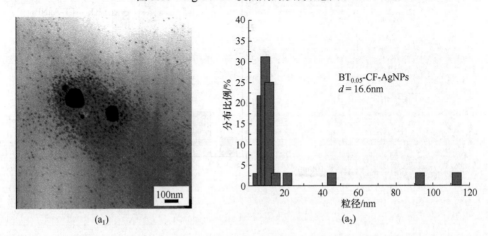

(a₁)

(a₂)

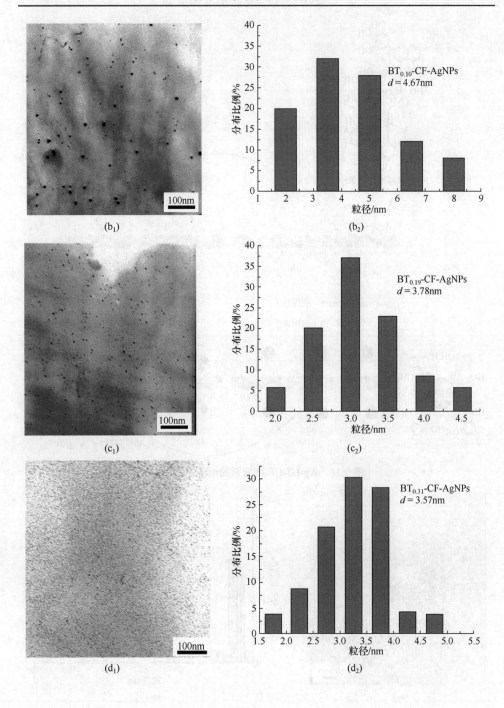

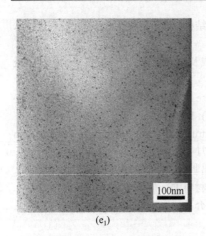
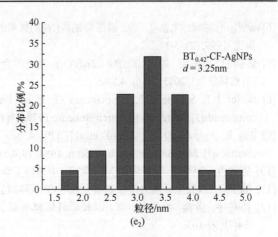

图 9.17　不同 BT 接枝度的 Ag-BT-CF 的 TEM 图及 Ag 纳米颗粒的尺寸分布图[19]

  Ag-BT-CF 抗菌剂保持了固体材料的性质，易于从反应体系中分离和回收，并且还具备胶原纤维优良的亲水性能和传质性能，适合在水溶液中发挥其抑菌性能。Ag-BT-CF 抗菌剂对大肠杆菌、金黄色葡萄球菌、酵母菌、灰绿青霉菌的最低抑菌浓度分别为 $2\mu g\,Ag/mL$、$4\mu g\,Ag/mL$、$6\mu g\,Ag/mL$、$12\mu g\,Ag/mL$，优于大多数纳米 Ag 抗菌剂的抗菌性能[19]。当菌体浓度为 $10^5 CFU/mL$ 时，Ag-BT-CF 抗菌剂在 2h 内能 100% 抑制菌体的生长繁殖。同时，抗菌剂在重复使用 5 次后仍然能抑制 90% 的菌体生长，具有良好的重复使用性。该抗菌剂的抗菌能力主要来自纳米 Ag 对微生物细胞膜的破坏和抗菌剂中纳米 Ag 的释放。将 0.5g 抗菌剂装柱后可以用于处理含 $2\times10^2 CFU/mL$ 酵母菌的模拟含菌水，流经抗菌柱的前 800mL 水样中均检测不到活细胞的存在[19]。所以，Ag-BT-CF 抗菌剂具有良好的抗菌性能，能有效抑制水体中微生物的生长繁殖。

参 考 文 献

[1] Deng D H, Liao X P, Shi B. Synthesis of porous carbon fibers from collagen fiber[J]. ChemSusChem, 2008, 1(4): 298-301.

[2] Deng D H, Tang R, Liao X P, et al. Using collagen fiber as a template to synthesize hierarchical mesoporous alumina fiber[J]. Langmuir, 2008, 24(2): 368-370.

[3] Deng D H, Wu H, Liao X P, et al. Synthesis of unique mesoporous ZrO_2-carbon fiber from collagen fiber[J]. Microporous and Mesoporous Materials, 2008, 116(1-3): 705-709.

[4] Hagman L O, Kierkegaard P, Karvonen P, et al. The crystal structure of $NaMe_2^{IV}(PO_4)_3$; $Me^{IV}=$ Ge, Ti, Zr[J]. Acta Chemica Scandinavica, 1968, 22(6): 1822-1832.

[5] Orlova A I. Isomorphism in d- and f-element phosphates having framework crystal structure and crystallochemical conception of NZP matrix for radionuclide immobilisation[J]. Czechoslovak Journal of Physics, 2003, 53(S1): 649-655.

[6] 徐刚, 马峻峰, 沈志坚, 等. 磷酸锆钠族(NZP)材料的结构、离子取代及低膨胀[J]. 现代技术陶瓷, 1999, (2): 5-11.

[7] 郭会明, 梅来宝, 冯鸣. $K_{2x}Ba_{1-x}Zr_4(PO_4)_6$ 系统的合成及热膨胀行为[J]. 南京工业大学学报(自然科学版), 2003, 25(6): 42-46.

[8] Boilot J P, Salaine J P, Desplanches G, et al. Phase transformation in $Na_{1+x}Si_xZr_2P_{3-x}O_{12}$ compounds[J]. Materials Research Bulletin, 1979, 14(11): 1469-1477.

[9] Roy R, Agrawal D K, AlamoJ, et al.[CTP]: A new structural family of near zero expansion ceramics[J]. Materials Research Bulletin, 1984, 19(4): 471-477.

[10] 陈武勇, 李国英. 鞣制化学[M]. 北京: 中国轻工业出版社, 2005.

[11] 陈星宇. 以胶原纤维为模板制备介孔 NZP 族磷酸盐材料[D]. 成都: 四川大学, 2011.

[12] 陈星宇, 黄鑫, 廖学品, 等. 以胶原纤维模板制备介孔 $NaZr_2(PO_4)_3$[J]. 材料导报, 2010, 24(7): 99-103.

[13] Lenain G E, McKinstry H A, Alamo J, et al. Structural model for thermal expansion in $MZr_2P_3O_{12}$ (M = Li, Na, K, Rb, Cs)[J]. Journal of Materials Science, 1987, 22: 17-22.

[14] 陈星宇, 黄鑫, 廖学品, 等. 以胶原纤维模板制备介孔型 $KZr_2(PO_4)_3$[J]. 材料科学与工程学报, 2010, 28(6): 823-828, 847.

[15] 宋娜. 胶原纤维负载金属离子材料作为固定化酶载体的研究[D]. 成都: 四川大学, 2012.

[16] Hu Y L, Dai L M, Liu D H, et al. Progress & prospect of metal-organic frameworks(MOFs) for enzyme immobilization (enzyme/MOFs)[J]. Renewable and Sustainable Energy Reviews, 2018, 91: 793-801.

[17] Tukel S S, Alptekin O. Immobilization and kinetics of catalase onto magnesium silicate[J]. Process Biochemistry, 2004, 39(12): 2149-2155.

[18] 陈爽. Fe(Ⅲ)改性胶原纤维为载体固定化酶的研究[D]. 成都: 四川大学, 2012.

[19] 何利. 胶原纤维负载酵母细胞生物催化剂和负载纳米银抗菌剂的制备及性能研究[D]. 成都: 四川大学, 2011.

[20] 何利, 何强, 廖学品, 等. 胶原纤维负载金属离子固定酵母细胞及其发酵特性研究[J]. 四川大学学报(工程科学版), 2010, 42(6): 176-182.

[21] 马子骏, 陆志号. 固定化细胞技术及其应用[M]. 银川: 宁夏人民出版社, 1990: 1.

[22] Ignacio M G. Microalgae immobilization: Current techniques and uses[J]. Bioresource Technology, 2008, 99(10): 3949-3964.